“十二五”普通高等教育本科国家级规划教材

iCourse · 教材

新世纪土木工程系列教材

基础工程

（第4版）

主　编　赵明华

副主编　徐学燕　邹新军

中国教育出版传媒集团

高等教育出版社 · 北京

内容提要

本书为“十二五”普通高等教育本科国家级规划教材，是新世纪土木工程系列教材之一，在第3版的基础上修订而成。本次修订根据最新颁布的国家规范，结合基础工程学科的新发展，适当吸取了国内外较为成熟的基础工程新理论、新工艺、新技术。

本书除绪论外共9章，包括地基基础的设计原则，刚性基础与扩展基础，柱下条形基础、筏形和箱形基础，桩基础，沉井基础及其他深基础，基坑工程，特殊土地基，地基处理，抗震地基基础等。各章后附有相应的思考题与习题。

本书可作为高等学校土木类相关专业本科教材，也可供从事土木工程研究、设计和施工等工作的工程技术人员参考。

图书在版编目（CIP）数据

基础工程／赵明华主编；徐学燕，邹新军副主编. --4版. --北京：高等教育出版社，2023.4
ISBN 978-7-04-059898-8

Ⅰ.①基… Ⅱ.①赵… ②徐… ③邹… Ⅲ.①基础（工程）-高等学校-教材 Ⅳ.①TU47

中国国家版本馆CIP数据核字（2023）第023626号

JICHU GONGCHENG

策划编辑 葛 心　责任编辑 葛 心　封面设计 姜 磊　版式设计 张 杰
责任绘图 于 博　责任校对 王 雨　责任印制 存 怡

出版发行 高等教育出版社
社 址 北京市西城区德外大街4号
邮政编码 100120
印 刷 北京市大天乐投资管理有限公司
开 本 787mm×1092mm 1/16
印 张 20.25
字 数 500千字
购书热线 010-58581118
咨询电话 400-810-0598
网 址 http://www.hep.edu.cn
http://www.hep.com.cn
网上订购 http://www.hepmall.com.cn
http://www.hepmall.com
http://www.hepmall.cn
版 次 2003年1月第1版
2023年4月第4版
印 次 2023年4月第1次印刷
定 价 52.00元

物 料 号 59898-00

基础工程
(第4版)

1 计算机访问http://abook.hep.com.cn/1250133，或手机扫描二维码、下载并安装Abook应用。
2 注册并登录，进入"我的课程"。
3 输入封底数字课程账号（20位密码，刮开涂层可见），或通过Abook应用扫描封底数字课程账号二维码，完成课程绑定。
4 单击"进入课程"按钮，开始本数字课程的学习。

课程绑定后一年为数字课程使用有效期。受硬件限制，部分内容无法在手机端显示，请按提示通过计算机访问学习。

如有使用问题，请发邮件至abook@hep.com.cn。

http://abook.hep.com.cn/1250133

出版者的话

根据1998年教育部颁布的《普通高等学校本科专业目录(1998年)》,我社从1999年开始进行土木工程专业系列教材的策划工作,并于2000年成立了由具丰富教学经验、有较高学术水平和学术声望的教师组成的“高等教育出版社土建类教材编委会”,组织出版了新世纪土木工程系列教材,以适应当时“大土木”背景下的专业、课程教学改革需求,系列教材推出以来,几经修订,陆续完善,较好地满足了土木工程专业人才培养目标对课程教学的需求,对我国高校土木工程专业拓宽之后的人才培养和课程教学质量的提高起到了积极的推动作用,教学适用性良好,深受广大师生欢迎。至今,共出版37本,其中22本纳入普通高等教育“十一五”国家级规划教材,10本纳入“十二五”普通高等教育本科国家级规划教材,5本被评为普通高等教育精品教材,2本获首届全国教材建设奖,若干本获省市级优秀教材奖。

2020年,教育部颁布了新修订的《普通高等学校本科专业目录(2020年版)》。新的专业目录中,土木类在原有土木工程,建筑环境与能源应用工程,给排水科学与工程,建筑电气与智能化等4个专业及城市地下空间工程和道路桥梁与渡河工程2个特设专业的基础上,增加了铁道工程,智能建造,土木、水利与海洋工程,土木、水利与交通工程,城市水系统工程等5个特设专业。

为了更好地帮助各高等学校根据新的专业目录对土木工程专业进行设置和调整,利于其人才培养,与时俱进,编委会决定,根据新的专业目录精神对本系列教材进行重新审视,并予以调整和修订。进行这一工作的指导思想是:

一、紧密结合人才培养模式和课程体系改革,适应新专业目录指导下的土木工程专业教学需求。

二、加强专业核心课程与专业方向课程的有机沟通,用系统的观点和方法优化课程体系结构。具体如,在体系上,将既有的一个系列整合为三个系列,即专业核心课程教材系列、专业方向课程教材系列和专业教学辅助教材系列。在内容上,对内容经典、符合新的专业设置要求的课程教材继续完善;对因新的专业设置要求变化而必须对内容、结构进行调整的课程教材着手修订。同时,跟踪已推出系列教材使用情况,以适时进行修订和完善。

三、各门课程教材要具有与本门学科发展相适应的学科水平,以科技进步和社会发展的最新成果充实、更新教材内容,贯彻理论联系实际的原则。

四、要正确处理继承、借鉴和创新的关系,不能简单地以传统和现代划线,决定取舍,而应根据教学需求取舍。继承、借鉴历史和国外的经验,注意研究结合我国的现实情况,择善而从,消化创新。

五、随着高新技术、特别是数字化和网络技术的发展,在本系列教材建设中,要充分考虑纸质教材与多种形式媒体资源的一体化设计,发挥综合媒体在教学中的优势,提高教学质量与效率。在开发研制数字化教学资源时,要充分借鉴和利用精品课程建设、精品资源共享课建设和一流本科课程尤其是线上一流本科课程建设的优质课程教学资源,要注意纸质教材与数字化资源的结合,明确二者之间的关系是相辅相成、相互补充的。

六、融入课程思政元素,发挥课程育人作用。要在教材中把马克思主义立场观点方法的教育与科学精神的培养结合起来,提高学生正确认识问题、分析问题和解决问题的能力。要注重强化学生工程伦理教育,培养学生精益求精的大国工匠精神,激发学生科技报国的家国情怀和使命担当。

七、坚持质量第一。图书是特殊的商品,教材是特殊的图书。教材质量的优劣直接影响教学质量和教学秩序,最终影响学校人才培养的质量。教材不仅具有传播知识、服务教育、积累文化的功能,也是沟通作者、编辑、读者的桥梁,一定程度上还代表着国家学术文化或学校教学、科研水平。因此,遴选作者、审定教材、贯彻国家标准和规范等方面需严格把关。

为此,编委会在原系列教材的基础上,研究提出了符合新专业目录要求的新的土木工程专业系列教材的选题及其基本内容与编审或修订原则,并推荐作者。希望通过我们的努力,可以为新专业目录指导下的土木工程专业学生提供一套经过整合优化的比较系统的专业系列教材,以期为我国的土木工程专业教材建设贡献自己的一份力量。

本系列教材的编写和修订都经过了编委会的审阅,以求教材质量更臻完善。如有疏漏之处,恳请读者批评指正!

高等教育出版社
高等教育工科出版事业部
力学土建分社
2021 年 10 月 1 日

新世纪土木工程系列教材

第4版前言

首先,诚挚地感谢广大读者对《基础工程》的厚爱。本教材第3版于2017年7月出版,距今已经超过5年。为了更好地反映基础工程学科的发展,适当吸取国内外比较成熟的基础工程新理论、新工艺、新技术,在第4版中做了以下修改。

1. 根据新颁布的《湿陷性黄土地区建筑标准》(GB 50025—2018)和《公路桥涵地基与基础设计规范》(JTG 3363—2019)等规范对相关章节内容进行了修改。

2. 结合在线课程的建设与应用,以二维码的形式对教材的一些重难点内容配套了相应的数字化学习资源。

3. 对部分章节的例题与习题进行了校正与修改。

参加本教材修订的作者有:湖南大学赵明华(绪论、第7章),陈昌富(第6章),邹新军(第5章);哈尔滨工业大学徐学燕、孙凯(第1章),齐加连(第2章),邱明国(第3章);西南交通大学于志强(第4章),富海鹰(第8章),彭雄志(第9章)。全书由赵明华任主编,徐学燕和邹新军任副主编。

限于编者水平,不妥之处在所难免,恳请读者批评指正。

编　者

2022年7月

第3版前言

首先,诚挚地感谢广大读者对《基础工程》的厚爱。本教材第2版于2010年1月出版,距今已快7年,并在普通高等教育“十一五”国家级规划教材(2006)建设的基础上,于2014年10月继续被评为“十二五”普通高等教育本科国家级规划教材(教高函[2014]8号),这是对我们莫大的鞭策与鼓励。为了更好地反映基础工程学科的新发展,适当吸取国内外较为成熟的基础工程新理论、新工艺、新技术,在第3版中做了以下修改。

1. 根据新颁布的《建筑地基基础设计规范》(GB 50007—2011)、《建筑抗震设计规范》(GB 50011—2010)、《膨胀土地区建筑技术规范》(GB 50112—2013)、《建筑地基处理技术规范》(JGJ 79—2012)及《高层建筑筏形与箱形基础技术规范》(JGJ 6—2011)等规范对相关章节内容进行了修改。

2. 第6章基坑工程的内容,根据《建筑基坑支护技术规程》(JGJ 120—2012)做了较大的调整。

3. 对部分章节的例题与习题进行了校正与修改。

参加本教材修订的有:湖南大学赵明华(绪论、第7章)、陈昌富(第6章)、邹新军(第5章);哈尔滨工业大学徐学燕与于皓琳(第1章)、齐加连(第2章)、邱明国(第3章);西南交通大学于志强(第4章)、吴兴序(第9章)、富海鹰(第8章)。本书由赵明华任主编,徐学燕和邹新军任副主编。

限于编者水平,不妥之处在所难免,恳请读者批评指正。

编　者

2016年11月

第2版前言

本教材第1版于2003年1月出版,距今已经6年,受到了广大读者的欢迎。本书于2006年被列入普通高等教育“十一五”国家级规划教材,这是对我们莫大的鞭策与鼓励。为了更好地反映基础工程学科的发展,适当吸取国内外比较成熟的基础工程新理论、新工艺、新技术,同时为了提高教材的适用性,第2版在以下方面进行了修订:

(1) 根据新颁布的JGJ 94—2008《建筑桩基技术规范》和JTG D63—2007《公路桥涵地基与基础设计规范》等对相关章节内容进行了修改。

(2) 为了明确学习重点,各章均增加了本章学习目标与小结。

(3) 为各章节添加了相应的三级英文标题。

(4) 对选修章节用“*”标注。

参加本教材第2版修订的编者有:湖南大学赵明华(绪论、第7章)、陈昌富(第6章)、邹新军(第5章),哈尔滨工业大学徐学燕(第1章)、齐加连(第2章)、邱明国(第3章),西南交通大学于志强(第4章)、吴兴序(第9章)、富海鹰(第8章)。全书由赵明华统稿,由赵明华任主编、徐学燕任副主编。

限于作者水平,书中不妥之处在所难免,恳请读者批评指正。

编　者

2009年9月

第 1 版前言

基础工程是关于建(构)筑物在设计和施工中有关地基和基础问题的学科,是土木工程专业的主干课程。该课程是先导课程及相关课程为工程地质与水文地质、材料力学、结构力学、弹性力学、土力学等。

随着科学技术的发展,国内外高层建筑、大型桥梁等工程大量兴建,基础工程的理论和技术日新月异,特别是各项新的国家标准的颁布,使基础工程的设计和施工都有了新的准绳。为了更好地适应我国土木工程专业培养方案的需要,本书根据高等学校土木工程专业的教学要求,以原建筑工程和交通土建工程专业的基础工程课程内容为主,兼顾其他,并适当吸取国内外比较成熟的基础工程新理论、新工艺、新技术,结合我国新规范编写,适用于土木工程专业基础工程课程。

本书由湖南大学赵明华主编,哈尔滨工业大学徐学燕任副主编,湖南大学陈昌富,西南交通大学于志强、吴兴序、富海鹰,哈尔滨工业大学齐加连、邱明国等参加编写,东南大学张克恭先生主审。绪论、第 5,7 章由赵明华编写,第 1 章由徐学燕编写,第 2 章及第 3 章的 3.1 ~ 3.4 节由齐加连编写,第 3 章的 3.5 节由邱明国编写,第 4 章由于志强编写,第 6 章由陈昌富编写,第 8 章由富海鹰编写,第 9 章由吴兴序编写。

基础工程在本科教学中有 40 ~ 60 学时,书中第 9 章供选讲。各学校可根据学时多少进行取舍。

本书主审张克恭先生认真、细致地审阅和修改了全书,并提出了许多极为有益的建议,高等教育出版社的编辑同志也为本书的出版付出了艰辛的劳动,在此致以诚挚的谢意。

限于编者水平,不妥之处在所难免,恳请读者批评指正。

编　者

2002.11.16

目　　录

Contents

绪论 …… 1
Introduction

第 1 章　地基基础的设计原则 …… 5
Chapter 1　Design Principles of Subgrade and Foundation

1－1　概述 …… 5
Introduction
1－2　地基基础设计原则 …… 8
Design Principles of Subgrade and Foundation
1－3　地基类型 …… 15
Types of Subgrade
1－4　基础类型 …… 19
Types of Foundation
1－5　地基、基础与上部结构共同工作 …… 24
Interaction between Subgrade, Foundation and Superstructure
1－6　小结 …… 28
Summary
思考题与习题 …… 28
Questions and Exercises

第 2 章　刚性基础与扩展基础 …… 29
Chapter 2　Rigid and Spread Foundation

2－1　概述 …… 29
Introduction
2－2　基础埋置深度的选择 …… 32
Selection of Foundation Embedment
2－3　地基承载力 …… 36
Bearing Capacity of Subgrade
2－4　刚性基础与扩展基础的设计计算 …… 41
Design of Rigid and Spread Foundation
2－5　小结 …… 52
Summary
思考题与习题 …… 53
Questions and Exercises

第 3 章　柱下条形基础、筏形和箱形基础 …… 54
Chapter 3　Strip Foundation, Raft and Box Foundation

3－1　概述 …… 54
Introduction
3－2　弹性地基上梁的分析 …… 55
Analysis of Beam on Elastic Foundation
3－3　柱下条形基础 …… 61
Strip Foundation
3－4　筏形基础 …… 77
Raft Foundation
3－5　箱形基础 …… 86
Box Foundation
3－6　小结 …… 92
Summary
思考题与习题 …… 93
Questions and Exercises

第 4 章　桩基础 …… 95
Chapter 4　Pile Foundation

4－1 概述 …… 95
Introduction
4－2 竖向荷载下单桩的工作性能 …… 103
Behavior of Single Pile under Vertical Load
4－3 单桩竖向承载力的确定 …… 110
Determination of the Vertical Bearing Capacity of Single Pile
4－4 桩的水平承载力确定 …… 124
Determination of the Horizontal Bearing Capacity of Pile
4－5 群桩基础计算 …… 133
Calculation of Pile Group
4－6 桩基础设计 …… 143
Design of Pile Foundation
4－7 小结 …… 155
Summary
思考题与习题 …… 156
Questions and Exercises
第5章 沉井基础及其他深基础 …… 157
Chapter 5 Open Caisson and Other Types of Deep Foundation
5－1 概述 …… 157
Introduction
5－2 沉井的施工 …… 162
Construction of Open Caisson
5－3 沉井的设计与计算 …… 167
Design and Calculation of Open Caisson
5－4 圆端形沉井基础算例 …… 179
A Design Example of Round-Ended Open Caisson
5－5 其他深基础简介* …… 186
Introduction of Other Deep Foundations*
5－6 小结 …… 188
Summary
思考题与习题 …… 189
Questions and Exercises
第6章 基坑工程 …… 191
Chapter 6 Foundation Excavation Engineering
6－1 概述 …… 191
Introduction
6－2 基坑支护结构的类型及适用条件 …… 192
Types and Applicability of Retaining and Protecting Structure for Excavation
6－3 作用于基坑支护结构上的土压力 …… 197
Earth Presses Acting on Retaining and Protecting Structure for Excavation
6－4 桩、墙式支挡结构设计计算 …… 199
Calculation of Soldier Pile Wall and Diaphragm Wall
6－5 重力式水泥土墙 …… 209
Gravity Cement-soil Wall
6－6 土钉墙 …… 212
Soil Nailing Wall
6－7 地下水控制与施工监测 …… 216
Groundwater Control and Construction Monitoring
6－8 小结 …… 224
Summary
思考题与习题 …… 224
Questions and Exercises
第7章 特殊土地基 …… 226
Chapter 7 Special Soil Foundation
7－1 概述 …… 226
Introduction
7－2 软土地基 …… 227
Soft Soil Foundation
7－3 湿陷性黄土地基 …… 230

Collapsible Loess Foundation
7－4　膨胀土地基 …… 236
Expansive Soil Foundation
7－5　山区地基及红黏土地基 …… 243
Mountainous and Red Clay Foundation
7－6　冻土地基及盐渍土地基 …… 248
Frozen Earth and Salty Soil Foundation
7－7　小结 …… 252
Summary
思考题与习题 …… 253
Questions and Exercises
第8章　地基处理 …… 255
Chapter 8　Ground Treatment
8－1　概述 …… 255
Introduction
8－2　复合地基理论 …… 257
Compound Foundation Theory
8－3　换填垫层法 …… 263
Replacement Method
8－4　排水固结法 …… 266
Consolidation Method
8－5　压实法、重锤夯实法和强夯法 …… 269
Compaction, Heavy Tamping and Dynamic Consolidation Methods
8－6　桩土复合地基法 …… 271
Pile-Soil Compound Foundation
8－7　灌浆法和化学加固法 …… 276
Grouting and Chemical Stabilization Methods
8－8　土工合成材料加筋法 …… 279
Soil Reinforcement with Geosynthetics
8－9　托换技术 …… 280
Underpinning Technique
8－10　小结 …… 283
Summary
思考题与习题 …… 284
Questions and Exercises
第9章　抗震地基基础 …… 285
Chapter 9　Seismic Design of Subgrade and Foundation
9－1　概述 …… 285
Introduction
9－2　地基基础的震害现象 …… 288
Earthquake Disasters of Subgrade and Foundation
9－3　地基基础抗震设计 …… 291
Seismic Design of Subgrade and Foundation
9－4　液化判别与抗震措施 …… 300
Liquefaction Distinguish and Anti-Seismic Measures of Subsoil
9－5　小结 …… 305
Summary
思考题与习题 …… 306
Questions and Exercises
参考文献 …… 308
References

绪　论
Introduction

1. 地基及基础的概念

任何建筑物都建造在一定的地层(土层或岩层)上,通常把直接承受建筑物荷载影响的地层称为地基。未加处理就可满足设计要求的地基称为天然地基;软弱、承载力不能满足设计要求,需对其进行加固处理(例如采用换土垫层、深层密实、排水固结、化学加固、加筋土技术等方法进行处理)的地基,则称为人工地基。

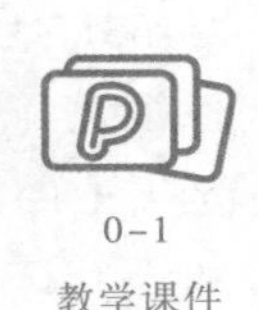

0-1
教学课件

基础是将建筑物承受的各种荷载传递到地基上的下部结构。房屋建筑及附属构筑物通常由上部结构及基础两大部分组成,基础是指室内地面标高(±0.000)以下的结构。带有地下室的房屋,地下室和基础统称为地下结构或下部结构。公(铁)路桥梁通常由上部结构、墩台和基础三大部分组成,墩台及基础统称为下部结构(图 0-1)。公路涵洞、挡土墙等人工构造物,通常由洞身或墙身及其基础两部分组成。基础应埋入地下一定深度,进入较好的地层。根据基础的埋置深度不同可分为浅基础和深基础。埋置深度不大(一般浅于 5 m)且设计时不考虑基础侧边土体各种抗力作用的基础称为浅基础,通常只需经过挖槽、排水等普通施工程序就可建造;反之称为深基础,需借助特殊施工方法建造(如桩基础、沉井基础等)。

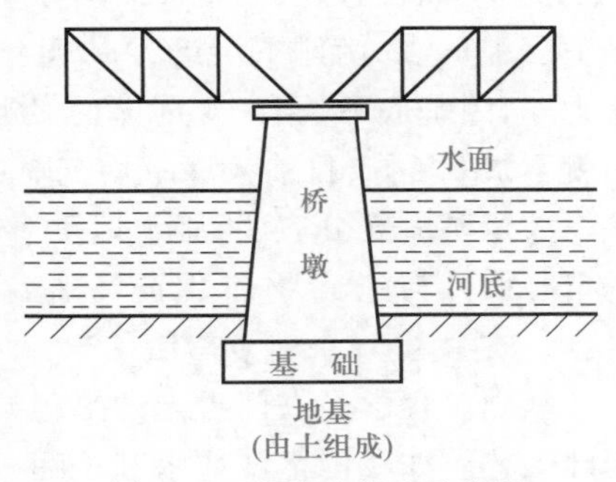

图 0-1　地基及基础示意图

基础工程是研究基础或包含基础的地下结构设计与施工的一门科学,亦称为基础工程学。基础工程既是结构工程中的一部分,又是独立的地基基础工程。基础设计与施工也就是地基基础设计与施工。其设计必须满足三个基本条件:① 作用于地基上的荷载效应(基底压应力)不得超过地基容许的承载力或地基承载力特征值,保证建筑物不因地基承载力不足造成整体破坏或影响正常使用,具有足够防止整体破坏的安全储备;② 基础沉降不得超过地基变形容许值,保证建筑物不因地基变形而损坏或影响其正常使用;③ 挡土墙、边坡及地基基础保证具有足够防止失稳破坏的安全储备。荷载作用下,地基、基础和上部结构三部分彼此联系、相互制约。设计时应根据地质勘察资料,综合考虑地基、基础、上部结构的相互作用、变形协调与施工条件,进行经济技术比较,选取安全可靠、经济合理、技术先进、环境保护和施工简便的地基基础方案。

基础工程勘察、设计和施工质量的好坏将直接影响建筑物的安危、经济性和正常使用功能。基础工程施工常在地下或水下进行,往往需挡土挡水,施工难度大,在一般高层建筑中,基础工程造价约占总造价的 25%,工期占 25% ~30%。若需采用深基础或人工地基,其造价和工期所占比例更大。此外,基础工程为隐蔽工程,一旦出现质量事故,损失巨大,补救十分困难,因此在土木工程中具有十分重要的地位。

随着大型、重型、高层建筑和大跨度桥梁等工程的日益增多,人们在基础工程设计与施工方面积累了很多成功的经验,然而也有不少失败的教训。例如,1913 年建造的加拿大特朗斯康谷仓(图 0-2),由 65 个圆柱形筒仓组成,高 31 m,宽 23.5 m,采用了筏板基础,因事先不了解基底下有厚达 16 m 的软黏土层,建成后贮存谷物时,基底压力(320 kPa)超出地基极限承载力,使谷仓西侧突然陷入土中 8.8 m,东侧抬高 1.5 m,仓身整体倾斜 26°53′,地基发生整体滑动、丧失稳定性。所幸因谷仓整体性很强,筒仓完好无损。事后在筒仓下增设 70 多个支承于基岩上的混凝土墩,用了 388 个 50 t 的千斤顶才将其逐步纠正,但标高比原来降低了 4 m。

图 0-2 加拿大特朗斯康谷仓的地基破坏情况

世界著名的意大利比萨斜塔于 1173 年动工,高约 55 m,因地基压缩层不均匀、排水缓慢,北侧下沉 1 m 多,南侧下沉近 3 m,每年下沉约 1 mm。再如我国 1954 年兴建的上海工业展览馆中央大厅,因基底下约有 14 m 厚的淤泥质软黏土,尽管采用了深 7.27 m 的箱形基础,建成后仅当年就下沉 0.6 m,目前大厅平均沉降达 1.6 m。

大量事故充分表明,必须慎重对待基础工程。只有深入地了解地基情况,掌握勘察资料,经过精心设计与施工,才能保证基础工程经济合理,安全可靠。

2. 基础工程学科发展概况

基础工程学是一门古老的工程技术和年轻的应用科学,远在古代人类就创造了自己的地基基础工艺。如我国都江堰水利工程、举世闻名的万里长城、南北大运河、黄河大堤、赵州石拱桥及许许多多遍布全国各地的宏伟壮丽的宫殿寺院、巍然挺立的高塔等,都因地基牢固,虽经历了无数次强震强风仍安然无恙;秦代修筑驰道时采用的"隐以金椎"(《汉书》)路基压实方法,以及石灰桩,灰土、瓦渣垫层和水撼砂垫层等至今常用的传统地基处理方法;北宋初著名木工喻皓建造开封开宝寺木塔时(公元 989 年),因当地多西北风而将建于饱和土上的塔身向西北倾斜,以借长期风力作用而将其逐渐复正,克服建筑物地基不均匀沉降。我国木桩基础的应用更是源远流长。如在钱塘江南岸发现的河姆渡文化遗址中,7 000 年前打入沼泽地的木桩世所罕见;《水经注》记载的今山西汾水上三十墩柱木柱梁桥(公元前 532 年),以及秦代的渭桥(《三辅黄图》)等也都为木桩基础;再如郑州超化寺打入淤泥的塔基木桩(《法苑珠林》)、杭州湾五代大海塘工程木桩等都是我国古代桩基技术应用的典范,只是由于当时的生产力发展水平所限而未能形成系统的科学理论。

作为本学科理论基础的土力学始于 18 世纪工业革命兴起的欧洲。大规模的城市建设和水利工程、铁路的兴建面临着许多与土相关的问题,促进了土力学理论的产生和发展。1773 年,法国库仑(Coulomb)根据试验提出了著名的砂土抗剪强度公式,创立了计算挡土墙土压力的滑楔理论;1869 年,英国朗肯(Rankine)从另一途径提出了挡土墙的土压力理论,有力地促进了土体强度理论的发展。此外,1885 年,法国布西内斯克(Boussinesq)提出的弹性半空间表面作用竖向集中力的应力和变形的理论解答;1922 年,瑞典费伦纽斯(Fellenius)提出的土坡稳定分析法;等等。这些古典的理论和方法,至今仍具有理论和实用价值。

通过许多学者的不懈努力和经验积累，1925 年，美国太沙基（Terzaghi）在归纳发展已有成就的基础上，出版了第一本土力学专著，较系统完整地论述了土力学与基础工程的基本理论和方法，促进了该学科的高速发展。1936 年国际土力学与基础工程学会成立，并举行了第一次国际学术会议，从此土力学与基础工程作为一门独立的现代科学而取得不断进展。许多国家和地区都定期地开展各类学术活动，交流和总结本学科新的研究成果和实践经验，出版各类土力学与基础工程刊物，有力地推动了本学科的发展。

中华人民共和国成立后，大规模的社会主义经济的飞跃发展，促进了我国基础工程学科的迅速发展。我国在各种桥梁、水利及建筑工程中成功地处理了许多大型和复杂的基础工程，取得了辉煌的成就。例如，利用电化学加固处理的中国历史博物馆地基，解决了施工期短、质量要求高的困难；十余座长江大桥（在武汉、南京等地）及其他巨大工程中，采用管柱基础、气筒浮运沉井、组合式沉井、各种结构类型的单壁和双壁钢围堰及大直径扩底墩等一系列深基础和深水基础，成功地解决了水深流急、地质复杂的基础工程问题；上海钢铁总厂及全国许多高层建筑的建成，为土力学与基础工程的理论和实践积累了丰富的经验；三峡工程和小浪底工程的基础处理，将我国基础工程的设计、施工、检测提高到了一个新的水平。自 1962 年以来，我国先后召开了十三届全国土力学与基础工程会议，并建立了许多地基基础研究机构、施工队伍和土工试验室，培养了大批地基基础专业人才。不少学者对基础工程的理论和实践作出了重大贡献，受到了国际岩土界的重视。

近年来，我国在工程地质勘察、室内及现场土工试验、地基处理，以及新设备、新材料、新工艺的研究和应用方面，取得了很大的进展。各种地基处理新技术在土建、水利、桥隧、道路、港口、海洋等有关工程中得到了广泛应用，取得了较好的经济技术效果。随着电子技术及数值计算方法与相关学科的融合发展，土力学与基础工程的实践应用发生了深刻的变化，许多复杂的工程问题得到了相应的解决，试验技术也日益提高。在大量理论研究与实践经验积累的基础上，有关基础工程的各种设计与施工规范或规程等也相继问世并日臻完善，为我国基础工程设计与施工实现技术先进、经济合理、安全适用、保护环境、确保质量提供了充分的理论与实践依据。我们相信，随着我国社会主义建设事业的稳步推进，对基础工程要求的日益提高，我国土力学与基础工程学科也必将得到新的更大的发展。

3. 本课程的特点和学习要求

本课程是土木类相关专业的一门主干课程。内容与工程地质学、土力学、结构设计和施工等几个学科领域相关联，综合性、理论性和实践性很强，因此必须很好地掌握上述先修课程的基本内容和基本原理，为本课程的学习打好基础。

我国地域辽阔，由于自然地理环境的不同，分布着各种各样的土类。某些土类作为地基（如湿陷性黄土、软土、膨胀土、红黏土、冻土及山区地基等）具有其特殊性质，因而必须针对其特性采取相应的工程措施。因此，地基基础问题具有明显的区域性特征。此外，天然地层的性质和分布也因地而异，且在较小范围内可能变化很大。故基础工程的设计，除需要丰富的理论知识外，还需要有较多的工程实践知识，并通过勘探和测试取得可靠的有关土层的分布及其物理力学性质指标的资料。因此，学习时应注意理论联系实际，通过各个教学环节，紧密结合工程实践，提高理论认识水平，增强处理地基基础问题的能力。

基础工程的设计和施工必须遵循法定的规范、规程。但不同行业有不同的专门规范，且各行业间不尽平衡，各行业（房建、公路、铁路、港口等）标准也尚未完全统一，故本课程所涉及的规范、规程比较多。因此，在理论学习阶段应以学科知识体系为主，掌握基础工程设计和施工中的主要内容和基本方法；在课程设计中，可根据不同专业方向，使用、熟悉各自的行业规范，进行具体工程的设计实践训练。

本课程与材料力学、结构力学、弹性理论、建筑材料、建筑结构及工程地质学等学科有着密切的关系，本书在涉及这些学科的有关内容时仅引述其结论，要求理解其意义及应用条件，而不把重点放在公式的推导上。此外，基础工程几乎找不到完全相同的实例，在处理基础工程问题时，必须运用本课程的基本原理，深入调查研究，针对不同情况进行具体分析。因此，在学习时必须注意理论联系实际，才能提高分析问题和解决问题的能力。

第1章 Chapter 1

地基基础的设计原则

Design Principles of Subgrade and Foundation

本章学习目标：

掌握基础工程设计的目的、任务、设计原则、基本规定。

了解地基类别及其受载后的力学特性。

熟悉各种类型的浅基础与深基础及其适用范围。

了解地基-基础-上部结构共同工作的概念。

1-1 教学课件

1-1 概述 Introduction

基础是连接工业与民用建筑上部结构或桥梁墩、台与地基之间的过渡结构。它的作用是将上部结构承受的各种荷载安全传递至地基，并使地基在建筑物允许的沉降变形值内正常工作，从而保证建筑物的正常使用。因此，基础工程的设计必须根据上部结构传力体系的特点、建筑物对地下空间使用功能的要求、地基土的物理力学性质，结合施工设备能力，坚持保护环境，考虑经济造价等各方面要求，合理选择地基基础设计方案。

进行基础工程设计时，应将地基、基础视为一个整体，在基础底面处满足变形协调条件及静力平衡条件（基础底面的压力分布与地基反力大小相等、方向相反）。地基分为天然地基和经过处理的人工地基。基础一般按埋置深度分为浅基础与深基础。荷载相对传至浅部受力层，采用普通基坑开挖和敞坑排水施工方法的浅埋基础称为浅基础，如砖混结构的墙下条形基础、柱下单独基础、柱下条形基础、十字交叉基础、筏形基础，高层结构的箱形基础等。采用较复杂的施工方法，埋置于深层地基中的基础称为深基础，如桩基础、沉井基础、地下连续墙深基础等。本章将介绍各种地基类型、基础类型及基础工程设计的有关基本原则。

1-1-1 基础工程设计的目的 Design Purposes of Foundation Engineering

进行土木工程结构设计时，应根据结构破坏可能产生的后果（危及人的生命，造成经济损失，产生社会影响等）的严重性，采用不同的安全等级。建筑结构应按表 1-1 的规定划分为三个安全等级;公路工程结构应按表1-2的规定划分为三个设计安全等级。GB 50007—2011《建筑地基基础设计规范》(以下简称《地基规范》)将地基基础设计分为三个设计等级(表1-3)。GB 50223—2008《建筑工程抗震设防分类标准》(以下简称《抗震规范》)规定建筑根据使用功能的重要性划分为四个抗震设防类别(表1-4)。现行的JGJ 120—2012《建筑基坑支护技术规程》规定基坑侧壁根据支护结构破坏后果划分为三个安全等级(表1-5)。

同时,在设计规定的期限内,结构或结构构件只需进行正常的维护(不需大修)即可按其预定目的使用,此期限为结构的设计使用年限(表1-6)。

当根据具体的地基基础设计等级和设计使用年限分类时,首先应根据结构在施工和使用中的环境条件和影响,区分下列三种设计状况:

表1-1 建筑结构的安全等级

安全等级	破坏后果	建筑物类型
一级	很严重	重要的建筑
二级	严 重	一般的建筑
三级	不严重	次要的建筑

注:1. 对特殊的建筑物,其安全等级应根据具体情况另行确定;
2. 地基基础应按抗震要求设计安全等级,尚应符合有关规范规定。

表1-2 公路工程结构的设计安全等级

安全等级	路面结构	桥涵结构
一级	高速公路路面	特大桥、重要大桥
二级	一级公路路面	大桥、中桥、重要小桥
三级	二级公路路面	小桥、涵洞

注:有特殊要求的公路工程结构,其安全等级可根据具体情况另行规定。

表1-3 地基基础设计等级

设计等级	建筑和地基类型
甲级	重要的工业与民用建筑物; 30层以上的高层建筑; 体型复杂,层数相差超过10层的高低层连成一体的建筑物; 大面积的多层地下建筑物(如地下车库、商场、运动场等); 对地基变形有特殊要求的建筑物; 复杂地质条件下的坡上建筑物(包括高边坡); 对原有工程影响较大的新建建筑物; 场地和地基条件复杂的一般建筑物; 位于复杂地质条件及软土地区的二层及二层以上地下室的基坑工程; 开挖深度大于15 m的基坑工程; 周边环境条件复杂、环境保护要求高的基坑工程
乙级	除甲级、丙级以外的工业与民用建筑物; 除甲级、丙级以外的基坑工程

续表

设计等级	建筑和地基类型
丙级	场地和地基条件简单、荷载分布均匀的七层及七层以下民用建筑及一般工业建筑，次要的轻型建筑物； 非软土地区且场地地质条件简单、基坑周边环境条件简单、环境保护要求不高且开挖深度小于5.0 m的基坑工程

表1-4 建筑抗震设防分类

抗震设防类别	抗震建筑类型
1. 特殊设防类	指使用上有特殊设施，涉及国家公共安全的重大建筑工程和地震时可能发生严重次生灾害等特别重大灾害后果，需要特殊设防的建筑，简称甲类
2. 重点设防类	指地震时使用功能不能中断或需尽快恢复的生命线相关建筑，以及地震时可能导致大量人员伤亡等重大灾害后果，需要提高设防标准的建筑，简称乙类
3. 标准设防类	指大量的除规范1.2.4款以外按标准要求进行设防的建筑，简称丙类
4. 适度设防类	指使用上人员稀少且震损不致产生次生损害，允许在一定条件下适当降低要求的建筑，简称丁类

表1-5 支护结构的安全等级

安全等级	破坏后果
一级	支护结构失效，土体过大变形对基坑周边环境或主体结构施工安全的影响很严重
二级	支护结构失效，土体过大变形对基坑周边环境或主体结构施工安全的影响严重
三级	支护结构失效，土体过大变形对基坑周边环境或主体结构施工安全的影响不严重

表1-6 设计使用年限分类

类别	设计使用年限/年	示 例
1	5	临时性建筑
2	25	易于替换结构构件的建筑
3	50	普通建筑和构筑物
4	100	纪念性建筑和特别重要的建筑

1. 持久状况

在结构使用过程中一定出现，持续期很长的状况，如结构自重、车辆荷载。持续期一般与设计使用年限为同一数量级。

2. 短暂状况

在结构施工和使用过程中出现概率较大，而与设计使用年限相比，持续期很短的状况，如施工和维修等。

3. 偶然状况

在结构使用过程中出现概率很小，且持续期很短的状况，如火灾、爆炸、撞击等。

对三种设计状况,工程结构均应按承载能力极限状态设计。对持久状况,尚应按正常使用极限状态设计;对短暂状况,可根据需要按正常使用极限状态设计;对偶然状况,可不按正常使用极限状态设计。

1-1-2 基础工程设计的任务
Design Tasks of Foundation Engineering

对于不同的设计状况,可采用不同的结构体系,并对该体系进行结构效应分析。结构效应分析是基础工程设计的主要任务。首先是基础结构作用效应分析,确定由于地基反力、上部结构荷载作用在基础结构上的作用效应,即基础结构内力:弯矩、剪力、轴力等。其次应根据拟定的基础截面进行基础结构抗力及其他性能的分析,确定基础结构截面的承受能力及其性能。当按承载能力极限状态设计时,根据材料和基础结构对作用的反应,可采用线性、非线性或塑性理论计算。当按正常使用极限状态设计时,可采用线性理论计算;必要时,可采用非线性理论计算。其计算的结果均应小于基础材料的抵抗能力。例如轴压基础,基础内部的压应力应小于基础材料的轴心抗压强度。

有关地基承载力计算、地基变形计算、地基基础稳定性计算,按照两种极限状态设计的分析,详见下节。

1-2 地基基础设计原则
Design Principles of Subgrade and Foundation

1-2-1 概率极限设计法与极限状态设计原则
Probability Limit Design Method and Limit State Design Principles

目前正在发展的极限状态设计法,从结构的可靠度指标(或失效概率)来度量结构的可靠度,并且建立了结构可靠度与结构极限状态方程关系,这种设计方法就是以概率论为基础的极限状态设计法,简称概率极限状态设计法。该方法一般要已知基本变量的统计特性,然后根据预先规定的可靠度指标求出所需的结构构件抗力平均值,并选择截面。该方法能比较充分地考虑各有关影响因素的客观变异性,使所设计的结构比较符合预期的可靠度要求,并且使不同结构间的设计可靠度具有相对可比性,例如原子能反应堆的压力容器、海上采油平台等。但对一般常见的结构,使用这种方法的设计工作量很大,其中有些参数由于统计资料不足,在一定程度上还要凭经验确定。

整个结构或结构构件超过某一特定状态就不能满足设计规定的某一功能要求,此特定状态称为该功能的极限状态。极限状态分为下列两类:

(1) 承载能力极限状态。这种极限状态对应于结构或结构构件达到最大承载能力或不适于继续承载的变形或变位。当基础结构出现下列状态之一时,应认为超过了承载能力极限状态。

① 整个结构或结构的一部分作为刚体失去平衡(如倾覆等)。

② 结构构件或连接因超过材料强度而破坏(包括疲劳破坏),或因过度塑性变形而不适于继

续承载。

③ 结构转变为机动体系。

④ 结构或结构构件丧失稳定(如压屈等)。

⑤ 地基丧失承载能力而破坏(如失稳等)。

(2) 正常使用极限状态。这种极限状态对应于结构或结构构件达到正常使用或耐久性能的某项规定限值。当结构、结构构件或地基基础出现下列状态之一时,应认为超过了正常使用极限状态。

① 影响正常使用或外观的变形。

② 影响正常使用或耐久性能的局部破坏(包括裂缝)。

③ 影响正常使用的振动。

④ 影响正常使用的其他特定状态。

由以上的建筑物功能要求和长期荷载作用下地基变形对上部结构的影响程度,地基基础设计和计算应该满足以下设计原则:

① 各级建筑物均应进行地基承载力计算,防止地基土体剪切破坏,对于经常受水平荷载作用的高层建筑、高耸结构和挡土墙,以及建造在斜坡上的建筑物,尚应验算稳定性。

② 应根据前述基本规定进行必要的地基变形计算,控制地基的变形计算值不超过建筑物的地基变形特征允许值,以免影响建筑物的使用和外观。

③ 基础结构的尺寸、构造和材料应满足建筑物长期荷载作用下的强度、刚度和耐久性的要求,同时也应满足上述两项原则的要求。另外,力求灾害荷载作用(地震、风载等)时,经济损失最小。

1-2-2　地基基础设计资料
Basic Design Information of Subgrade and Foundation

1. 荷载资料

一般进行建筑物结构设计时,将上部结构、基础与地基三者分开独立进行。以平面框架柱下条形基础的结构分析为例:分析时首先假设基础为固端支座,求解荷载作用下框架柱内力和柱脚集中反力,将该反力作为基础结构承受的外荷载施加于基础顶面;又假设基底反力是线性分布的,根据静力平衡条件求解基础内力和基底分布反力;以柱脚内力、基底反力作为基础结构承受的荷载求解基础内力。进行地基计算时,则将基底反力反向施加于地基作为外荷载,根据不同的地基模型求解地基的附加应力与变形,从而验算地基承载力和基础沉降(图 1-1)。梁式桥桥面作为上部结构时,假设下部结构的桥墩或桥台为固端支座,求解梁结构内力和支座集中反力;再假设下部结构的基础为不动支座,求解墩台内力和底面的反力,该反力作为外荷载施加于基础顶面,其余分析同上(图 1-2)。因此,基础工程设计的第一份资料是按相关规范计算的传至基础顶面和底面的荷载(包括竖向轴力、水平剪力和弯矩)。

地基基础设计时,荷载效应最不利组合与相应的抗力或限值应按下列规定采用:

(1) 按地基承载力确定基础底面积及埋深或按单桩承载力确定桩数时,传于基础或承台底面上的荷载效应应采用正常使用极限状态下荷载效应的标准组合。相应的抗力应采用地基承载力特征值或单桩承载力特征值。

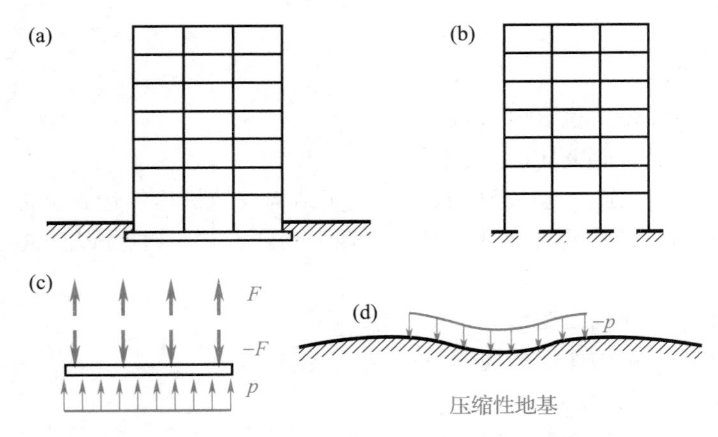

图1-1　地基、基础、上部结构的常规分析简图

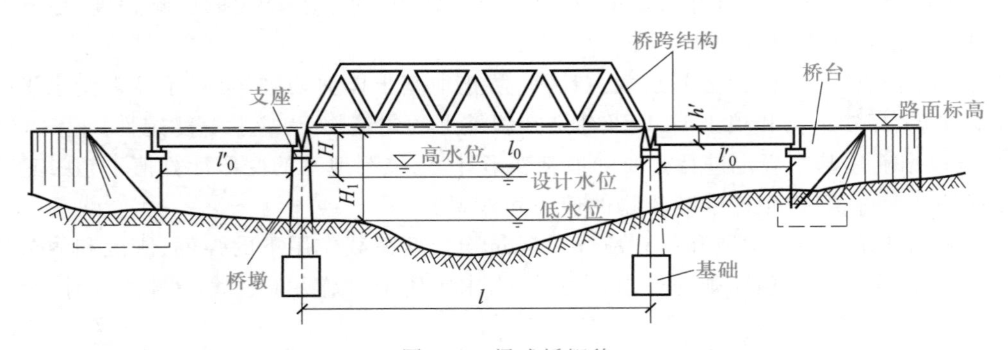

图1-2　梁式桥概貌

(2) 计算地基变形时,传至基础底面上的荷载效应应采用正常使用极限状态下荷载效应的准永久组合,不应计入风荷载和地震作用,相应的限值应为地基变形允许值。

(3) 计算挡土墙土压力、地基或斜坡稳定及滑坡推力时,荷载效应应采用承载能力极限状态下荷载效应的基本组合,但其荷载分项系数为1.0。

(4) 在确定基础或桩台高度、支挡结构截面、计算基础或支挡结构内力、确定配筋和验算材料强度时,上部结构传来的荷载效应组合和相应的基底反力,应采用承载能力极限状态下荷载效应的基本组合,选取相应的荷载分项系数。

(5) 当需要验算基础裂缝宽度时,应采用正常使用极限状态下荷载效应标准组合。

(6) 结构重要性系数 γ_0 取值不应小于1.0。

2. 岩土工程勘察资料

基础结构是以其下部的地基作为依托的。上部结构荷载传至基础结构时,基础截面的计算内力小于基础材料的抗力,满足相关规定后,将在基础底面连续向下传递荷载至地基。因此,基础工程设计的第二份资料是反映有关地基抗力性能的岩土工程勘察报告。

(1) 岩土工程勘察报告应提供下列资料:

① 有无影响建筑场地稳定性的不良地质条件及其危害程度。

② 建筑物范围内的地层结构及其均匀性,以及各岩土层的物理力学性质。

③ 地下水埋藏情况、类型和水位变化幅度及规律,以及对建筑材料的腐蚀性。

④ 在地震设防区应划分场地土类型和场地类别,并对饱和砂土及粉土进行液化判别。

⑤ 对可供采用的地基基础设计方案进行论证分析,提出经济合理的设计方案建议;提供与设计要求相对应的地基承载力及变形计算参数,并对设计与施工应注意的问题提出建议。

⑥ 当工程需要时,尚应提供深基坑开挖的边坡稳定计算和支护设计所需的岩土技术参数,论证其对周围已有建筑物和地下设施的影响;提供基坑施工降水的有关技术参数及施工降水方法的建议;提供用于计算地下水浮力的设计水位。

(2) 地基评价宜采用钻探取样、室内土工试验、触探,并结合其他原位测试方法进行。甲级建筑物应提供荷载试验指标、抗剪强度指标、变形参数指标和触探资料;乙级建筑物应提供抗剪强度指标、变形参数指标和原位测试资料;丙级建筑物应提供触探及必要的钻探和土工试验资料。

(3) 各级建筑物均应进行施工验槽。如地基条件与原勘察报告不符,应进行施工勘察。

设计者应通过阅读岩土工程勘察报告书,熟悉建筑物场地的地层分布情况,每层土的厚度、均匀程度、物理力学性质指标,从而根据上部结构力系的特点(中心受压、偏心受压)和使用要求合理选择基础持力层(基础底面直接受力土层)。确定持力层的地基承载力时,大部分情况下可直接使用勘察报告书的结果。对于甲级建筑物并缺乏当地建筑物经验资料时,承载力值应以现场荷载试验为依据,以避免造成设计失误。

对于地质条件复杂的地区,要全面细致地阅读报告及附件内容。例如场地的地质构造(断层、褶皱等),不良地质现象(泥石流、滑坡、崩塌、岩溶、塌陷等),避开不稳定的区域,查清分布规律、危害程度,在确保场地稳定性的条件下进行结构设计。如不能改变场地区域,必须预先采取有力措施,防患于未然。对报告书中的结论和建议,应结合具体工程,判断其适用性,发现问题应及时与勘察部门联系解决。基础工程施工过程中,均可肉眼直接观察或用简单仪器测试地基持力层、桩周土层,此时是校核报告书成果可靠性的最佳时机,可以及时发现地基勘察中失真的数据与未发现的问题。

例如,某工业厂房,主厂房为 18 m 跨度的单层钢筋混凝土排架结构,长66 m、高 25 m,另一侧输煤廊为钢筋混凝土框架结构,跨度 6 m、长 72 m、高 25 m,设置 4 台1 000 kN输煤吊斗。主厂房排架柱采用条形钢筋混凝土基础,输煤廊框架柱采用钢筋混凝土筏片基础,厂房内每台锅炉下设钢筋混凝土独立基础。春季开工复查发现锅炉二层操作平台的框架挑梁端部与输煤廊框架二层平台梁挤紧,竖向有明显错动迹象,挑梁端部混凝土撕裂,外皮剥落,从撕裂的裂缝方向分析及水准仪测量结果得知,锅炉基础已向输煤廊方向发生倾斜,两端高差约 15 mm,同时二层通道墙体产生开裂。为查明基础倾斜原因,于基础底面下布置 9 个深 2 m 的探坑,并取土样进行物理力学指标试验。结果表明部分基础下持力层的地基承载力特征值 f_{ak} 为 105 ~ 150 kPa,该土层距地基承载力特征值为 200 kPa 的土层 0.4 ~ 1.4 m。根据上部结构传递荷载与基础底面积计算,基础底面压力均大于地基承载力特征值。两者的验算结果见表 1-7。

表1-7　作用效应与抗力设计值

基础	作用效应 S/kPa（基础底面压力）	抗力设计值 R/kPa（地基承载力特征值）	R/S
锅炉基础	179/168	141.7/118	0.79/0.70
框架柱基础	172/169	141.7/118	0.82/0.70
排架柱基础	156.8/139	141.7/118	0.90/0.85

注:“/”左侧为最大压力,“/”右侧为平均压力。

由上表可见抗力与作用效应比 R/S 除个别外,均小于0.83。参照GB 50144—2019《工业建筑可靠性鉴定标准》,该厂房和锅炉基础应定为d级,不允许继续使用,必须进行加固处理。

发生该工程质量事故的原因是设计者选择的持力层(f_a = 200 kPa)在岩土工程勘察报告中1号、2号、3号、4号、8号5个钻孔剖面图内只有8号孔基础底面进入设计持力层约0.7 m,其余4孔处基础底面均未进入设计持力层(距持力层分别约为1.4 m、2.0 m、1 m、0.4 m)。即基础底面有部分未坐落到要求的持力层上,因而在荷载作用下,基础产生倾斜。同一标高处土层不同的状况,一般在基坑验槽时,可以发现并得到彻底补救,此时是验证岩土工程勘查报告资料与实际土层是否吻合的最佳时机。遗憾的是在基坑验槽时,已发现存在耕植土,但未能进行施工勘察,因而未能查明耕植土的深度与范围,只是对暴露出来的有限范围进行换填。后证实即使换填的砂垫层下仍有耕植土,说明耕植土清除不彻底,丧失了最佳的补救机会,造成了工程质量事故。

3. 原位测试资料

基础工程设计第三份资料应是地基承载力、单桩竖向承载力及地基压缩模量和变形模量等的原位测试报告。目前,人们对土体力学行为、基础工程结构承载能力的正确认识,大部分来源于静载试验,即土体与基础工程结构的原位测试。即使在计算机技术充分发展和应用的今天,原位测试仍占有重要地位。对于设计等级为甲级的地基基础工程,通过地基土的静载试验得到各级荷载 p 与稳定沉降数值 s 的关系曲线($p-s$ 曲线),确定地基的比例界限荷载(或临塑荷载)。对于密实砂土、硬塑黏土等低压缩性土,该值为 $p-s$ 曲线开始部分直线段终点对应的荷载值。对于有一定强度的中、高压缩性土,如松砂、填土、可塑黏土等,$p-s$ 曲线无明显转折点,即以 $p-s$ 曲线上沉降量等于 $0.02b$(b 为荷载板的宽度)时的压力作为承载力的特征值。在静载试验得到的地基承载力基础上进行基础工程的设计具有较高的可靠性。

建筑物采用桩基础形式时,对于甲级基础工程或在地质条件复杂的情况下确定单桩竖向承载力的可靠性较低的乙级基础工程时,必须进行单桩静载试验。根据该试验得到各级单桩桩顶荷载与桩顶沉降关系曲线($Q-s$ 曲线)。陡降型 $Q-s$ 曲线发生明显陡降的起始点对应的荷载的前一级荷载即为极限荷载。对缓变型 $Q-s$ 曲线,一般取 s = 40 ~ 60 mm对应的荷载作为单桩极限承载力,大直径桩可取 $s=(0.03\sim0.06)d$(d 为桩身直径,大桩径取低值,小桩径取高值)对应的荷载作为单桩极限承载力,细长桩($l/d>80$)可取 s = 60 ~ 80 mm对应的荷载作为单桩极限承载力。单桩承载力设计值按第4章规定取值。该静载试验应在设计图纸正式进行前完成,以便于对该工程的具体地质条件下土体的力学行为有正确认识,避免设计浪费,以达到经济安全的目的。桩基础施工完毕后,必须对工程桩进行单桩竖向静载试验,根数不得少于总根数的1%。比较试验得到的承载力数值与设计时采用的数值,对计算结果进行验证。如果由设计时采用的数值得到的试验结果不能满足要求,必须采取措施修改桩基础设计。当静载试验在工程桩中进行时,只要求加载到承载力设计值的1.5~2倍,而不需加载至破坏,以保证工程桩继续正常使用。

1-2-3 地基基础设计基本规定
Basic Design Regulations of Subgrade and Foundation

根据建筑物地基基础设计等级及长期荷载作用下地基变形对上部结构的影响程度,地基基础设计应符合下列规定:

(1)所有建筑物的地基计算均应满足承载力计算的有关规定。

(2)甲级、乙级建筑物,均应按地基变形设计。

(3)表1-8所列范围内的丙级建筑物可不作地基变形验算,但如有下列情况之一时,仍应作变形验算:

表1-8 可不作地基变形验算的设计等级为丙级的建筑物范围

<table>
<tr><td rowspan="2">地基主要受力层情况</td><td colspan="3">地基承载力特征值 f_{ak}/kPa</td><td>$80 \leqslant f_{ak} < 100$</td><td>$100 \leqslant f_{ak} < 130$</td><td>$130 \leqslant f_{ak} < 160$</td><td>$160 \leqslant f_{ak} < 200$</td><td>$200 \leqslant f_{ak} < 300$</td></tr>
<tr><td colspan="3">各土层坡度/%</td><td>≤5</td><td>≤10</td><td>≤10</td><td>≤10</td><td>≤10</td></tr>
<tr><td rowspan="9">建筑类型</td><td colspan="3">砌体承重结构、框架结构(层数)</td><td>≤5</td><td>≤5</td><td>≤6</td><td>≤6</td><td>≤7</td></tr>
<tr><td rowspan="4">单层排架结构(6 m柱距)</td><td rowspan="2">单跨</td><td>吊车额定起质量/t</td><td>10~15</td><td>15~20</td><td>20~30</td><td>30~50</td><td>50~100</td></tr>
<tr><td>厂房跨度/m</td><td>≤18</td><td>≤24</td><td>≤30</td><td>≤30</td><td>≤30</td></tr>
<tr><td rowspan="2">多跨</td><td>吊车额定起质量/t</td><td>5~10</td><td>10~15</td><td>15~20</td><td>20~30</td><td>30~75</td></tr>
<tr><td>厂房跨度/m</td><td>≤18</td><td>≤24</td><td>≤30</td><td>≤30</td><td>≤30</td></tr>
<tr><td colspan="2">烟 囱</td><td>高度/m</td><td>≤40</td><td>≤50</td><td colspan="2">≤75</td><td>≤100</td></tr>
<tr><td colspan="2" rowspan="2">水 塔</td><td>高度/m</td><td>≤20</td><td>≤30</td><td colspan="2">≤30</td><td>≤30</td></tr>
<tr><td>容积/m^3</td><td>50~100</td><td>100~200</td><td>200~300</td><td>300~500</td><td>500~1 000</td></tr>
</table>

注:1. 地基主要受力层指条形基础底面下深度为$3b$(b为基础底面宽度),独立基础下深度为$1.5b$,且厚度均不小于5 m的范围(2层以下一般的民用建筑除外);

2. 地基主要受力层中如有承载力特征值小于130 kPa的土层时,表中砌体承重结构的设计,应符合《地基规范》的有关要求;

3. 表中砌体承重结构和框架结构均指民用建筑,对于工业建筑可按厂房高度、荷载情况折合成与其相当的民用建筑层数;

4. 表中吊车额定起质量、烟囱高度和水塔容积的数值指最大值。

① 地基承载力特征值小于130 kPa,且体型复杂的建筑;

② 在基础上及其附近有地面堆载或相邻基础荷载差异较大,可能引起地基产生过大的不均匀沉降时;

③ 软弱地基上的建筑物存在偏心荷载时;

④ 相邻建筑距离过近,可能发生倾斜时;

⑤ 地基内有厚度较大或厚薄不均的填土,其自重固结未完成时。

(4) 对经常受水平荷载作用的高层建筑、高耸结构和挡土墙等,以及建造在斜坡上或边坡附近的建筑物和构筑物,尚应验算其稳定性。

(5) 基坑工程应进行稳定性验算。

(6) 建筑地下室或地下构筑物存在地下室上浮问题时,尚应进行抗浮验算。

从以上规定可以知道,基础工程设计时必须对地基的承载力、变形及地基基础的稳定性进行验算。

基础内力计算根据基础顶面作用的荷载与基础底面地基的反力作为外荷载,运用静力学、结构力学的方法进行求解。荷载组合要考虑多种荷载同时作用在基础顶面,又要按承载力极限状态和正常使用状态分别进行组合,并取各自的最不利组合进行设计计算。一般荷载效应组合的规定如下。

正常使用极限状态下,标准组合的效应设计值 S_k 应按下式确定:

$$S_k = S_{Gk} + S_{Q1k} + \psi_{c2} S_{Q2k} + \cdots + \psi_{cn} S_{Qnk} \tag{1-1}$$

式中　S_{Gk}——永久作用标准值 G_k 的效应;

S_{Qik}——第 i 个可变作用标准值 Q_{ik} 的效应;

ψ_{ci}——第 i 个可变作用 Q_i 的组合值系数,按现行国家标准 GB 50009—2012《建筑结构荷载规范》(以下简称《荷载规范》)的规定取值。

准永久组合的效应设计值 S_k 应按下式确定:

$$S_k = S_{Gk} + \psi_{q1} S_{Q1k} + \psi_{q2} S_{Q2k} + \cdots + \psi_{qn} S_{Qnk} \tag{1-2}$$

式中　ψ_{qi}——第 i 个可变作用的准永久值系数,按《荷载规范》的规定取值。

承载能力极限状态下,由可变作用控制的基本组合的效应设计值 S_d,应按下式确定:

$$S_d = \gamma_G S_{Gk} + \gamma_{Q1} S_{Q1k} + \gamma_{Q2} \psi_{c2} S_{Q2k} + \cdots + \gamma_{Qn} \psi_{cn} S_{Qnk} \tag{1-3}$$

式中　γ_G——永久作用的分项系数,按《荷载规范》的规定取值;

γ_{Qi}——第 i 个可变作用的分项系数,按《荷载规范》的规定取值。

对由永久作用控制的基本组合,也可采用简化规则,基本组合的效应设计值 S_d 可按下式确定:

$$S_d = 1.35 S_k \tag{1-4}$$

式中　S_k——标准组合的作用效应设计值。

基础顶面作用的荷载,来源于上部结构的力学解答,是框架柱、排架柱的柱端轴力、剪力、弯矩值,或墙体底部的轴力数值。这些数值的取值应根据最不利条件选取。例如偏心受压柱的柱端内力值有四种组合:

(1) $+M_{max}$ 及相应的 N、V;

(2) $-M_{max}$ 及相应的 N、V;

(3) N_{max} 及相应的 M、V;

(4) N_{min} 及相应的 M、V。

以上四种状况均可以传递至基础与地基土层,因此在计算基础底面尺寸时应以恒载(即永久荷载)为主,用第三种情况求解,而第一、二种情况也会发生,必须应用这两种情况求解基底最大压力值,验算基础底面尺寸是否满足。当计算基础沉降变形时不应计入风荷载和地震作用,其计算值小于地基变形的允许值。

1-3 地基类型 Types of Subgrade

1-3-1 天然地基 Natural Subgrade

1. 土质地基

在漫长的地质年代中,岩石经历风化、剥蚀、搬运、沉积生成土。按地质年代划分为“第四纪沉积物”,根据成因的类型分为残积物、坡积物和洪积物、平原河谷冲积物(河床、河漫滩、阶地)、山区河谷冲积物(较前者沉积物质粗、大多为砂粒所充填的卵石、圆砾)等。粗大的土粒是岩石经物理风化作用形成的碎屑,或是岩石中未产生化学变化的矿物颗粒,如石英和长石等;而细小土粒主要是化学风化作用形成的次生矿物和生成过程中混入的有机物质。粗大土粒其形状呈块状或粒状,而细小土粒其形状主要呈片状。土按颗粒级配或塑性指数可划分为碎石土、砂土、粉土和黏性土。碎石土和砂土的分类应符合表1-9、表1-10的规定。

表1-9 碎石土的分类

土的名称	颗粒形状	粒组含量
漂石 块石	圆形及亚圆形为主 棱角形为主	粒径大于200 mm的颗粒含量超过全重50%
卵石 碎石	圆形及亚圆形为主 棱角形为主	粒径大于20 mm的颗粒含量超过全重50%
圆砾 角砾	圆形及亚圆形为主 棱角形为主	粒径大于2 mm的颗粒含量超过全重50%

注:分类时应根据粒组含量栏从上到下以最先符合者确定。

表1-10 砂土的分类

土的名称	粒组含量
砾 砂	粒径大于2 mm的颗粒含量占全重的25%~50%
粗 砂	粒径大于0.5 mm的颗粒含量超过全重的50%
中 砂	粒径大于0.25 mm的颗粒含量超过全重的50%
细 砂	粒径大于0.075 mm的颗粒含量超过全重的85%
粉 砂	粒径大于0.075 mm的颗粒含量超过全重的50%

注:同表1-9注。

粒径大于0.075 mm的颗粒不超过全部质量的50%,且塑性指数等于或小于10的土,应定为粉土。

黏性土当塑性指数大于10,且小于或等于17时,应定为粉质黏土;当塑性指数大于17时,应定为黏土。土质地基一般是指成层岩石以外的各类土,在不同行业的规范中其名称与具体划分的标准略有不同。

地基与土的组成成分相同,不同点是前者为承受荷载的那部分土体,而后者是对地壳组成部分除岩层、海洋外的统称。由于地基是承受荷载的土体,因而在基础底面传给土层的外荷载作用下,土体内部将产生压、切应力与相应的变形。根据布西内斯克解答可以得到基础底面中心点下土体的竖向压应力沿深度的衰减曲线,当在某一深度处外荷载引起的竖向压应力值等于$0.1\sigma_{cz}$(σ_{cz}为该深度处土体的自重应力)时,基本将这一深度定为三维半无限空间土体中地基土体应力影响深度的下限值,也可从变形计算中压缩层厚度的概念确定其下限值(即在该值以下的土层产生的变形忽略不计)。确定地基土层的范围,并且已知构筑物通过基础传给土层的外荷载,即可求得地基土层的沉降变形。根据构筑物的具体要求可计算施工阶段的固结沉降、使用阶段的最终沉降,其数值均应在允许范围内。

土质地基承受建筑物荷载时,土体内部剪应力(也称切应力)数值不得超过土体的抗剪强度,并由此确定了地基土体的承载力。该地基承载力是决定基础底面尺寸的控制因素,其确定方法在土力学课程的有关部分详述。

土质地基处于地壳的表层,施工方便,基础工程造价较经济,是房屋建筑,中、小型桥梁,涵洞,水库,水坝等构筑物基础经常选用的持力层。

2. 岩石地基

当岩层距地表很近,或高层建筑、大型桥梁、水库水坝荷载通过基础底面传给土质地基,地基土体承载力、变形验算不能满足相关规范要求时,则必须选择岩石地基。例如,我国南京长江大桥的桥墩基础、三峡水库大坝的坝基基础等均坐落于岩石地基上。

岩石根据其成因不同,分为岩浆岩、沉积岩、变质岩。它们具有足够的抗压强度,颗粒间有较强的连接,除全风化、强风化岩石外均属于连续介质。它较土粒堆积而成的多孔介质的力学性能优越许多。硬质岩石的饱和单轴极限抗压强度可高达60 MPa以上,当岩层埋深浅、施工方便时,它应是首选的天然地基持力层。而岩层在建筑物荷载引起的压、剪应力分布的深度范围内,往往不是一种单一的岩石,而是由若干种不同强度的岩石组成。同时,由于地质构造运动引起地壳岩石变形和变位,岩层中形成多个不同方向的软弱结构面,或有断层存在。长期风化作用(昼夜、季节温差,大气及地下水中的侵蚀性化学成分的渗浸等)使岩体受风化程度加深,导致岩层的承载能力降低,变形量增大。根据风化程度,岩石分为未风化、微风化、中等风化、强风化、全风化。不同的风化等级对应不同的承载能力。实际工程中岩体产生的剪应力没有达到岩体的抗剪强度时,由于岩体中存在一些纵横交错的结构面,在剪应力作用下该软弱结构面产生错动,使得岩石的抗剪强度降低,导致岩体的承载能力降低。所以,当岩体中存在延展较大的各类结构面,特别是倾角较陡的结构面时,岩体的承载能力可能受该结构面的控制。

城市地下铁道的修建及公路、铁路中隧道的建设大部分是在岩石地基中形成地下洞室。洞室的洞壁与洞顶的岩层组成地下洞室围岩。一般情况下,在查明岩体结构特征和岩层中应力条件的基础上,根据岩体的强度和变形特点就可以判别围岩的稳定性。其稳定性与地下洞室某一洞段内比较发育的、强度最弱的结构面状态有关(包括张开度、充填物、起伏粗糙和延伸长度等情况)。目前,国际、国内的有关规范均以围岩的强度应力比(抗压强度与压应力之比)、岩体完整程度、结构面状态、地下水和主要结构面产状五项因素综合评定围岩的稳定性,同时采用围岩的强度应力比对稳定性进行分级。围岩强度与压应力比是反映围岩应力大小与围岩强度相对关系的定量指标。表 1-11 列出了国内外关于围岩的强度与压应力比值(强度应力比)的分级资料,采用该指标控制各类围岩的变形破坏特性。表中Ⅱ类以上为围岩中不允许出现塑性挤出变形,Ⅲ类为围岩中允许局部出现塑性变形。因此,围岩强度应力比数值在Ⅰ类围岩要求>4,Ⅱ类围岩要求>3,Ⅲ类围岩要求>2,Ⅳ类围岩要求>1,否则围岩类别要降低。

表 1-11　国内外关于围岩强度应力比的分级资料

法国隧道工程协会(AFTE)	强度应力比	>4		4~2	<2	
	应力状态等级及围岩稳定	初始应力状态弱,围岩充分稳定		初始应力状态中等,岩壁会产生破坏	初始应力状态强,围岩强度不足以保证围岩稳定	
日本吉川惠也	强度应力比	>4		4~2	<2	
	地压特征	不产生塑性地压		有时产生塑性地压	多产生塑性地压	
日本新奥法设计施工指南	强度应力比	>6	6~4	4~2	<2	
	围岩类别	$Ⅲ_N$(E类岩)	$Ⅱ_N$(D、E类岩)	I_N(D、E类岩)	I_S I_1(D、E类岩)	
国家标准GB 50086—2015《岩土锚杆与喷射混凝土支护工程技术规范》	强度应力比	—		—	>2	>1
	围岩类别	—		—	Ⅲ	Ⅳ
总参《坑道工程围岩分类》	强度应力比	—		—	>2	>1
	围岩类别	—		—	Ⅲ	Ⅳ
西南交通大学徐文焕建议	强度应力比	>4		>3	>2	>1
	围岩类别	Ⅰ		Ⅱ	Ⅲ	Ⅳ

3. 特殊土地基

我国地域辽阔,工程地质条件复杂。在不同的区域由于气候条件、地形条件、季风作用在成壤过程中形成具有独特物理力学性质的区域土概称为特殊土。我国特殊土地基通常有湿陷性黄土地基、膨胀土地基、冻土地基、红黏土地基等。

(1) 湿陷性黄土地基

湿陷性黄土是指在一定压力下受水浸湿,土结构迅速破坏,并发生显著附加下沉的黄土。湿陷性黄土主要为马兰黄土和黄土状土。前者属于晚更新世 Q_3 黄土;后者属于全新世 Q_4 黄土。在一定压力和充分浸水条件下,下沉到稳定为止的变形量称为总湿陷量。在地基计算中,当建筑物地基的压缩变形、湿陷变形或强度不满足设计要求时,应针对不同土质条件和使用要求,在地基压缩层内采取处理措施。高度大于 60 m 或 14 层及 14 层以上体型复杂的高层建筑、高度大于 100 m 的高耸结构、高度大于 50 m 的构筑物、对不均匀沉降有严格限制的甲类建筑,应消除地基的全部湿陷量。高度不大于60 m的高层建筑、高度为50~100 m的高耸结构、高度为30~50 m的构筑物、地基受水浸湿可能性较小的重要建筑等乙类建筑,应控制未处理土层的湿陷量不大于20 cm。对于一般构筑物,应控制未处理土层的湿陷量不大于30 cm。选择地基处理的方法,应根据建筑物的类别、湿陷性黄土的特性、施工条件和当地材料,并经综合技术经济比较确定。从而避免湿陷变形给建筑物的正常使用带来危害。在湿陷性黄土地基上设计基础的底面尺寸时,其承载力的确定应遵守相关的规定。

(2) 膨胀土地基

土中黏粒成分主要由亲水性矿物组成,同时具有显著的吸水膨胀和失水收缩两种变形特性的黏性土称为膨胀土。在一定压力下,浸水膨胀稳定后,土样增加的高度与原高度之比称为膨胀率。由于膨胀率的不同,在基底压力作用时,膨胀变形数值不同。反之,气温升高,水分蒸发引起的收缩变形数值也不相同。但基础某点的最大膨胀上升量与最大收缩下沉量之和应小于或等于建筑物地基容许变形值。如不满足,应采取地基处理措施。因而在膨胀土地区进行工程建设,必须根据膨胀土的特性和工程要求,综合考虑气候特点、地形地貌条件、土中水分的变化情况等因素,因地制宜,采取相应的设计计算与治理措施。

(3) 冻土地基

含有冰的土(岩)称为冻土。冻结状态持续两年或两年以上的土(岩)称为多年冻土。地表层冬季冻结、夏季全部融化的土称为季节冻土。冻土中易溶盐的含量超过规定的限值时称为盐渍化冻土。冻土由土颗粒、冰、未冻水、气体四相组成。低温冻土作为建筑物或构筑物基础的地基时,强度高、变形小,甚至可以看成是不可压缩的。高温冻土在外荷载作用下表现出明显的塑性,在设计时,不仅要进行强度计算,还必须考虑按变形进行验算。

利用多年冻土作地基时(例如青藏公路、铁路与沿线的房屋和构筑物),由于土在冻结与融化两种不同状态下,其力学性质、强度指标、变形特点与构造的热稳定性等相差悬殊,当从一种状态过渡到另一种状态时,一般情况下将发生强度由大到小、变形由小到大的突变。因此,在施工、设计中要特别注意建筑物周围的环境生态平衡,保护覆盖植被,避免地温升高,减少冻土地基的融沉量。

在季节冻土地区的地基,一个年度周期内经历未冻土—冻结土的两种状态。因此,季节冻土地区的地基基础设计,首先应满足非冻土地基中有关规范的规定,即在长期荷载作用下,地基变形值在允许数值范围内,在最不利荷载作用下地基不发生失稳。然后根据有关冻土地基规范的规定计算冻结状态引起的冻胀力大小和对基础工程的危害程度。同时应对冻胀力作用下基础的稳定性进行验算。冻土地基的最大特点是土的工程性质与土温息息相关,土温又与气温相关。土温和气温的数值不相等,这是因为气温升高或降低产生的热辐射能,首先被土中水发生相变(水变成冰或反之)而消耗;其次土中的其他组成成分吸热或放热导致土体温度改变。当地温降低时,土中水由液态转为固态引起体积膨胀,弱结合水的水分迁移加大了膨胀数值,这种向上膨胀的趋势给地基中的基础增加了非冻土中不存在的向上冻胀力。地温升高时,土中冰转为液态水,体积收缩,土的刚度减弱,引起很大的沉降变形,产生非冻土中不存在的融沉现象。当融沉产生不均匀变形时,引起道路开裂、边坡滑移、房屋倾斜、基础失稳,有关这方面的计算将在第7章详述。

(4) 红黏土地基

红黏土为碳酸盐岩系的岩石经红土化作用(岩石在长期的化学风化作用下的成土过程)形

成的高塑性黏土，其液限一般大于 50%。经再搬运后仍保留红黏土基本特征，液限大于 45% 的土为次生红黏土。红黏土的天然含水率几乎与塑限相等，但液性指数较小，说明它以含结合水为主。红黏土的含水率虽高，但土体一般为硬塑或坚硬状态，具有较高的强度和较低的压缩性。颜色呈褐红、棕红、紫红及黄褐色。

红黏土是原岩化学风化剥蚀后的产物，因此其分布厚度主要受地形与下卧基岩面的起伏程度控制。地形平坦，下卧基岩起伏小，厚度变化不大；反之，在小范围内厚度变化较大，而引起地基不均匀沉降。在勘察阶段应查清岩面起伏状况，并进行必要的处理。

1-3-2 人工地基 Artificial Subgrade

土质地基中含水率大于液限，孔隙比 $e \geqslant 1.5$ 或 $1.0 \leqslant e < 1.5$ 的新近沉积黏性土为淤泥、淤泥质黏土、淤泥质粉质黏土、淤泥混砂、泥炭及泥炭质土。这类土具有强度低、压缩性高、透水性差、流变性明显和灵敏度高等特点，普遍承载能力较低。它们大部分是海河、黄河、长江、珠江等江河入海地区的主要地层。以上这类土都称为软黏土。当建筑物荷载在基础底部产生的基底压力大于软黏土层的承载能力或基础的沉降变形数据超过建筑物正常使用的允许值时，必须通过置换、夯实、挤密、排水、胶结、加筋和化学处理等方法对软土地基进行处理与加固，使其性能得以改善，以满足承载能力或沉降的要求。这种地基称为人工地基。

在软土地基或松散地基（回填土、杂填土、松软砂）中设置由散体材料（土、砂、碎石等）或弱胶结材料（石灰土、水泥土等）构成的加固桩柱体（亦称增强体），与桩间土一起共同承受外荷载，这类由两种不同强度的介质组成的人工地基，称为复合地基。复合地基中的桩柱体与桩基础的桩不同。前者是人工地基的组成部分，起加固地基的作用，桩柱体与土协调变形，共同受力，两者是彼此不可分割的整体；后者将结构荷载传递给深部地基土层，桩可单独承受外荷载，由刚度大的材料组成且与承台或上部结构作刚性连接。桩柱体通过排水、挤土或原位搅拌等方式，使一部分地基土被置换为或转变成具有较高强度和刚度的增强体，这种作用称为置换作用。在成桩过程中，砂石桩的排水作用、石灰桩的膨胀吸水作用，对桩间土形成侧向挤压，使土质得以改善，这种作用称为挤密作用。

人工地基一般是在基础工程施工以前，根据地基土的类别、加固深度、上部结构要求、周围环境条件、材料来源、施工工期、施工技术与设备条件进行地基处理方案选择、设计，力求达到方法先进、经济合理的目的。

1-4 基础类型 Types of Foundation

1-4-1 浅基础 Shallow Foundation

1. 单独基础

小跨度桥梁墩台下、单层工业厂房排架柱下或公共建筑框架柱下常采用单独基础，或称独立基础,见图 1-3。由于每个基础的长、宽可以自由调整,因此当框架柱荷载不等时,通常可以采用该类型基础,调整相邻柱的基础底面积,控制不均匀沉降的差值达到允许值。有时墙下采用单独基础,在基础顶面设置钢筋混凝土过梁,并于梁上砌砖墙体,见图 1-4。单独基础采用抗弯、抗剪强度低的砌体材料(如砖、毛石、素混凝土等)且满足刚度要求时,通常称为刚性基础;而采用抗弯、抗剪强度高的钢筋混凝土材料时,称为柱下钢筋混凝土独立基础,简称扩展基础。

图 1-3 柱下单独基础

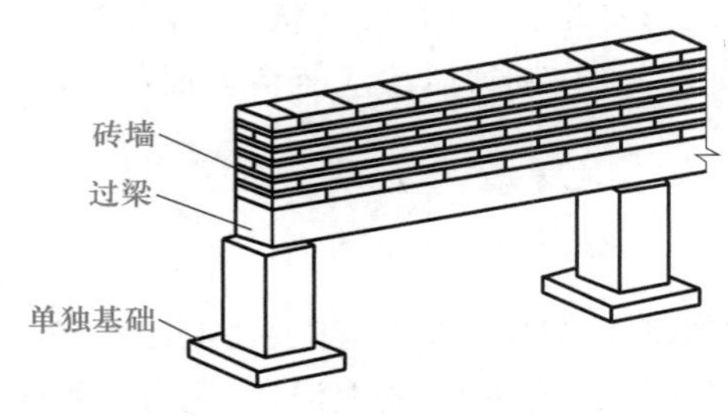

图 1-4 墙下单独基础(有钢筋混凝土过梁)

2. 条形基础

当柱的荷载过大,地基承载力不足时,可将单独基础底面联结形成柱下条形基础承受一排柱列的总荷载,见图 1-5。民用住宅砌体结构大部分采用墙下条形基础,此时按每延米墙体传递的荷载计算墙下条形基础的宽度,见图 1-6。条形基础分别采用抗弯强度低和抗剪强度高的材料时,称为刚性基础和扩展基础(墙下钢筋混凝土条形基础)。

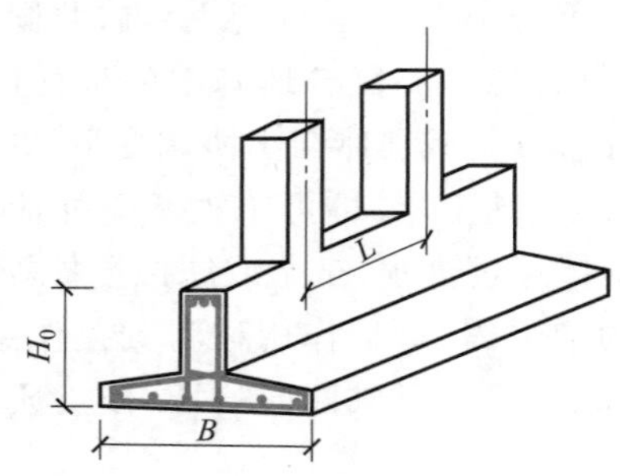

图 1-5 柱下条形基础

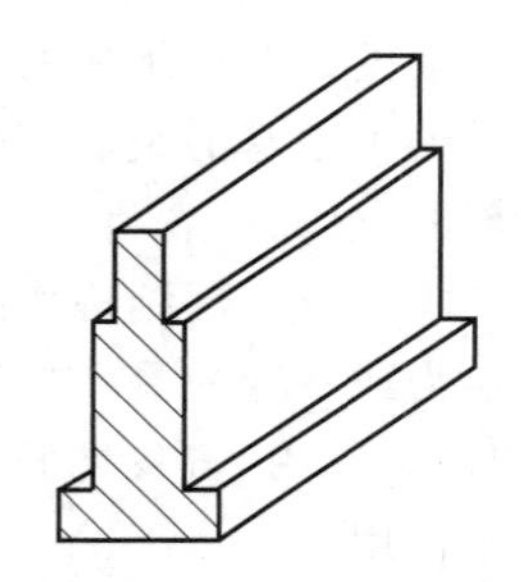

图 1-6 墙下条形基础

3. 十字交叉基础

柱下条形基础在柱网的双向布置,相交于柱位处,形成交叉条形基础。当地基软弱、柱网的柱荷载不均匀、需要基础具有空间刚度以调整不均匀沉降时多采用此类型基础,见图 1-7。

4. 筏形和箱形基础

砌体结构房屋的全部墙底部,框架、剪力墙的全部柱、墙底部用钢筋混凝土平板或带梁板覆盖全部地基土体的基础形式称为筏形基础(如将广阔的土体地基视为大海,则这平板就如一片竹筏,从而称为筏形基础)。当持力层埋深较浅或经人

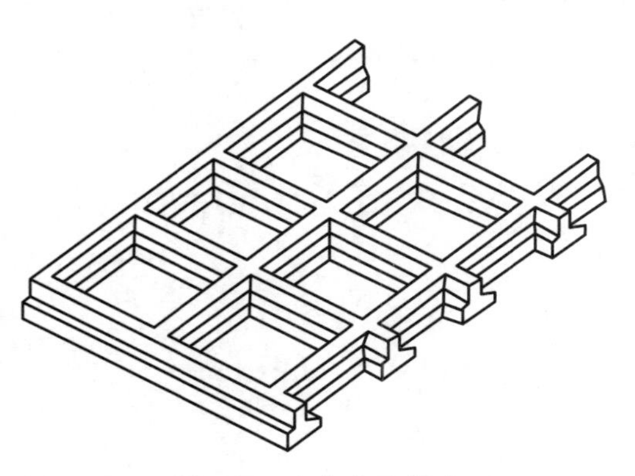

图 1-7 十字交叉基础

工处理得到硬壳持力层时采用墙下等厚度平板式筏形基础较为合理。柱下筏形基础在构造上，沿纵、横柱列方向加肋梁，成为梁板式筏形基础，见图 1-8。

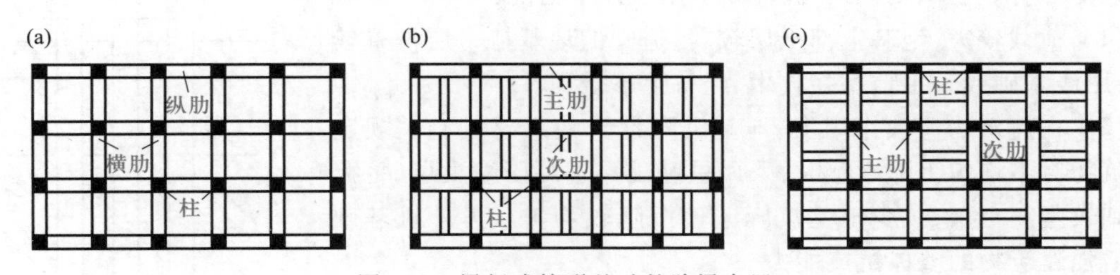

图 1-8 梁板式筏形基础的肋梁布置

（a）纵横向都是主肋；（b）纵向为主肋，横向为次肋；（c）横向为主肋，纵向为次肋

箱形基础是由钢筋混凝土的底板、顶板和内外纵横墙体组成的格式空间结构，其埋深大、整体刚度好。由于箱形基础刚度很大，在荷载作用下，建筑物仅发生大致均匀的沉降与不大的整体倾斜（图 1-9）。箱形基础是高层建筑人防工程必需的基础形式。箱形基础的中空结构形式，使得基础自重小于开挖基坑卸去的土重，基础底面的附加压力值 p_0 将比实体基础减少，从而提高了地基土层的稳定性，降低了基础沉降量。在地下水位较高的地区采用箱形基础进行基坑开挖时，要考虑人工降低地下水位、坑壁支护和对相邻建筑物的影响问题。箱形基础的缺点是施工技术复杂、工期长、造价高，应与其他基础方案比较后择优选用。

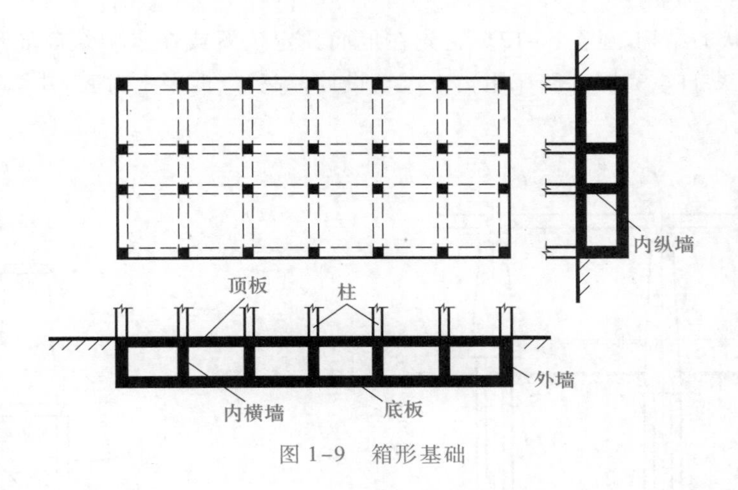

图 1-9 箱形基础

1-4-2 深基础

Deep Foundation

1. 桩基础

桩基础是将上部结构荷载通过桩穿过较弱土层传递给下部坚硬土层的基础形式。它由若干根桩和承台两个部分组成。桩是全部或部分埋入地基土中的钢筋混凝土（或其他材料）柱体。

承台是框架柱下或桥墩、桥台下的锚固端,使上部结构荷载可以向下传递,同时将全部桩顶箍住,将上部结构荷载传递给各桩,使其共同承受外力。见图1-10。桩基础多用于以下情况:

(1) 荷载较大,地基上部土层较弱,适宜的地基持力层位置较深,采用浅基础或人工地基在技术、经济上不合理。

(2) 在建筑物荷载作用下,地基沉降计算结果超过有关规定或建筑物对不均匀沉降敏感时,采用桩基础穿过高压缩土层,将荷载传到较坚实土层,减少地基沉降并使沉降较均匀。另外桩基础还能增强建筑物的整体抗震能力。

(3) 当施工水位或地下水位较高,河道冲刷较大,河道不稳定或冲刷深度不易计算准确而采用浅基础施工困难时,多采用桩基础。

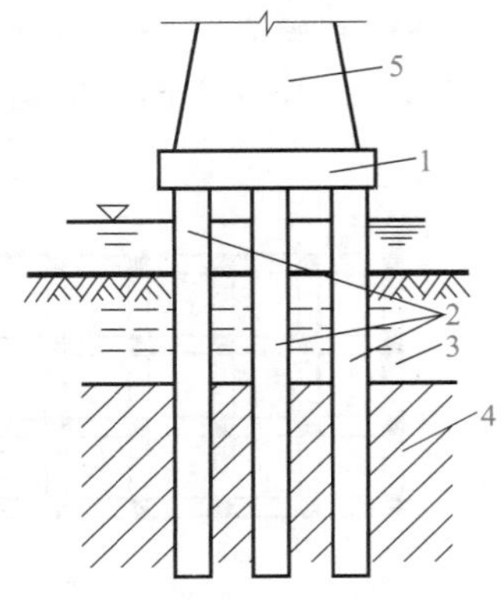

1—承台;2—基桩;3—松软土层;4—持力层;5—墩身

图1-10　桩基础

桩基础按承台位置可分为低承台桩基础和高承台桩基础(图1-11);按受力条件可分为端承型桩、摩擦型桩;按施工条件可分预制桩、灌注桩;按挤土效应可分为大量排土桩、小量排土桩和不排土桩。当高层建筑荷载较大,箱形基础、筏形基础不能满足沉降变形、承载能力要求时,往往采用桩箱基础、桩筏基础的形式。对于桩箱基础,宜将桩布置于墙下;对于带梁(肋)桩筏基础,宜将桩布置于梁(肋)下。这种布桩方法对箱、筏底板的抗冲切、抗剪十分有利,可以减小箱基或筏基的底板厚度。

2. 沉井和沉箱基础

沉井是井筒状的结构,见图1-12。它先在地面预定位置或在水中筑岛处预制井筒结构,然后在井内挖土、依靠自重克服井壁摩阻力下沉至设计标高,经混凝土封底,并填塞井内部,使其成为建筑物深基础。

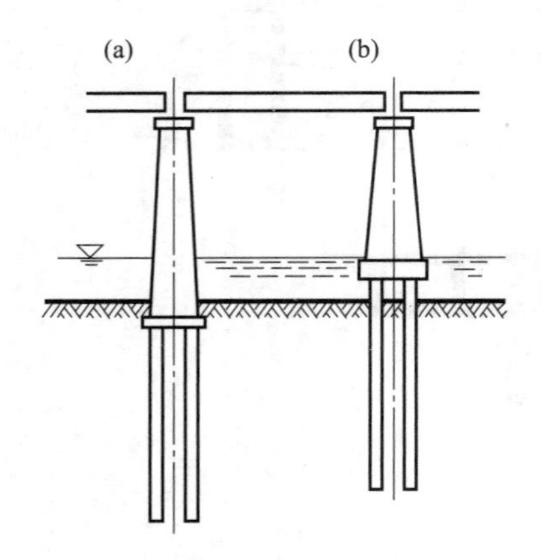

图1-11　低承台桩基础和高承台桩基础

(a) 低承台桩;(b) 高承台桩

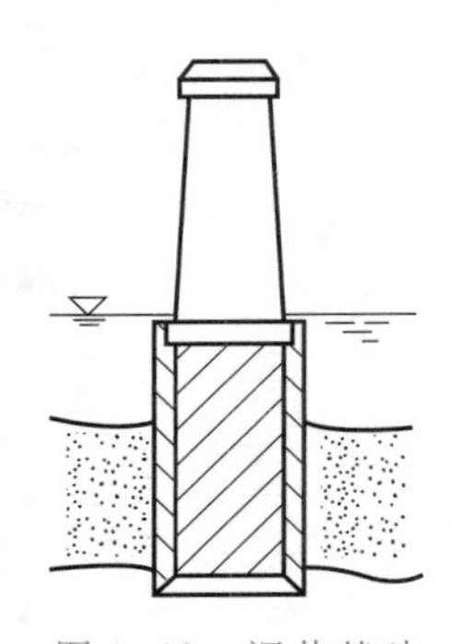
图1-12　沉井基础

沉井既是基础,又是施工时挡水和挡土的围堰结构物,在桥梁工程中得到较广泛的应用。沉井基础的缺点是施工期较长;当其置于细砂及粉砂类土中,在井内抽水时易发生流砂现象,造成沉井倾斜;施工过程中遇到土层中有大孤石、树干等时下沉困难。

沉井基础多在下列情况下采用：

（1）上部结构荷载较大，而表层地基土承载力不足，做深基坑开挖工作量大，基坑的坑壁在水、土压力作用下支撑困难，而在一定深度下有好的持力层，采用沉井基础较其他类型基础经济合理。

（2）在山区河流中，虽然土质较好，但冲刷大，或河中有较大卵石，采用桩基础施工不方便。

（3）岩石表面较平、埋深浅，而河水较深，采用扩展基础施工围堰有困难时，多采用沉井基础。

沉箱是一个有盖无底的箱形结构，见图 1-13。水下施工时，为了保持箱内无水，需压入压缩空气将水排出，使箱内保持的压力在沉箱刃脚处与静水压力平衡，因而又称为气压沉箱，简称沉箱。沉箱下沉到设计标高后用混凝土将箱内部的井孔灌实，成为建筑物的深基础。

沉箱基础的优点是整体性强，稳定性好，能承受较大的荷载，沉箱底部的土体持力层质量能得到保证。缺点是工人在高压无水条件下工作，挖土效率不高甚至有害于健康。为了工人的安全，沉箱的水下下沉深度不得超过 35 m（相当于增大了 3.5 kPa 的压力），因此其应用范围受到限制。由于存在以上缺点，目前在桥梁基础工程中较少采用沉箱基础。

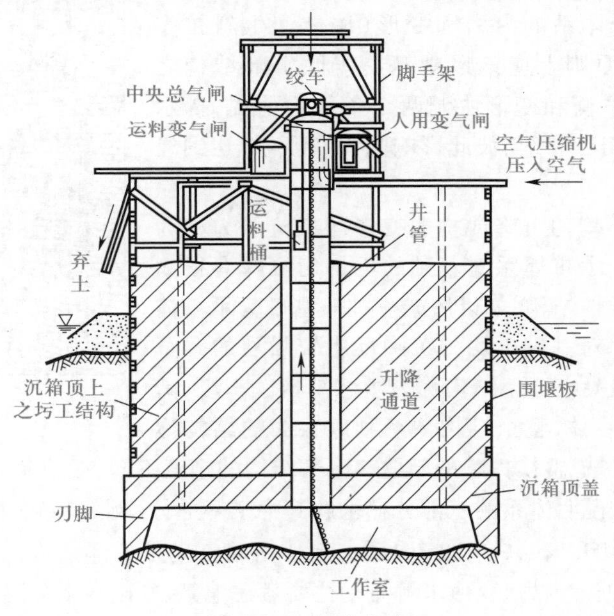

图 1-13　沉箱基础

3. 地下连续墙深基础

地下连续墙是基坑开挖时，防止地下水渗流入基坑，支挡侧壁土体坍塌的一种基坑支护形式或直接承受上部结构荷载的深基础形式。它是在泥浆护壁条件下，使用开槽机械，在地基中按建筑物平面的墙体位置形成深槽，槽内以钢筋、混凝土为材料构成地下钢筋混凝土墙。

1-2
逆作法施工模拟

地下连续墙的嵌固深度根据基坑支挡计算和使用功能相结合决定。宽度往往由其强度、刚度要求决定，与基坑深浅和侧壁土质有关。地下连续墙可穿过各种土层进入基岩，有地下水时无须采取降低地下水位的措施。作为建筑物的深基础时，地下连续墙可以地下、地上同时施工，因此在工期紧张的情况下，可采用“逆作法”施工。目前在桥梁基础、高层建筑箱基、地下车库、地铁车站、码头等工程中都有应用成功的实例。它既是地下工程施工时的临时支护结构，又是永久建筑物的地下结构部分。

1-5 地基、基础与上部结构共同工作 Interaction between Subgrade, Foundation and Superstructure

1-5-1 共同工作的概念 Concept of Interaction

砌体结构的多层房屋由于地基不均匀沉降而产生开裂，见图1-14。这说明上部结构、基础、地基不仅在接触面上保持静力平衡（如基础底面处基底压力与基底反力平衡），并且三者相互联系成整体承担荷载并发生变形。这时，三部分都将按各自的刚度对变形产生相互制约的作用，从而使整个体系的内力和变形（墙体产生斜拉裂缝）发生变化。因此，原则上应该以地基、基础、上部结构之间必须同时满足静力平衡和变形协调两个条件为前提，揭示它们在外荷载作用下相互制约、彼此影响的内在联系，达到经济、安全的设计目的。

图1-14 不均匀沉降引起砌体开裂

上部结构对基础不均匀沉降或挠曲变形的抵抗能力称为上部结构的刚度。整个承重体系对基础的不均匀沉降有很大的顺从性的结构称为柔性结构，如以屋架—柱—基础为承重体系的结构和排架结构。对基础不均匀沉降反应较强烈的砖石砌体承重结构和钢筋混凝土框架结构称为敏感结构。水塔、高炉这类上、下结构浑然一体，整个结构体系刚度很大的结构称为刚性结构，此时尚需考虑整体失稳的问题。上部结构的刚度不同，在地基发生变形时对不均匀沉降的顺从反应不同。这说明体系的三部分在求解其中某一部分（例如基础）的内力、变形时，必须考虑其他两部分对其的影响。在共同工作中起主导作用的首先是上部结构，其次才是地基土体和基础，因而在对基础工程进行内力、变形求解时往往要考虑地基、基础与上部结构的相互作用。

1-5-2 地基与基础的相互作用 Interaction between Subgrade and Foundation

求解基础内力时，基底反力是作用在基础上的重要荷载，由于基础刚度对地基变形的顺从性差别较大，因此基底反力的分布规律不相同。对于柔性基础，基础的挠度曲线为中部大、边缘小，见图1-15a。如果要使基础底面的挠度曲线转变为沉降各点相同的直线，则基础必须具有无限大的抗弯刚度，受载后基础不产生挠曲。当基础顶面承受的外荷载合力通过基底形心时，基底的沉降处处相等。此类基础称为刚性基础，即沉降后基础底面仍保持平面。因此与刚性基础相比，对柔性基础，只有增大边缘处的变形值，减小中部的变形值，才可能达到沉降后基础底面保持平面的目的，见图1-15b。变形是与基底反力的数值息息相关的，此时基底反力的分布必须中间数值减小，边缘数值增大。刚性基础这种跨越基底中部，将荷载相对集中地传至基底边缘的现象称为基础的“架越作用”。基础的架越作用使边缘处的基底反力增大，但根据库仑定律与极限平衡理论，其数值不可能超过地基土体的强度，因而势必引起基底反力的重新分布。有些试验在基础底面埋设压力盒实测的基底反力的分布图为马鞍形，证明了这一观点。随着荷载的增加，基底边缘处土体的剪应力增大到与其抗剪强度达到极限平衡时，土体中产生塑性区，塑性区内的土体退出工作，继续增加的荷载必须靠基底中部反力的增大来平衡，因而基底反力图由马鞍形逐渐变为抛物线形，地基土体接近整体破坏时将成为钟形。综上所述，基底反力的数值求解与基础刚度关系密切。

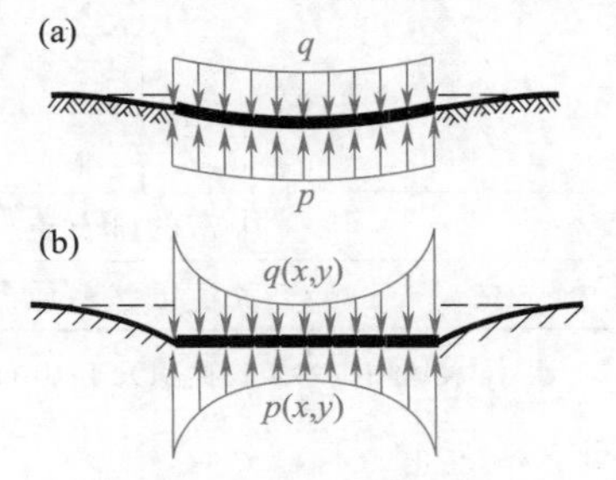

图 1-15　绝对柔性基础的基底反力和沉降

(a) 荷载均布时，$p(x,y)$ = 常数；
(b) 沉降均匀时，$p(x,y)\neq$ 常数

基底压力是地基土体产生沉降变形的根本原因，因此土力学中关于地基计算模型的理论确定了地基沉降与基底压力之间的数学计算方法后，可求得基础底面某点处的土体沉降数值。该数值应与基础在该点的挠度数值相等。两个相等的量可以建立方程，在该点基底反力与基底压力相等，地基土体沉降数值与基础底面挠度数值相等，两个方程可以解决基底反力与沉降变形数值的计算问题。但由于建立的是微分方程，其解析解只能在简单的情况下得出。其他情况必须利用有限单元法或有限差分法等求得问题的数值解。

1-5-3　线性变形体的地基模型

Foundation Models of Linear Deformable Body

1. 文克勒地基模型

1867 年文克勒(Winkler)提出土体表面任一点的压力强度与该点的沉降成正比的假设。即

$$p=ks \tag{1-5}$$

式中　p——土体表面某点单位面积上的压力，kN/m^2；

s——相应于某点的竖向位移，m；

k——基床系数，kN/m^3。

当地基土软弱(例如淤泥、软黏土地基)，或当地基的压缩层较薄，与基础最大的水平尺寸相比成为很薄的“垫层”时，宜采用文克勒地基模型进行计算。公式中的基床系数可按静载试验结果确定或按压缩试验确定。国内外的学者与工程技术人员根据试验资料和工程实践对基床系数的确定积累了经验数值，如表 1-12、表 1-13 所示，供参考。

表 1-12　基床系数 k 的经验值

土的类别		基床系数 $k/(10^4\ kN/m^3)$
弱淤泥质或有机土		0.5～1.0
黏土	软弱状态	1.0～2.0
	可塑状态	2.0～4.0
	硬塑状态	4.0～10.0

续表

土的类别		基床系数 $k/(10^4\ kN/m^3)$
砂土	松散状态	1.0～1.5
	中密状态	1.5～2.5
	密实状态	2.5～4.0
中密的砾石土		2.5～4.0
黄土及黄土状粉质黏土		4.0～5.0

注：本表适用于建筑物面积大于 10 m^2 的情况。

表 1-13 Bowles 提出的 k 值范围

土类		$k/(kN/m^3)$
砂土	松砂	4 800～16 000
	中等密实砂	8 000～9 600
	密实砂	12 800～64 000
	中密的黏质砂土	32 000～80 000
	中密粉砂	24 000～48 000
黏土	$q_u \leqslant 200$ kPa	12 000～24 000
	$200 < q_u \leqslant 400$ kPa	24 000～48 000
	$q_u > 400$ kPa	>48 000

注：q_u 为土的无侧限抗压强度。

2. 弹性半空间地基模型

将地基土体视为均质弹性半空间体，当其表面作用一集中力 F 时，由布西内斯克解，可得弹性半空间体表面任一点的竖向位移：

$$y=\frac{F(1-\nu^2)}{\pi Er} \tag{1-6}$$

式中 r——集中力到计算点的距离；

E——弹性材料的弹性模量；

ν——弹性材料的泊松比。

设矩形地基（面积为 $b\times c$）上作用均布荷载 p（图 1-16），将坐标原点置于矩形的中心点 j，利用式（1-6）对整个矩形面积积分，求得在 x 轴上 i 点的竖向位移为

$$y_{ij}=2p\int_{\xi=x-\frac{c}{2}}^{\xi=x+\frac{c}{2}}\int_{\eta=0}^{\eta=\frac{b}{2}}\frac{1-\nu^2}{\pi E}\frac{d\xi d\eta}{\sqrt{\xi^2+\eta^2}}=\frac{1-\nu^2}{\pi E}pbF_{ij} \tag{1-7}$$

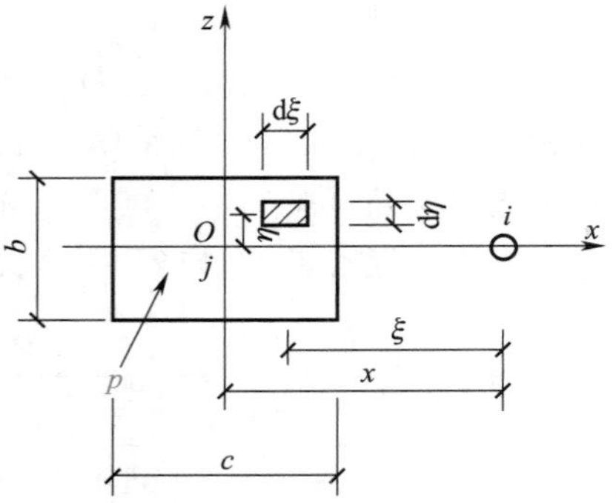

图 1-16 弹性半空间体表面的位移计算

式中 p——均布荷载；

b——矩形面积的宽度；

F_{ij}——系数。

由于弹性半空间地基模型假设地基土体是各向均质的弹性体，因而往往导致该模型的扩散能力超过地基的实际情况，计算所得的基础位移和基础内力都偏大。但是，该模型求解基底各点的沉降时不仅与该点的压力大小相关，而且与整个基底其他点的反力有关，因而它比文克勒地基模型进了一步。同时，对基底的积分可以用数值方法求得近似解答。即

$$\boldsymbol{s}=\boldsymbol{f}\boldsymbol{F} \tag{1-8}$$

式中　$\boldsymbol{s}$——基底各网格中点沉降列向量；

$\boldsymbol{F}$——基底各网格集中力列向量；

$\boldsymbol{f}$——地基的柔度矩阵。

地基柔度矩阵 $\boldsymbol{f}$ 中的各元素 f_{ij}，当 $i\neq j$ 时，可近似按式(1-6)计算，当 $i=j$ 时，按式(1-7)计算。

3. 分层地基模型

天然土体具有分层的特点，每层土的压缩特性不同。基底荷载作用下土层中应力扩散范围随深度增加而扩大，附加应力数值减小，由该数值引起的地基沉降值小于有关规定时，该深度即为地基的有限压缩层厚度。分层地基模型亦称为有限压缩模型，它根据土力学中分层总和法求解基础沉降的基本原理求解地基的变形，使其结果更符合实际。用分层总和法计算基础沉降的公式为

$$s=\sum_{i=1}^{n}\frac{\overline{\sigma}_{zi}\Delta H_i}{E_{si}} \tag{1-9}$$

式中　$\overline{\sigma}_{zi}$——第 i 土层的平均附加应力，kN/m^2；

E_{si}——第 i 土层的压缩模量，kN/m^2；

ΔH_i——第 i 土层的厚度，m；

n——压缩层深度范围内的土层数。

采用数值方法计算时，可按图 1-17 将基础底面划分为 n 个单元，设基底 j 单元作用的集中附加压力 $F_j=1$，由布西内斯克解得 $F_j=1$ 时作用在 i 单元中点下第 k 土层中点产生的附加应力 σ_{kij}，由式(1-9)可得 i 单元中点沉降计算公式

$$f_{ij}=\sum_{k=1}^{m}\frac{\sigma_{kij}\Delta H_{ki}}{E_{ski}} \tag{1-10}$$

式中　f_{ij}——单位力作用下 i 单元中点沉降值，m；

ΔH_{ki}——i 单元下第 k 土层的厚度，m；

E_{ski}——i 单元下第 k 土层的压缩模量，kN/m^2；

m——i 单元下的土层数。

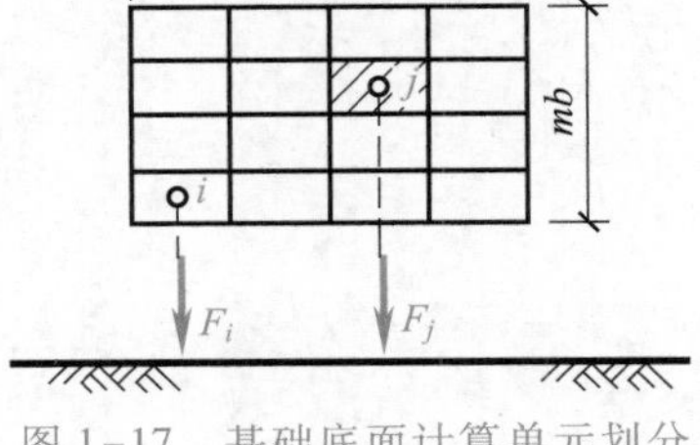

图 1-17　基础底面计算单元划分

根据叠加原理，i 单元中点的沉降 s_i 为基底各单元压力分别在该单元引起的沉降之和，即

$$s_i=\sum_{i=1}^{n}f_{ij}F_j \tag{1-11}$$

或写成

$$\boldsymbol{s}=\boldsymbol{f}\boldsymbol{F}$$

式中字母含义与式(1-8)相同。

分层地基模型改进了弹性半空间地基模型地基土体均质的假设，更符合工程实际情况，因而被广泛应用。模型参数可由压缩试验结果取值。

目前，共同工作概念与计算方法已有较大的进展，相信在不久的将来会在实际工程技术设计中得到广泛的应用。

1-6 小结 Summary

（1）基础选型应保证其沉降变形、传力路线与上部结构相适应，并经过两种以上基础形式比选后确定。

（2）基础底面是结构全部荷载传递给地基土层的施力作用位置，由于地基土层在形成过程中具备独特的物理力学性质，因此施加的压力不能超过土层的承载能力，必须根据岩土工程地质勘察报告选择持力层，如不满足时应进行地基处理。

（3）基础工程设计的基本任务是根据设计基本规定对地基承载力、沉降变形、稳定性进行计算，满足相关规定。基础结构的尺寸、构造和材料应满足最不利荷载条件下的强度、刚度和耐久性的要求。

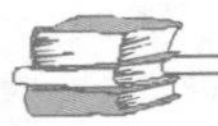

思考题与习题 Questions and Exercises

1-1 简述基础工程设计的基本原则与目的。

1-2 试述土质地基、岩石地基的优缺点。

1-3 简述基础工程常用的几种基础形式的适用条件。

1-4 试述上部结构、基础、地基共同工作的概念。

第2章
Chapter 2

刚性基础与扩展基础
Rigid and Spread Foundation

本章学习目标：

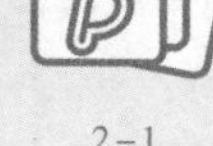

2-1
教学课件

熟悉刚性基础与扩展基础的构造要求。

掌握影响浅基础埋置深度的主要因素。

掌握浅基础地基承载力的确定方法，并熟练应用。

掌握根据持力层承载力确定浅基础底面尺寸的方法，并能够对软弱下卧层进行强度验算。

熟悉墙下钢筋混凝土条形基础和柱下钢筋混凝土独立基础的设计内容及应用。

掌握地基的变形特征，了解根据不同的结构进行不同特征变形验算的内容。

2-1 概述
Introduction

2-1-1 刚性基础的构造要求
Constitution Requrements of Rigid Foundation

工程实践中，常采用素混凝土、砖、毛石等材料修筑基础，上述材料的共同特点是具有较大的抗压强度，而抗弯、抗剪强度较低。在外力作用下，基础底面将承受地基的反力，工作条件像倒置的两边外伸的悬臂，这种结构受力后，在靠近柱、墙边或断面高度突然变化的台阶边缘处容易产生弯曲破坏或剪切破坏，因此，设计时必须保证基础的拉应力和剪应力不超过相应的材料强度设计值。这种保证通常是通过对基础构造的限制来实现的，这种限制通常保证基础每个台阶的宽度与高度之比都不超过相应的允许值。每个台阶的宽度与高度的比值为图 2-1 中所示 α_{max} 角的正切值，台阶宽度与高度比值的允许值所对应的角

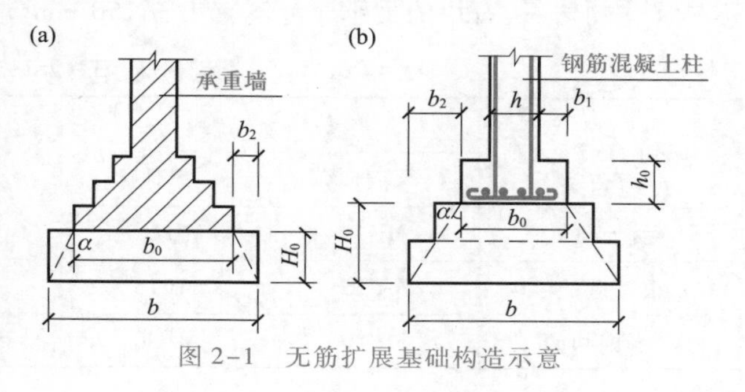

图 2-1 无筋扩展基础构造示意

度 α_{max} 称为刚性角。不同材料无筋扩展基础台阶宽高比的允许值见表2-1,其值与基础材料及基底反力大小有关。在这样的限制下,基础的高度相对都比较大,几乎不发生挠曲变形,这种由素混凝土、砖、毛石等材料砌筑、高度由刚性角控制的基础称为刚性基础,或称无筋扩展基础。

表2-1 无筋扩展基础台阶宽高比的允许值

基础材料	质量要求	台阶宽高比的允许值		
		$p_k \leqslant 100$	$100 < p_k \leqslant 200$	$200 < p_k \leqslant 300$
混凝土基础	C15混凝土	1:1.00	1:1.00	1:1.25
毛石混凝土基础	C15混凝土	1:1.00	1:1.25	1:1.50
砖基础	砖不低于MU10,砂浆不低于M5	1:1.50	1:1.50	1:1.50
毛石基础	砂浆不低于M5	1:1.25	1:1.50	—
灰土基础	体积比为3:7或2:8的灰土,其最小干密度:粉土1 550 kg/m³;粉质黏土1 500 kg/m³;黏土1 450 kg/m³	1:1.25	1:1.50	—
三合土基础	体积比1:2:4~1:3:6(石灰:砂:骨料),每层约虚铺220 mm,夯至150 mm	1:1.50	1:2.00	—

注:1. p_k 为作用的标准组合时基础底面处的平均压力值,kPa。
2. 阶梯形毛石基础的每阶伸出宽度不宜大于200 mm。
3. 当基础由不同材料叠合组成时,应对接触部分作抗压验算。
4. 混凝土基础单侧扩展范围内基础底面处的平均压力值超过300 kPa时,尚应进行抗剪验算;对基底反力集中于立柱附近的岩石地基,应进行局部受压承载力验算。

刚性基础除了有上述刚性角的限制之外,在砌筑材料方面也有一定要求。

1. 砖和砂浆

砖和砂浆砌筑基础所用砖和砂浆的强度等级,根据地基土的潮湿程度和地区的严寒程度不同而要求不同。地面以下或防潮层以下的砖砌体,所用材料强度等级不得低于表2-2所规定的数值。

2. 石材

料石(经过加工,形状规则的块石)、毛石和大漂石有相当高的抗压强度和抗冻性,是基础的良好材料。特别在山区,石材可以就地取材,应该被充分利用。做基础的石材要选用质地坚硬、不易风化的岩石,石块的最小厚度不宜小于150 mm。对石材的强度等级要求见表2-2。

表2-2 基础用砖、石材及砂浆最低强度等级

地基的潮湿程度	黏土砖		石材	白灰、水泥混合砂浆	水泥砂浆
	严寒地区	一般地区			
稍潮湿的	MU10	MU7.5	MU20	M2.5	M2.5
很潮湿的	MU15	MU15	MU20	M5	M5
含水饱和的	MU20	MU20	MU30	—	M5

3. 混凝土

混凝土的抗压强度、耐久性、抗冻性都较砖好，且便于机械化施工，但水泥耗量较大，造价稍高，且一般需要支模板，较多用于地下水位以下的基础。强度等级一般常采用 C10 ~ C15。为了节约水泥用量，可以在混凝土中掺入不超过基础体积 20% ~30% 的毛石，称为毛石混凝土基础。

4. 灰土

我国华北和西北地区，环境比较干燥，且冻胀性较小，常采用灰土做基础。灰土是经过消解后的石灰粉和黏性土按一定比例加适量的水拌和夯击而成，其配合比为 3 : 7 或 2 : 8，一般采用 3 : 7，即 3 份石灰粉 7 份黏性土（体积比），通常称“三七灰土”。

灰土在水中硬化慢，早期强度低，抗水性差；此外，灰土早期的抗冻性也较差。所以，灰土作为基础材料，一般只用于地下水位以上。

5. 三合土

三合土一般由消石灰、砂或黏性土和碎砖组成，其体积比为 1 : 2 : 4 或 1 : 3 : 6，亦称碎砖三合土。三合土所用的碎砖，其粒径应为 20 ~ 60 mm，不得夹有杂物；砂或黏性土中不得有草根、贝壳等有机杂物。

刚性基础的特点是稳定性好，施工简便，因此只要地基承载力能够满足要求，它就是房屋、桥梁、涵洞等结构物首先考虑的基础形式。它的主要缺点是用料多，自重大。当基础承受荷载较大，按地基承载力确定的基础底面宽度也较大时，为了满足刚性角的要求，则需要较大的基础高度，导致基础埋深增大。所以，刚性基础一般适于 6 层和 6 层以下（三合土基础不宜超过 4 层）的民用建筑、砌体承重的厂房及荷载较小的桥梁基础。

2-1-2 钢筋混凝土扩展基础的构造要求
Constitution Requrements of R. C. Spread Foundation

当不便于采用刚性基础或采用刚性基础不经济时，可以选择钢筋混凝土基础。柱下钢筋混凝土独立基础和墙下钢筋混凝土条形基础，统称为钢筋混凝土扩展基础。钢筋混凝土扩展基础的抗弯和抗剪性能良好，可在竖向荷载较大、地基承载力不高等情况下使用。该类基础的高度不受台阶宽高比的限制，其高度比刚性基础小，适宜于需要“宽基浅埋”的情况。例如，有些建筑场地浅层土承载力较高，即表层具有一定厚度的所谓“硬壳层”，而当该硬壳层下土层的承载力较低，并拟利用该硬壳层作为持力层时，此类基础形式更具优势。

1. 墙下钢筋混凝土条形基础

墙下钢筋混凝土条形基础是砌体承重结构墙体及挡土墙、涵洞常用的基础形式，其构造如图 2-2 所示。如果地基不均匀或承受荷载有差异时，为了增强基础的整体性和抗弯能力，可以采用有肋的扩展基础（图 2-2b），肋部配置足够的纵向钢筋和箍筋。图 2-2a 所示的锥形基础的边缘高度不宜小于 200 mm；阶梯形基础的每阶高度，宜为 300 ~ 500 mm。垫层的厚度不宜小于 70 mm，工程上常采用 100 mm，垫层混凝土强度等级应为 C10。扩展基础底板受力钢筋的最小直径不宜小于 10 mm，间距不宜大于 200 mm，也不宜小于 100 mm。有垫层时，钢筋保护层的厚度不小于 40 mm，无垫层时不小于 70 mm。混凝土强度等级不应低于 C20，且应满足耐久性要求。

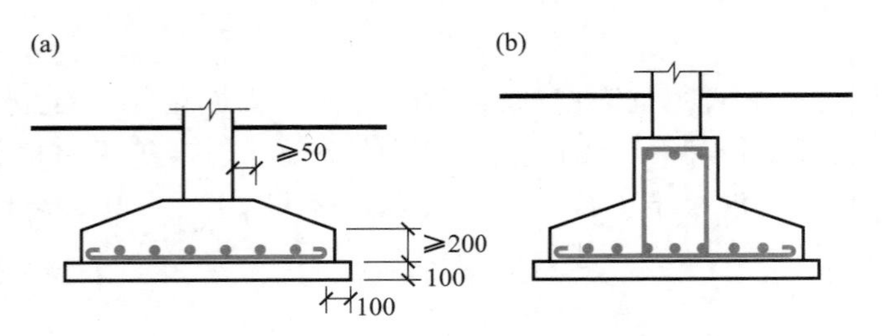

图 2-2 墙下钢筋混凝土条形基础
(a) 无肋的; (b) 有肋的

2. 柱下钢筋混凝土独立基础

桥梁中的桥墩、建(构)筑物中的柱下常采用钢筋混凝土独立基础。独立基础的构造如图2-3所示,其中图 a 和图 b 是现浇柱基础,图 c 是预制柱基础(杯口基础)。预制柱基础的杯口深度、杯底厚度、杯壁厚度、配筋及构造可参见《地基规范》有关规定。

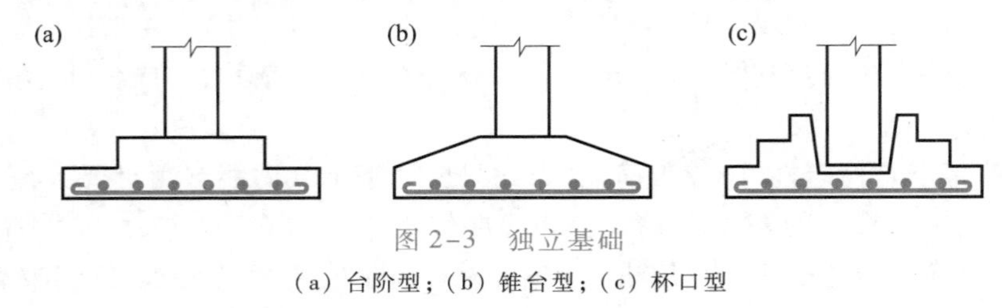

图 2-3 独立基础
(a) 台阶型; (b) 锥台型; (c) 杯口型

2-2 基础埋置深度的选择 Selection of Foundation Embedment

确定基础的埋置深度是地基基础设计中的重要步骤,它涉及建筑物的牢固、稳定及正常使用问题。基础埋置深度一般是指基础底面到室外设计地面的距离,简称基础埋深。在确定基础埋深时,必须考虑把基础设置在压缩性较小、承载力较高的持力层上,以保证地基承载力满足要求,而且不致产生过大的沉降或不均匀沉降。此外还要使基础具有足够的埋置深度,以保证基础的稳定性,确保基础的安全。确定基础埋置深度时,必须综合考虑建筑物的用途;有无地下室、设备基础和地下设施;基础的形式和构造;作用在基础上的荷载大小和性质;工程地质和水文地质条件;相邻建筑物的埋置深度;地基土冻胀和融沉,以及地形、河流的冲刷影响等因素。对于某一具体工程而言,往往是其中一两种因素起决定性作用,所以设计时,必须从实际出发,抓住影响埋深的主要因素,综合确定合理的埋置深度。

确定基础埋深的原则是:在保证安全可靠的前提下,尽量浅埋,但不应浅于 0.5 m,因为地表土一般较松软,易受雨水及外界影响,不宜作为基础的持力层。另外,基础顶面距室外设计地面的距离宜大于 100 mm,尽量避免基础外露,遭受外界的侵蚀及破坏。

2-2-1 建筑结构条件与场地环境条件 Architectural and Structural Conditions and Environmental Conditions of the Field

建筑结构条件包括建筑物用途、类型、规模与性质。某些建筑物需要具备一定的使用功能或宜采用某种基础形式,这些要求常成为基础埋深选择的先决条件,例如必须设置地下室或设备层及人防工事时,通常基础埋深首先要考虑满足建筑物使用功能上提出的埋深要求。

当建筑物内采用不同类型的基础,如单层工业厂房排架柱基础与邻近的设备基础,如果两基础间的净距与其底面间的标高差不满足图 2-4 的要求时,则应按埋深大的基础统一考虑。

高层建筑物中常设置电梯,在设置电梯处,自地面向下需有至少 1.4 m 的电梯缓冲坑,该处基础埋深需要局部加大。

建筑物外墙常有上下水、煤气等各种管道穿行,这些管道的标高往往受城市管网的控制,不易更改,这些管道一般不可以设置在基础底面以下,该处墙基础需要局部加深。另外,遇建筑物各部分的使用要求不同或地基土质变化较大,要求同一建筑物各部分基础埋深不同时,应将基础做成台阶形逐步过渡。台阶的宽高比为 1 : 2,每阶高度不超过 500 mm,见图 2-5。

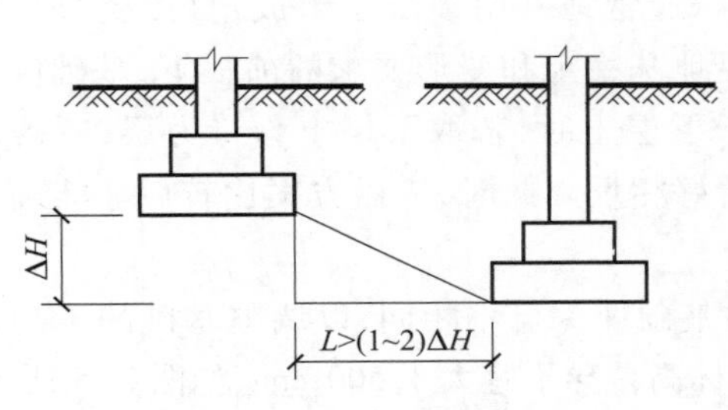

图 2-4 相邻基础的埋深

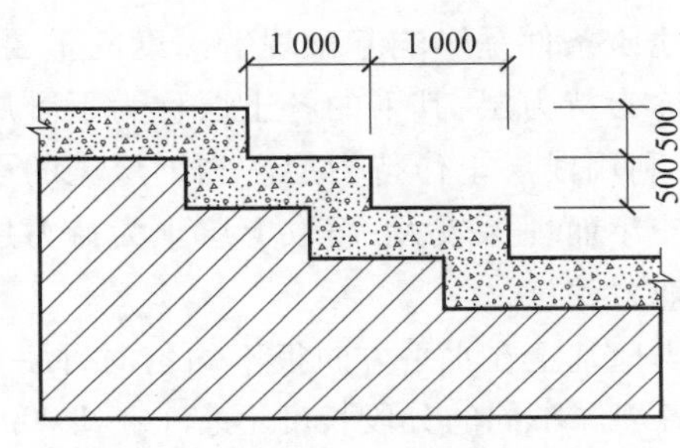

图 2-5 阶形过渡基础

上部结构的形式不同,对基础产生的位移适应能力不同。对于静定结构,中、小跨度的简支梁来说,这项因素对确定基础埋置深度影响不大。但对超静定结构,即使基础发生较小的不均匀沉降也会使结构构件内力发生明显变化,例如拱桥桥台。为了减少可能产生的水平位移和沉降差值,有时须将基础设置在埋藏较深的坚实土层上。

建筑物的结构类型不同,地基沉降可能造成的危害程度不一样。在荷载大的高层建筑和对不均匀沉降要求严格的建筑设计中,为了减小沉降,往往把基础埋置在较深的良好土层上。此外,承受较大水平荷载的基础,应有足够大的埋置深度,以保证地基的稳定性。

由于高层建筑荷载大,且又承受风力和地震作用等水平荷载,在抗震设防区,除岩石地基外,天然地基上的箱形和筏形基础埋置深度不宜小于建筑物高度的 1/15;桩箱或桩筏基础埋置深度(不计桩长)不宜小于建筑物高度的 1/20 ~ 1/18。位于岩石地基上的高层建筑,其基础埋深应满足抗滑要求。

在靠近原有建筑物修建新基础时,为了保证在施工期间原有建筑物的安全和正常使用,减小对原有建筑物的影响,新建建筑物的基础埋深不宜大于原有建筑物的基础埋深。否则两基础间应保持一定净距,其数值应根据原有建筑物荷载大小、基础形式、土质情况及结构刚度大小而定,且不宜小于该相邻两基础底面高差的 1 ~ 2 倍,如图 2-4 所示。如果不能满足这一要求,应采取措施,如分期施工、设临时加固支撑或板桩支撑、设置地下连续墙等。

位于稳定土坡坡顶上的建筑,靠近土坡边缘的基础与土坡边缘应具有一定距离。当垂直于坡顶边缘线的基础底面边长小于或等于 3 m 时,其基础底面边缘线至坡顶的水平距离(图 2-6)应符合下式要求,但不得小于 2.5 m。

条形基础

$$a \geq 3.5b - \frac{d}{\tan \beta} \tag{2-1}$$

矩形基础

$$a \geq 2.5b - \frac{d}{\tan \beta} \tag{2-2}$$

当不满足式(2-1)和式(2-2)的要求时,应进行地基稳定性验算。

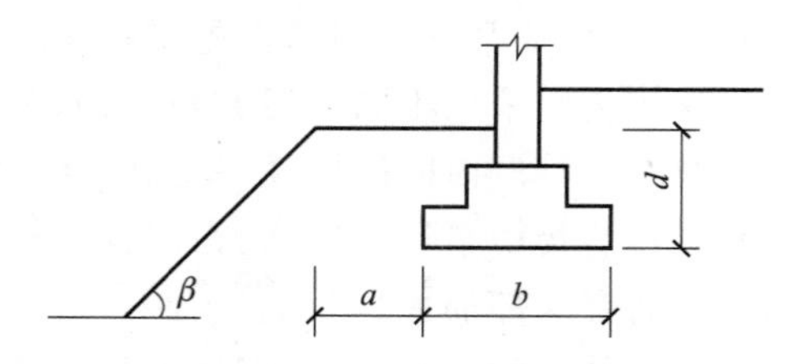

图 2-6 基础底面边缘线至坡顶的水平距离

2-2-2 工程地质条件 Engineering Geology Conditions

地质条件是影响基础埋置深度的重要因素之一。通常地基由多层土组成,直接支撑基础的土层称为持力层,其下的各土层称为下卧层。在满足地基稳定和变形要求的前提下,基础应尽量浅埋,利用浅层土作持力层。当上层土的承载力低于下层土时,若取下层土为持力层,所需基底面积较小而埋深较大;而取上层土为持力层则情况恰好相反。此时,应做方案比较后才能确定基础的埋置深度。

当地基土在水平方向很不均匀时,同一建筑物的基础埋深可不相同,以调整基础的不均匀沉降。各埋深不同的分段长度不宜小于 1 000 mm,底面标高差异不宜大于 500 mm,如图 2-5 所示。

当基础埋置在易风化的软质岩层上时,施工时应在基坑开挖之后立即铺垫层,以免岩层表面暴露时间过长而被风化。

基础在风化岩石层中的埋置深度应根据岩石层的风化程度、冲刷深度及相应的承载力来确定。如岩层表面倾斜时,应尽可能避免将基础的一部分置于基岩上,而另一部分置于土层中,以防基础由于不均匀沉降而发生倾斜甚至断裂。在陡峭山坡上修建桥台时,还应注意岩体的稳定性。

2-2-3 水文地质条件 Hydrogeology Conditions

选择基础埋深时应注意地下水的埋藏条件和动态及地表水的情况。当有地下水存在时,基础底面应尽量埋置在地下水位以上。若基础底面必须埋置在地下水位以下时,除应考虑基坑排水、坑壁围护及保护地基土不受扰动等措施外,还应考虑可能出现的其他施工与设计问题,例如,出现涌土、流砂现象的可能性,地下水浮托力引起基础底板的内力变化等,并采取相应的措施。

对埋藏有承压含水层的地基,选择基础埋深时必须考虑承压水的作用,以免在开挖基坑时坑底土被承压水冲破,引起突涌现象。因此,必须控制基坑开挖的深度,使承压含水层顶部的静水压力 u 小于该处由坑底土产生的总覆盖压力 σ,宜取 $u/\sigma<0.7$,否则应设法降低承压水头。如图 2-7 所示,其中 $u=\gamma_w h$,h 可按预估的最高承压水位确定,或以孔隙压

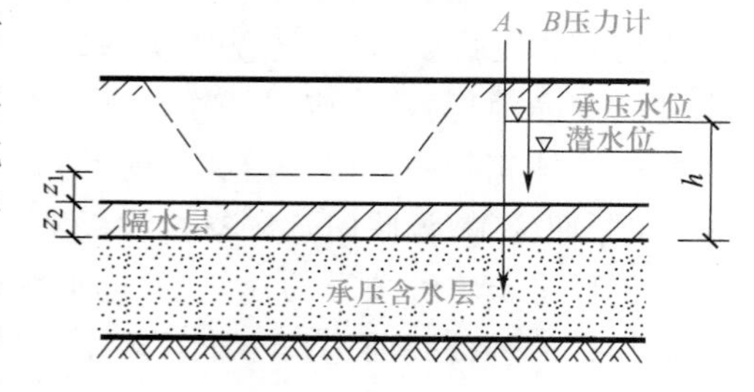

图 2-7 基坑下埋藏有承压含水层的情况

力计确定；$\sigma = \sum \gamma_i z_i$，$\gamma_i$ 为各层土的重度，对于水位以下的土取饱和重度，z_i 为各覆盖层厚度。

地表流水是影响桥梁墩台基础埋深的因素之一，桥梁墩台的修建，往往使流水面积缩小，流速增加，引起水流冲刷河床，特别是在山区和丘陵地区的河流，更应注意考虑季节性洪水的冲刷作用。在有冲刷的河流中，为防止桥梁墩台基础四周和基底下土层被水流掏空，基础必须埋置在设计洪水的最大冲刷线以下一定深度，以保证稳定性。在一般情况下，小桥涵的基础底面应设置在设计洪水冲刷线以下不小于 1 m。基础在设计冲刷线以下的最小埋置深度不应是一个定值，它与河床地层的抗冲刷能力、计算设计流量的可靠性、选用计算冲刷深度的方法、桥梁的重要性及破坏后修复的难易程度等因素有关。因此，大、中桥梁基础在设计洪水冲刷线以下的最小埋置深度时，应考虑桥梁大小、技术的复杂性和重要性等因素。详见 JTG 3363—2019《公路桥涵地基与基础设计规范》。

2-2-4　地基冻融条件

Frost Conditions of Subgrade

当地基土的温度处于负温时，其中含有冰的各种土称为冻土。冻土又分为多年冻土和季节性冻土，详见 7-6 节。

季节性冻土地区，土体出现冻胀和融沉。土体发生冻胀主要是由于土层在冻结期周围未冻区土中的水分向冻结区迁移、积聚所致。弱结合水的外层在 0.5 ℃时冻结，越靠近土粒表面，其冰点越低，在 −30 ~ −20 ℃以下才能全部冻结。当大气负温传入土中时，土中的自由水首先冻结成冰晶体，弱结合水的最外层也开始冻结，使冰晶体逐渐扩大，于是土粒的结合水膜变薄，土粒产生剩余的分子引力；另外，由于结合水膜的变薄，使得水膜中的离子浓度增加，产生吸附压力，在这两种引力的作用下，下面未冻结区水膜较厚处的弱结合水便被吸到水膜较薄的冻结区，并参与冻结，使冻结区的冰晶体增大，而不平衡引力却继续存在。如果下面未冻结区存在水源（如地下水位距冻结深度很近）及适当的水源补给通道（即毛细通道），能连续不断地补充到冻结区来，那么，未冻结区的水分（包括弱结合水和自由水）就会继续向冻结区迁移和积聚，使冰晶体不断扩大，在土层中形成冰夹层，土体随之发生隆起，出现冻胀现象。当土层解冻时，土层中积聚的冻晶体融化，土体随之下陷，即出现融沉现象。如位于冻胀区内的基础受到向上的冻胀力大于基底以上的竖向荷载，基础就有被抬起的可能，造成门窗不能开启，严重的甚至引起墙体开裂。当温度升高土体解冻时，由于土中的水分高度集中，使土体变得十分松软而引起融沉，且建筑物各部分的融沉是不均匀的，严重的不均匀融沉可能引起建筑物开裂、倾斜，甚至倒塌。

土体的冻胀会使路基隆起，使柔性路面鼓包、开裂，使刚性路面错缝或折断。路基土融沉后，在车辆反复碾压下，轻者路基变得松软，限制行车速度；重者路面开裂、冒泥，即出现翻浆现象，使路面完全破坏。因此，冻土的冻胀及融沉都会对工程带来危害，必须采取一定措施。

影响冻胀的因素主要有土的组成、水的含量及温度的高低。对于粗颗粒土，因不含结合水，不发生水分迁移，故不存在冻胀问题。而细粒土具有较显著的毛细现象，故在相同条件下，黏性土的冻胀性就比粉土、砂土严重得多。同时，该类土颗粒较细，表面能大，土粒矿物成分亲水性强，能持有较多结合水，从而能使大量结合水迁移和积聚。

当冻结区附近地下水位较高，毛细水上升高度能够达到或接近冻结线，使冻结区能得到外部水源的补给时，将发生比较强烈的冻胀。通常将冻结过程中有外来水源补给的称为开敞型冻胀；

而冻结过程中没有外来水源补给的称为封闭型冻胀。开敞型冻胀比封闭型冻胀严重，冻胀量大。

如气温骤降且冷却强度很大时，土的冻结锋面迅速向下推移，即冻结速度很快。此时，土中弱结合水及毛细水来不及向冻区迁移就在原地冻成冰，毛细通道也被冰晶体所堵塞。这样，水分的迁移和积聚不会发生，在土层中几乎没有冰夹层，只有散布于土孔隙中的冰晶体，所形成的冻土一般无明显冻胀。

针对上述情况，《地基规范》将地基土的冻胀性划分为不冻胀、弱冻胀、冻胀、强冻胀和特强冻胀五类。

季节性冻土地基的场地冻结深度可按下式计算：

$$z_d = z_0 \psi_{zs} \psi_{zw} \psi_{ze} \tag{2-3}$$

式中 z_d——场地冻结深度，若当地有多年实测资料时，按 $z_d = h' - \Delta z$ 计算，h' 和 Δz 分别为最大冻深出现时场地最大冻土层厚度和最大冻深出现时场地地表冻胀量，m；

z_0——标准冻深，系采用在地表平坦、裸露、城市之外的空旷场地中不少于10年实测最大冻深的平均值，m；

ψ_{zs}——土的类别对冻结深度的影响系数；

ψ_{zw}——土的冻胀性对冻结深度的影响系数；

ψ_{ze}——环境对冻结深度的影响系数。

对于埋置于可冻胀土中的基础，其最小埋深可按下式确定：

$$d_{min} = z_d - h_{max} \tag{2-4}$$

式中 h_{max}——基础底面下允许冻土层的最大厚度。

式(2-3)中的 z_0、ψ_{zs}、ψ_{zw}、ψ_{ze} 及式(2-4)中的 h_{max} 可按规范中的规定取值。对于冻胀性地基上的建筑物，规范还指明了所宜采取的防冻害措施。

2-3 地基承载力
Bearing Capacity of Subgrade

地基承载力是指地基土单位面积上承受荷载的能力。当选定了基础类型及埋深后，就需要确定基础的底面积，此时需先确定地基承载力，它是地基基础设计中不可缺少的数据。因为地基基础设计首先必须保证荷载作用下地基土体具有足够抵抗剪切破坏的安全度。

《地基规范》采用概率法确定地基承载力特征值，各级各类建筑物浅基础的地基承载力验算均应满足下列要求：

$$p_k \leqslant f_a \tag{2-5}$$

$$p_{kmax} \leqslant 1.2 f_a \tag{2-6}$$

式中 p_k——相应于作用的标准组合时，基础底面处的平均压力值，kPa；

p_{kmax}——相应于作用的标准组合时，基础底面边缘的最大压力值，kPa；

f_a——修正后的地基承载力特征值，kPa。

JTG 3363—2019《公路桥涵地基与基础设计规范》采用定值法（即安全系数）确定地基容许承载力。设计桥梁墩台基础时，应考虑在修建和使用期间实际可能发生的各项作用力进行验算。基础底面岩土的承载力，当不考虑嵌固作用时，可按下式验算：

$$p \leqslant [f_a] \tag{2-7}$$

$$p_{max} \leqslant r_R [f_a] \tag{2-8}$$

式中　p——基底平均压应力，kPa；

$[f_a]$——修正后的地基承载力容许值，kPa；

p_{max}——基底最大压应力，kPa；

r_R——地基承载力容许值抗力系数。

地基承载力特征值的确定方法可归纳为三类：① 按土的抗剪强度指标以理论公式计算；② 按地基荷载试验或触探试验确定；③ 按有关规范提供的承载力或经验公式确定。

2-3-1　按土的抗剪强度指标确定

Determining the Bearing Capacity by the Shear Strength of Soil

按土的抗剪强度指标确定地基承载力可采用极限承载力除以安全系数(或分项系数)的方法。国内外曾有很多学者致力于极限承载力的研究工作，取得了很多有价值的成果，例如汉森(B. Hanson)、魏锡克(Vesic)、太沙基(Terzaghi)、斯肯普顿(Skempton)等。其计算公式有解析解，或半经验公式，美国、欧洲等规范利用解析解引入分项系数确定承载力特征值，利用半经验公式引入安全系数，德国规范利用太沙基公式、魏锡克公式、汉森公式引入极限状态表达式。如采用安全系数法，则用极限承载力除以安全系数，安全系数计算式为

$$K = \frac{p_u A'}{f_a A} \tag{2-9}$$

式中　A'——与土接触的有效基底面积；

p_u——地基土极限承载力；

A——基底面积。

我国交通运输部发布的 JTS 147—2017《水运工程地基设计规范》和其他地区性规范已推荐采用汉森的承载力公式，它与魏锡克公式的形式完全一致，只是系数的取值有所不同。此类公式比较全面地反映了影响地基承载力的各种因素，在国外应用很广。安全系数的取值与建筑物的安全等级、荷载的性质、土的抗剪强度指标的可靠程度及地基条件等因素有关，对长期承载力一般取 $K=2 \sim 3$。

2-3-2　按地基荷载试验确定

Determining the Bearing Capacity by the Loading Test

地基荷载试验是岩土工程勘察工作中的一项原位测试。下面讨论如何利用荷载试验记录整理而成的 $p-s$ 曲线来确定地基承载力特征值。

对于密实砂土、较硬的黏性土等低压缩性土，其 $p-s$ 曲线通常有较明显的起始直线段和极限值，即是急进性破坏的“陡降型”，见图 2-8a。考虑到低压缩性土的承载力特征值一般由强度安全控制，故可取图中的 p_1(比例界限荷载)作为承载力特征值。此时，地基的沉降量很小，能为一般建筑物所允许，强度安全储备也足够，因为从 p_1 发展到破坏还有很长的过程。但是，对于少数呈“脆性”破坏的土，从 p_1 发展到破坏(极限荷载)过程较短，从安全角度出发，当 $p_u<2.0p_1$ 时，取 $p_u/2$ 作为地基承载力特征值。

对于松砂、较软的黏性土，其 $p-s$ 曲线并无明显转折点，但曲线的斜率随荷载的增大而逐渐增大，最后稳定在某个最大值，即呈渐进性破坏的“缓变型”，见图 2-8b，此时，极限荷载可取曲线斜率开始到达最大值时所对应的荷载。但此时要取得 p_u 值，必须把荷载试验进行到荷载板有很大的沉降，而实践中往往因受加载设备的限制，或出于对试验安全的考虑，不便使沉降过大，因而无法取得 p_u 值；此外，对中、高压缩性土，地基承载力往往受建筑物基础沉降量的控制，故应从允许沉降的角度出发来确定承载力。规范总结了许多实测资料，当承压板面积为 0.25 ~ 0.5 m^2 时，可取 $s/b=0.01\sim0.015$（b 为承压板的宽度）所对应的荷载为承载力特征值，但其值不应大于最大加载量的一半。

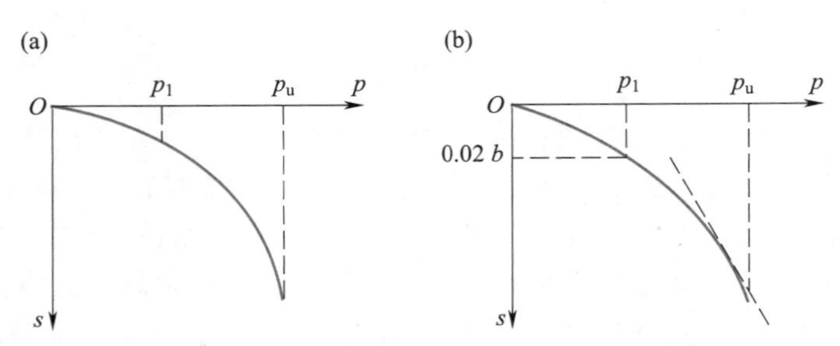

图 2-8 按荷载试验确定地基承载力特征值

（a）低压缩性土；（b）高压缩性土

对同一层土，宜选取 3 个以上的试验点，当各试验点所得的承载力特征值的极差不超过其平均值的 30% 时，则取此平均值作为该土层的地基承载力特征值 f_{ak}。

现场荷载试验所测得的结果一般能反映相当于 1 ~ 2 倍荷载板宽度的深度以内土体的平均性质，《地基规范》列入的深层平板荷载试验，可测得较深下卧层土的力学性质。另外，对于成分或结构很不均匀的土层，无法取得原状土样，荷载试验方法具有难以代替的作用。荷载试验比较可靠，但该方法费时、耗资相对较大。

2-3-3 按承载力公式或经验值确定

Determining the Bearing Capacity by Formulas or Empirical Values

当荷载偏心距 $e\leqslant0.033b$（b 为偏心方向基础边长）时，可采用《地基规范》推荐的、以浅基础地基的临界荷载为基础的理论公式计算地基承载力特征值：

$$f_a=M_b\gamma b+M_d\gamma_m d+M_c c_k \tag{2-10}$$

式中 f_a——由土的抗剪强度指标确定的地基承载力特征值，kPa；

M_b、M_d、M_c——承载力系数，在规范中根据 φ_k 查取；

φ_k——基底下 1 倍短边宽度的深度范围内土的内摩擦角标准值，(°)；

b——基础底面宽度，大于 6 m 时按 6 m 取值，对于砂土，当 $b<3$ m 时，按 3 m 考虑；

c_k——基底下 1 倍短边宽度的深度范围内土的黏聚力标准值，kPa；

γ——基础底面以下土的重度，地下水位以下取有效重度，kN/m^3；

γ_m——基础埋深范围内各层土的加权平均重度，kN/m^3。

《公路桥涵地基与基础设计规范》根据土的物理力学参数给出了一系列承载力表，供设计时查阅。

软土地基承载力特征值f_{a0}应由荷载试验或其他原位测试取得。荷载试验和原位测试确有困难时，对于中小桥、涵洞基底未经处理的软土地基，修正后的地基承载力特征值f_a可按下式计算：

$$f_a = f_{a0} + \gamma_2 h \tag{2-11}$$

式中 f_{a0}——承载力特征值，可根据土的含水量查表确定。

γ_2——基底以上土层的加权平均重度，kN/m³。换算时若持力层在水面以下，且不透水时，不论基底以上土的透水性如何，一律取饱和重度；当透水时，水中部分土层则应取浮重度。

h——基础埋置深度，m。自天然地面起算，有水流冲刷时自一般冲刷线起算；当$h<3$ m时，取$h=3$ m；当$h/b>4$时，取$h=4b$。

上述规范还建议可根据原状土强度指标按下式确定软土地基修正后的地基承载力特征值：

$$f_a = \frac{5.14}{m} k_p C_u + \gamma_2 h \tag{2-12}$$

$$k_p = \left(1 + 0.2\frac{b}{l}\right)\left(1 - \frac{0.4H}{blC_u}\right) \tag{2-13}$$

式中 f_a——修正后的地基承载力特征值，kPa；

m——抗力修正系数，可视软土灵敏度及基础长宽比等因素选用1.5～2.5；

C_u——地基土不排水抗剪强度标准值，kPa；

k_p——系数；

H——由作用（标准值）引起的水平分力，kN；

b——基础宽度，有偏心作用时，取$b-2e_b$，m；

l——垂直于b边的基础长度，有偏心作用时，取$l-2e_l$，m；

e_b、e_l——偏心作用在宽度和长度方向的偏心距；

γ_2、h——意义同式（2-11）。

当基础宽度b超过2 m，基础埋置深超过3 m时，修正后的地基承载力特征值，按下式计算：

$$f_a = f_{a0} + k_1\gamma_1(b-2) + k_2\gamma_2(h-3) \tag{2-14}$$

式中 f_a——修正后的地基承载力特征值，kPa。

f_{a0}——根据土的类别、状态及物理力学特性指标查表得到的地基承载力特征，kPa。

b——基础底面的最小边宽，当$b<2$ m时，取2 m；当$b>10$ m时，按10 m计。

h——基底埋置深度，m；自天然地面算起，有水流冲刷时由一般冲刷线算起；当$h<3$ m时，取$h=3$ m；当$h/b>4$时，取$h=4b$。

γ_1——基底下持力层土的天然重度，kN/m³；如持力层在水面以下且为透水者，应采用有效重度。

γ_2——基底以上土的重度或不同土层的加权平均重度，kN/m³。如持力层在水面以下，且为不透水者，无论基底以上土的透水性质如何，应一律采用饱和重度；如持力层为透水者，应一律采用浮重度。

k_1、k_2——基底宽度、深度修正系数，根据基底持力层土的类别确定。

《水运工程地基设计规范》采用极限承载力除以抗力分项系数的方法确定地基承载力设计值，无抛石基床情况及有抛石基床情况分别按下列公式计算地基竖向承载力设计值 f_d。

无抛石基床情况

$$f_d=\frac{1}{\gamma_R}F_k \tag{2-15}$$

有抛石基床情况

$$f'_d=\frac{1}{\gamma_R}F'_k \tag{2-16}$$

式中　F_k、F'_k——无抛石和有抛石基床情况地基极限承载力的竖向分力标准值，kPa；

γ_R——抗力分项系数。

规范中针对不同土质、基础形状等给出了 F_k、F'_k 的具体计算公式，在此不一一列出。

GBJ 7—1989《建筑地基基础设计规范》中给出了承载力表，考虑到国土辽阔，地基土的性质具有很强的区域特性，承载力表很难给出具体建筑场地的地基承载力准确值。因此，现行的 GB 50007—2011《建筑地基基础设计规范》取消了承载力表，规定地基承载力特征值可由荷载试验或其他原位测试、公式计算并结合工程实践经验等方法综合确定。当基础宽度大于 3 m 或埋置深度大于 0.5 m 时，从荷载试验或其他原位测试、经验值等方法确定的地基承载力特征值，尚应按下式进行基础宽度和深度修正：

$$f_a=f_{ak}+\eta_b\gamma(b-3)+\eta_d\gamma_m(d-0.5) \tag{2-17}$$

2-2
地基承载力深宽修正的原因

式中　f_a——修正后的地基承载力特征值，kPa。

f_{ak}——由荷载试验或其他原位测试、经验等方法确定的地基承载力特征值，kPa。

η_b、η_d——基础宽度和埋深的地基承载力修正系数，按基底下土的类别查表 2-3 可得。

γ——基础底面以下土的重度，地下水位以下取有效重度，kN/m^3。

b——基础底面宽度，当基础底面宽度小于 3 m 时按 3 m 取值，大于 6 m 时按 6 m 取值；

γ_m——基础底面以上土的加权平均重度，地下水位以下土层取有效重度，kN/m^3。

d——基础埋置深度，宜自室外地面标高算起，m。在填方整平地区，可自填土地面标高算起，但填土在上部结构施工后完成时，应从天然地面标高算起。对于地下室，如采用箱形基础或筏基时，基础埋置深度自室外地面标高算起；如果采用独立基础或条形基础时，应从室内地面标高算起。

表 2-3　承载力修正系数

土的类别		η_b	η_d
淤泥和淤泥质土		0	1.0
人工填土 e 或 I_L 大于等于 0.85 的黏性土		0	1.0
红黏土	含水比 $\alpha_w>0.8$	0	1.2
	含水比 $\alpha_w\leqslant 0.8$	0.15	1.4

续表

土的类别		η_b	η_d
大面积压实填土	压实系数大于 0.95、黏粒含量 $\rho_c \geq 10\%$ 的粉土	0	1.5
	最大干密度大于 2 100 kg/m^3 的级配砂石	0	2.0
粉土	黏粒含量 $\rho_c \geq 10\%$ 的粉土	0.3	1.5
	黏粒含量 $\rho_c < 10\%$ 的粉土	0.5	2.0
e 及 I_L 均小于 0.85 的黏性土		0.3	1.6
粉砂、细砂(不包括很湿与饱和时的稍密状态)		2.0	3.0
中砂、粗砂、砾砂和碎石土		3.0	4.4

注:1. 强风化和全风化的岩石,可参照所风化成的相应土的类别取值,其他状态下的岩石不修正;

2. 地基承载力特征值按《建筑地基基础设计规范》附录 D 深层平板荷载试验确定时,η_d 取 0;

3. 含水比是指土的天然含水量与液限的比值;

4. 大面积压实填土是指填土范围大于 2 倍基础宽度的填土。

应该指出,上述确定地基承载力的方法各有长短、互为补充。必要时可以按多种方法综合确定,不过确定的精确程度宜按建筑物安全等级、地基基础设计等级及地基岩土条件结合当地经验适当选择,以免出现不必要的过分严格和无区别的随意简化这两种倾向。尤其是,如果掌握了这些方法,在实践中又能结合当地已有的建筑经验,往往只需通过不多的勘察测试工作,就能够比较准确地确定地基承载力。例如,调查了解拟建筑场地附近原有建筑物的情况、基础形式和大小、上部结构的类型和构造、是否存在墙体开裂及其他损伤现象等,对于新建筑物地基承载力的确定具有很大的参考价值。

2-4 刚性基础与扩展基础的设计计算
Design of Rigid and Spread Foundation

2-4-1 地基承载力验算
Checking Computation of Bearing Capacity of Subgrade

如前所述,直接支承基础的地基土层称为持力层,在持力层下面的各土层称为下卧层,若某下卧层承载力较持力层承载力低,则称为软弱下卧层。地基承载力的验算应进行持力层的验算和软弱下卧层的验算。下面首先介绍持力层的验算。

1. 中心受载基础

各级各类建筑物浅基础的地基承载力验算均应满足式(2-5)的要求。即基础底面的平均压力不得大于修正后的地基承载力特征值。

如图 2-9 所示一单独基础,其埋深为 d,承受作用于基础顶面且通过基础底面中心的竖向荷载 F_k,基础底面积为 A,基底平均压力表示为

$$p_{k}=\frac{F_{k}+G_{k}}{A} \tag{2-18}$$

式中 p_k——相应于作用的标准组合时,基础底面处的平均压力,kPa。

F_k——相应于作用的标准组合时上部结构传至基础顶面的竖向力值,kN。

G_k——基础自重和基础上的土重,kN;对一般实体基础,可近似地取 $G_k=\gamma_G Ad$(γ_G 为基础及回填土的平均重度,可取 $\gamma_G=20\ kN/m^3$),但在地下水位以下部分应扣去浮托力。

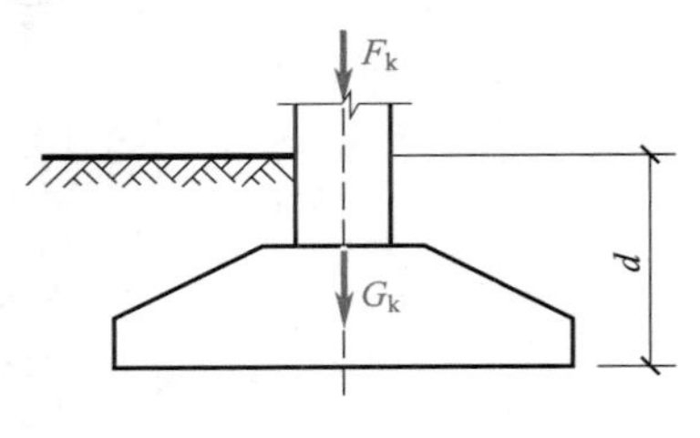

图 2-9 中心受荷单独基础

将 G_k 代入式(2-18),并满足 $p_k \leqslant f_a$,可得

$$A \geqslant \frac{F_{k}}{f_{a}-\gamma_{G} d} \tag{2-19}$$

对墙下条形基础,通常沿墙长度方向取 1 m 进行计算,此时可得基础宽度为

$$b \geqslant \frac{F_{k}}{f_{a}-\gamma_{G} d} \tag{2-20}$$

式(2-20)中的 F_k 为基础每米长度上的外荷载,kN/m。

2. 偏心受载基础

工程实践中,有时基础不仅承受竖向荷载,还可能承受柱、墩传来的弯矩及水平力作用,例如建筑物框架柱可能承受单向弯矩及剪力,也可能承受双向弯矩和剪力;河流中的漂流物(如木筏、大的冰块等)对桥墩横桥向产生的弯矩及剪力;曲线上修筑的弯桥,除顺桥向引起力矩外,尚有离心力(横桥向水平力)在横桥向产生力矩。此时基底反力将呈梯形或三角形分布,如图2-10所示。当呈梯形分布时,基础底面边缘的最大、最小压力值分别为

$$p_{kmax}=\frac{F_{k}+G_{k}}{A}+\frac{M_{yk}}{W_{y}} \tag{2-21a}$$

$$p_{kmin}=\frac{F_{k}+G_{k}}{A}-\frac{M_{yk}}{W_{y}} \tag{2-21b}$$

式中 W_y——基础底面抵抗矩;

M_{yk}——相应于作用的标准组合时,作用于基础底面的力矩值,如图 2-10 中的受力情况,$M_{yk}=M_k+Q_k d$。

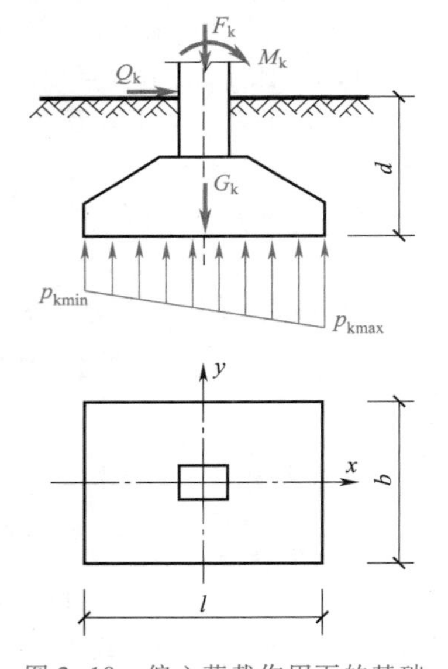

图 2-10 偏心荷载作用下的基础

对于偏心受载的基础,若采用魏锡克或汉森类公式计算地基承载力特征值,地基承载力的验算满足式(2-5)即可。若地基承载力特征值是按静载试验等原位测试或按经验公式确定的,则地基承载力的验算除了满足式(2-5)外,尚应满足式(2-6)。

对于承受双向偏心荷载作用的基础,基底边缘的最大、最小压力值可按下式计算:

$$p_{\substack{kmax\\kmin}}=\frac{F_k+G_k}{A}\pm\frac{M_{xk}}{W_x}\pm\frac{M_{yk}}{W_y} \tag{2-22a}$$

或

$$p_{\substack{kmax\\kmin}}=\frac{F_k+G_k}{A}\left(1\pm\frac{6e_y}{b}\pm\frac{6e_x}{l}\right) \tag{2-22b}$$

式中 W_x、W_y——基础底面对 x 轴和 y 轴的截面抵抗矩，m^3；

e_x、e_y——荷载对 y 轴和 x 轴的偏心距，m；

l——力矩作用方向的矩形基础底面边长，m；

b——垂直于力矩作用方向的矩形基础底面边长，一般为矩形基础底面的短边，m。

利用式(2-19)及式(2-20)可直接求得中心荷载作用下的基础底面积或基础底面宽度，但对于偏心受荷基础，直接求基础底面积比较繁杂，工程实践中通常采用逐次渐近试算法进行计算，即

(1) 先按中心荷载作用下公式预估基础底面积 A_0 或宽度 b_0；

(2) 考虑荷载偏心影响，根据偏心距的大小将 A_0 或 b_0 增大 10% ~40% 作为首次试算尺寸 A 或 b；

(3) 根据 A 的大小初步选定矩形基础的底面边长 l 和 b；

(4) 根据已选定的 l 和 b 验算偏心距 e 和基底边缘最大压力；

(5) 如满足式(2-6)或稍有富余，则选定的 l 和 b 合适；如不满足要求或基底尺寸选择太大，则需重新调整 l 和 b 再进行验算。如此反复一两次，便可定出合适的尺寸。

当按式(2-21b)计算基底压力时，可能出现 $p_{kmin}<0$，即产生所谓拉应力的情况。此时，基底边缘最大压力 p_{kmax} 的计算公式为

$$p_{kmax}=\frac{2(F_k+G_k)}{3ba} \tag{2-23}$$

式中 a——偏心荷载作用点至最大压应力 p_{kmax} 作用边缘的距离，$a=(l/2)-e$；

b——垂直于力矩作用方向的矩形基础底面边长。

必须指出，基底压力 p_{kmax} 和 p_{kmin} 相差过大则基础易倾斜，为了减少因地基应力不均匀引起过大的不均匀沉降，p_{kmax} 与 p_{kmin} 相差不宜悬殊。一般认为，在中、高压缩性地基土上的基础，或有吊车的厂房柱基础，偏心距 e 不宜大于 $l/6$；对低压缩性地基土上的基础，当考虑短暂作用的偏心荷载时偏心距 e 应控制在 $l/4$ 以内。当上述条件不能满足时，则应调整基础尺寸，使基底形心与荷载重心尽量重合，做成非对称基础。

2-4-2 软弱下卧层验算

Checking Computation of the Soft Underlying Stratum

建筑场地土大多数是成层的，一般土层的强度沿深度增加，而外荷载引起的附加应力则沿深度减小，因此，只要基础底面持力层承载力满足设计要求即可。但是，也有不少情况，持力层不厚，在持力层以下受力层范围内存在软弱土层，其承载力很低，如我国沿海地区表层土较硬，在其下有很厚一层较软的淤泥、淤泥质土层，此时仅满足持力层的要求是不够的，还需验算软弱下卧层的承载力，要求传递到软弱下卧层顶面处土体的附加应力与自重应力之和不超过软弱下卧层

的承载力，即

$$p_z+p_{cz}\leqslant f_{az} \tag{2-24}$$

式中 p_z——相应于作用的标准组合时，软弱下卧层顶面处的附加压力值，kPa；

p_{cz}——软弱下卧层顶面处土的自重压力值，kPa；

f_{az}——软弱下卧层顶面处经深度修正后的地基承载力特征值，kPa。

根据弹性半空间体理论，下卧层顶面土体的附加应力，在基础底面中轴线处最大，向四周扩散呈非线性分布，如果考虑上下层土的性质不同，应力分布规律就更为复杂。《地基规范》通过试验研究并参照双层地基中附加应力分布的理论解答提出了以下简化方法：当持力层与下卧软弱土层的压缩模量比值 $E_{s1}/E_{s2}\geqslant 3$ 时，对矩形和条形基础，式(2-24)中的 p_z 可按压力扩散角的概念计算。如图 2-11 所示，假设基底处的附加压力($p_0=p_k-p_c$)在持力层内往下传递时按某一角度 θ 向外扩散，且均匀分布于较大面积上，根据扩散前作用于基底平面处附加压力合力与扩散后作用于下卧层顶面处附加压力合力相等的条件，得到 p_z 的表达式如下：

对于矩形基础

$$p_z=\frac{(p_k-p_c)lb}{(l+2z\tan\theta)(b+2z\tan\theta)} \tag{2-25}$$

对于条形基础

$$p_z=\frac{(p_k-p_c)b}{b+2z\tan\theta} \tag{2-26}$$

式中 l、b——基础的长度和宽度，m；

p_c——基础底面处土的自重应力，kPa；

z——基础底面到软弱下卧层顶面的距离，m；

θ——压力扩散角，可按表 2-4 采用。

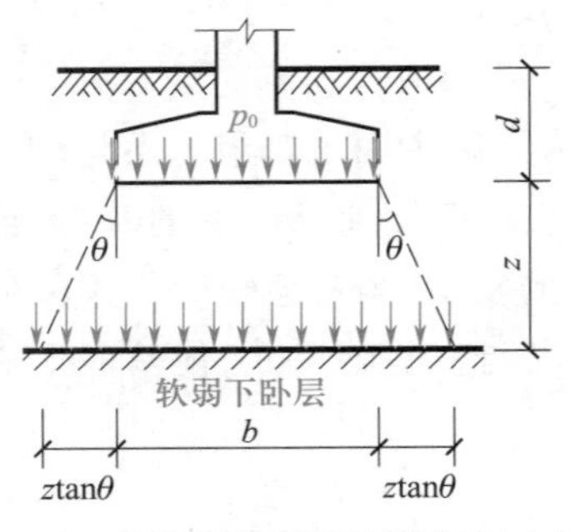

图 2-11 软弱下卧层顶面附加压力计算

表 2-4 地基压力扩散角 θ

E_{s1}/E_{s2}	z/b	
	0.25	0.50
3	6°	23°
5	10°	25°
10	20°	30°

注：1. E_{s1} 为上层土压缩模量，E_{s2} 为下层土压缩模量。

2. $z/b<0.25$ 时取 $\theta=0°$，必要时，宜由试验确定；$z/b>0.50$ 时 θ 值不变。

3. z/b 在 0.25 与 0.50 之间可按线性内插法取值。

按双层地基中应力分布的概念，当上层土较硬、下层土软弱时，应力分布将更向四周扩散，也就是说持力层与下卧层的压缩模量比 E_{s1}/E_{s2} 越大，应力扩散越快，故 θ 值越大。另外，按均质弹性体应力扩散的规律，荷载的扩散程度，随深度的增加而增加，表 2-4 中的地基压力扩散角 θ 的大小就是根据这种规律确定的。

2-4-3 基础和地基的稳定性验算

Checking Computation of the Foundation and Subgrade Stability

在承载力验算中，实际上只验算了竖向荷载作用下地基的稳定性，而未涉及水平荷载的作用。对经常承受水平荷载的建(构)筑物，如水工建筑物、挡土结构及高层建筑和高耸建筑，地基的稳定问题可能成为地基的主要问题。在水平和竖向荷载共同作用下，地基失去稳定而破坏的形式有三种：一种是沿基底产生表层滑动；第二种是偏心荷载过大而使基础倾覆；另一种是深层整体滑动破坏。

1. 地基抗水平滑动的稳定性验算

在水平荷载较大而竖向荷载相对较小的情况下，一般需验算地基抗水平滑动稳定性，目前地基的稳定验算仍采用单一安全系数的方法。当表层滑动时，定义基础底面的抗滑动摩擦阻力与作用于基底的水平力之比为安全系数，即

$$K=\frac{(F+G)f}{H} \tag{2-27}$$

式中 K——表层滑动安全系数，根据建筑物安全等级，取 1.2～1.4；

$F+G$——作用于基底的竖向力的总和；

H——作用于基底的水平力的总和；

f——基底与地基土的摩擦系数。

2. 基础倾覆稳定性验算

基础倾覆或倾斜除了地基的强度和变形原因外，往往发生在承受较大的单向水平推力而其合力作用点又离基础底面较高的结构物上，如挡土墙或高桥台受侧向土压力作用，大跨度拱桥在施工中墩、台受到不平衡的推力，以及在多孔拱桥中一孔被毁等，此时在单向恒载推力作用下，均可能引起墩、台连同基础的倾覆和倾斜。此时，除了按式(2-5)及式(2-6)验算地基承载力外，尚应考虑基础的倾覆稳定性。理论和实践证明，基础倾覆稳定性与其受到的合力偏心距有关，合力偏心距愈大，则基础抗倾覆的安全储备愈小。因此，在设计时，可以用限制合力偏心距来保证基础的倾覆稳定性。

设基底截面重心至压力最大一边的距离为 y，外力合力偏心距为 e_0，则两者的比值 $K=y/e_0$ 可反映基础倾覆稳定性的安全度，称为抗倾覆稳定系数。

不同的荷载组合，在不同的设计规范中，对抗倾覆稳定系数有不同的要求值。一般在主要荷载组合时要求高些，$K\geqslant1.5$；在各种附加荷载组合时可相应降低，$K=1.1\sim1.3$。

3. 地基整体滑动稳定性验算

在竖向和水平向荷载共同作用下，若地基内存在软土或软土夹层，则需进行地基整体滑动稳定性验算。实际观察表明，地基整体滑动形成的滑裂面在空间上通常形成一个弧形面，对于均质土体可简化为平面问题的圆弧面。稳定计算通常采用土力学中介绍的圆弧滑动法，滑动稳定安全系数是指最危险滑动面上诸力对滑动中心所产生的抗滑力矩与滑动力矩之比，$K=M_R/M_S$。一般要求 $K\geqslant1.2$；若考虑深层滑动时，滑动面可为软弱土层界面，即为一平面，此时安全系数 K 应大于 1.3。

关于建造在斜坡上的建筑物，也可根据具体情况，采用圆弧滑动法或其他方法验算地基的稳

定性。当建筑物基础较小时,《地基规范》给出了保证其稳定的限定范围[式(2-1)和式(2-2)]。

2-4-4　钢筋混凝土扩展基础结构设计*

Structurel Design of the R. C. Spread Foundaiton*

1. 墙下钢筋混凝土条形基础

墙下钢筋混凝土条形基础的内力计算一般可按平面应变问题处理,在长度方向可取单位长度计算。截面设计验算的内容主要包括基底宽度 b、基础的高度 h 及基础底板配筋等。关于基底宽度的确定已在2-4-1中讨论过,在此仅讨论基础高度及基础底板配筋的确定。

(1) 地基净反力的概念

如前所述,基底反力为作用于基底上的总竖向荷载(包括墙或柱传下的荷载及基础自重)除以基底面积。通常认为仅由基础顶面标高以上部分传下的荷载所产生的地基反力作为地基净反力,并以 p_j 表示。在进行基础的结构设计中,常需用到净反力,因为基础自重及其上土重所引起的基底反力恰好与其自重相抵,对基础本身不产生内力。

(2) 基础高度的验算

钢筋混凝土扩展基础的构造高度已在2-1节中介绍,这里从抗剪的角度介绍基础截面高度的确定。如图2-12所示,基础验算截面处的剪力 V_{I}(单位 kN/m)为

$$V_{\mathrm{I}}=\frac{a}{2b}[(2b-a)p_{\mathrm{jmax}}+ap_{\mathrm{jmin}}] \tag{2-28}$$

式中　p_{jmax}、p_{jmin}——相应于作用的基本组合时,基底边缘最大和最小地基净反力设计值。

这里,a 为验算截面Ⅰ-Ⅰ距基础边缘的距离。当墙体材料为混凝土时,验算截面Ⅰ-Ⅰ在墙脚处,a 等于基础边缘至墙脚的距离 b_1;当墙体材料为砖墙且墙脚伸出不大于1/4砖长时,验算截面Ⅰ-Ⅰ在墙面处,$a=b_1+0.06$ m。

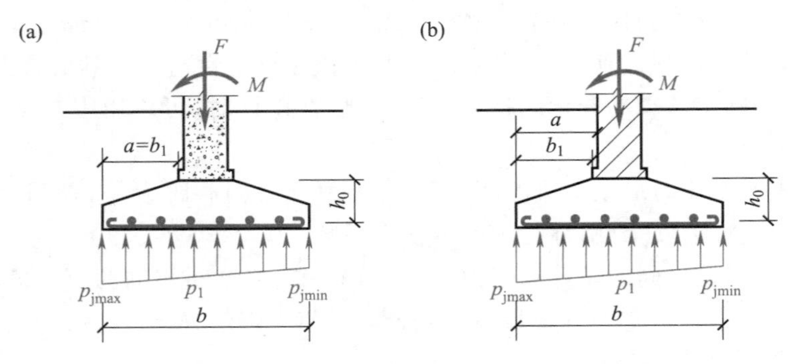

图2-12　墙下条形基础的验算截面

(a) 混凝土墙;(b) 砖墙

当荷载无偏心时,基础验算截面的剪力可简化为如下形式:

$$V_{\mathrm{I}}=ap_{\mathrm{j}} \tag{2-29}$$

剪力确定之后,基础有效高度 h_0 由混凝土的抗剪切条件确定。

(3) 基础底板的配筋

基础底板的配筋由验算截面的弯矩值决定,弯矩计算式如下:

$$M_{\mathrm{I}}=\frac{a^{2}}{2}p_{\mathrm{I}}+\frac{a^{2}}{3}(p_{\mathrm{jmax}}-p_{\mathrm{jmin}}) \tag{2-30}$$

式中 p_{I}——计算截面的地基净反力。

弯矩确定后,可以计算沿基础长度方向每延米基础底板的配筋面积,受力钢筋最小配筋率不应小于0.15%。

墙下钢筋混凝土条形基础纵向分布钢筋的直径不小于8 mm,间距不大于300 mm,每延米分布钢筋的面积不宜小于受力钢筋面积的15%。

2. 柱下钢筋混凝土独立基础

与墙下条形基础一样,在进行柱下独立基础设计时,一般先由地基承载力确定基础的底面尺寸,然后再进行基础截面的设计验算。基础截面的设计验算内容主要包括基础截面的抗冲切验算、抗剪验算和抗弯验算,由抗冲切验算或抗剪验算确定基础的合适高度,由抗弯验算确定基础底板的双向配筋。

(1) 抗冲切验算

柱与基础相连处局部受压,若基础高度不足则容易产生冲切破坏,沿柱边或基础台阶变截面处产生近似于45°方向的斜拉裂缝,形成冲切锥体。因此,必须进行抗冲切验算。抗冲切验算的基本原则是基础可能冲切面以外地基净反力产生的冲切力应小于基础可能冲切面(即冲切角锥体)上的混凝土抗冲切力。以矩形底面基础为例(图2-13),受冲切承载力可按下列公式验算:

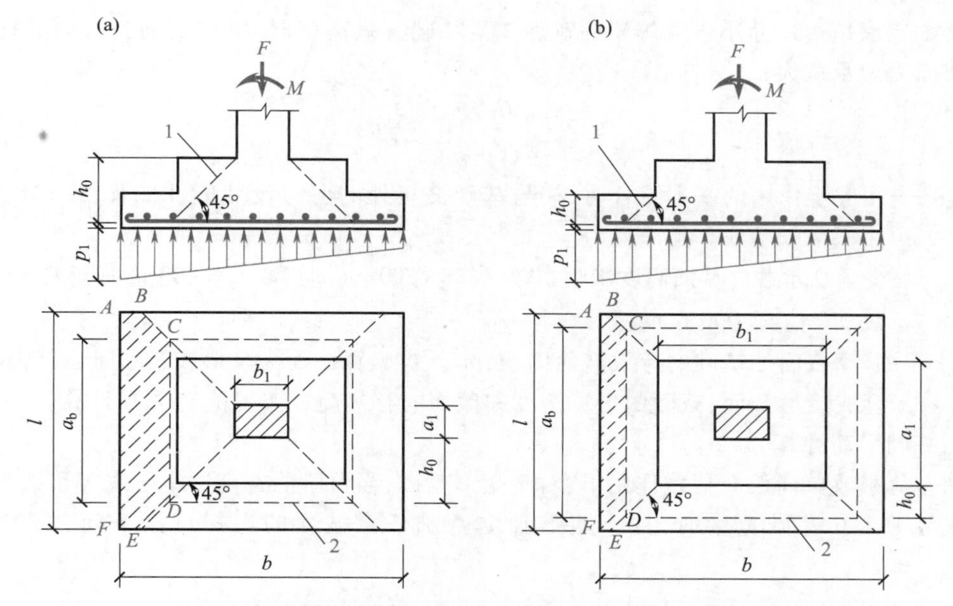

1—冲切破坏锥体最不利一侧的斜截面;2—冲切破坏锥体的底面线。

图2-13 计算阶形基础的受冲切承载力截面位置

(a)柱与基础交接处;(b)基础变阶处

$$F_{l}\leqslant 0.7\beta_{\mathrm{hp}}f_{\mathrm{t}}a_{\mathrm{m}}h_{0} \tag{2-31}$$

$$a_{\mathrm{m}}=(a_{\mathrm{t}}+a_{\mathrm{b}})/2 \tag{2-32}$$

$$F_l = p_j A_l \tag{2-33}$$

式中 β_{hp}——受冲切承载力截面高度影响系数，当 h 不大于 800 mm 时，取 1.0；当 h 大于或等于 2 000 mm时，取 0.9，其间按线性内插法取值。

f_t——混凝土轴心抗拉强度设计值。

h_0——基础冲切破坏锥体的有效高度。

a_m——冲切破坏锥体最不利一侧计算长度。

a_t——冲切破坏锥体最不利一侧斜截面的上边长；当计算柱与基础交接处的受冲切承载力时，取柱宽；当计算基础变阶处的受冲切承载力时，取上阶宽。

a_b——冲切破坏锥体最不利一侧斜截面在基础底面积范围内的下边长，当冲切破坏锥体的底面落在基础底面以内（图 2-13a、b），计算柱与基础交接处的受冲切承载力时，取柱宽加 2 倍基础有效高度；计算基础变阶处的受冲切承载力时，取上阶宽加 2 倍基础有效高度。

p_j——扣除基础自重及其上土重后相应于荷载效应基本组合时的地基土单位面积净反力，对偏心受压基础可取基础边缘处最大地基土单位面积净反力。

A_l——冲切验算时取用的部分基底面积（图 2-13a、b 中的阴影面积 $ABCDEF$）。

F_l——相应于作用的基本组合时作用在 A_l 上的地基土净反力设计值。

当不满足式（2-31）的要求时，可适当增加基础高度后重新验算，直到满足为止。

（2）抗剪验算

当基础底面短边尺寸小于或等于柱宽加 2 倍基础有效高度时，应按下列公式验算柱与基础交接处截面受剪承载力：

$$V_s \leqslant 0.7\beta_{hs} f_t A_0 \tag{2-34}$$

$$\beta_{hs} = (800/h_0)^{1/4} \tag{2-35}$$

式中 V_s——相应于作用的基本组合时，柱与基础交接处的剪力设计值，kN；图 2-14 中的阴影面积乘以基底平均净反力。

β_{hs}——受剪切承载力截面高度影响系数，当 $h_0<800$ mm 时，取 $h_0=800$ mm；当 $h_0>2\ 000$ mm 时，取 $h_0=2\ 000$ mm。

A_0——验算截面处基础的有效截面面积，m^2。当验算截面为阶形或锥形时，可将其截面折算成矩形截面，截面的折算宽度和截面的有效高度按规范附录 U 计算。

（3）基础配筋计算

在轴心荷载或单向偏心荷载作用下，对于矩形基础，当台阶的宽高比小于或等于 2.5 且偏心距小于或等于 1/6 基础宽度时，柱下矩形独立基础任意截面的弯矩可按下列公式计算（图 2-15）：

$$M_{\mathrm{I}} = \frac{1}{12}a_1^2\left[(2l+a')\left(p_{max}+p-\frac{2G}{A}\right)+(p_{max}-p)l\right] \tag{2-36}$$

$$M_{\mathrm{II}} = \frac{1}{48}(l-a')^2(2b+b')\left(p_{max}+p_{min}-\frac{2G}{A}\right) \tag{2-37}$$

柱下单独基础的配筋设计控制截面是柱边或阶梯形基础的变阶处，由以上公式求出相应的控制截面弯矩值，由此可计算底板长边方向和短边方向的受力钢筋面积 A_{sI}和 A_{sII}。

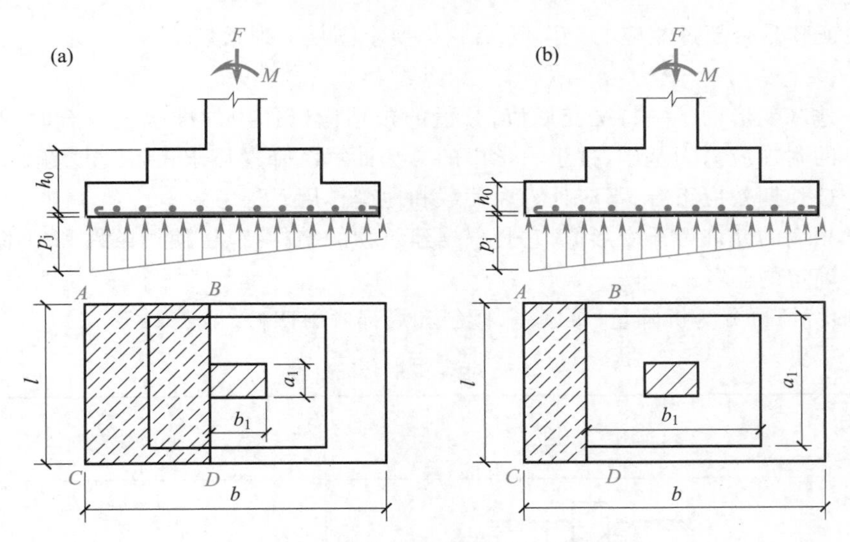

图 2-14　验算阶形基础受剪切承载力示意

（a）柱与基础交接处；（b）基础变阶处

应该指出，一般柱的混凝土强度等级较基础的混凝土强度等级高。因此，基础设计除了按以上方法验算其高度、计算底板配筋外，尚应验算基础顶面的局部受压承载力，具体验算方法可参见混凝土结构方面的文献或规范。

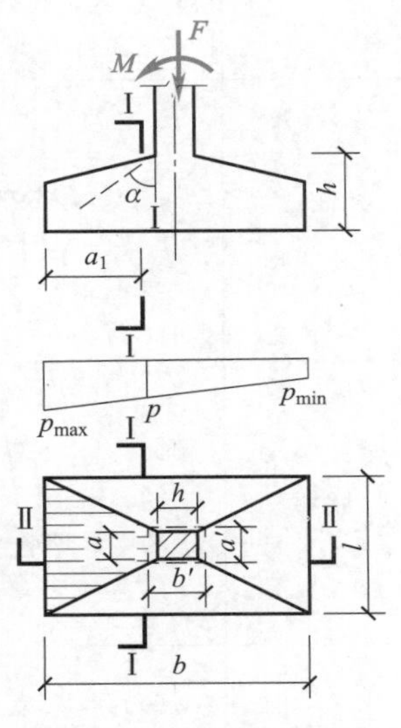

图 2-15　矩形基础底板的计算示意

2-4-5　地基变形验算

Checking Computation of Subgrade Deformation

1. 基本概念

地基基础设计中，除了保证地基的强度、稳定要求外，还需保证地基的变形控制在允许的范围内，以保证上部结构不因地基变形过大而丧失其使用功能。调查研究表明，很多工程事故是因为地基基础的不恰当设计、施工及不合理的使用而导致的，在这些工程事故中，又以地基变形过大、超过了相应允许值引起的事故居多。因此，地基变形验算是地基基础设计中一项十分重要的内容。

根据地基复杂程度、建筑物规模和功能特征，以及由于地基问题可能造成建筑物破坏或影响正常使用的程度，将地基基础设计分为三个设计等级（详见 1-1 节）。

对于一般多层建筑，地基土质较均匀且较好时，按地基承载力控制设计基础，可以满足地基变形要求，不需要进行地基变形验算。但对于甲、乙级建筑物和荷载较大、土质不坚实的丙级建筑物，为了保证工程安全，除满足地基承载力要求外，还需进行地基变形验算。变形验算的范围见 1-2 节。

2. 变形验算的内容

在常规设计中，一般针对各类建筑物的结构特点、整体刚度和使用要求，计算地基变形的某一特征值，验证其是否超过相应的允许值[Δ]，即要求满足下列条件：

$$\Delta \leqslant [\Delta] \tag{2-38}$$

式中　Δ——地基变形的某一特征变形值，其值的预估应以作用的准永久组合时的基础底面处的附加应力为基础，按土力学中的方法计算沉降量后求得，传至基础底面的荷载应按长期效应组合，不应计入风荷载和地震作用；

[Δ]——相应的允许特征变形值，它是根据建筑物的结构特点、使用条件和地基土的类别而确定的。

地基变形特征可分为沉降量、沉降差、倾斜和局部倾斜四种，见表 2-5。

表 2-5　地基变形特征分类

地基变形特征	图　例	计算方法
沉降量	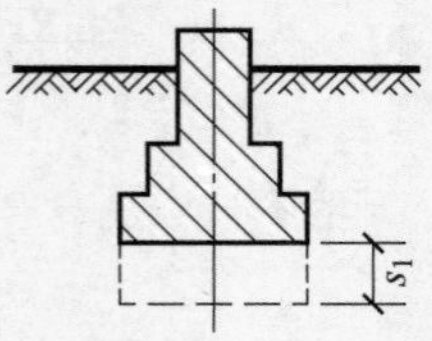	s_1 为基础中心沉降量
沉降差	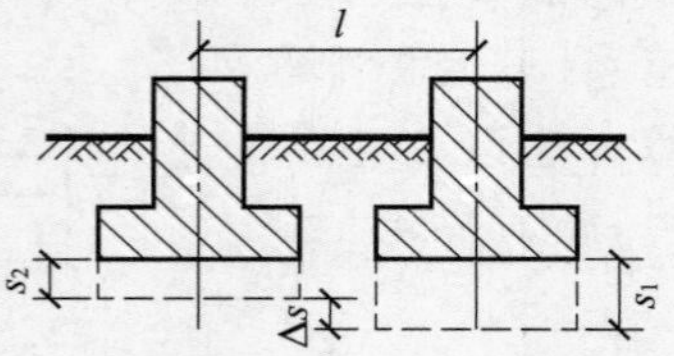	两相邻独立基础中心沉降量之差 $\Delta s = s_1 - s_2$
倾斜	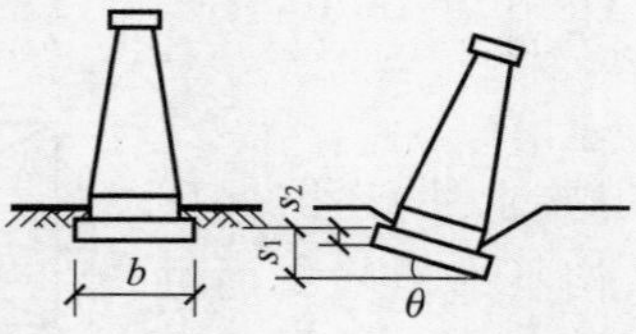	$\tan\theta = \dfrac{s_1 - s_2}{b}$
局部倾斜	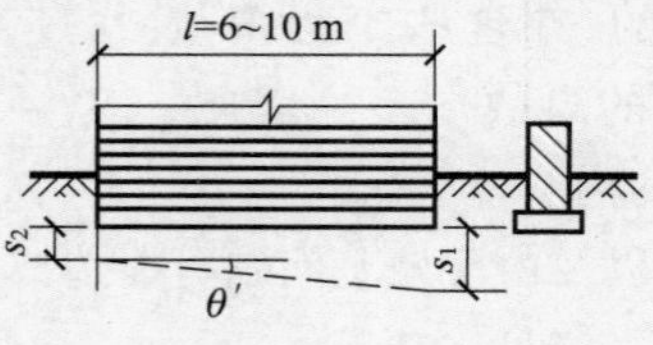	$\tan\theta' = \dfrac{s_1 - s_2}{l}$

(1) 沉降量：独立基础或刚性特别大的基础中心的沉降量；

(2) 沉降差：两相邻独立基础中心沉降量之差；

(3) 倾斜：独立基础在倾斜方向两端点的沉降差与其距离的比值；

(4) 局部倾斜：砌体承重结构沿纵向 6～10 m 内基础两点的沉降差与其距离的比值。

规范中给出了建筑物的地基变形允许值。从表 2-5 可见，地基的变形允许值对于不同类型的建筑物、不同的建筑结构特点和使用要求、不同的上部结构对不均匀沉降的敏感程度以及不同的结构安全储备要求有所不同。

对于单层排架结构的柱基，应限制其沉降量，尤其是多跨排架中受荷较大的中排柱基的沉降量，以免支承于其上的相邻屋架发生相对倾斜而使两端部相互碰撞。另外，柱基沉降量过大，也易引起水、气管折断及雨水倒灌等不良现象，影响建筑物的使用功能。

对于框架结构和单层排架结构、砌体墙填充的边柱列，设计计算应由沉降差来控制，并要求沉降量不宜过大。如果框架结构相邻两基础的沉降差过大，结构中梁、柱将产生较大的次应力，而在常规设计中，梁、柱的截面确定及配筋是没有考虑这种应力影响的。有桥式吊车的厂房，如果沉降差过大，将使吊车梁倾斜（厂房纵向）或吊车桥倾斜（厂房横向），严重者会造成吊车卡轨，甚至不能正常使用。

对于高耸结构物、高层建筑物，控制地基特征变形的主要是整体倾斜。这类结构物的重心高，基础倾斜使重心移动引起的附加偏心矩，不仅使地基边缘压力增加而影响其倾覆稳定性，而且还会导致结构物本身的附加弯矩。另一方面，高层建筑物、高耸结构物的整体倾斜将引起人们视觉上的注意，造成心理压抑，甚至心理恐慌。意大利的比萨斜塔和我国的苏州虎丘塔就是因为过大的倾斜而不得不进行地基加固。如果地基土质均匀，且无相邻荷载的影响，对高耸结构，只要基础中心沉降量不超过允许值，便可不做倾斜验算。

对于砌体承重结构，房屋的损坏主要是由于墙体挠曲引起局部弯曲，而导致房屋外墙由拉应变形成裂缝，故地基变形主要由局部倾斜控制。砌体承重结构对地基的不均匀沉降是很敏感的，其墙体极易产生呈45°左右的斜裂缝，如果中部沉降大，墙体正向挠曲，裂缝呈正八字形开展；反之，两端沉降大，墙体反向挠曲，裂缝呈反八字形开展。墙体在门窗洞口处刚度削弱，角隅应力集中，故裂缝首先在此处产生。

3. 关于允许变形值

由于各类建筑物的结构特点和使用要求不同，对地基变形的反应敏感程度不同，因而验算的变形特征各异，相应的允许值也不同。至于允许变形值，涉及的因素很多，诸如建筑物的结构类型特点、使用要求、对不均匀沉降的敏感性及结构的安全储备等，很难用理论分析方法确定，所以确定建筑物的地基变形控制指标，应紧密结合实际，参照当地的建筑经验，查阅有关资料，综合考虑各种因素的影响，才能得到比较合理的结果。

框架结构主要因柱基的不均匀沉降使构件受剪扭而损坏，通常认为填充墙框架结构的相邻柱基沉降差不超过0.002 L（L为柱距）时，是安全的。斯肯普顿曾得出敞开式框架结构柱基能经受达$L/150$（约0.007 L）的沉降差而不损坏的结论。

砌体承重结构的裂缝主要是由局部倾斜过大而引起的，根据一些实测资料，砖墙可见裂缝的临界拉应变约为0.05%，墙体的相对挠曲（弯曲段的矢高与其长度之比）不易计算，一般不作为需要验算的地基特征变形。

有关文献指出，高层建筑横向倾斜允许值主要取决于人们视觉的敏感程度，倾斜值达到明显可见的程度时大致为1/250，而结构损坏则大致当倾斜值达到1/150时开始。考虑到倾斜允许值应随建筑物的高度增加而递减，《地基规范》根据基础倾斜引起建筑物重心偏移不能使基底边缘压力增量超过平均压力的1/40这一条件，制定允许倾斜值的控制标准。

由于沉降计算方法误差较大，理论计算结果常和实际发生的沉降有出入，因此对于重要的、新型的、体型复杂的房屋和构筑物，或使用上对不均匀沉降有严格要求的结构，应在施工期间及使用期间进行系统的沉降变形观测。沉降观测结果也可用于验证设计计算的正确性，并借以总结经验，完善设计理论。

在必要的情况下，需要分别预估建筑物在施工期间和使用期间的地基变形值，以便预留建筑物有关部分之间的净空，考虑连接方法和施工顺序，一般浅基础的建筑物在施工期间完成的沉降量，对于砂土可认为已完成其最终沉降量 80% 以上，对于其他低压缩性土可认为已完成 50% ~ 80%，对于高压缩性土可认为已完成 5% ~20%。

2-5 小结 Summary

（1）刚性基础与扩展基础是建筑工程中最常用的基础形式，其构造简单、造价低廉、材料来源广泛、施工简便快捷，因而在选择基础方案时成为首选方案之一。因此，刚性基础与扩展基础的设计与施工是土木工程技术人员必须掌握的知识。

（2）刚性基础的特点是稳定性好、施工简便，是房屋、桥梁、涵洞等结构物首选基础形式，而其主要缺点是因受到刚性角的限制而使基础高度较大、材料用量多，故一般适于 6 层和 6 层以下的民用建筑、砌体承重的厂房及荷载较小的桥梁基础。扩展基础分为墙下钢筋混凝土条形基础和柱下钢筋混凝土独立基础，其构造简单、抗弯和抗剪性能良好，适宜于需要“宽基浅埋”的情况。

（3）确定基础的埋置深度是地基基础设计中的重要步骤，涉及结构物的牢固、稳定及正常使用问题。在确定基础埋深时，必须综合考虑影响埋深的因素，诸如建筑物的用途；有无地下室、设备基础和地下设施；基础的形式和构造；作用在基础上的荷载大小和性质；工程地质和水文地质条件；相邻建筑物的埋置深度；地基土冻胀和融沉，以及地形、河流的冲刷影响等因素。因此，设计时须从实际出发，抓住影响埋深的主要因素，综合确定合理的埋置深度。

（4）地基承载力是指地基土单位面积上承受荷载的能力。地基承载力特征值或容许值既包含了地基所能承受荷载的能力，也包含了上部结构对地基沉降的适应性大小和允许限制，因而是十分复杂的问题。虽然有多种确定地基承载力的方法，但静载试验仍然是确定地基承载力的最可靠的方法。

（5）基础底面尺寸首先要满足地基承载力要求，地基承载力的要求包括持力层承载力要求和软弱下卧层承载力要求，二者皆需验算。验算时注意采用正常使用极限状态下荷载效应标准组合所对应的荷载。按上述验算要求确定的基础底面尺寸尚需验算地基变形，只有地基变形满足相应要求时，基础底面尺寸才能确定下来。验算地基变形时注意采用正常使用极限状态下荷载效应的准永久组合所对应的荷载。

（6）墙下钢筋混凝土条形基础和柱下钢筋混凝土独立基础的结构设计包括基础的配筋计算和对基础高度的验算。计算和验算时注意采用承载能力极限状态下作用的基本组合所对应的基底净反力。

思考题与习题
Questions and Exercises

2-1　天然地基浅基础有哪些类型？各有什么特点？各适用于什么条件？

2-2　确定基础埋深时应考虑哪些因素？

2-3　确定地基承载力的方法有哪些？地基承载力的深度、宽度修正系数与哪些因素有关？

2-4　何谓刚性基础？它与钢筋混凝土基础有何区别？适用条件是什么？构造上有何要求？台阶允许宽高比的限值与哪些因素有关？

2-5　钢筋混凝土柱下独立基础、墙下条形基础在构造上有何要求？设计上需要计算或验算哪些内容？如何计算？

2-6　为什么要进行地基变形验算？地基变形特征有哪些？

2-7　如何进行地基的稳定性验算？

2-8　某砌体承重结构，底层墙厚 490 mm，采用墙下条形基础，在作用的标准组合下，传至±0.000 标高（室内地面）的竖向荷载 $F_k=290$ kN/m，室外地面标高为-0.300 m，基础埋深初步拟定为 1.5 m。场地条件如下：天然地面下为 4.5 m 厚黏土层，其下为 30 m 厚中密稍湿状态的中砂，黏土层的 $f_{ak}=210$ kPa，$e=0.730$，$\gamma=19$ kN/m^3，$w=28\%$，$w_L=39\%$，$w_P=18\%$，$c_k=22$ kPa，$\varphi_k=18°$，中砂层的 $f_{ak}=180$ kPa，$\gamma=18$ kN/m^3，$\varphi_k=30°$。试设计该条件下的刚性基础和扩展基础。（基础材料：刚性基础采用毛石混凝土砌筑；扩展基础采用 C20 混凝土，钢筋采用 HRB400。）

2-9　在第 2-8 题的场地上，有一柱下独立基础，柱的截面尺寸为 400 mm×600 mm，在作用的标准组合下，传至±0.000 标高（室内地面）的竖向荷载 $F_k=2\ 400$ kN，弯矩 $M_k=210$ kN · m，水平力 $V_k=180$ kN（与 M_k 同方向），室外地面标高为-0.150 m。基础埋深初步拟定为 1.5 m。试设计该柱下的钢筋混凝土独立基础。（基础材料：混凝土采用 C20，钢筋采用 HRB400。）

第3章
Chapter 3

柱下条形基础、筏形和箱形基础
Strip Foundation, Raft and Box Foundation

本章学习目标：

掌握连续基础的简化计算方法及与该计算方法相适应的构造要求。
熟悉弹性地基上梁或板的分析原理。
了解常用的数值分析方法。

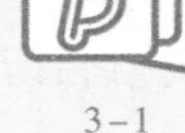

3-1
教学课件

3-1 概述
Introduction

前述的扩展基础，仅适用于荷载较小、计算所需的基底面积较小的情况。当上部荷载较大时，为满足承载力要求，其基底尺寸往往很大，此时再用这种形式简单、底板为悬臂状的基础，无论是从经济上，还是从加强整体刚度上考虑均不合适，应考虑将几个基础连在一起，设计成一个共同受力的整体，这样就出现了连续基础的形式。常用的连续基础有柱下条形基础、筏形基础和箱形基础。这一类的基础将建筑物的底部连在了一起，加强了建筑物的整体刚度，通过基础与上部结构之间的协调变形，将上部结构的荷载较均衡地传递给地基，可有效地调整或减小由荷载差异和地基压缩层土体不均匀所造成的建筑物不均匀沉降，减小上部结构的次应力。与柱下独立基础相比，具有优良的结构特征、较大的承载能力，适合作为各种地质条件复杂、建设规模大、层数多、结构复杂的建筑物基础。

为满足稳定性要求，该类基础的埋深一般不小于建筑物地面以上高度的1/15；埋深增大后，持力层顶面地基土的约束效应（有效压重）增强，地基土的承载力可以提高，基础抗水平滑动的稳定性得到了加强，并可利用地基补偿作用减小基底附加应力，减小建筑物的沉降量。此外，筏形和箱形基础还可在建筑物下部构成较大的地下空间，提供安置设备和公共设施的合适场所。

但是，这类基础的技术要求及造价均较高，施工中需处理大基坑、深开挖所遇到的许多问题，箱形基础的地下空间利用不灵活，因此，选用时需根据具体条件通过技术经济及应用比较确定。

在第2章中所述的扩展基础，因其尺寸及刚度均较小，结构简单，计算分析时将上部结构、基础和地基简单地分割成彼此独立的三个组成部分，忽略其刚度的影响，分别进行设计和验算，三者之间仅满足静力平衡条件,这种设计方法称为常规设计。由此引起的误差一般不至于影响结构安全或增加工程造价,计算分析简单,工程界易于接受。而对于条形、筏形和箱形基础等规模较大、承受荷载较多和上部结构较复杂的基础,若采用上述简化分析,仅满足静力平衡条件而不考虑三者之间的相互协调变形作用,常会引起较大的误差。由于这类基础在平面上一个或两个方向的尺度与其竖向截面相比较大,一般可看成是地基上的受弯构件——梁或板。其挠曲特征、基底反力和截面内力分布都与地基、基础及上部结构的相对刚度特征有关,故应从三者相互作用的角度出发,采用适当的方法进行设计。

应该指出,上部结构、基础和地基共同作用是一个极为复杂的研究课题,尽管已取得较丰硕的成果,但是由于涉及的因素很多,尤其地基土是一种自然生成、自行堆积且随时间、环境而极易变化的介质,其自身的材料特性极其复杂,目前尚缺少一种理想的地基模型去确切地模拟,因此考虑共同工作的分析结果与实测资料对比往往存在着不同程度的差异,有时误差还较大,这说明理论分析方法尚有待进一步完善。因此,有设计人员提出,设计这些基础宜以“构造为主,计算为辅”的原则。本章在介绍柱下条形基础、筏形基础、箱形基础设计计算的同时,也介绍了与该计算方法相适应的结构和构造要求,供设计时采用。

3-2 弹性地基上梁的分析
Analysis of Beam on Elastic Foundation

3-2-1 弹性地基上梁的挠曲微分方程及其解答
Deflection Differential Equation of Elastic Foundation Beam and It's Solutions

如上所述,完善的设计方法应是将上部结构、基础、地基三者作为一个整体,进行相互作用分析。本节仅考虑基础与地基的相互作用,将基础视为弹性地基上的梁,采用适当的地基模型进行分析,从而对基础的内力、变形特征及地基反力进行解答。进行弹性地基上梁的分析时,首先应选定地基模型,不论基于何种假设,也不论采用何种数学方法,都应满足以下两个基本条件:① 计算前后基础底面与地基不出现脱开现象,即地基与基础之间的变形协调条件;② 基础在外荷载和基底反力的作用下必须满足静力平衡。根据这两个基本条件可以列出解答问题所需的方程组,然后结合必要的边界条件求解。但是,由于数学计算的原因,大多数的方程组只有在简单的边界条件下才能获得解析解,下面介绍文克勒地基上梁的解答。

早在 1867 年,捷克工程师文克勒(Winkler)在计算铁路路基时提出地基上任一点所受的压力 p 与该点的沉降量 s 成正比,即

$$p=ks \tag{3-1}$$

式中 k——基床系数,是与地基土性质有关的常数,kN/m^3。

根据这个假设,我们可以看出:地基上某点的沉降量仅与作用在该点上的压力大小及土的性质有关,而与邻近其他点上作用的压力无关,即将地基看成一系列彼此独立的小土柱(或小弹簧),各土柱间不存在力的传递作用,也就是说:各土粒间没有剪应力。实际工程中,土体内是存在剪应力的,只有抗剪强度极低的软土地基,其受力状态才与此接近。

1. 微分方程式

图 3-1 表示外荷载作用下文克勒地基上等截面梁在位于梁主平面内的挠曲曲线及梁元素。梁底反力为 p,单位为 kPa;梁宽为 b,单位为 m;梁底反力沿长度方向的分布为 pb,单位为 kN/m;梁和地基的竖向位移为 w。取微段梁元素 $\mathrm{d}x$(图 3-1b),其上作用分布荷载 q 和梁底反力 pb,以及相邻截面作用的弯矩 M 和剪力 V,根据梁元素上竖向力的静力平衡条件可得

$$\frac{\mathrm{d}V}{\mathrm{d}x}=bp-q \tag{3-2}$$

因 $V=\mathrm{d}M/\mathrm{d}x$,故上式可写成

$$\frac{\mathrm{d}^2 M}{\mathrm{d}x^2}=bp-q \tag{3-3}$$

利用材料力学公式 $EI(\mathrm{d}^2 w/\mathrm{d}x^2)=-M$,将该式连续对 x 求两次导数后,代入式(3-3)得

$$EI\frac{\mathrm{d}^4 w}{\mathrm{d}x^4}=-\frac{\mathrm{d}^2 M}{\mathrm{d}x^2}=-bp+q \tag{3-4}$$

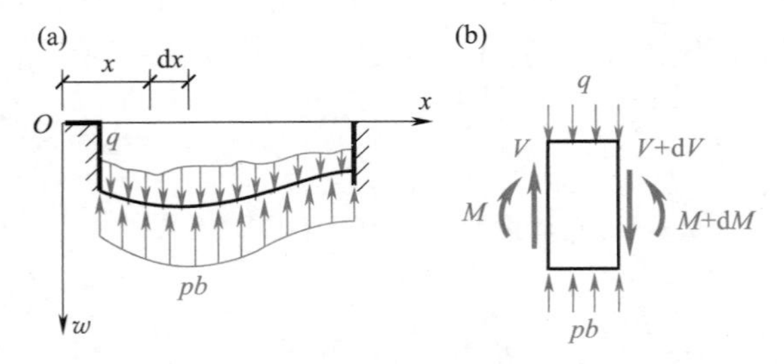

图 3-1 文克勒地基上梁的计算图式

(a) 梁的挠曲曲线;(b) 梁元素

根据文克勒假设,$p=ks$,并按接触条件——沿梁全长的地基沉降应与梁的挠度相等,即$s=w$,从而可得文克勒地基上梁的挠曲微分方程式为

$$EI\frac{\mathrm{d}^4 w}{\mathrm{d}x^4}=-bkw+q \tag{3-5}$$

式中 k——基床系数,kN/m³。

2. 微分方程解答

为了对式(3-5)求解,先考虑梁上无荷载部分,即 $q=0$,并令 $\lambda=\sqrt[4]{bk/4EI}$,则式(3-5)可写为

$$\frac{\mathrm{d}^4 w}{\mathrm{d}x^4}+4\lambda^4 w=0 \tag{3-6}$$

式中 λ——弹性地基梁的弹性特征,λ 的量纲为[长度$^{-1}$],它的倒数 $1/\lambda$ 称为特征长度。显然特征长度 $1/\lambda$ 愈大,梁相对愈刚,因此,λ 值是影响挠曲线形状的一个重要因素。式(3-6)为一常系数线性齐次方程,其通解为

$$w=\mathrm{e}^{\lambda x}(C_1\cos\lambda x+C_2\sin\lambda x)+\mathrm{e}^{-\lambda x}(C_3\cos\lambda x+C_4\sin\lambda x) \tag{3-7}$$

根据 $dw/\mathrm{d}x=\theta$,$-EI(\mathrm{d}^2 w/\mathrm{d}x^2)=M$,$-EI(\mathrm{d}^3 w/\mathrm{d}x^3)=V$,由式(3-7)可得梁的转角 θ、弯矩 M 和剪力 V。式中待定的积分常数 C_1、C_2、C_3 和 C_4 的数值,在挠曲线及其各阶导数是连续的梁段中

是不变的,可由荷载情况及边界条件确定。

3-2-2 弹性地基上梁的计算

Calculation of Beam on Elastic Foundation

1. 集中荷载下的无限长梁

图 3-2a 为一无限长梁受集中荷载 P_0 作用,取 P_0 的作用点为坐标原点,假定梁两侧对称,其边界条件为

(1) 当 $x\to\infty$ 时,$w=0$;

(2) 当 $x=0$ 时,因荷载和地基反力关于原点对称,故该点挠曲线斜率为零,即 $\mathrm{d}w/\mathrm{d}x=0$;

(3) 当 $x=0$ 时,在坐标原点处紧靠 P_0 的右边,作用于梁右半部截面上的剪力应等于地基总反力的一半,并指向下方,即 $V=-EI\mathrm{d}^3w/\mathrm{d}x^3=-P_0/2$。

由边界条件(1)得 $C_1=C_2=0$。则对梁的右半部有

$$w=\mathrm{e}^{-\lambda x}(c_3\cos\lambda x+c_4\sin\lambda x) \tag{3-8}$$

由边界条件(2)得 $C_3=C_4=C$,再根据边界条件(3),可得 $C=P_0\lambda/2kb$,即

$$w=\frac{P_0\lambda}{2kb}\mathrm{e}^{-\lambda x}(\cos\lambda x+\sin\lambda x) \tag{3-9}$$

再对式(3-9)分别求导可得梁的截面转角 $\theta=\mathrm{d}w/\mathrm{d}x$,弯矩 $M=-EI(\mathrm{d}^2w/\mathrm{d}x^2)$,剪力 $V=-EI(\mathrm{d}^3w/\mathrm{d}x^3)$ 和基底反力 $p=kw$。若令 $K=kb$ 为集中基床系数,则

$$w=\frac{P_0\lambda}{2K}\mathrm{e}^{-\lambda x}(\cos\lambda x+\sin\lambda x)=\frac{P_0\lambda}{2K}A_x \tag{3-10}$$

$$\theta=-\frac{P_0\lambda^2}{2K}\mathrm{e}^{-\lambda x}\sin\lambda x=-\frac{P_0\lambda^2}{2K}B_x \tag{3-11}$$

$$M=\frac{P_0}{4\lambda}\mathrm{e}^{-\lambda x}(\cos\lambda x-\sin\lambda x)=\frac{P_0}{4\lambda}C_x \tag{3-12}$$

$$V=-\frac{P_0}{2}\mathrm{e}^{-\lambda x}\cos\lambda x=-\frac{P_0}{2}D_x \tag{3-13}$$

$$p=\frac{P_0\lambda}{2b}\mathrm{e}^{-\lambda x}(\cos\lambda x+\sin\lambda x)=\frac{P_0\lambda}{2b}A_x \tag{3-14}$$

其中

$$A_x=\mathrm{e}^{-\lambda x}(\cos\lambda x+\sin\lambda x) \tag{3-15}$$

$$B_x=\mathrm{e}^{-\lambda x}\sin\lambda x \tag{3-16}$$

$$C_x=\mathrm{e}^{-\lambda x}(\cos\lambda x-\sin\lambda x) \tag{3-17}$$

$$D_x=\mathrm{e}^{-\lambda x}\cos\lambda x \tag{3-18}$$

A_x、B_x、C_x 和 D_x 均为 λx 的函数,其值可由 λx 计算或从有关设计手册中查取。而对于集中力作用点的左半部分,根据对称条件,应用上式时,x 取距离的绝对值,梁的挠度 w、弯矩 M 及基底反力 p 的计算结果与梁的右半部分相同,即公式不变,但梁的转角 θ 与剪力 V 则取相反的符号。据此,可绘出 w、θ、M、V 随 x 的变化情况,如图 3-2a 所示。

由式(3-10)可知,当 $x=0$ 时,$w=P_0\lambda/2K$;当 $x=2\pi/\lambda$ 时,$w=0.001\ 87P_0\lambda/2K$。即梁的挠度

随 x 的增加迅速衰减，在 $x=2\pi/\lambda$ 处的挠度仅为 $x=0$ 处挠度的0.187%；在 $x=\pi/\lambda$ 处的挠度仅为 $x=0$ 处挠度的4.3%。故当集中荷载的作用点离梁的两端距离 $x>\pi/\lambda$ 时，可近似按无限长梁计算。实用中将弹性地基梁分为以下三种类型：

（1）无限长梁：荷载作用点与梁两端的距离都大于 π/λ；

（2）半无限长梁：荷载作用点与梁一端的距离小于 π/λ，与另一端距离大于 π/λ；

（3）有限长梁：荷载作用点与梁两端的距离都小于 π/λ，梁的长度大于 $\pi/4\lambda$。

当梁的长度小于 $\pi/4\lambda$ 时，梁的挠曲很小，可以忽略，称为刚性梁。

2. 集中力偶作用下的无限长梁

图3-2b为一无限长梁受一个顺时针方向的集中力偶 M_0 作用，仍取集中力偶作用点为坐标原点，式(3-7)中的积分常数可由以下边界条件确定：

（1）当 $x\to\infty$ 时，$w=0$；

（2）当 $x=0$ 时，$w=0$；

（3）当 $x=0$ 时，在坐标原点处紧靠 M_0 作用点的右侧，则作用于梁右半部截面上的弯矩为 $M_0/2$，即 $M=-EI(\mathrm{d}^2w/\mathrm{d}x^2)=M_0/2$。

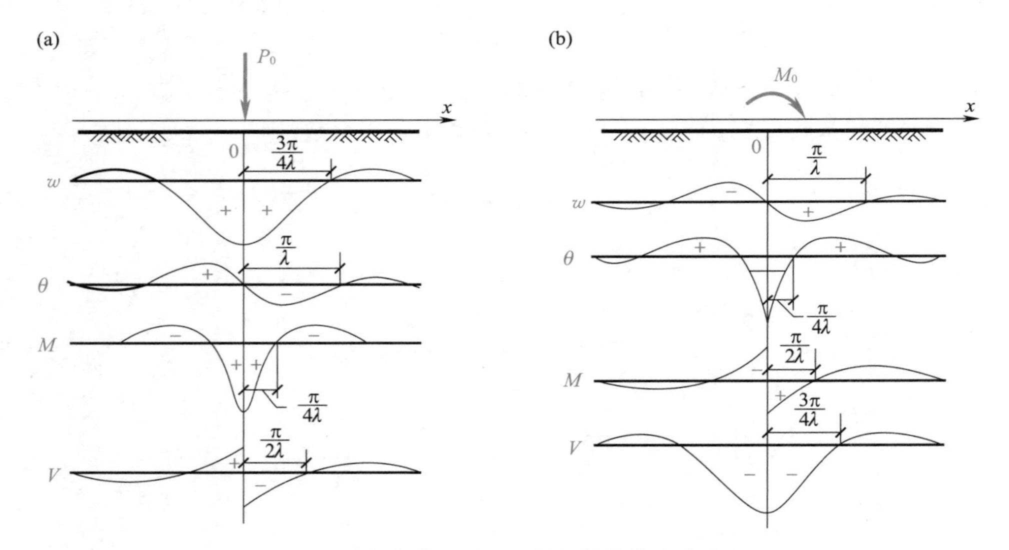

图3-2 文克勒地基上无限长梁的挠度和内力

（a）集中力作用；（b）集中力偶作用

同理，根据上述边界条件可得 $C_1=C_2=C_3=0$，$C_4=M_0\lambda^2/K$。故

$$w=\frac{M_0\lambda^2}{K}\mathrm{e}^{-\lambda x}\sin\lambda x=\frac{M_0\lambda^2}{K}B_x \tag{3-19}$$

$$\theta=\frac{M_0\lambda^2}{K}\mathrm{e}^{-\lambda x}(\cos\lambda x-\sin\lambda x)=\frac{M_0\lambda^2}{K}C_x \tag{3-20}$$

$$M=\frac{M_0}{2}\mathrm{e}^{-\lambda x}\cos\lambda x=\frac{M_0}{2}D_x \tag{3-21}$$

$$V=-\frac{M_0\lambda}{2}\mathrm{e}^{-\lambda x}(\cos\lambda x+\sin\lambda x)=-\frac{M_0\lambda}{K}A_x \tag{3-22}$$

$$p=k\frac{M_0\lambda^2}{K}\mathrm{e}^{-\lambda x}\sin\lambda x=\frac{M_0\lambda^2}{b}B_x \tag{3-23}$$

对于集中力偶作用点的左半部分，根据反对称条件，应用该计算式时，x 取绝对值，梁的转角 θ 与剪力 V 计算结果与梁的右半部分相同，但对梁的挠度 w、弯矩 M 及基底反力 p 则取相反的符号。w、θ、M、V 随 λx 的变化情况如图 3-2b 所示。

3. 集中力作用下的半无限长梁

如果一半无限长梁的一端受集中力 P_0 作用（图 3-3a），另一端延至无穷远，若仍将坐标原点取在 P_0 的作用点，则边界条件为

（1）当 $x\to\infty$ 时，$w=0$；

（2）当 $x=0$ 时，$M=-EI(\mathrm{d}^2w/\mathrm{d}x^2)=0$；

（3）当 $x=0$ 时，$V=-EI(\mathrm{d}^3w/\mathrm{d}x^3)=-P_0$；

由此可导得 $C_1=C_2=C_4=0$，$C_3=2P_0\lambda/K$。

将以上结果代回式（3-7），则梁的挠度 w、转角 θ、弯矩 M 和剪力 V 为

$$w=\frac{2P_0\lambda}{K}D_x \tag{3-24}$$

$$\theta=-\frac{2P_0\lambda^2}{K}A_x \tag{3-25}$$

$$M=-\frac{P_0}{\lambda}B_x \tag{3-26}$$

$$V=-P_0C_x \tag{3-27}$$

4. 力偶作用下的半无限长梁

当一半无限长梁的一端受集中力偶 M_0 作用（图 3-3b），另一端延伸至无穷远时，边界条件为

（1）当 $x\to\infty$ 时，$w=0$；

（2）当 $x=0$ 时，$M=-EI(\mathrm{d}^2w/\mathrm{d}x^2)=M_0$；

（3）当 $x=0$ 时，$V=0$。

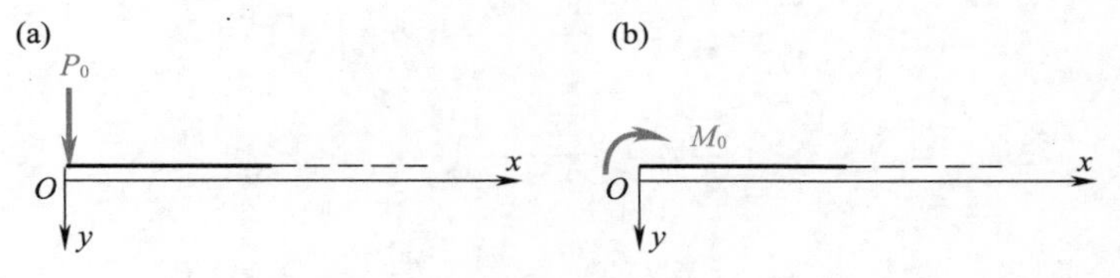

图 3-3　半无限长梁

（a）受集中力作用；（b）受力偶作用

同理可得式（3-7）中的积分常数为：$C_1=C_2=0$，$C_3=-C_4=-2M_0\lambda^2/K$。故此时梁的挠度 w、转角 θ、弯矩 M 和剪力 V 的表达式为

$$w=-\frac{2M_0\lambda^2}{kb}C_x \tag{3-28}$$

$$\theta=-\frac{4M_0\lambda^3}{kb}D_x \tag{3-29}$$

$$M=M_0A_x \tag{3-30}$$

$$V=-2M_0\lambda B_x \tag{3-31}$$

5. 有限长梁

实际工程中,地基上的梁大多为有限长梁,荷载对梁两端的影响尚未消失,即梁端的挠曲或位移不能忽略,确定积分常数常用的方法是“初始参数法”。此处介绍一种以前文导得的无限长梁的计算公式为基础、利用叠加原理求得满足有限长梁两端边界条件的解答,从而避开了直接确定积分常数的繁琐。其原理为:图 3-4 表示一长为 l 的弹性地基梁(梁 Ⅰ),作用有任意的已知荷载,其端点 A、B 均为自由端,设想将 A、B 两端向外无限延长形成无限长梁(梁 Ⅱ),该无限长梁在已知荷载作用下在相应于 A、B 两截面产生的弯矩 M_a、M_b 和剪力 V_a、V_b。由于实际上梁 Ⅰ 的 A、B 两端是自由界面,不存在任何内力,为了要按长梁 Ⅱ 利用无限长梁公式以叠加法计算,而能得到相应于原有限长梁的解答,就必须设法消除发生在梁 Ⅱ 中 A、B 两截面的弯矩和剪力,以满足原来梁端的边界条件。为此,可在梁 Ⅱ 的 A、B 两点外侧分别加上集中荷载(力偶和力)M_A、P_A 和 M_B、P_B(梁 Ⅲ),并要求这两对附加荷载在 A、B 两截面中所产生的弯矩和剪力分别等于 $-M_a$、$-V_a$ 及 $-M_b$、$-V_b$。根据该条件利用前面导出的无限长梁在集中力和集中力偶作用下的位移、弯矩及剪力的计算式列出如下方程组:

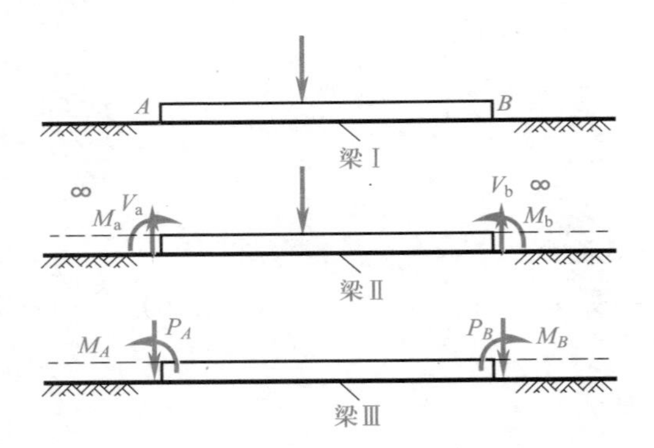

图 3-4 有限长梁内力、位移计算

$$\frac{P_A}{4\lambda}+\frac{P_B}{4\lambda}C_l+\frac{M_A}{2}-\frac{M_B}{2}D_l=-M_a \tag{3-32}$$

$$-\frac{P_A}{2}+\frac{P_B}{2}D_l-\frac{\lambda M_A}{2}-\frac{\lambda M_B}{2}A_l=-V_a \tag{3-33}$$

$$\frac{P_A}{4\lambda}C_l+\frac{P_B}{4\lambda}C_l+\frac{M_B}{2}D_l-\frac{M_B}{2}=-M_b \tag{3-34}$$

$$-\frac{P_A}{2}D_l+\frac{P_B}{2}-\frac{\lambda M_A}{2}A_l-\frac{\lambda M_B}{2}=-V_b \tag{3-35}$$

解上列方程组得

$$P_A=(E_l+F_lD_l)V_a+\lambda(E_l-F_lA_l)M_a-(F_l+E_lD_l)V_b+\lambda(F_l-E_lA_l)M_b \tag{3-36}$$

$$M_A=-(E_l+F_lC_l)\frac{V_a}{2\lambda}-(E_l-F_lD_l)M_a+(F_l+E_lC_l)\frac{V_b}{2\lambda}-(F_l-E_lD_l)M_b \tag{3-37}$$

$$P_B=(F_l+E_lD_l)V_a+\lambda(F_l-E_lA_l)M_a-(E_l+F_lD_l)V_b+\lambda(E_l-F_lA_l)M_b \tag{3-38}$$

$$M_B=(F_l+E_lC_l)\frac{V_a}{2\lambda}+(F_l-E_lD_l)M_a-(E_l+F_lC_l)\frac{V_b}{2\lambda}+(E_l-F_lD_l)M_b \tag{3-39}$$

式中

$$E_l=\frac{2e^{\lambda l}\ \mathrm{sh}\ \lambda l}{\mathrm{sh}^2\ \lambda l-\sin^2\ \lambda l} \tag{3-40}$$

$$F_l=\frac{2e^{\lambda l}\ \sin\ \lambda l}{\sin^2\ \lambda l-\mathrm{sh}^2\ \lambda l} \tag{3-41}$$

其中 sh 表示双曲线正弦函数。

原来的梁Ⅰ延伸为无限长梁Ⅱ之后，其 A、B 两截面处的连续性是靠内力 M_a、V_a 和 M_b、V_b 维持的，而附加荷载 M_A、P_A 和 M_B、P_B 的作用则正好抵消了这两对内力。其效果相当于把梁Ⅱ在 A 和 B 处切断而成为梁Ⅰ。由于 M_A、P_A 和 M_B、P_B 是为了在梁Ⅱ上实现梁Ⅰ的边界条件所必需的附加荷载，习惯上称其为梁端边界条件力。

现将有限长梁Ⅰ上任意点 x 的 w、θ、M 和 V 的计算步骤归纳如下：

(1) 以叠加法计算已知荷载在梁Ⅱ上相应于梁Ⅰ两端 A 和 B 截面引起的弯矩和剪力 M_a、V_a、M_b、V_b；

(2) 按式(3-36)～式(3-39)计算梁端边界条件力 M_A、P_A 和 M_B、P_B；

(3) 再按叠加法计算在已知荷载和边界条件力的共同作用下，梁Ⅱ上相应于梁Ⅰ的 x 点处 ω、θ、M 和 V 的值。这就是所要求的结果。

6. 短梁

当梁的长度 $l\leqslant\pi/4\lambda$ 时，梁的相对刚度很大，其挠曲很小，可以忽略不计，称为短梁或刚性梁。这类梁发生位移时，是平面移动，一般假设基底反力按直线分布，可按静力平衡条件求得，其截面弯矩及剪力也可由静力平衡条件求得。

3-2
柱下条形基础施工模拟

3-3　柱下条形基础
Strip Foundation

柱下条形基础(图 3-5)是由一个方向延伸的基础梁或由两个方向的交叉基础梁所组成，条形基础可以沿柱列单向平行配置，也可以双向相交于柱位处形成交叉条形基础。条形基础的设计包括基础底面宽度的确定、基础长度的确定、基础高度及配筋计算，并应满足一定的构造要求。

3-3-1　柱下条形基础的构造
Structure of Strip Foundation

柱下条形基础的构造见图 3-5。其横截面一般做成倒 T 形，下部伸出部分称为翼板，中间部分称为肋梁。其构造要求如下：

(1) 翼板厚度 h_f 不应小于 200 mm，当 h_f = 200～250 mm 时，翼板宜取等厚度；当 h_f>250 mm

时，可做成坡度 $i \leqslant 1:3$ 的变厚翼板，当柱荷载较大时，可在柱位处加腋（图 3-5c），以提高梁的抗剪切能力，翼板的具体厚度尚应经计算确定。翼板宽度 b 应按地基承载力计算确定。

（2）肋梁高度 H 应由计算确定，初估截面时，宜取柱距的 1/8 ~ 1/4，肋宽 b_0 应由截面的抗剪条件确定，且应满足图 3-5e 的要求。

（3）为了调整基础底面形心的位置，以及使各柱下弯矩与跨中弯矩均衡以利配筋，条形基础两端宜伸出柱边，其外伸悬臂长度 l_0 宜为边跨柱距的 1/4 ~ 1/3。

（4）条形基础肋梁的纵向受力钢筋应按计算确定，肋梁上部纵向钢筋应通长配置，下部的纵向钢筋应至少有 2 根通长，其面积不得少于底部纵向受力钢筋总面积的 1/3。当肋梁的腹板高度≥450 mm 时，应在梁的两侧沿高度配置直径大于 10 mm 纵向构造腰筋，每侧纵向构造腰筋（不包括梁上、下部受力及架立钢筋）的截面面积不应小于梁腹板截面面积的 0.1%，其间距不宜大于 200 mm。肋梁中的箍筋应按计算确定，箍筋应做成封闭式。当肋梁宽度 $b_0<350$ mm 时，可用双肢箍；当 350 mm$<b_0<$800 mm 时，可用四肢箍；当 $b_0>800$ mm 时，可用六肢箍。箍筋直径宜为 6 ~ 12 mm，间距 50 ~ 200 mm，当梁高>800 mm 时，箍筋直径不应小于 8 mm，当梁内配有计算需要的纵向受压钢筋时，箍筋直径尚不应小于纵向受压钢筋最大直径的 1/4，在距柱中心线为 0.25 ~ 0.30 倍柱距范围内箍筋应加密布置。底板受力钢筋按计算确定，直径不宜小于 10 mm，间距为 100 ~ 200 mm。

（5）柱下条形基础的混凝土强度等级不应低于 C25，垫层不应低于 C10，其厚度宜为 100 mm。

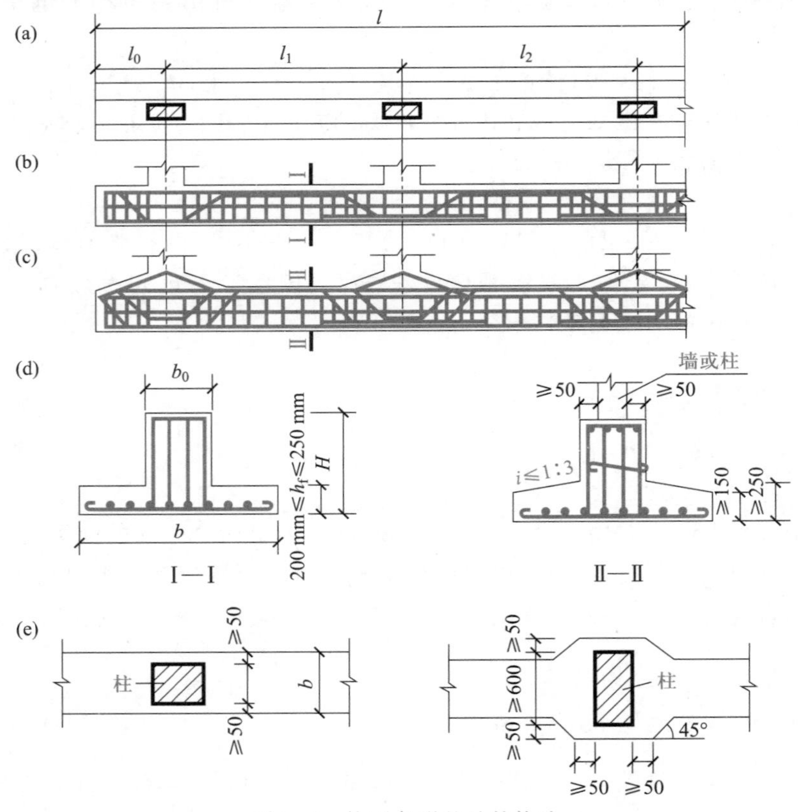

图 3-5　柱下条形基础的构造

（a）平面图；（b）、（c）纵剖面图；（d）横剖面图；（e）现浇柱与条形基础梁交接处平面尺寸

3-3-2 柱下条形基础的计算

Calculation of Strip Foundation

1. 基础底面尺寸的确定

按上述构造要求确定基础长度 l,然后将基础视为刚性矩形基础,按地基承载力特征值确定基础底面宽度 b。在按构造要求确定基础长度 l 时,应尽量使其形心与基础所受外合力重心相重合,此时地基反力为均匀分布,见图3-6a,基础宽度 b 可按式(2-20)确定。若基础底面形心与基础所受外力的合力不重合,即偏心受载(图3-6b)时,则基底反力沿长度方向呈梯形分布,基础宽度 b 除了满足式(2-20)外,还应按式(2-22)验算确定。

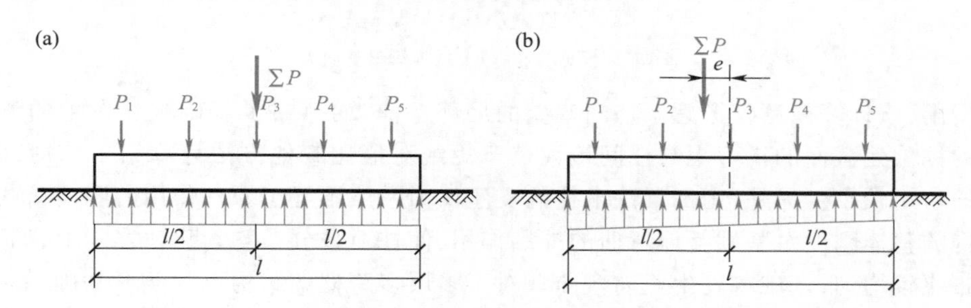

图3-6 简化计算法的基底反力分布

(a) 中心受载;(b) 偏心受载

2. 翼板的计算

翼板可视为悬臂于肋梁两侧,按悬臂板考虑,若基础中心受载,可按式(2-29)计算剪力,然后按斜截面的抗剪能力确定翼板厚度。由弯矩 M 计算条形基础翼板内的横向配筋。如果基础沿横向为偏心受载,则沿梁长度方向单位长度内翼板根部的剪力由式(2-28)确定,弯矩由式(2-30)确定。

3. 基础梁纵向内力分析

(1) 静定分析法

静定分析法是一种按线性分析基底净反力的简化计算方法,其适用前提是要求基础具有足够的相对抗弯刚度。

该法假定基底反力呈线性分布,以此求得基底净反力 p_j,基础上所有的作用力都已确定(图3-7),并按静力平衡条件计算出任意截面上的剪力 V 及弯矩 M,由此绘制出沿基础长度方向的剪力图和弯矩图,依此进行肋梁的抗剪、抗弯计算及配筋。

静定分析法没有考虑基础与上部结构的相互作用,因而在荷载和直线分布的基底反力作用下产生整体弯曲。与其他方法比较,计算所得基础不利截面上的弯矩绝对值一般偏大。此法只宜用于上部为柔性结构,且基础自身刚度较大的条形基础及联合基础。

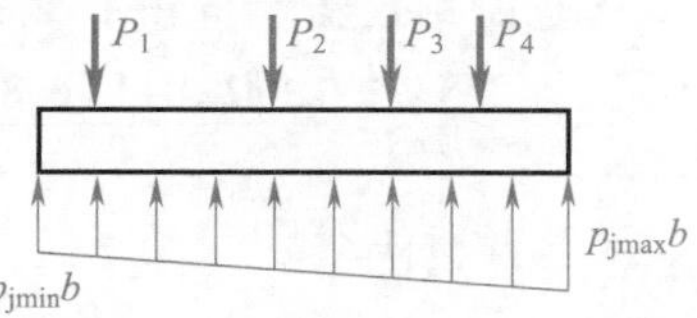

图3-7 静定分析法计算简图

(2) 倒梁法

如图3-8所示,倒梁法认为上部结构是刚性的,各柱之间没有差异沉降,因而可把柱脚视为条形基础的支座,支座间不存在相对竖向位移，基础的挠曲变形不致改变地基压力，并假定基底净反力（$p_j b$，kN/m）呈线性分布，且除柱的竖向集中力外各种荷载作用（包括柱传来的力矩）均为已知，按倒置的普通连续梁计算梁的纵向内力，例如力矩分配法、力法、位移法等。

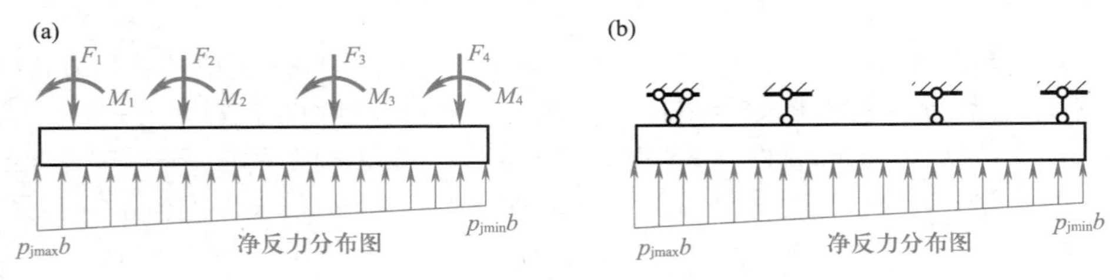

图 3-8 用倒梁法计算地基梁简图

（a）基底反力分布；（b）按连续梁求内力

应该指出，该计算模型仅考虑了柱间基础的局部弯曲，而忽略了基础全长发生的整体弯曲，因而所得的柱位处截面的正弯矩与柱间最大负弯矩绝对值比其他方法计算结果均衡，所以基础不利截面的弯矩较小。另外，用倒梁法求得的支座反力一般不等于原柱作用的竖向荷载，可理解为上部结构的整体刚度对基础整体弯曲的抑制作用，使柱荷载分布均匀化。实际上，如荷载和地基土层分布比较均匀，基础将发生正向弯曲。对于多层多跨框架结构下的条形基础，靠近基础中间的一些柱将发生较大的竖向位移，而边柱位移偏小。由于上部结构的协同工作，各柱的竖向位移趋于均匀，即中柱位移减小，边柱位移增大，从而导致边柱所受的实际荷载增大，中柱所受的实际荷载减小。实践中常采用所谓"基底反力局部调整法"进行修正，即将支座处的不平衡力均匀分布在支座两侧各 1/3 跨度范围内求解梁的内力，该内力与前面求得的内力进行叠加，如此反复多次，直到所求出的支座反力接近柱荷载为止。考虑到按倒梁法计算时基础及上部结构的刚度都较好，由于存在上述分析的架越作用，基础两端部的基底反力会比按直线分布的反力有所增加。所以，两边跨的跨中和柱下截面受力钢筋应在计算钢筋面积的基础上适当增加，一般可增加 15% ~20%。由于计算模型不能较全面地反映基础的实际受力情况，设计时不仅允许而且应该予以调整。

例题 3-1 一框架-剪力墙结构，某榀框架的首层柱网及±0.000 标高处的荷载标准值如图 3-9所示，首层柱截面 800 mm×800 mm，室内外高差 300 mm，室内地面标高±0.000，室外地面标高-0.300 m，建设地点的标准冻深 2.0 m，场地的岩土条件见图 3-10。试设计该柱下的单向条形基础。

解 （1）荷载标准值汇总

总竖向荷载标准值

$$\sum N_{ki}=(3\ 600+6\ 800+7\ 200+5\ 400)\ \text{kN}=23\ 000\ \text{kN}$$

总竖向荷载标准值距 D 轴的距离

$$e_N=\frac{7\ 200\times8.1+6\ 800\times(7.5+8.1)+3\ 600\times(6.6+7.5+8.1)}{23\ 000}\ \text{m}=10.62\ \text{m}$$

总弯矩标准值

$$\sum M_{ki}=(218+189+200+240)\ \text{kN}\cdot\text{m}=847\ \text{kN}\cdot\text{m}$$

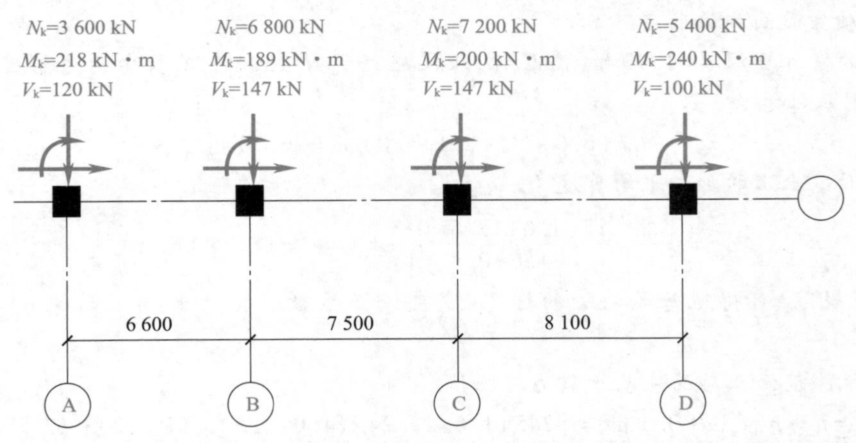

图 3-9 例题 3-1 框架的首层柱网及±0.000 标高处的荷载标准值

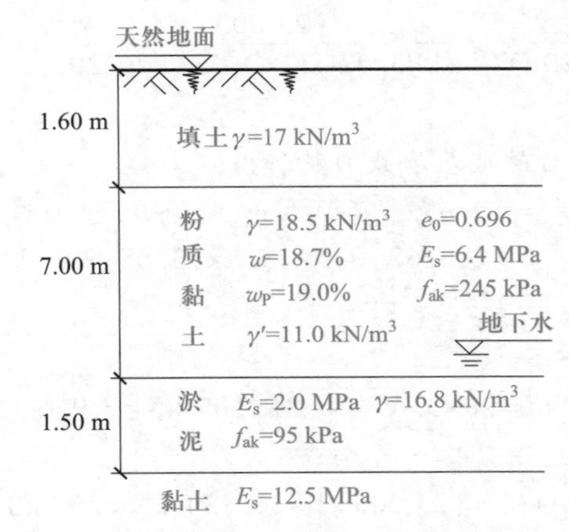

图 3-10 例题 3-1 场地的工程地质剖面图

总水平荷载标准值

$$\sum V_{ki}=(120+147+147+100)\ \text{kN}=514\ \text{kN}$$

汇总后，总竖向荷载标准值、总弯矩标准值及相应的作用位置见图 3-11。

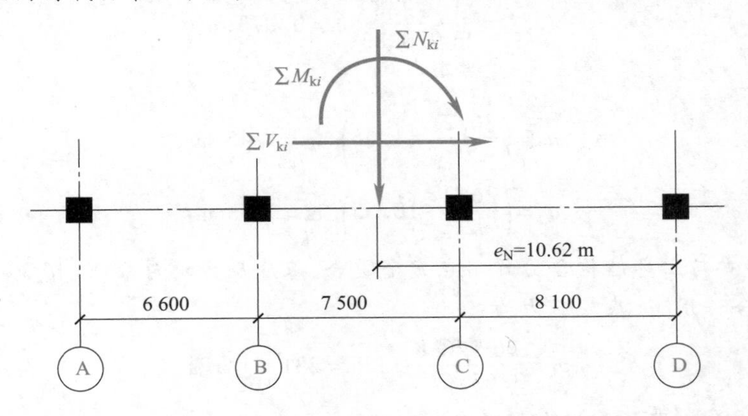

图 3-11 例题 3-1 总竖向荷载标准值、总弯矩标准值及相应的作用位置示意图

(2) 基础底面面积的确定

取基础的室外埋深 $d=1.90\ \mathrm{m}$(高层时,此值应大于 $H/15$),基础长向两边悬挑长度之和取为 4.0 m。则基础总长

$$L=(6.6+7.5+8.1+4.0)\ \mathrm{m}=26.20\ \mathrm{m}$$

基础底面以上土的加权平均重度

$$\gamma_{\mathrm{m}}=\frac{\sum\gamma_i}{\sum h_i}=\frac{17\times1.6+18.5\times0.3}{1.6+0.3}\ \mathrm{kN/m^3}=17.24\ \mathrm{kN/m^3}$$

查《地基规范》可得地基承载力的埋深、宽度修正系数。黏性土:$\eta_{\mathrm{d}}=1.6$,$\eta_{\mathrm{b}}=0.3$;淤泥:$\eta_{\mathrm{d}}=1.0$,$\eta_{\mathrm{b}}=0$。

持力层经深度修正后的地基承载力特征值

$$f_{\mathrm{a}}=f_{\mathrm{ak}}+\eta_{\mathrm{d}}\gamma_{\mathrm{m}}(d-0.5\ \mathrm{m})=[245+1.6\times17.24\times(1.9-0.5)]\ \mathrm{kPa}=283.62\ \mathrm{kPa}$$

所需的基础底面宽度

$$b\geqslant\frac{\sum N}{(f_{\mathrm{a}}-20d)L}=\frac{23\ 000}{(283.62-20\times2.05)\times26.20}\ \mathrm{m}=3.62\ \mathrm{m}$$

取 $b=3.62\ \mathrm{m}$。

持力层经深度、宽度修正后的地基承载力特征值

$$\begin{aligned}f_{\mathrm{a}}&=f_{\mathrm{ak}}+\eta_{\mathrm{d}}\gamma_{\mathrm{m}}(d-0.5\ \mathrm{m})+\eta_{\mathrm{b}}\gamma(b-3\ \mathrm{m})\\&=[283.62+0.3\times18.5\times(3.65-3)]\ \mathrm{kPa}\\&=287.23\ \mathrm{kPa}\end{aligned}$$

基础自重标准值

$$G_{\mathrm{k}}=20Ad=20\times3.65\times26.2\times2.05\ \mathrm{kN}=3\ 920.83\ \mathrm{kN}$$

基础底面总竖向力标准值

$$N_{\mathrm{k}}=\sum N_{\mathrm{k}i}+G_{\mathrm{k}}=(23\ 000+3\ 920.83)\ \mathrm{kN}=26\ 920.83\ \mathrm{kN}$$

基础底面总弯矩标准值

$$M_{\mathrm{k}}=\sum M_{\mathrm{k}i}+d\sum V_{\mathrm{k}}=(847+514\times2.2)\ \mathrm{kN\cdot m}=1\ 977.8\ \mathrm{kN\cdot m}$$

为使计算简化,可取 $\sum N_{\mathrm{k}i}+G_{\mathrm{k}}$ 的作用点与基底形心重合,即将 $\sum N_{\mathrm{k}i}+G_{\mathrm{k}}$ 偏移至图 3-12 中的 a 点,则

$$e_{\mathrm{N+G}}=\frac{1\ 977.8}{26\ 920.83}\ \mathrm{m}=0.073\ \mathrm{m}$$

由此得

$$a_1=\left(\frac{26.2}{2}-11.65\right)\ \mathrm{m}=1.45\ \mathrm{m}$$

$$a_2=\left(\frac{26.2}{2}-10.55\right)\ \mathrm{m}=2.55\ \mathrm{m}$$

此时,基底形心与上部结构合力作用点完全重合,基底反力均匀分布(图 3-13);在上部结构荷载标准效应组合作用下,基底压力为

$$p_{\mathrm{k}}=\frac{26\ 920.83}{3.65\times26.2}\ \mathrm{kPa}=281.51\ \mathrm{kPa}$$

$p_{\mathrm{k}}<f_{\mathrm{a}}$($f_{\mathrm{a}}=287.23\ \mathrm{kPa}$),满足承载力要求。

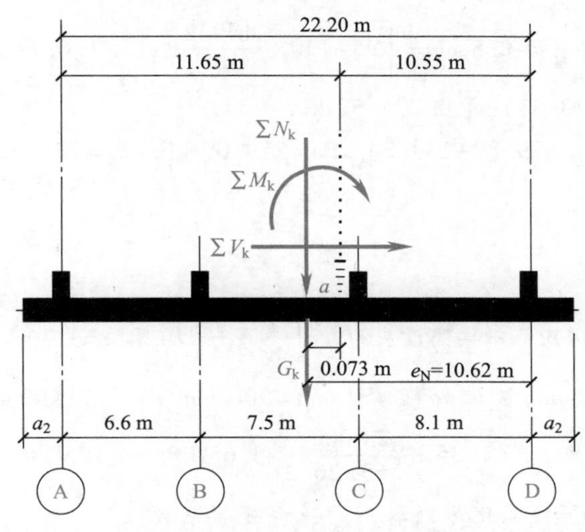

图 3-12 例题 3-1 总弯矩标准值为零时总竖向荷载标准值及相应的作用位置示意图

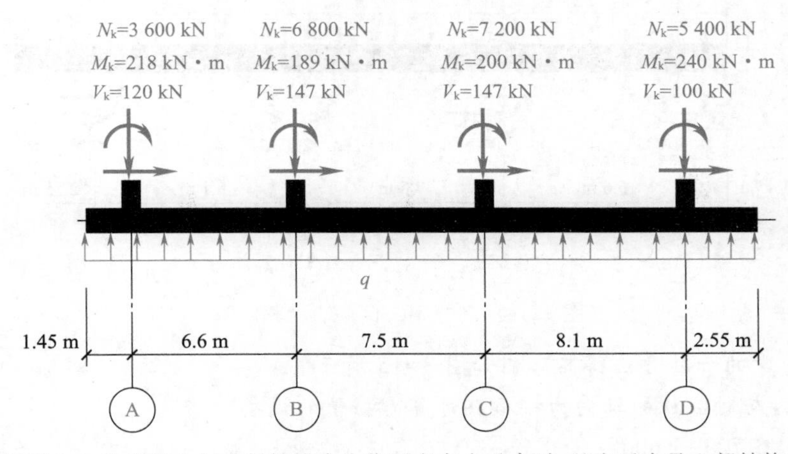

图 3-13 例题 3-1 基底形心与上部结构合力作用点完全重合时,基底反力及上部结构荷载示意图

(3) 软弱下卧层验算

$$p_k=281.51\ \text{kPa}$$

$$p_c=(17\times1.6-18.5\times0.3)\ \text{kPa}=32.75\ \text{kPa}$$

$$p_k-p_c=(281.51-32.75)\ \text{kPa}=248.76\ \text{kPa}$$

$$p_{cz}=(17\times1.6+18.5\times6+11\times1)\ \text{kPa}=149.2\ \text{kPa}$$

$\dfrac{E_{s1}}{E_{s2}}=\dfrac{6.4}{2.0}=3.2$,$\dfrac{z}{b}=\dfrac{6.7}{3.65}=1.84$,查《地基规范》得 $\theta=23°$。

$$\begin{aligned}p_z&=\frac{bL(p_k-p_c)}{(L+2z\tan\theta)\times(b+2z\tan\theta)}\\&=\frac{3.65\times26.2\times248.76}{(26.2+2\times6.7\times\tan23°)\times(3.65+2\times6.7\times\tan23°)}\ \text{kPa}\\&=79.89\ \text{kPa}\end{aligned}$$

$$f_{az}=f_{ak}+\eta_d\gamma_m(d-0.5\ \text{m})=\left[95+1.0\times\frac{149.2}{1.9+6.7}\times(1.9+6.7-0.5)\right]\ \text{kPa}$$
$$=(95+140.53)\ \text{kPa}=235.52\ \text{kPa}$$
$$p_z+p_{cz}=(79.89+149.2)\ \text{kPa}=229.09\ \text{kPa}<f_{az}=235.52\ \text{kPa}$$

满足承载力要求。

(4) 基础设计

① 基础尺寸

按倒梁法计算(图3-14),基础梁高度应为$h=\left(\frac{1}{8}\sim\frac{1}{4}\right)L_i$,取$h=1.7$ m,$\frac{h}{L}=\frac{1.7}{8.1}=\frac{1}{4.76}$,满足要求。

本例中,柱宽$b=800$ mm,取$b_f=b+2\times50$ mm$=900$ mm,作用在基础梁上的线荷载设计值

$$q=p_jb=1.35\times\frac{23\ 000}{3.65\times26.2}\times3.65\ \text{kPa}=1\ 185\ \text{kPa}$$

其中的1.35为《地基规范》按简化原则取用的荷载分项系数。

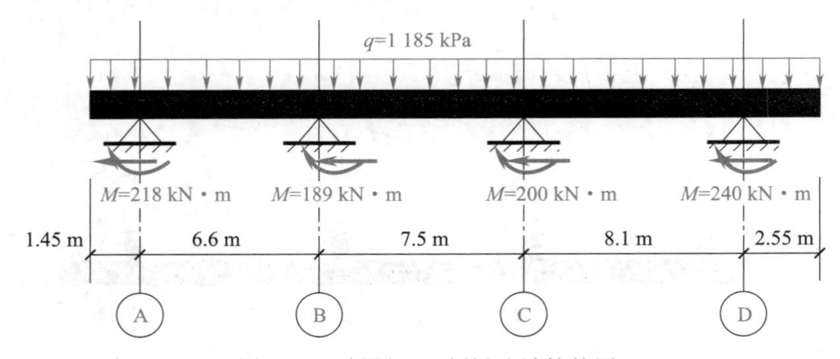

图3-14　例题3-1倒梁法计算简图

利用结构力学的计算方法得其弯矩如图3-15所示。

② 支座反力与对应柱的轴向力校核及计算弯矩值的调整

A轴柱:$\Delta_A=\frac{3\ 723-3\ 600}{3\ 600}=3.42\%$

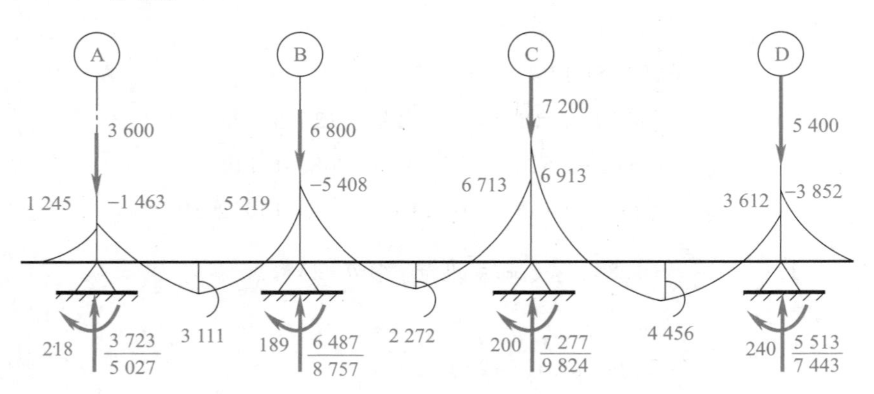

图3-15　例题3-1基础梁的弯矩及支座反力图

图中标出的为梁支座和跨中弯矩设计值(单位kN·m);横线上的数字为支座反力标准值(单位kN),横线下的数字为支座反力设计值(单位kN)。

B 轴柱：$\Delta_B=\frac{6\ 487-6\ 800}{6\ 800}=-4.60\%$

C 轴柱：$\Delta_C=\frac{7\ 277-7\ 200}{7\ 200}=1.07\%$

D 轴柱：$\Delta_D=\frac{5\ 513-5\ 400}{5\ 400}=2.09\%$

设计时，如果相对误差超过±20%，则需按下述简图（图 3-16）及方法进行反力调整：

$$q_A=\frac{N_A-R_A}{a_1+\frac{1}{3}L_{AB}}$$

$$q_B=\frac{N_B-R_B}{\frac{1}{3}(L_{AB}+L_{BC})}$$

$$q_C=\frac{N_C-R_C}{\frac{1}{3}(L_{BC}+L_{CD})}$$

$$q_D=\frac{N_D-R_D}{a_2+\frac{1}{3}L_{CD}}$$

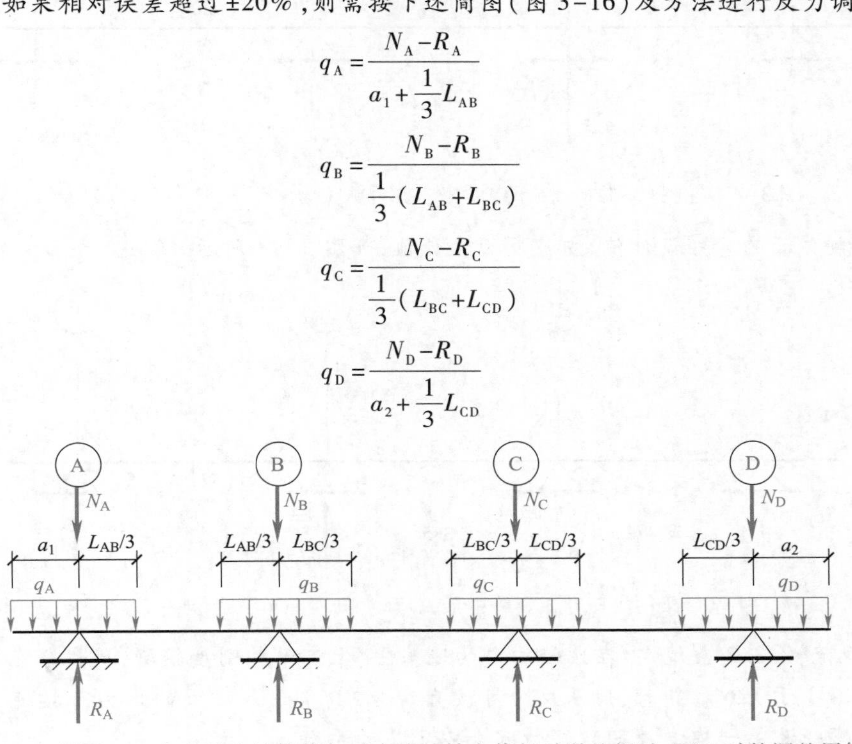

图 3-16　例题 3-1 支座反力计算值与对应柱的轴力值相对误差超过±20%时的调整用简图
（相应的 q_i 为正值时，指向支座，负值时离开支座）

本例中，因支座反力计算值与对应柱的轴力值的相对误差不超过±20%，故不用调整。

由弯矩图求得剪力设计值，如图 3-17 所示。

跨中最大弯矩：

$$M_{AB}=\left[\frac{1}{2}\times1\ 185\times(1.45+2.792)^2-5\ 027\times2.792\right]\ \text{kN}\cdot\text{m}=-3\ 374\ \text{kN}\cdot\text{m}$$

$$M_{BC}=\left[\frac{1}{2}\times1\ 185\times(1.45+6.6+3.582)^2-5\ 027\times(6.6+3.582)-8\ 757\times3.582\right]\ \text{kN}\cdot\text{m}$$
$$=-2\ 385\ \text{kN}\cdot\text{m}$$

$$M_{CD}=\left[\frac{1}{2}\times1\ 185\times(1.45+6.6+7.5+4.372)^2-5\ 027\times(6.6+7.5+4.372)\right.$$
$$\left.-8\ 757\times(7.5+4.372)-9\ 824\times4.372\right]\ \text{kN}\cdot\text{m}$$
$$=-4\ 617\ \text{kN}\cdot\text{m}$$

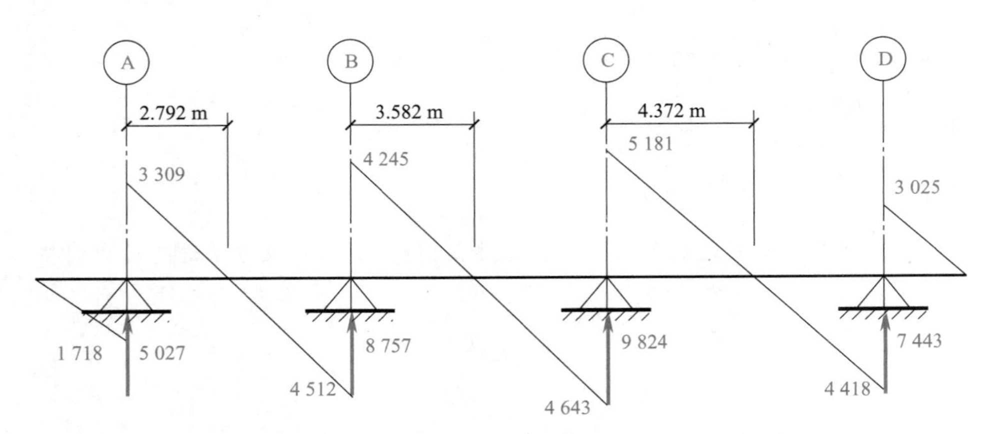

图3-17 例题3-1基础梁的剪力图(剪力单位为kN,支座反力单位为kN)

据此得各控制截面的弯矩设计值、支座反力设计值,如图3-18所示。

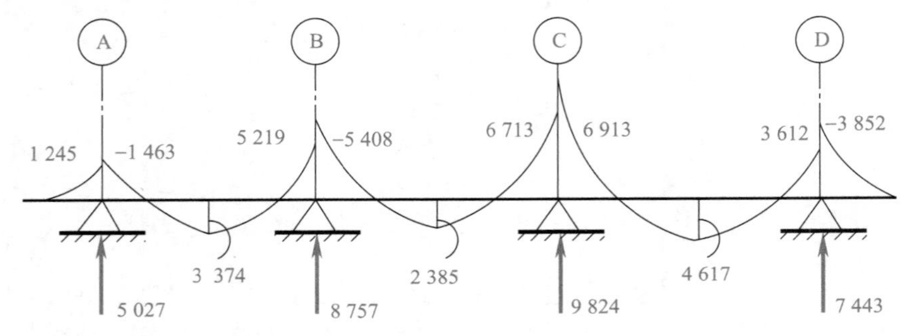

图3-18 例题3-1基础梁的支座弯矩及跨中最大弯矩图(弯矩单位为kN·m,支座反力单位为kN)

《地基规范》8.3.2条规定:在比较均匀的地基上,上部结构刚度较好,荷载分布较均匀,且基础梁的高度不小于1/6柱距时,地基反力可按直线分布,条形基础梁的内力可按连续梁计算,此时边跨跨中弯矩及第一内支座的弯矩值宜乘以1.2的系数。

因此,取支座计算弯矩为:

$$M_A = 1.2\times 1\ 463\ \text{kN}\cdot\text{m} = 1\ 756\ \text{kN}\cdot\text{m}$$

$$M_B = 1.2\times 5\ 408\ \text{kN}\cdot\text{m} = 6\ 490\ \text{kN}\cdot\text{m}$$

$$M_C = 1.2\times 6\ 913\ \text{kN}\cdot\text{m} = 8\ 296\ \text{kN}\cdot\text{m}$$

$$M_D = 1.2\times 3\ 852\ \text{kN}\cdot\text{m} = 4\ 622\ \text{kN}\cdot\text{m}$$

B、C为第一内支座,A、D为边支座,此处,边支座也宜增大。

跨中:

$$M_{AB} = 1.2\times 3\ 374\ \text{kN}\cdot\text{m} = 4\ 049\ \text{kN}\cdot\text{m}$$

$$M_{BC} = 2\ 385\ \text{kN}\cdot\text{m}$$

$$M_{CD} = 1.2\times 4\ 617\ \text{kN}\cdot\text{m} = 5\ 540\ \text{kN}\cdot\text{m}$$

③ 配筋计算

以C支座截面为例(其他略)。

采用C40混凝土,HRB400钢筋,$a_s = 120$ mm,$h_0 = (1\ 700-120)$ mm $= 1\ 580$ mm。

抗弯计算：

$$M_C=8\ 296\ \text{kN}\cdot\text{m},V_C=5\ 181\ \text{kN}$$

$$\alpha_s=\frac{M}{bh_0^2f_c}=\frac{8\ 296\times10^6}{900\times1\ 580^2\times19.1}=0.193$$

$$\gamma_s=\frac{1+\sqrt{1-2\alpha_s}}{2}=0.891$$

$$A_s=\frac{M}{\gamma_s h_0 f_y}=\frac{8\ 296\times10^6}{0.891\times1\ 580\times360}\ \text{mm}^2=19\ 369\ \text{mm}^2$$

取 24 ⌀ 32，$A_s=24\times804.3\ \text{mm}^2=19\ 303\ \text{mm}^2$，$\Delta=\frac{19\ 303-19\ 369}{19\ 369}\times100\%=-0.34\%<\pm5\%$。

抗剪计算：

截面限制条件为

$$0.25\beta_c bh_0f_c=0.25\times1.0\times900\times1\ 580\times19.1\ \text{N}=6\ 790\ 050\ \text{N}>V_C=5\ 181\times10^3\ \text{N}$$

箍筋采用 HRB400 钢筋，采用 6 肢箍 ⌀ 14，则 $A_{sv}=6\times153.9\ \text{mm}^2=923.4\ \text{mm}^2$。

当箍筋间距为 150 mm 时，抗剪承载力为

$$\begin{aligned}V_{cs}&=0.7bh_0f_t+\frac{A_{sv}}{S}h_0f_{yv}\\&=\left(0.7\times900\times1\ 580\times1.71+\frac{923.4}{150}\times1\ 580\times360\right)\ \text{N}\\&=5\ 203\ 667\ \text{N}=5\ 204\ \text{kN}>V_C=5\ 181\ \text{kN}\end{aligned}$$

④ 底板抗弯计算

尺寸：见图 3-19。

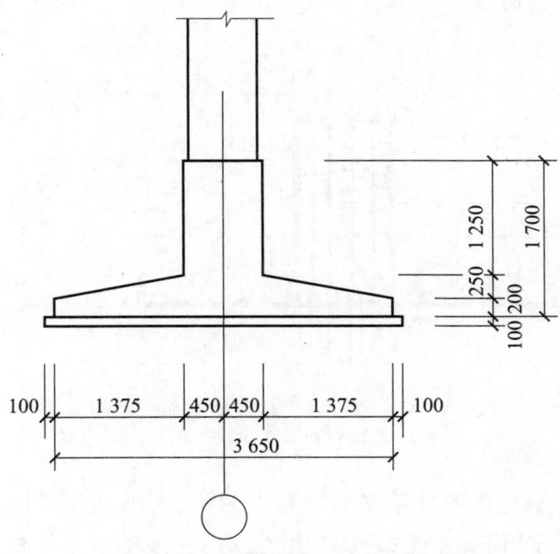

图 3-19　例题 3-1 基础梁剖面图

基底净反力设计值：

$$p_j=\frac{1\ 185}{3.65}\ \text{kPa}=296\ \text{kPa}$$

计算截面弯矩设计值：

$$M=\frac{1}{2}p_{j}l^{2}=\frac{1}{2}\times296\times1.375^{2}\ \text{kN}\cdot\text{m}=279.81\ \text{kN}\cdot\text{m}$$

截面有效高度：

$$h_{0}=h-a_{s}=(450-50)\ \text{mm}=400\ \text{mm}$$

采用 HRB400 钢筋：

$$\alpha_{s}=\frac{M}{bh_{0}^{2}f_{c}}=\frac{279.81\times10^{6}}{1\,000\times400^{2}\times19.1}=0.092$$

$$\gamma_{s}=\frac{1+\sqrt{1-2\alpha_{s}}}{2}=0.951$$

$$A_{s}=\frac{M}{\gamma_{s}h_{0}f_{y}}=\frac{279.82\times10^{6}}{0.951\times400\times360}\ \text{mm}^{2}=2\,043\ \text{mm}^{2}$$

取 ⌀22@150，$A_{s}=\frac{1\,100}{150}\times380.1\ \text{mm}^{2}=2\,534\ \text{mm}^{2}$。

⑤ 腹板构造腰筋

GB 50010—2010《混凝土结构设计规范(2015 年版)》9.2.13 条规定：单侧构造腰筋截面面积不小于腹板面积 bh_{w} 的 0.1%，间距不宜大于 200 mm，在 1 250 mm 范围内，按 5 层布置，则单根截面面积

$$A_{s1}=\frac{1\,125}{5}\ \text{mm}^{2}=225\ \text{mm}^{2}$$

取 1 ⌀18，$A_{s}=254.5\ \text{mm}^{2}$。

配筋见图 3-20，其他截面略。

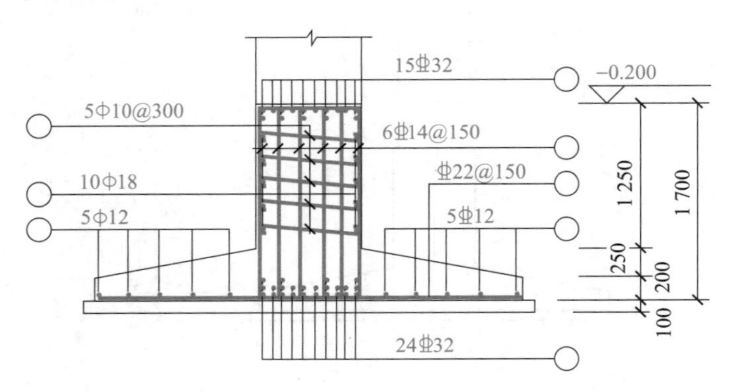

图 3-20 例题 3-1 C 支座截面配筋图

(3) 弹性地基上梁的方法

弹性地基上梁的方法是将条形基础视为地基上的梁，考虑基础与地基的相互作用，对梁进行解答。具体的计算方法很多，但基本上按两种途径。一种是考虑不同的地基模型的地基上梁的解法，如文克勒地基模型、弹性半空间地基模型等。另一种是寻求简化的方法求解，做一些适当的假设后，建立解析关系，采用数值法(例如有限差分法、有限单元法)求解；也可对计算图式进行简化，例如链杆法等。

① 链杆法

其基本思路是:将连续支承于地基上的梁简化为用有限个链杆支承于地基上的梁。即将无穷个支点的超静定问题转化为支承在若干个弹性支座上的连续梁,因而可用结构力学方法求解。链杆起联系基础与地基的作用,通过链杆传递竖向力。每根刚性链杆的作用力,代表一段接触面积上地基反力的合力,因此将连续分布的地基反力简化为阶梯形分布的反力。为了保证简化的连续梁的稳定性,在梁的一端再加上一根水平链杆,如果梁上无水平力作用,该水平链杆的内力实际上等于零。只要求出各链杆内力,就可以求得地基反力以及梁的弯矩和剪力。

设链杆数为 n,链杆内力分别为 $x_1, x_2, \cdots, x_n$,将链杆内力、端部转角 φ_0 和竖向位移 s_0 作为未知数,则未知数有 $n+2$ 个(图 3-21)。将 n 个链杆切断,并在梁端竖向加链杆,在 φ_0 方向加刚臂,梁左端的两根链杆和一个刚臂相当于一个固定端,基本体系就成为悬臂梁。

第 k 根链杆处梁的挠度为

$$\Delta_{bk} = -x_1 w_{k1} - x_2 w_{k2} - \cdots - x_i w_{ki} - \cdots - x_n w_{kn} + s_0 + a_k \varphi_0 + \Delta_{kp} \tag{3-42}$$

相应点处地基的变形为

$$\Delta_{sk} = x_1 s_{k1} + x_2 s_{k2} + \cdots + x_i s_{ki} + \cdots + x_n s_{kn} \tag{3-43}$$

根据共同作用的概念,地基、基础的变形应相互协调,即

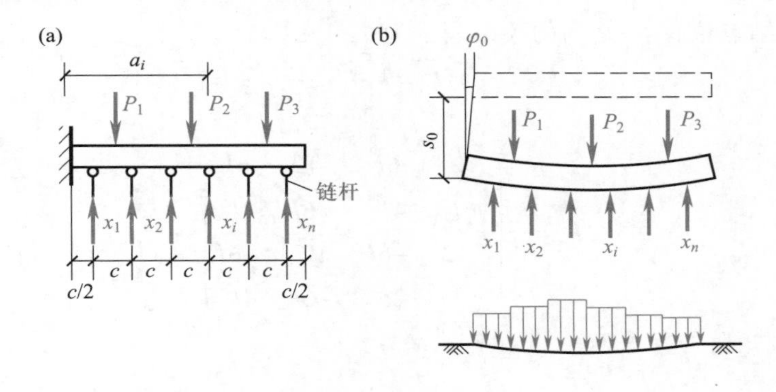

图 3-21 链杆法计算条形基础

(a) 基础梁的作用力;(b) 基础梁和地基的变形

$$\Delta_{bk} = \Delta_{sk} \tag{3-44}$$

故有

$$x_1(w_{k1}+s_{k1}) + x_2(w_{k2}+s_{k2}) + \cdots + x_i(w_{ki}+s_{ki}) + \cdots + x_n(w_{kn}+s_{kn}) - s_0 - a_k\varphi_0 - \Delta_{kp} = 0 \tag{3-45}$$

或

$$x_1\delta_{k1} + x_2\delta_{k2} + \cdots + x_i\delta_{ki} + \cdots + x_n\delta_{kn} - s_0 - a_k\varphi_0 - \Delta_{kp} = 0 \tag{3-46}$$

式中 w_{ki}——链杆 i 处作用的单位力,在链杆 k 处引起梁的挠度;

s_{ki}——链杆 i 处作用的单位力,在链杆 k 处地基表面的竖向变形;

a_k——梁的固定端与链杆 k 的距离;

Δ_{kp}——外荷载作用下,链杆 k 处的挠度。

以上可建立 n 个方程,此外,按静力平衡条件还可建立两个方程,即

$$-\sum_{i=1}^{n} x_i + \sum P_i = 0 \tag{3-47}$$

$$-\sum_{i=1}^{n} x_i a_i + \sum M_i = 0 \tag{3-48}$$

式中　$\sum P_i$——全部竖向荷载之和；

$\sum M_i$——全部外荷载对固端力矩之和。

共有 $n+2$ 个方程，$n+2$ 个未知数，从而可求出 x_i，将 x_i 除以相应区段的基底面积 bc，则可得该区段单位面积上地基反力值 $p_i = x_i/bc$，利用静力平衡条件即可得梁的剪力及弯矩。

② 有限单元法

限于篇幅，本节仅以结构力学为基础，简要介绍地基上梁的矩阵位移法原理。

设有一长为 l、宽为 b 的梁，将梁以 $1,2,3,\cdots,n,n+1$ 为结点，分成 n 个梁单元，如图 3-22 所示。每个单元有 i、j 两个结点（图 3-23），每个结点有两个自由度，分别为竖向位移 w 及角位移 θ，相应的结点力为剪力 V 和弯矩 M。将梁划分为 n 个单元的同时，地基也被相应地分割成 n 个子域，其长度 a_i 为 i 结点相邻梁单元长度的一半，即 $a_i = (l_{i-1}+l_i)/2$。如果假设每个子域的地基反力 p_i 为均匀分布，则每个子域地基反力的合力记为 $R_i = a_i b_i p_i$，该集中力 R_i 作用于 i 结点上，梁单元结点力 F_e 与结点位移 δ_e 之间的关系表示为

$$\boldsymbol{F}_e = \boldsymbol{k}_e \boldsymbol{\delta}_e \tag{3-49}$$

其中

$$\boldsymbol{k}_e = \frac{EI}{l^2}\begin{pmatrix} 12 & 6l & -12 & 6l \\ 6l & 4l^2 & -6l & 2l^2 \\ -12 & -6l & 12 & -6l \\ 6l & 2l^2 & -6l & 4l^2 \end{pmatrix}$$

称为梁的单元刚度矩阵。

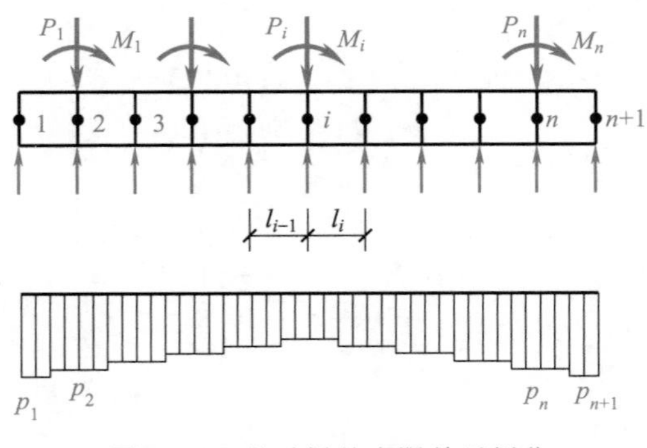

图 3-22　基础梁的有限单元划分

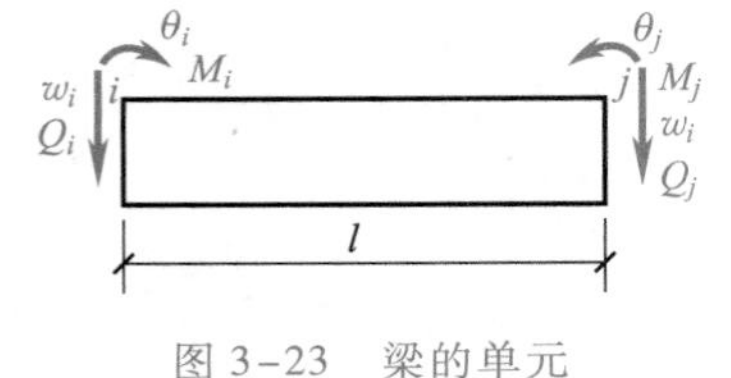

图 3-23　梁的单元

将所有的梁单元刚度矩阵集合成梁的整体刚度矩阵 $\boldsymbol{K}$，同时将单元荷载列向量集合成总荷载列向量 $\boldsymbol{F}$，单元节点位移集合成位移列向量 $\boldsymbol{U}$，于是梁的整体平衡方程表示为

$$\boldsymbol{F} = \boldsymbol{KU} \tag{3-50}$$

其中荷载列向量包括梁上的外荷载 P 及地基反力 R 组成的向量。

$$P=\{P_1\ M_1\ P_2\ M_2\cdots P_n\ M_n\}^{\mathrm{T}} \tag{3-51}$$

$$R=\{R_1\ O\ R_2\ O\cdots R_n\ O\}^{\mathrm{T}} \tag{3-52}$$

$$F=P-R \tag{3-53}$$

上式中 $\boldsymbol{R}$ 的各元素可用梁的结点位移 s 表示，即引入文克勒地基模型 $p_i=k_is_i$。

$$s=\{s_1\ 0\ s_2\ 0\ \cdots\ s_n\ 0\}^{\mathrm{T}} \tag{3-54}$$

$$R=K_s s \tag{3-55}$$

式中 $\boldsymbol{K}_s$ 为地基刚度矩阵。

考虑地基沉降 $\boldsymbol{s}$ 与基础挠度 $\boldsymbol{w}$ 之间的位移连续条件，即 $\boldsymbol{s}=\boldsymbol{w}$，将 $\boldsymbol{w}$ 加入转角项增扩为位移列向量 $\boldsymbol{U}$，式(3-54)和式(3-55)可写成

$$R=K_s U \tag{3-56}$$

将式(3-51)和式(3-52)等代入式(3-54)和式(3-55)，得梁与地基共同作用方程

$$(K+K_s)U=P \tag{3-57}$$

求解方程式(3-57)，便可得结点的挠度 w_i 及转角 θ_i，代入式(3-49)即可求出结点处的弯矩和剪力。

3-3-3 柱下十字交叉梁基础的计算

Calculation of Cross-Beams under the Column

当上部荷载较大、地基土较软弱，只靠单向设置柱下条形基础已不能满足地基承载力和地基变形要求时，可采用沿纵、横柱列方向设置交叉条形基础，称为十字交叉梁基础(见图3-24)。柱下十字交叉梁基础可视为双向的柱下条形基础，其每个方向的条形基础构造及计算与前述相同，只是柱传递的竖向荷载由两个方向的条形基础承担，故需在两个方向上进行分配，而柱传递的弯矩 M_x、M_y 直接加于相应方向的基础梁上，不必再做分配，即不考虑基础梁承受的扭矩。

柱传递的竖向荷载在正交的两个条形基础上的分配原则必须满足两个条件：

① 静力平衡条件；

② 变形协调条件。

第一个条件即在节点处分配给两个方向条形基础的荷载之和等于柱荷载，可表示为

$$P_i=P_{ix}+P_{iy} \tag{3-58}$$

第二个条件即分离后两个方向的条形基础在交叉节点处的竖向位移应相等，可表示为

$$w_{ix}=w_{iy} \tag{3-59}$$

按以上原则进行荷载分配显然很复杂，必须做适当简化，因为只有求得弹性地基上梁的挠度才能给出节点位移，而此时两组梁上的荷载是待定的，因此，必须把柱荷载的分配与两组弹性地基梁的内力与挠度联合求解。为简化计算，一般采用文克勒地基模型，略去其他节点的荷载对本结点挠度的影响。

1. 节点荷载的初步分配

柱节点分为三种(图3-24)，中柱节点、边柱节点和角柱节点。对中柱节点，两个方向的基础梁可视为无限长；对边柱节点，一个方向基础视为无限长梁，而另一方向基础视为半无限长梁；对角柱节点，两个方向基础均视为半无限长梁。

（1）中柱节点（图 3-24a）

按上述原则，利用式（3-10）～式（3-14），并引入弹性特征长度 S，得

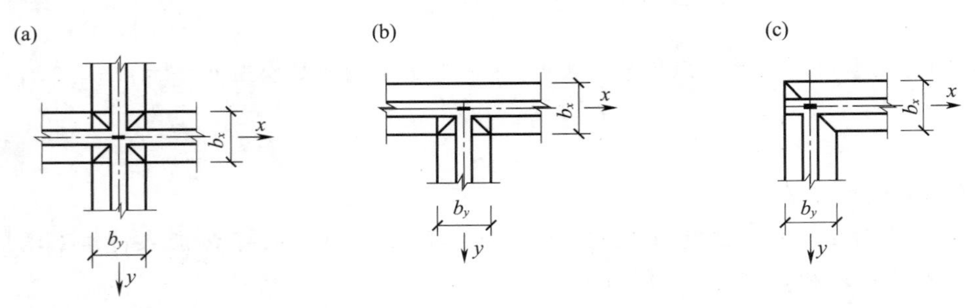

图 3-24 交叉条形基础节点类型

（a）中柱节点；（b）边柱节点；（c）角柱节点

$$S=\frac{1}{\lambda}=\sqrt[4]{\frac{4EI}{bk}} \tag{3-60}$$

可得

$$P_{ix}=\frac{b_xS_x}{b_xS_x+b_yS_y}P_i \tag{3-61}$$

$$P_{iy}=\frac{b_yS_y}{b_xS_x+b_yS_y}P_i \tag{3-62}$$

（2）边柱节点（图 3-24b）

利用式（3-10）及式（3-24）可得

$$P_{ix}=\frac{4b_xS_x}{4b_xS_x+b_yS_y}P_i \tag{3-63}$$

$$P_{iy}=\frac{b_yS_y}{4b_xS_x+b_yS_y}P_i \tag{3-64}$$

对边柱有伸出悬臂长度的情况，可取悬臂长度 $l_y=(0.6\sim0.75)S_y$，荷载分配调整为下式：

$$P_{ix}=\frac{\alpha b_xS_x}{\alpha b_xS_x+b_yS_y}P_i \tag{3-65}$$

$$P_{iy}=\frac{b_yS_y}{\alpha b_xS_x+b_yS_y}P_i \tag{3-66}$$

式中系数 α 可由表 3-1 查取。

表 3-1 计算系数 α、β 值

l/S	0.60	0.62	0.64	0.65	0.66	0.67	0.68	0.69	0.70	0.72	0.73	0.75
α	1.43	1.41	1.38	1.36	1.35	1.34	1.32	1.31	1.30	1.29	1.26	1.24
β	2.80	2.84	2.91	2.94	2.97	3.00	3.03	3.05	3.08	3.10	3.18	3.23

（3）角柱节点（图 3-24c）

利用式（3-24），可得 P_{ix} 与 P_{iy} 同式（3-61）和式（3-62）。当角柱节点有一个方向伸出悬臂

时，悬臂长度可取 $l_y=(0.6\sim0.75)S_y$，荷载分配调整为

$$P_{ix}=\frac{\beta b_x S_x}{\beta b_x S_x+b_y S_y}P_i \tag{3-67}$$

$$P_{iy}=\frac{b_y S_y}{\beta b_x S_x+b_y S_y}P_i \tag{3-68}$$

2. 节点荷载分配的调整

按照以上方法进行柱荷载分配后，可分别按两个方向的条形基础计算。但这种计算在交叉点处基底重叠面积重复计算了一次，结果使地基反力减少，致使计算结果偏于不安全，故按上述节点荷载分配后还需进行调整，其方法如下：

调整前的地基平均反力

$$p=\frac{\sum P}{\sum A+\sum \Delta A} \tag{3-69}$$

式中 $\sum P$——交叉条形基础上竖向荷载总和；

$\sum A$——交叉条形基础支撑总面积；

$\sum \Delta A$——交叉条形基础节点处重复面积之和。

基底反力增量

$$\Delta p=\frac{\sum \Delta A}{\sum A}p \tag{3-70}$$

将 Δp 按节点分配荷载和节点荷载的比例折算成分配荷载增量，即

$$\Delta P_{ix}=\frac{P_{ix}}{P_i}\Delta A\Delta p \tag{3-71}$$

$$\Delta P_{iy}=\frac{P_{iy}}{P_i}\Delta A\Delta p \tag{3-72}$$

于是，调整后节点荷载在 x、y 两向的分配荷载分别为

$$P_{ix}'=P_{ix}+\Delta P_{ix} \tag{3-73}$$

$$P_{iy}'=P_{iy}+\Delta P_{iy} \tag{3-74}$$

以上荷载分配应用了文克勒地基上梁的解答，且做了一些简化，实用上还有更粗糙、简便的柱荷载分配方法，例如直接按相交的纵、横向梁的线刚度分配节点的竖向荷载，但其不能满足基础、地基的变形协调条件。

3-4 筏形基础 Raft Foundation

当上部结构荷载过大，采用柱下交叉梁基础不能满足地基承载力要求或虽能满足要求，但基底间净距很小，或需加强基础刚度时，可考虑采用筏形基础，即将柱下交叉梁式基础基底下所有的底板连在一起，形成筏形基础，亦称筏片基础、满堂基础或满堂红基础，见图 3-25。它既可用于墙下，也可用于柱下。当建筑物开间尺寸不大、柱网尺寸较小及对基础的刚度要求不很高时，为便于施工，可将其做成一块等厚度的钢筋混凝土平板，即平板式筏形基础，板上若带有梁，则称为梁板式或肋梁式筏形基础。筏形基础自身刚度较大，可有效地调整建筑物的不均匀沉降，特别

是结合地下室，对提高地基承载力极为有利。

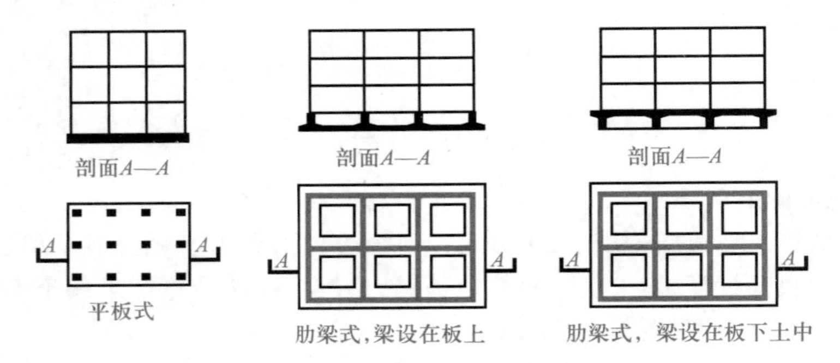

图 3-25 筏形基础示意图

3-4-1 筏形基础的结构和构造 Structure of Raft Foundation

筏形基础的选型应根据场地工程地质条件、上部结构类型、柱距、荷载大小及施工条件等因素综合确定。其平面尺寸，应根据地基土的承载能力、上部结构的布置及荷载分布等因素按计算确定。在上部结构荷载和基础自重的共同作用下，按正常使用极限状态下的荷载效应标准组合时，基底压力平均值 p_k、基底边缘的最大压力值 p_{kmax} 和修正后的地基持力层承载力特征值 f_a 之间应满足：

非地震区轴心荷载作用时

$$p_k \leqslant f_a \tag{3-75}$$

偏心荷载作用时，除符合式(3-75)外，尚应满足

$$p_{kmax} \leqslant 1.2 f_a \tag{3-76}$$

在地震区，p_k 及 p_{kmax} 应为按地震效应标准组合的基础底面平均压力和基底边缘最大压力值，要求满足

$$p_k \leqslant f_{aE} \tag{3-77}$$

$$p_{kmax} \leqslant 1.2 f_{aE} \tag{3-78}$$

式中 f_{aE}——调整后的地基抗震承载力，$f_{aE}=\xi_a f_a$，kPa；

ξ_a——地基抗震承载力调整系数，按 GB 50011—2010《建筑抗震设计规范(2016 年版)》中的有关规定采用。

验算时，除了符合式(3-75)~式(3-78)的要求外，对非抗震设防的高层建筑物，按 JGJ 6—2011《高层建筑筏形与箱形基础技术规范》的规定，还应满足 $p_{kmin} \geqslant 0$；对抗震设防的高层建筑物，按《建筑抗震设计规范》的规定，当高宽比大于 4 时，在地震作用下基础底面不宜出现脱离区(零应力区)；对其他建筑，基础底面与地基土之间脱离区(零应力区)面积不应超过基础底面面积的 15%。其中的 p_{kmin} 为荷载效应标准组合时基底边缘的最小压力值或考虑地震效应组合后基底边缘的最小压力值。

式(3-75)~式(3-78)中的基底压力可按直线分布时的简化公式计算；同时还必须满足下卧层土体承载力及地基变形的要求。平面布置时，应尽量使筏形基础底面形心与结构竖向永久荷载合力作用点重合。若偏心距较大，可通过调整筏板基础外伸悬挑长度的办法进行调整，不同

的边缘部位,采用不同的悬挑长度,应尽量使其偏心效应最小。对单幢建筑物,当地基土比较均匀时,在荷载效应准永久组合下,偏心距 e 宜符合下式要求:

$$e \leqslant 0.1W/A \tag{3-79}$$

式中 W——与偏心距方向一致的基础底面边缘抵抗矩,m^3;

A——基础底面面积,m^2。

筏板边缘应伸出边柱和角柱外侧包线以外,伸出长度一般不宜大于伸出方向边跨跨度的1/4。对肋梁不外伸的悬挑板,为减少板内弯矩,挑出长度不宜超过1.5 m,当悬挑板做成坡度状时,其边缘最小厚度不宜小于200 mm。一般多层建筑物的筏形基础,底板厚度不宜小于200 mm,同时不小于最大柱网跨度或支撑跨度的1/20,亦可每层楼按50 mm考虑,对12层以上建筑物的梁板式筏基,底板厚度与最大双向板格的短边净跨之比不应小于1/14,且板厚不应小于400 mm。同时,底板的厚度还应满足抗弯、抗冲切、抗剪切等强度要求。配筋除了满足内力计算要求外,还应满足下列构造要求:一般情况下,筏板的配筋率以0.5%~1.0%为宜;对平板式柱下筏形基础,刚度较大、基底反力按直线分布计算时,其配筋可按无梁楼盖计算,板的下部钢筋可按柱上板带的正弯矩计算配置,上部钢筋可按跨中板带的负弯矩计算配置。为保证板、柱之间能够有效地传递弯矩,使筏板在地震效应下处于弹性状态,保证能够在柱根部实现预期的塑性铰,达到"强柱弱梁"的目的,柱下板带中,柱宽及其两侧各0.5倍板厚且不大于1/4板跨的有效宽度范围内,其配筋量不应小于柱下板带钢筋数量的一半,且应能承受通过弯曲传递来的不平衡弯矩 $\alpha_m M_{unb}$(α_m 为不平衡弯矩通过弯曲来传递的分配系数,$\alpha_m = 1-\alpha_s$,M_{unb} 为作用在冲切临界截面重心上的不平衡弯矩)。平板式筏形基础柱下板带和跨中板带的底部钢筋应有1/3~1/2贯通全跨,且配筋率不应小于0.15%;顶部钢筋应按计算配筋全部连通。对有抗震设防要求的无地下室或单层地下室平板式筏基,计算柱下板带受弯承载力时,柱内力应按地震作用不利组合计算。当筏板厚度大于2 000 mm时,宜在板厚中间部位设置直径不小于12 mm、间距不大于300 mm的双向钢筋网。当地基土比较均匀,上部结构刚度较好,梁板式筏基梁的高跨比或平板式筏基的厚跨比不小于1/6,且相邻柱荷载及柱间距的变化不超过20%时,筏形基础可仅考虑局部弯曲作用,筏基内力可按基底反力直线分布计算。计算时,基底反力应扣除底板及其上回填土的自重,当不满足上述要求时,应按弹性地基梁板进行分析计算。

对设有较密内墙的墙下筏形基础,宜采用等厚的钢筋混凝土平板,若地基比较均匀,上部结构刚度较好且地基土压缩模量 $E_s \leqslant 4$ MPa时,可按支撑在墙体上的单向或双向连续板计算配筋。考虑到基础的架越作用,端部第一、二开间内配筋应比计算值增加10%~20%,板内上、下均匀配置;所有筏形基础受力钢筋的最小直径一般不小于12 mm,间距常为100~200 mm;当板厚 $h \leqslant$ 250 mm时,分布钢筋可采用Φ8@250,当板厚 $h>250$ mm时分布钢筋可采用Φ10@200。在配筋满足计算要求的同时,纵、横向支座尚应分别有0.15%和0.10%的钢筋连通,且跨中钢筋应全部连通。当采用梁板式筏形基础时,梁的高度可按前节柱下交梁基础的要求选取,梁板式筏基的基础梁除满足正截面抗弯及斜截面抗剪承载力外,尚应按现行《混凝土结构设计规范》有关规定验算底层柱下基础梁顶面的受压承载力。按基底反力直线分布计算的梁板式筏基的内力可按连续梁分析,由于基础的架越作用引起的端部反力增加效应可通过对边跨跨中以及第一内支座的弯矩值乘以1.2的放大系数来考虑。

梁板式筏形基础的底板和基础梁的配筋除满足计算要求外，纵、横向底部尚应有 1/3 ~ 1/2 贯通全跨，且配筋率不应小于 0.15%，顶部钢筋按计算全部连通。对肋梁不外伸的双向外伸悬挑板，边缘部位最好切角，如图 3-26 所示，并在板底配置辐射状、直径与边跨的受力钢筋相同、内锚长度大于外伸长度且大于混凝土受拉锚固长度的附加钢筋，其外端的最大间距不大于 200 mm。筏形基础的混凝土强度等级不应低于 C30，且应满足耐久性的要求，在设计使用年限为 50 年的条件下，严寒地区混凝土的最大水灰比应不超过 0.55，最大氯离子含量应不超过水泥用量的 0.2%，寒冷地区混凝土的最大水灰比应小于 0.60，最大氯离子含量应小于水泥用量的 0.3%，无论是寒冷或严寒地区，其最大碱含量均不应超过 3.0 kg/m³。当有地下室时，应采用防水混凝土，其抗渗等级应根据地下水的最大水头与防渗混凝土厚度的比值按现行 GB 50108—2008《地下工程防水技术规范》选用，但不应小于 0.6 MPa，必要时宜设架空排水层。采用筏形基础的地下室，钢筋混凝土外墙厚度不应小于 250 mm，内墙不应小于 200 mm，墙的截面设计除满足承载力要求外，尚应考虑变形、抗裂及防渗等要求。墙体内应设置双面钢筋网，竖向和水平钢筋的直径不应小于 12 mm，间距不应大于 300 mm。筏板与地下室外墙的接缝及地下室外墙沿高度处的水平接缝应严格按施工缝的要求施工，必要时可设通长止水带。

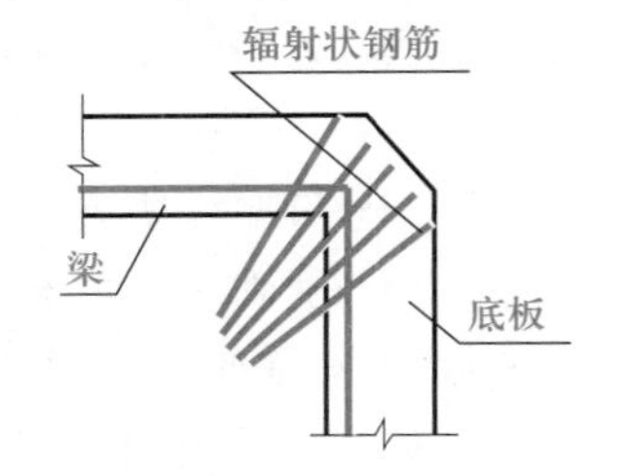

图 3-26 双向外伸板切角及辐射状钢筋

高层建筑很多情况下都设有地下室及裙房，地下室底层柱或剪力墙与梁板式筏基的基础梁连接时，柱、墙边缘至基础梁边缘的距离不应小于 50 mm，当交叉基础梁的宽度小于柱截面边长时，交叉基础梁连接处应设置八字角，角柱与八字角之间的净距不宜小于 50 mm，单向基础梁与柱的连接以及基础梁与剪力墙的连接要求如图 3-27 所示。

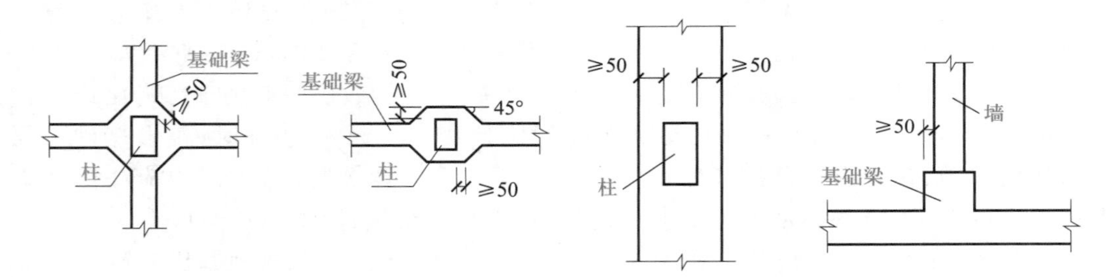

图 3-27 地下室底层柱或剪力墙与基础梁连接的构造要求

当主体旁边设有裙房，主体采用筏形基础时，筏形基础与相连的裙房之间的基础构造应符合以下要求：当高层建筑与相连的裙房之间设置沉降缝时，其基础埋深应大于裙房基础的埋深至少 2 m；沉降缝地面以下应用粗砂填实，不满足要求时必须采取相应技术措施；若高层建筑与相连的裙房之间不设沉降缝，宜在裙房一侧设置后浇带，后浇带的位置宜设在主楼边柱的第二跨内；后浇带混凝土宜根据实测沉降值并计算后期沉降差能满足设计要求后方可进行浇筑；当高层建筑与相连的裙房之间不允许设置沉降缝和后浇带时，应考虑地基与结构变形的相互影响进行地基变形验算并采取相应的有效措施；筏形基础地下室施工完毕后应及时进行基坑回填工作，回填时应先清除基坑中的杂物，并应在相对的两侧或四周同时回填并分层夯实。

3-4-2 筏形基础内力计算 Internal Force Calculation of Raft Foundation

工程中,经常采用简化方法近似进行筏基内力计算,即认为基础是绝对刚性的,基底反力呈直线分布,并按静力学方法计算基底反力。如果上部结构和基础刚度足够大,这种假设可认为是合理的,因此可采用前述柱下板带、柱上板带及单向、双向多跨连续板的计算方法。若柱网布置比较均匀,相邻柱荷载相差不大,可沿轴向、柱列向分别将基础底板划分成若干个计算板带,以相邻柱间的中心线作为板带间的界线,各自按独立的条形基础计算内力,忽略板带间剪应力的影响,计算方法可大为简化。对柱下肋梁式筏板基础,如果框架柱网在两个方向的尺寸比小于 2,且柱网内无小基础梁时,可将筏形基础视为一倒置的楼盖,以地基净反力作为外荷载,筏板按双向多跨连续板、肋梁按多跨连续梁计算内力。若柱网内有小基础梁,把底板分割成边长比大于 2 的矩形格板时,底板可按单向板计算,主、次肋仍按连续梁计算,即所谓"倒楼盖"法。否则,应按弹性地基上的梁板进行内力分析。

1. 倒楼盖法

如前所述,倒楼盖法是将筏形基础视为一放置在地基上的楼盖,柱或墙视为该楼盖的支座,地基净反力为作用在该楼盖上的外荷载,按混凝土结构中的单向或双向梁板的肋梁楼盖方法进行内力计算。在基础工程中,对框架结构中的筏形基础,常将纵、横方向的梁设置成相等的截面高度和宽度,在节点处,由于纵、横方向的基础梁交叉,柱的竖向荷载需要在纵、横方向分配,具体的分配方法详见 3-2-3 节。求得柱荷载在纵、横两个方向的分配值,肋梁即可分别按两个方向上的条形基础计算。

2. 弹性地基上板的简化计算

如果柱网及荷载分布都比较均匀一致(变化不超过 20%),当筏形基础的柱距小于 1.75λ(λ 为基础梁的柔度指数)或筏形基础上支撑着刚性的上部结构(如上部结构为剪力墙)时,可认为此时的筏形基础为刚性,其内力及基底反力可按前述倒楼盖法计算,否则筏基的刚度较弱,属于柔性基础,应按弹性地基上的梁板进行分析。若此时柱网及荷载分布仍比较均匀,可将筏形基础划分成相互垂直的条状板带,板带宽度即为相邻柱中心线间的距离,按前述文克勒弹性地基梁的办法计算。若柱距相差过大,荷载分布不均匀,则应按弹性地基上的板理论进行内力分析。

3. 筏形基础结构承载力计算

按前述方法计算出筏形基础的内力后,还需按现行《混凝土结构设计规范》中的有关规定计算基础梁的弯矩、剪力及冲切承载力,同时还应满足规范中有关的构造要求。对柱下肋梁式筏板基础,底板斜截面受剪承载力应符合下式要求:

$$V_s \leqslant 0.7\beta_{hs} f_t (l_{n2} - 2h_0) h_0 \tag{3-80}$$

$$\beta_{hs} = (800/h_0)^{1/4} \tag{3-81}$$

式中 V_s——距梁边缘 h_0 处,作用在图 3-28 中阴影部分面积上的地基土平均净反力设计值,N。

f_t——混凝土轴心抗拉强度设计值,N/mm^2。

h_0——底板的有效高度,mm。

β_{hs}——受剪承载力截面高度影响系数。当按式(3-81)计算时，如板的有效高度 h_0<800 mm，h_0 取 800 mm；如 h_0>2 000 mm，h_0 取 2 000 mm。

当筏基底板厚度变化时，尚应验算变厚度处筏板的受剪承载力。

底板受冲切承载力按下式计算：

$$F_l \leqslant 0.7\beta_{hp} f_t u_m h_0 \tag{3-82}$$

式中 F_l——作用在图 3-29 中阴影部分面积上的地基土平均净反力设计值，N。

u_m——距基础梁边 $h_0/2$ 处冲切临界截面的周长(图 3-29)，mm。

β_{hp}——受冲切承载力截面高度影响系数。当 h 不大于 800 mm 时，β_{hp} 取 1.0；当 h 大于等于 2 000 mm 时，β_{hp} 取 0.9；其间按线性内插法取值。

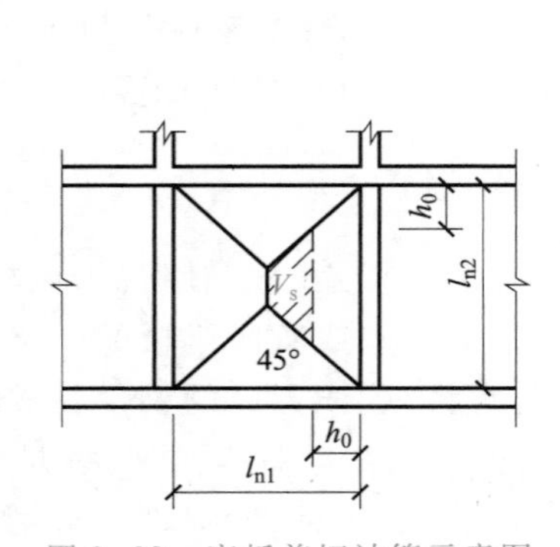

图 3-28 底板剪切计算示意图

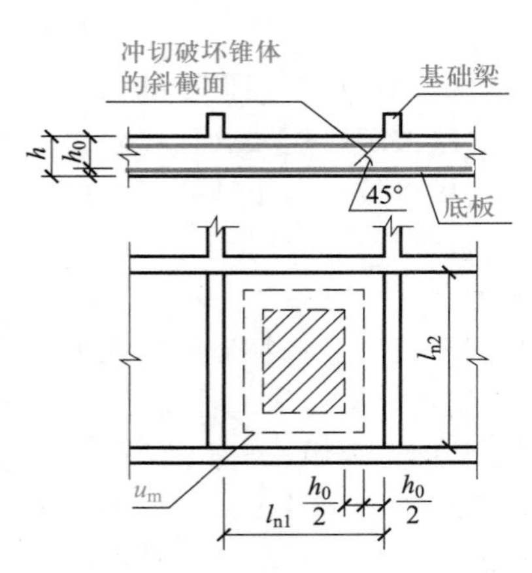

图 3-29 底板冲切计算示意图

当底板区格为矩形双向板时，底板受冲切所需厚度 h_0 按下式计算：

$$h_0 = \frac{(l_{n1}+l_{n2}) - \sqrt{(l_{n1}+l_{n2})^2 - \dfrac{4pl_{n1}l_{n2}}{p+0.7\beta_{hp}f_t}}}{4} \tag{3-83}$$

式中 l_{n1}、l_{n2}——计算板格的短边、长边净长度，mm；

p——相应于荷载效应基本组合的地基土平均净反力设计值。

当采用平板式筏基时，柱直接放置在板上，板将承受集中荷载或局部荷载，此时板的抗冲切承载力应满足

$$F_l \leqslant 0.7\eta\beta_{hp} f_t h_0 u_m \tag{3-84}$$

式中 F_l——板上集中荷载或局部荷载设计值，N。对板柱结构的节点，取柱所承受的轴向压力设计值的层间差值减去冲切破坏锥体范围内板所承受的荷载设计值，当有不平衡弯矩时，应考虑不平衡弯矩的影响，此时的计算方法见现行的《混凝土结构设计规范》中的有关规定。

u_m——冲切破坏锥体的平均周边长度，mm。对于底板，其抗剪切、冲切的验算方法同筏形基础。

η——应按式(3-85)或式(3-86)中的 η_1、η_2 计算，并取其中的较小值：

$$\eta_1 = 0.4 + 1.2/\beta_s \tag{3-85}$$

$$\eta_2 = 0.5 + \alpha_s h_0 / 4u_m \quad (3-86)$$

式中 η_1——局部荷载或集中反力作用面积形状的影响系数。

η_2——临界截面周长与板截面有效高度之比的影响系数。

β_s——局部荷载或集中反力作用面积为矩形时的长边与短边尺寸的比值。β_s 不宜大于 4；当 $\beta_s<2$ 时，取 $\beta_s=2$；当面积为圆形时，取 $\beta_s=2$。

α_s——板柱结构中柱类型影响系数，对中柱 $\alpha_s=40$，对边柱 $\alpha_s=30$，对角柱 $\alpha_s=20$。

其余符号同前。

当板开有孔洞且洞口至局部荷载或集中反力作用面积边缘的距离不大于 $6h_0$ 时，抗冲切承载力计算中取用的临界截面周边长度 u_m，应扣除局部荷载或集中反力作用面积中心至开孔处边缘画出两条切线之间所包含的长度，见图 3-30。当不满足式(3-84)的要求时，应增加板厚或加设抗冲切钢筋，此时其截面尚应符合下式要求：

$$F_l \leqslant 1.05 f_t \eta u_m h_0 \quad (3-87)$$

高层建筑平板式筏形基础的板厚按受冲切承载力的要求计算时，应考虑作用在冲切临界截面重心上的不平衡弯矩产生的附加剪力。距柱边 $h_0/2$ 处冲切临界截面的最大剪应力 τ_{max} 应按下式计算：

$$\tau_{max} = F_l / u_m h_0 + \alpha_s M_{unb} c_{AB} / I_s \quad (3-88)$$

且应满足下式要求，板的最小厚度不应小于 400 mm：

$$\tau_{max} \leqslant 0.7(0.4 + 1.2/\beta_s)\beta_{hp} f_t \quad (3-89)$$

式中 F_l——相应于荷载效应基本组合时的集中力设计值，N。对内柱取轴力设计值减去筏板冲切破坏锥体内的地基反力设计值；对边柱和角柱，取轴力设计值减去筏板冲切临界截面范围内的地基反力设计值，地基反力值应扣除底板的自重。

u_m——距柱边 $h_0/2$ 处冲切临界截面的周长，mm。

h_0——筏板的有效高度，mm。

α_s——不平衡弯矩通过冲切临界截面上的偏心剪力来传递的分配系数，按下式计算：

$$\alpha_s = 1 - 1 \Big/ \left(1 + \frac{2}{3}\sqrt{c_1/c_2}\right) \quad (3-90)$$

式中 c_1——与弯矩作用方向一致的冲切临界截面的边长，mm。

c_2——垂直于 c_1 的冲切临界截面边长，mm。

M_{unb}——作用在冲切临界截面重心上的不平衡弯矩设计值(图 3-31)，按下式计算：

$$M_{unb} = Ne_N - Pe_P \pm M_c \quad (3-91)$$

式中 N——柱根部柱轴力设计值，N。

P——冲切临界截面范围内基底压力设计值，N。

M_c——柱根部弯矩设计值，N·mm。

e_N——柱根部轴向力 N 到冲切临界截面的距离，mm。

e_P——冲切临界截面范围内基底压力设计值之和对冲切临界截面重心的偏心距，mm。对内柱，由于对称的缘故，$e_N=e_P=0$，所以 $M_{unb}=M_c$。

c_{AB}——沿弯矩作用方向，冲切临界截面重心至冲切临界截面最大剪应力点的距离，mm。

I_s——冲切临界截面对其重心的极惯性矩，mm^4。

冲切临界截面的周长 u_m 及冲切临界截面对其重心的极惯性矩 I_s 等，应根据柱所处位置的不同，分别进行计算。

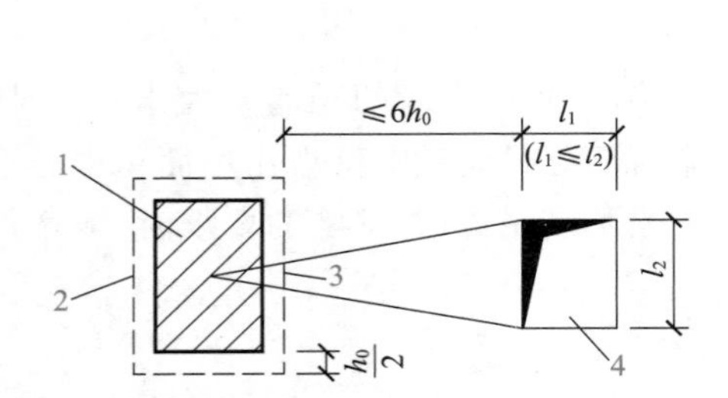

1—局部荷载或集中反力作用面；2—临界截面周长；3—应扣除的长度，当图中 $l_1>l_2$ 时，孔洞的边长 l_2 用 $\sqrt{l_1 l_2}$ 代替；4—孔洞。

图 3-30　邻近孔洞时的临界截面周长

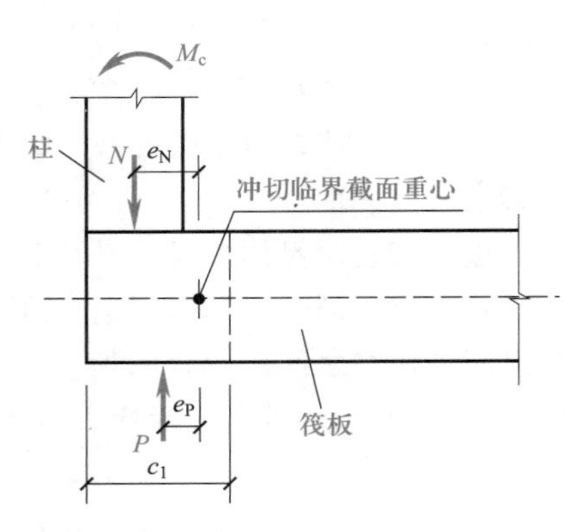

图 3-31　边柱 M_{unb} 计算示意图

内柱应按下式计算（图 3-32）：

$$u_m = 2c_1 + 2c_2 \tag{3-92}$$

$$I_s = c_1 h_0^3/6 + c_1^3 h_0/6 + c_2 h_0 c_1^2/2 \tag{3-93}$$

$$c_1 = h_c + h_0 \tag{3-94}$$

$$c_2 = b_c + h_0 \tag{3-95}$$

$$c_{AB} = c_1/2 \tag{3-96}$$

式中　h_c——与弯矩作用方向一致的柱截面边长，mm；

b_c——垂直于 h_c 的柱截面边长，mm。

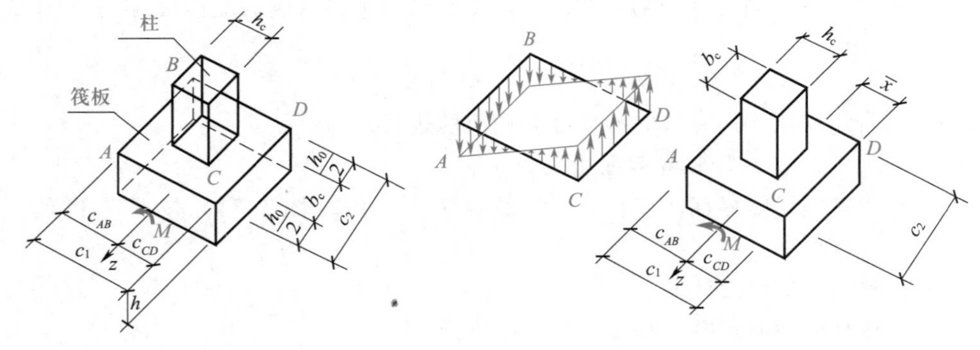

图 3-32　内柱冲切临界截面

边柱应按下式计算（图 3-33）：

$$u_m = 2c_1 + c_2 \tag{3-97}$$

$$c_1 = h_c + h_0/2 \tag{3-98}$$

$$I_s=c_1h_0^3/6+c_1^3h_0/6+2c_1h_0\left(c_1/2-\bar{x}\right)^2+c_2h_0\bar{x}^2 \tag{3-99}$$

$$c_2=b_c+h_0 \tag{3-100}$$

$$c_{AB}=c_1-\bar{x} \tag{3-101}$$

$$\bar{x}=c_1^2/(2c_1+c_2) \tag{3-102}$$

式中 $\bar{x}$——冲切临界截面中心位置。

角柱按下式计算(图 3-34)：

$$u_m=c_1+c_2 \tag{3-103}$$

$$I_s=c_1h_0^3/6+c_1^3h_0/12+c_1h_0\left(c_1/2-\bar{x}\right)^2+c_2h_0\bar{x}^2 \tag{3-104}$$

$$c_1=h_c+h_0/2 \tag{3-105}$$

$$c_2=b_c+h_0/2 \tag{3-106}$$

$$c_{AB}=c_1-\bar{x} \tag{3-107}$$

$$\bar{x}=c_1^2/(2c_1+2c_2) \tag{3-108}$$

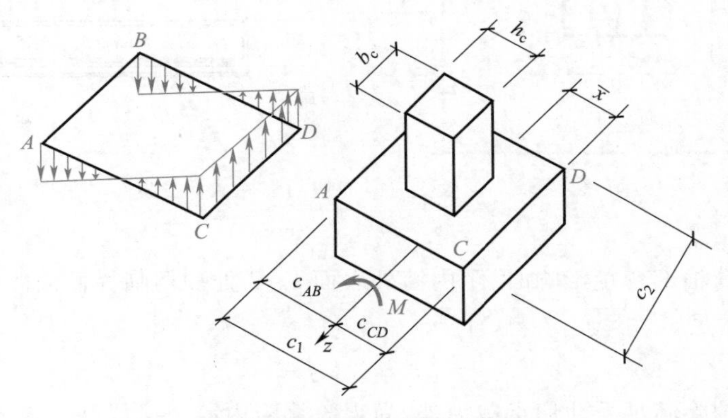

图 3-33　边柱冲切临界截面

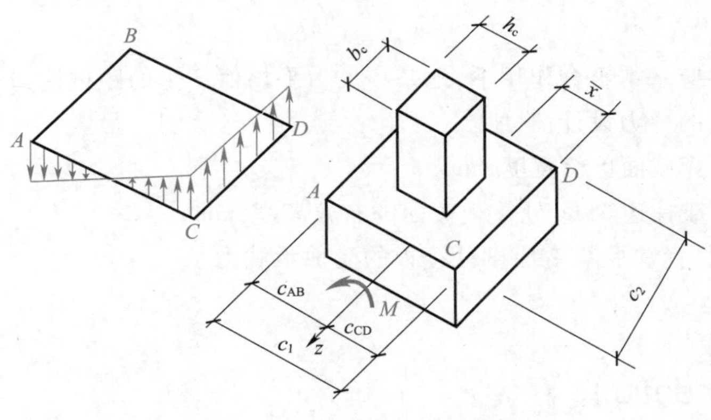

图 3-34　角柱冲切临界截面

当柱荷载较大，等厚度筏板的抗冲切承载力不能满足要求时，可在筏板上增设柱墩或在筏板下局部增加板厚或采用抗冲切箍筋来提高抗冲切承载能力。

高层建筑在楼梯、电梯间大都设有内筒，采用平板式筏基时，内筒下的板厚也应满足抗冲切

承载力的要求,其抗冲切承载力按下式计算(图 3-35):

$$F_l/(u_m h_0) \leqslant 0.7\beta_{hp} f_t/\eta \tag{3-109}$$

式中 u_m——距内筒外表面 $h_0/2$ 处冲切临界截面周长,mm;

h_0——距内筒外表面 $h_0/2$ 处筏板的截面有效高度,mm;

η——内筒冲切临界截面周长影响系数,取 1.25;

F_l——相应于荷载效应基本组合时的内筒所承受的轴力设计值减去筏板破坏锥体内的地基反力设计值(应扣除板自重),N。

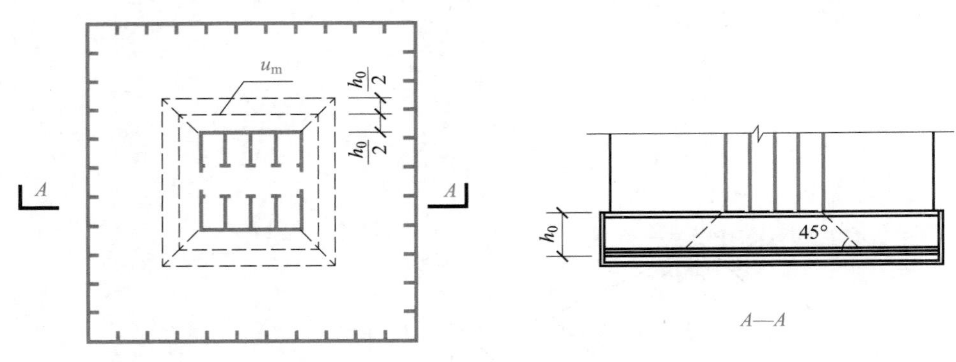

图 3-35 筏板受内筒冲切的临界截面位置

当需要考虑内筒根部弯矩影响时,距内筒外表面 $h_0/2$ 处冲切临界截面的最大剪应力可按式(3-88)计算,且应满足

$$\tau_{max} \leqslant 0.7\beta_{hp} f_t/\eta \tag{3-110}$$

平板式筏板基础除满足受冲切承载力外,尚需验算距内筒边缘或柱边缘 h_0 处的筏板受剪承载力。受剪承载力按下式验算:

$$V_s \leqslant 0.7\beta_{hs} f_t b_w h_0 \tag{3-111}$$

式中 V_s——荷载效应基本组合作用下,地基净反力平均值产生的距内筒或柱边缘 h_0 处筏板单位宽度的剪力设计值,N;

b_w——筏板计算截面单位宽度,mm;

h_0——距内筒或柱边缘 h_0 处筏板截面的有效高度,mm。

当筏板变厚度时,尚应验算变厚度处筏板的受剪承载力。

3-5 箱形基础 Box Foundation

随着建筑物高度的增加,荷载增大。为满足基础刚度要求,往往需要很大的筏板厚度,此时若仍采用筏形基础,不够经济合理,故可考虑采用如图 3-36 所示空心的空间受力体系——箱形基础。箱形基础是由顶板、底板、内墙、外墙等组成的一种空间整体结构,由钢筋混凝土整浇而成,空间部分可结合建筑物的使用功能设计成地下室或地下设备层等;其具有很大的刚度和整体性,能有效地调整基础的不均匀沉降。由于它具有较大的埋深,土体对其具有良好的嵌固与补偿效应,因而具有较好的抗震性和补偿性,是目前高层建筑中采用较多的基础类型之一。

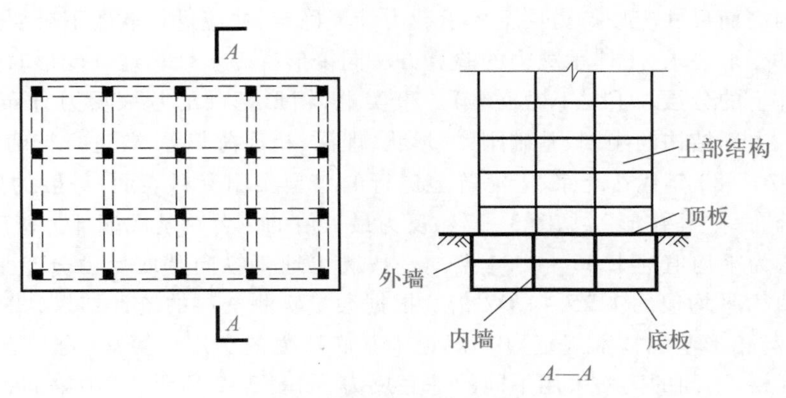

图 3-36 箱形基础组成示意图

3-5-1 箱形基础的构造 Structure of Box Foundation

箱形基础的平面尺寸应根据地基承载力和上部结构的布局及荷载分布等条件综合确定,与筏基一样,平面上应尽量使箱基底面形心与结构竖向永久荷载合力作用点重合,当偏心距较大时,可通过调整箱基底板外伸悬挑跨度的办法进行调整,不同的边缘部位采用不同的悬挑跨度,尽量使其偏心效应最小。对单幢建筑物,当地基土比较均匀时,在荷载效应准永久组合下,其偏心距不宜大于基础底面抵抗矩和基础底面面积之比的 0.1 倍。箱形基础的高度应满足结构承载力和刚度要求,其值不宜小于箱形基础长度(不包括底板悬挑部分)的 1/20,并不宜小于 3.0 m,在抗震设防地区,除岩石地基外,其埋深不宜小于建筑物高度的 1/15,同时基础高度要适合地下室的使用要求,净高不应小于 2.2 m(箱基高度指箱基底板底面到顶板顶面的外包尺寸)。箱形基础的外墙应沿建筑物四周布置,内墙宜按上部结构柱网尺寸和剪力墙位置纵、横交叉,均匀布置。墙体水平截面总面积(含洞口部分在内)不宜小于箱形基础外墙外包尺寸水平投影面积的 1/10,对基础平面长宽比大于 4 的箱形基础,其纵墙水平截面面积不得小于箱基外墙外包尺寸水平投影面积的 1/18。箱基的墙体厚度应根据实际受力情况确定,外墙不应小于 250 mm,常用 250 ~ 400 mm;内墙不宜小于 200 mm,常用 200 ~ 300 mm。墙体一般采用双向、双层配筋,无论竖向、横向其配筋均不宜小于Φ10@200,除上部结构为剪力墙外,箱形基础墙顶部均宜配置两根以上直径不小于 20 mm 的通长构造钢筋。箱形基础的墙体中尽量少开洞口,必须开设洞口时,门洞宜设置在柱间居中位置,且应在洞口周围按计算设置加强钢筋。底层柱主筋应伸入箱形基础一定的深度,三面或四面与箱形基础墙相连的内柱,除四角钢筋直通基底外,其余钢筋伸入顶板底皮以下至少一个受拉锚固长度,外柱、与剪力墙相连的柱、其他内柱主筋应直通到板底并锚固。

3-5-2　地基反力计算

Calculation of Subgrade Reaction Force

箱形基础的底面尺寸应按持力层土体承载力计算确定，并应进行软弱下卧层承载力验算，同时还应满足地基变形要求，土体承载力的验算方法同筏形基础。计算地基变形时，仍采用前述的线性变形体条件下的分层总和法（规范法）。事实上，箱形基础的基底反力分布受诸多因素影响，如土的性质、上部结构的刚度、基础刚度、形状、埋深、相邻荷载等，要进行精确分析十分困难。我国于 20 世纪 70—80 年代在北京、上海等地进行的典型实测资料表明：一般的软黏土地基上，纵向基底反力分布呈“马鞍形”（见图 3-37），反力最大值的位置距基底端部为基础长边的 1/9 ~ 1/8，反力最大值为平均值的 1.06 ~ 1.34 倍。一般黏土地基纵向基底反力分布呈“抛物线形”，基底反力最大值为平均值的 1.25 ~ 1.37 倍。根据大量实测资料的统计结果，我国 JGJ 6—2011《高层建筑筏形与箱形基础技术规范》中，规定了基底反力的实用计算法。把基础底面的纵向、横向分成多个区格，不同的区格采用不同的基底反力，如表 3-2 所示，其中第 i 个区格的基底反力按下式计算：

$$p_i = \alpha_i \sum_{1}^{n} P_m / (bl) \tag{3-112}$$

式中　$\sum P_m$——上部结构荷载和箱基自重之和，kN。

b、l——箱形基底础底板宽度、长度，m。

n——上部荷载数量。

α_i——相应区格的基底反力系数，见表 3-3 或表 3-4。当基础底面为三角形或其他复杂形状时，其相应的地基反力系数可参见 JGJ 6—2011《高层建筑筏形与箱形基础技术规范》附录 E。

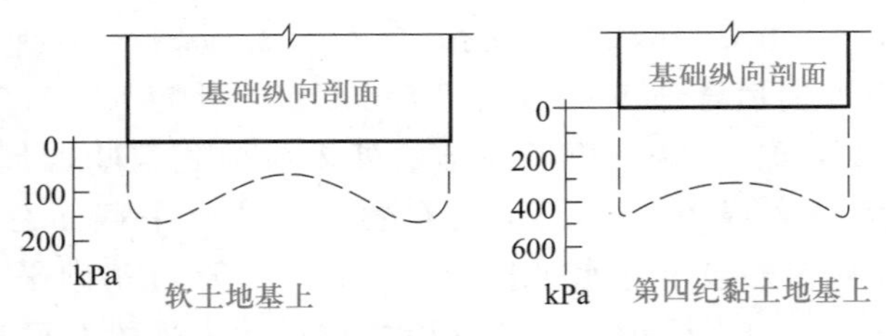

图 3-37　箱形基础实测基底反力分布图

表 3-2　各区格基底反力分布示意图

p_{12}	p_{11}	p_{10}	p_9	p_9	p_{10}	p_{11}	p_{12}
p_5	p_6	p_7	p_8	p_8	p_7	p_6	p_5
p_4	p_3	p_2	p_1	p_1	p_2	p_3	p_4
p_5	p_6	p_7	p_8	p_8	p_7	p_6	p_5
p_{12}	p_{11}	p_{10}	p_9	p_9	p_{10}	p_{11}	p_{12}

表 3-3 黏性土基底反力系数

$l/b=1$							
1.381	1.179	1.128	1.108	1.108	1.128	1.179	1.381
1.179	0.952	0.898	0.879	0.879	0.898	0.952	1.179
1.128	0.898	0.841	0.821	0.821	0.841	0.898	1.128
1.108	0.879	0.821	0.800	0.800	0.821	0.879	1.108
1.108	0.879	0.821	0.800	0.800	0.821	0.879	1.108
1.128	0.898	0.841	0.821	0.821	0.841	0.898	1.128
1.179	0.952	0.898	0.879	0.879	0.898	0.952	1.179
1.381	1.179	1.128	1.108	1.108	1.128	1.179	1.381
$l/b=2\sim3$							
1.265	1.115	1.075	1.061	1.061	1.075	1.115	1.265
1.073	0.904	0.865	0.853	0.853	0.865	0.904	1.073
1.046	0.875	0.835	0.822	0.822	0.835	0.875	1.046
1.073	0.904	0.865	0.853	0.853	0.865	0.904	1.073
1.265	1.115	1.075	1.061	1.061	1.075	1.115	1.265
$l/b=4\sim5$							
1.229	1.042	1.014	1.003	1.003	1.014	1.042	1.229
1.096	0.929	0.904	0.895	0.895	0.904	0.929	1.096
1.081	0.918	0.893	0.884	0.884	0.893	0.918	1.081
1.096	0.929	0.904	0.895	0.895	0.904	0.929	1.096
1.229	1.042	1.014	1.003	1.003	1.014	1.042	1.229
$l/b=6\sim8$							
1.214	1.053	1.013	1.008	1.008	1.013	1.053	1.214
1.083	0.939	0.903	0.899	0.899	0.903	0.939	1.083
1.070	0.927	0.892	0.888	0.888	0.892	0.927	1.069
1.083	0.939	0.903	0.899	0.899	0.903	0.939	1.083
1.214	1.053	1.013	1.008	1.008	1.013	1.053	1.214

表 3-4 软土地区基底反力系数

0.906	0.966	0.814	0.738	0.738	0.814	0.966	0.906
1.124	1.197	1.009	0.914	0.914	1.009	1.197	1.124
1.235	1.314	1.109	1.006	1.006	1.109	1.314	1.235
1.124	1.197	1.009	0.914	0.914	1.009	1.197	1.124
0.906	0.966	0.814	0.738	0.738	0.814	0.966	0.906

注:表 3-3、表 3-4 中的 l、b 分别为包括悬挑部分在内的箱形基础底板的长度、宽度。

表3-3、表3-4适用于上部结构与荷载比较均匀的框架结构，地基土比较均匀，底板悬挑部分不超过0.8 m，不考虑相邻建筑物影响及满足各项构造要求的单幢建筑物的箱形基础。当纵横方向荷载不很均匀时，应分别求出由于荷载偏心引起的不均匀的地基反力，将该地基反力与按反力系数表求得的反力相叠加，此时偏心所引起的基底反力可按直线分布考虑。对于上部结构刚度及荷载不对称、地基土层分布不均匀等不符合基底反力系数法计算的情况，应采用其他有效的方法进行基底反力的计算。

3-5-3 箱形基础内力分析及强度计算

Internal Force Analysis and Strength Calculation of Box Foundation

在上部结构荷载和基底反力共同作用下，箱形基础整体上是一个多次超静定体系，产生整体弯曲和局部弯曲。若上部结构为剪力墙体系，箱基的墙体与剪力墙直接相连，可认为箱基的抗弯刚度无穷大，此时顶、底板犹如一支撑在不动支座上的受弯构件，仅产生局部弯曲，而不产生整体弯曲，故只需计算顶、底板的局部弯曲效应。顶板按实际荷载，底板按均布的基底净反力计算。底板的受力犹如一倒置的楼盖，一般均设计成双向肋梁板或双向平板，根据板边界实际支撑条件按弹性理论的双向板计算。考虑到整体弯曲的影响，配置钢筋时除符合计算要求外，纵、横向支座尚应分别有0.15%和0.10%的钢筋连通配置，跨中钢筋全部连通。当上部结构为框架体系时，上部结构刚度较弱，基础的整体弯曲效应增大，箱形基础内力分析应同时考虑整体弯曲与局部弯曲的共同作用。整体弯曲计算时，为简化起见，工程上常将箱形基础当作一空心截面梁，按照截面面积、截面惯性矩不变的原则，将其等效成工字形截面，以一个阶梯形变化的基底压力和上部结构传下来的集中力作为外荷载，用静力分析或其他有效的方法计算任一截面的弯矩和剪力，其基底反力值可按前述基底反力系数法确定。由于上部结构共同工作，上部结构刚度对基础的受力有一定的调整、分担，基础的实际弯矩值要比计算值小，因此应将计算的弯矩值按上部结构刚度的大小进行调整。1953年，梅耶霍夫(Meyerhof)首次提出了框架结构等效抗弯刚度的计算式，后经修正，列入我国行业标准《高层建筑筏形与箱形基础技术规范》中。对于图3-38所示的框架结构，等效抗弯刚度的计算公式为

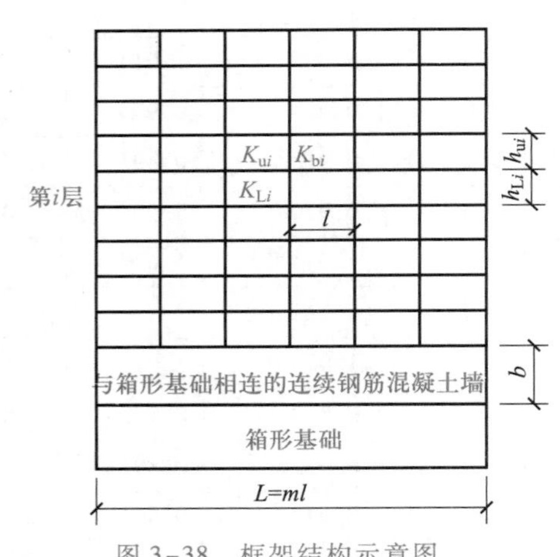

图3-38 框架结构示意图

$$E_B I_B = \sum_{1}^{n} \left[E_b I_{bi} \left(I + \frac{K_{ui} + K_{Li}}{2K_{bi} + K_{ui} + K_{Li}} m^2 \right) \right] \tag{3-113}$$

式中 $E_B I_B$——上部结构总折算刚度；

E_b——梁、柱混凝土弹性模量，kPa；

K_{ui}、K_{Li}、K_{bi}——第 i 层上柱、下柱和梁的线刚度，其值分别为 I_{ui}/h_{ui}、I_{Li}/h_{Li}、I_{bi}/l，m^3；

I_{ui}、I_{Li}、I_{bi}——第 i 层上柱、下柱和梁的惯性矩，m^4；

L、l——上部结构弯曲方向的总长度和柱距，m；

h_{ui}、h_{Li}——第 i 层上柱、下柱的高度，m；

m——在弯曲方向的节间数；

n——建筑物层数，当层数不大于 5 层时，n 取实际层数；当层数大于 5 层时，n 取 5。

式(3-113)用于等柱距的框架结构；对柱距相差不超过 20%的框架结构，也可适用，此时 l 取柱距平均值。

有了上部结构的等效刚度后，就可按下式对箱形基础考虑上部结构共同作用时所承担的整体弯矩进行折算：

$$M_F = M(E_F I_F)/(E_F I_F + E_B I_B) \tag{3-114}$$

式中 M_F——考虑上部结构共同作用时箱形基础的整体弯矩，kN·m。

M——不考虑上部结构共同作用时箱形基础的整体弯矩，kN·m。按前述的静定分析法或其他有效方法计算。

E_F——箱形基础混凝土的弹性模量，kPa。

I_F——箱形基础按工字形截面计算的惯性矩，m^4。工字形截面的上、下翼缘宽度分别为箱形基础的全宽，腹板厚度为在弯曲方向墙体厚度的总和。

在整体弯曲作用下，箱基的顶、底板可看成是工字形截面的上、下翼缘。靠翼缘的拉、压形成的力矩与荷载效应相抗衡，其拉力或压力等于箱基所承受的整体弯矩除以箱基的高度。由于箱基的顶、底板多为双层、双向配筋，所以按混凝土结构中的拉、压构件计算出顶板或底板整体弯曲时所需的钢筋用量应除以 2，均匀地配置在顶板或底板的上层和下层，即可满足整体受弯的要求。在局部弯曲作用下，顶、底板犹如一个支撑在箱基内墙上、承受横向力的双向或单向多跨连续板。顶板在实际的使用荷载及自重作用下，底板在基底压力扣除底板自重后的均布荷载(即地基净反力)作用下，按弹性理论的双向或单向多跨连续板可求出局部弯曲作用时的弯矩值。由于整体弯曲的影响，局部弯曲时计算的弯矩值乘以 0.8 的折减系数后再用其计算顶、底板的配筋量。算出的配筋量与前述整体弯曲配筋量叠加，即得顶、底板的最终配筋量。配置时，应综合考虑承受整体弯曲和局部弯曲钢筋的位置，以充分发挥钢筋的作用。

在进行箱形基础纵墙墙身截面的剪力计算时，一般可将箱形基础当作一根在外荷载和基底反力共同作用下的静定梁，用力学的方法求得各截面的总剪力 V_j 后，按下式将其分配至各道纵墙上：

$$\bar{V}_{ij} = \frac{V_j}{2}\left(\frac{b_i}{\sum b_i} + \frac{N_{ij}}{\sum N_{ij}}\right) \tag{3-115}$$

将 $\bar{V}_{ij}$ 分配至支座的左右截面，得

$$V_{ij} = \bar{V}_{ij} - p_j(A_1 + A_2) \tag{3-116}$$

式中 $\bar{V}_{ij}$——第 i 道纵墙 j 支座所分得的剪力值，kN；

b_i——第 i 道纵墙的宽度，m；

$\sum b_i$——各道纵墙宽度总和，m；

V_{ij}——在第 i 道纵墙 j 支座处的截面左右处的剪力设计值，kN；

N_{ij}——第 i 道纵墙 j 支座处柱竖向荷载设计值，kN；

$\sum N_{ij}$——横向同一柱列中各柱的竖向荷载设计值之和，kN；

p_j——相应于荷载效应基本组合的地基土平均净反力设计值，Pa；

A_1、A_2——求 $V_{ij}^{左}$ 时底板局部面积，按图 3-39 中阴影部分面积计算，m^2。

横墙截面剪力设计值 V_{ij} 为图 3-40 中阴影面积与 p_j 的乘积。

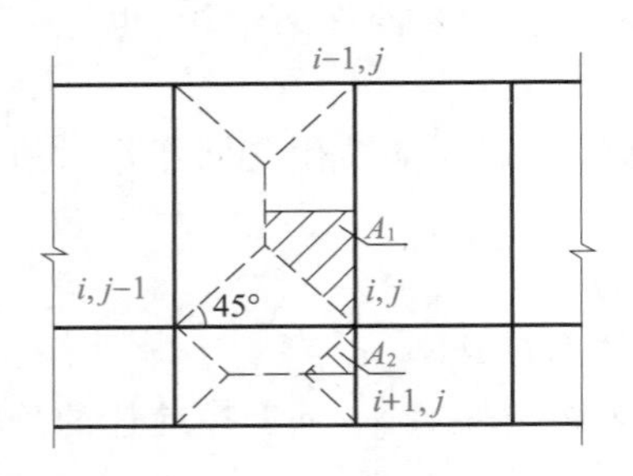

图 3-39 底板局部面积示意图(纵向)

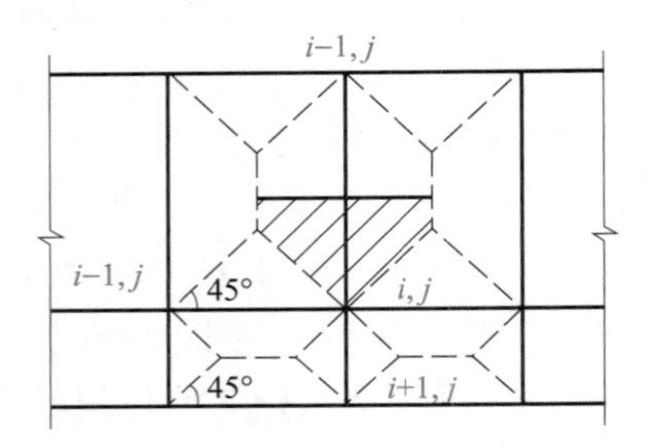

图 3-40 底板局部面积示意图(横向)

箱形基础的顶、底板除了满足正截面的抗弯要求外，还需要满足抗剪及抗冲切要求。箱基的外墙，在竖向荷载、土压力及水压力(地下水位于箱基底板以上时)的共同作用下，属于偏心受压构件，根据墙边界支撑条件的不同，先算出横向力作用下的弯矩值，与作用在墙上的竖向荷载叠加后，按混凝土偏压构件计算。

3-6 小结
Summary

(1) 当上部荷载较大时，为满足承载力要求或为加强基础的整体刚度，将几个基础设计成一个共同受力的整体，即**连续基础**。常用的连续基础有柱下条形基础、筏形基础和箱形基础。这类基础通过与上部结构之间的协调变形，可将上部结构的荷载均衡地传给地基，可有效地调整或减小荷载差异和地基压缩层土体不均匀所造成的建筑物不均匀沉降，减小上部结构的次应力。与柱下独立基础相比，具有优良的结构特征、较大的承载能力，适合作为各种地质条件复杂、建设规模大、层数多、结构复杂的建筑物基础。

(2) **地基、基础及上部结构**是一个共同受力的整体，共同承受外荷载，其内力的分布与各自的刚度有关。内力分析时，不仅要考虑静力平衡条件，而且还要考虑变形协调条件。由于上部结构的复杂性，其结构的整体刚度尚难以确定。为简单起见，一般可忽略上部结构刚度的影响，仅考虑基础刚度对基底反力的贡献，即仅考虑基础与地基的相互作用；当基础为柱下条形基础时，可将其视为弹性地基上的梁，采用弹性理论进行求解；当为梁板式基础时，可按弹性理论的小挠度板进行分析。

(3) 任何计算方法都是对实际结构进行适当的简化，仅考虑主要因素，忽略次要因素，抽象成一定的模型进行的。由于实际问题的复杂性，特别是地基土体的不确定性，无论哪种模型都无法确切地模拟基础结构的实际受力情况，理论分析的结果与实测资料对比往往存在不同程度的差异。因此，基础设计时，应采用计算、构造并重的原则，切忌只重计算、忽视构造的作法。从某种意义上讲，构造比计算更重要，更不容忽视。

(4) 工程应用时，无论哪种连续基础，在满足相应构造要求的前提下，均可按简化方法进行计算。倒梁法、倒楼盖法及按弹性地基上的梁板进行分析得到的内力值，均应根据基础实际的受力情况进行适当的调整，均应按相应结构设计规范的规定进行抗弯、抗剪、抗冲切等承载力的计算及配筋，同时还应考虑自身的特点进行构造配筋，并照顾到施工的方便与可能。

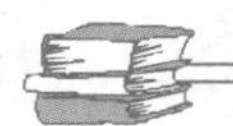

思考题与习题 Questions and Exercises

3-1 柱下条形基础的适用范围是什么？

3-2 文克勒地基上梁的挠曲线微分方程是怎样建立的？

3-3 集中荷载及集中力偶作用下，弹性地基梁的挠曲变形有何特征，受哪些因素影响？

3-4 何谓有限长梁的边界条件力，为什么要施加该力系？

3-5 静定分析法与倒梁法分析柱下条形基础纵向内力有何差异，各适用什么条件？

3-6 柱下十字交叉梁基础节点荷载怎样分配，为什么要进行调整？

3-7 何谓筏形基础，适用于什么范围？计算上与前述的柱下独立基础、柱下条形基础有何不同？

3-8 什么是箱形基础，适用于什么条件？与前述的独立基础、条形基础相比有何特点？

3-9 筏形基础、箱形基础有哪些构造要求？如何进行内力及结构计算？

3-10 一柱下条形基础，所受外荷载大小（标准值）及位置如图 3-41 示，地基为均质黏性土，地基承载力特征值 $f_{ak}=160$ kPa，土的重度 $\gamma=19$ kN/m^3，基础埋深为 2 m。试确定基础底面尺寸、翼缘的高度及配筋；并用倒梁法计算基础的纵向内力。（材料、图中的 l_1、l_2 及截面尺寸自定。）

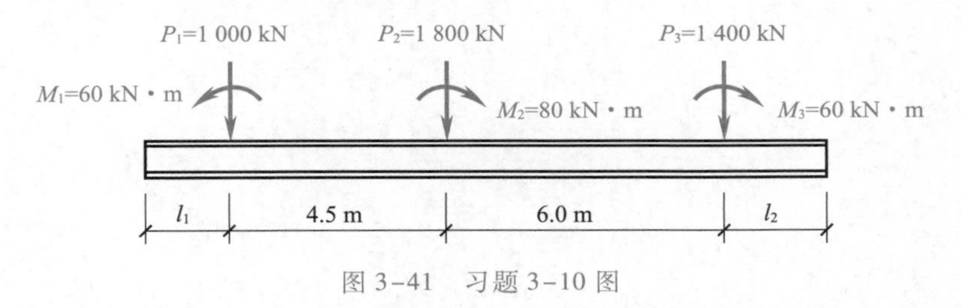

图 3-41 习题 3-10 图

3-11 试作出文克勒地基上有限长梁纵向内力分析的计算机流程图，并编制计算程序。

3-12 用文克勒地基上梁的计算方法计算习题 3-10 中 P_2 点的竖向位移、梁的弯矩及剪力。（EI 取习题 3-10 中所确定的数值计算，基床系数 $k=5.0$ MN/m^3。）

3-13 十字交叉梁基础，某中柱节点承受荷载 $P=2\ 000$ kN，一个方向基础宽度 $b_x=1.5$ m，抗弯刚度 $EI_x=750$ MPa · m^4，另一个方向基础宽度 $b_y=1.2$ m，抗弯刚度 $EI_y=500$ MPa · m^4，基床系数 $k=4.5$ MN/m^3，试计算两个方向分别承受的荷载 P_x、P_y。

3-14 均质黏土地基，其孔隙比 $e=0.89$，土的重度 $\gamma=19$ kN/m^3，在如图 3-42 所示的框架结构中拟修建柱下筏形基础，按正常使用极限状态下的荷载效应标准组合时，传至各柱室内地面（±0.000）标高的荷载如图，室外算起的基础埋深 $d=1.50$ m，室外标高 -0.300 m，地基土承载力特征值 $f_{ak}=106$ kPa。试设计该基础。（注：图中柱荷载单位为 kN，柱采用 C50 现浇混凝土，截面尺寸为 600 mm×600 mm，柱外边缘悬挑跨度自定。）

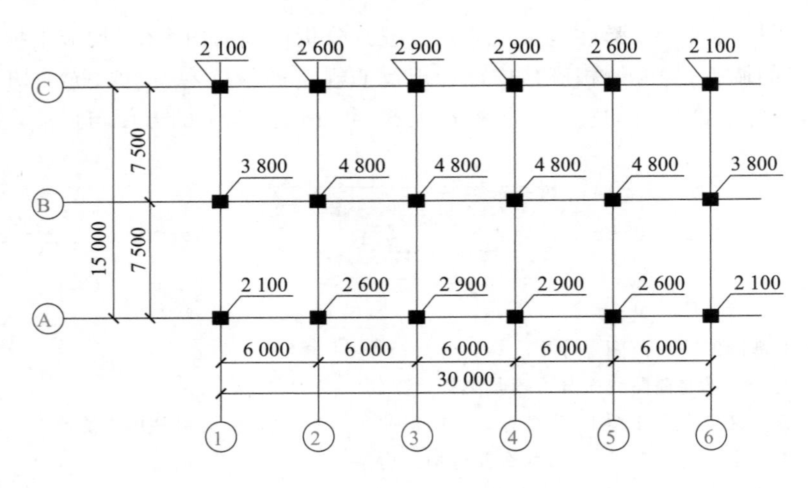
2 100
2 600
2 900
2 900
2 600
2 100
3 800
4 800
4 800
4 800
4 800
3 800
2 100
2 600
2 900
2 900
2 600
2 100
C
B
A
7 500
7 500
15 000
6 000
6 000
6 000
6 000
6 000
30 000
1
2
3
4
5
6

图 3-42 习题 3-14 图

第4章
Chapter 4
桩基础
Pile Foundation

本章学习目标：

熟练掌握竖向荷载下单桩的工作性能及荷载传递的特点和规律。

熟悉确定单桩竖向承载力的各类方法，熟练掌握按经验公式法确定单桩竖向抗压和抗拔承载力的计算。掌握负摩擦力的概念及其计算方法。

4-1
教学课件

掌握单桩在水平力作用下的工作特点及单桩水平承载力的确定方法。

熟悉群桩基础的工作特点，熟练掌握群桩基础的设计方法和计算步骤。了解群桩基础的沉降计算方法。

掌握桩的设计原则，了解桩的分类及各类桩的施工工艺。

4-1 概述
Introduction

4-1-1 桩基础及其应用
Pile Foundation and Its Application

天然地基上浅基础一般造价低廉，施工简便，所以在工程建设中应优先考虑采用。当基础沉降量过大或地基的稳定性不能满足设计要求时，就有必要采取一定的措施，如进行地基加固处理或改变上部结构，或选择合适的基础类型等。当地基的上覆软土层很厚，即使采用一般地基处理仍不能满足设计要求或耗费巨大时，往往采用桩基础将建筑物的荷载传递到深处合适的坚硬土层上，以保证建筑物对地基稳定性和沉降量的要求。

桩基础又称桩基，它是一种常用而古老的深基础形式。在我国很早就已成功地使用了桩基，如北京的御河桥、西安的灞桥、南京的古城墙和上海的龙华塔等都是我国古代桩基的典范。到了近代，特别是欧洲 19 世纪中叶开始的大规模桥梁、铁路和公路建设，推动了桩基础理论和施工方法的发展。由于桩基础具有承载力高、稳定性好、沉降稳定快和沉降变形小、抗震能力强，以及能适应各种复杂地质条件等特点，在工程中得到了广泛应用。桩基础除主要用来承受竖向抗压荷载外，还在桥梁工程、港口工程、近海采油平台、高耸和高层建筑物、支挡结构、抗震工程结构及特殊土地基如冻土、膨胀土中用于承受侧向土压力、波浪力、风力、地震力、车辆制动力、冻胀力、膨胀力等水平荷载和竖向抗拔荷载。近年来,随着生产水平的提高和科学技术的发展,桩的种类和形式、施工机具、施工工艺及桩基设计理论和设计方法等,都在高速发展。目前我国桩基最大入土深度已达 107 m,桩径已超过 5 m。

4-1-2　桩和桩基的分类
Classification of Pile

当确定采用桩基础后,合理地选择桩的类型是桩基设计中很重要的环节。分类的目的是掌握其不同的特点,以供设计桩基时根据现场的具体条件选择适当的桩型。桩可以按不同的方法进行分类,以下主要是 JGJ 94—2008《建筑桩基技术规范》(以下简称《建筑桩基规范》)推荐的分类方法。

1. 桩基的分类

桩基础可以采用单根桩的形式承受和传递上部结构荷载,这种独立基础称单桩基础。但绝大多数桩基础的桩数不止一根而是由 2 根或以上的多根桩组成桩群,由承台将桩群在上部联结成一个整体,建筑物的荷载通过承台分配给各根桩,桩群再把荷载传给地基,这种由 2 根或以上桩组成的桩基础称群桩基础。群桩基础中的单桩称基桩。

桩基础由桩和承台两部分组成(图 4-1)。根据承台与地面的相对位置,一般可分为低承台桩基和高承台桩基。当承台底面位于土中时,称低承台桩基;当承台底面高出土面以上时,称高承台桩基。低承台桩基的承台底面位于地面以下,其受力性能好,具有较强的抵抗水平荷载的能力,在工业与民用建筑中几乎都使用低承台桩基;高承台桩基的承台底面位于地面以上,且常处于水下,水平受力性能差,但可避免水下施工及节省基础材料,多用于桥梁、港口码头及海洋工程中。

2. 桩的分类

桩基中的桩可以是竖直或倾斜的,工业与民用建筑大多以承受竖向荷载为主而多用竖直桩。根据桩的承载性状、施工方法、设置效应及桩身材料等又可把桩划分为各种类型。

(1) 按承载性状分类

桩的承载方式与浅基础的承载方式不一样。浅基础是把上部荷载在水平方向扩散到地基中去;而桩除去以桩端阻力(也称端阻)的方式对上部荷载在水平方向进行扩散外,还在竖向以桩侧摩阻力(也称侧阻力、侧阻)的方式对上部荷载进行扩散。

桩在竖向荷载作用下,桩顶荷载由桩侧阻力和桩端阻力共同承受。但由于桩的尺寸、施工方法、桩侧和桩端地基土的物理力学性质等因素的不同,桩侧和桩端所分担荷载的比例是不同的,根据此分担荷载的比例而把桩分为摩擦型桩和端承型桩(图 4-2)。

① 摩擦型桩

在竖向极限荷载作用下,如果桩顶荷载全部或主要由桩侧阻力承担,这种桩称摩擦型桩。根据桩侧阻力分担荷载的比例,摩擦型桩又分为摩擦桩和端承摩擦桩两类。

摩擦桩:桩顶极限荷载绝大部分由桩侧阻力承担,桩端阻力可忽略不计。以下桩可按摩擦桩考虑:桩长径比很大,桩顶荷载通过桩身压缩产生的桩侧阻力传递给桩周土,桩端土层分担荷载很小;桩端下无较坚实的持力层;桩底残留虚土或沉渣的灌注桩;桩端出现脱空的打入桩等。

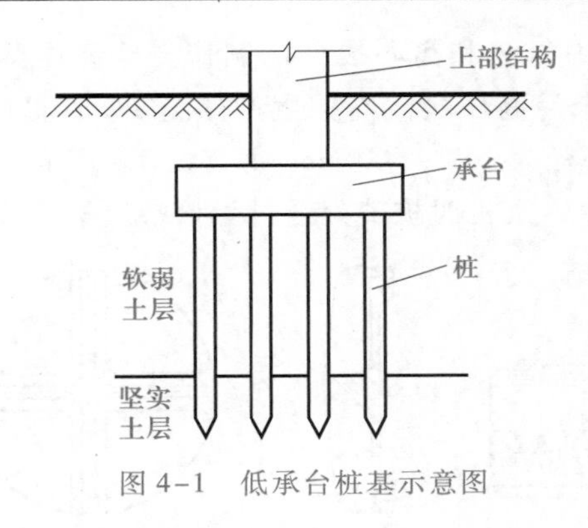

图 4-1 低承台桩基示意图

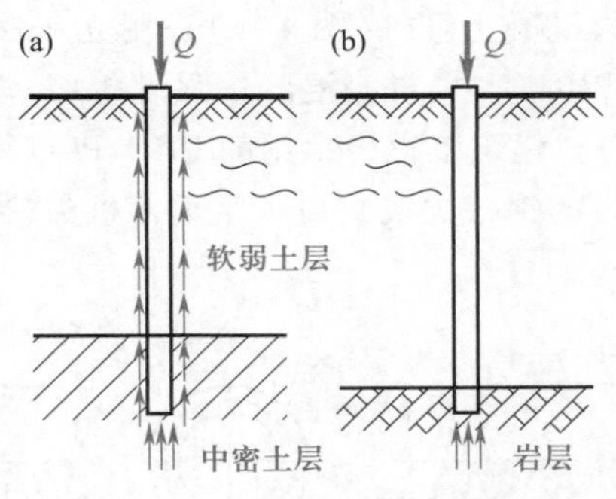

图 4-2 摩擦型桩和端承型桩
(a) 摩擦型桩;(b) 端承型桩

端承摩擦桩:桩顶极限荷载由桩侧阻力和桩端阻力共同承担,但桩侧阻力分担荷载较大。这类桩的长径比不很大,桩端持力层为较坚实的黏性土、粉土和砂类土时,除桩侧阻力外,还有一定的桩端阻力。这类桩所占比例很大。

② 端承型桩

在竖向极限荷载作用下,如果桩顶荷载全部或主要由桩端阻力承担,这种桩称端承型桩。根据桩端阻力分担荷载的比例,又可分为端承桩和摩擦端承桩两类。

端承桩:桩顶极限荷载绝大部分由桩端阻力承担,桩侧阻力可忽略不计。桩的长径比较小,桩端设置在密实砂类、碎石类土层中或位于中、微风化及新鲜基岩层中的桩可认为是端承桩。

摩擦端承桩:桩顶极限荷载由桩侧阻力和桩端阻力共同承担,但桩端阻力分担荷载较大。桩的侧阻力虽属次要,但不可忽略。这类桩的桩端通常进入中密以上的砂层、碎石类土层中或位于中、微风化及新鲜基岩顶面。

此外,当桩端嵌入岩层一定深度(要求桩的周边嵌入微风化或中等风化岩体的最小深度不小于 0.5 m)时,称为嵌岩桩。对于嵌岩桩,桩侧与桩端荷载分担比例与孔底沉渣及进入基岩深度有关,桩的长径比不是制约荷载分担的唯一因素。

(2) 按施工方法分类

根据桩的施工方法不同,主要可分为预制桩和灌注桩两大类。

① 预制桩

预制桩桩体可以在施工现场预制,也可以在工厂制作,然后运至施工现场。预制桩可以是木桩,也可以是钢桩或预制钢筋混凝土桩等。预制桩可以经锤击、震动、静压或旋入等方式将桩设置就位。

混凝土预制桩:混凝土预制桩的横截面有方、圆等多种形状。一般普通实心方桩的截面边长为 300~500 mm,桩长在 25~30 m 以内,工厂预制时分节长度≤12 m,沉桩时在现场连接到所需桩长。分节接头应保证质量以满足桩身承受轴力、弯矩和剪力的要求,通常可用钢板、角钢焊接,并涂以沥青以防腐蚀,也可采用钢板垂直插头加水平销连接,施工快捷,不影响桩的强度和承载力。

大截面实心桩自重大,用钢量大,其配筋主要受起吊、运输、吊立和沉桩等各阶段的应力控制。采用预应力混凝土桩,则可减轻自重、节约钢材、提高桩的承载力和抗裂性。

预应力混凝土管桩(图4-3)采用先张法预应力工艺和离心成型法制作。经高压蒸汽养护生产的为PHC管桩,桩身混凝土强度等级≥C80;未经高压蒸汽养护生产的为PC管桩(强度为C60～C80)。建筑工程中常用的PHC、PC管桩的外径为300～600 mm,每节长5～13 m。桩的下端设置开口的钢桩尖或封口十字刃钢桩尖(图4-4)。沉桩时桩节处通过焊接端头板接长。

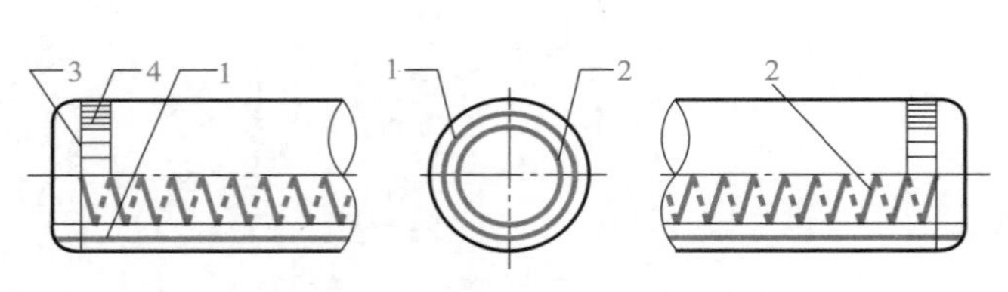

1—预应力钢筋;2—螺旋箍筋;3—端头板;4—钢套箍。

图4-3　预应力混凝土管桩

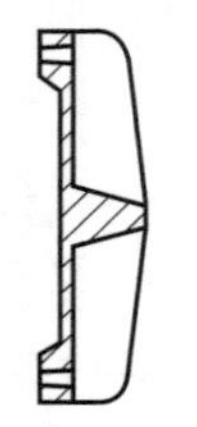
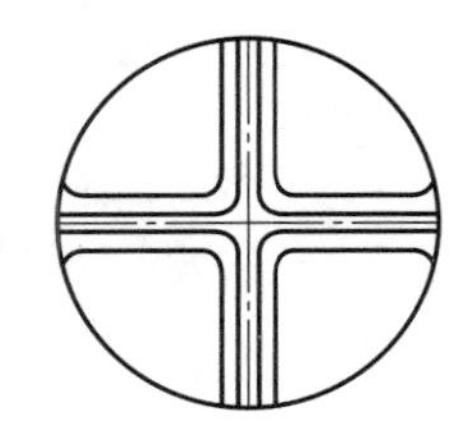

图4-4　预应力混凝土管桩的封口十字刃钢桩尖

预制桩的截面形状、尺寸和桩长可在一定范围内选择,桩尖可达坚硬黏性土或强风化基岩,具有承载能力高、耐久性好、质量较易保证等优点。但其自重大,需大能量的打桩设备,并且由于桩端持力层起伏不平而导致桩长不一,施工中往往需要接长或截短,工艺比较复杂。

钢桩:常用的钢桩有下端开口或闭口的钢管桩和H型钢桩等。一般钢管桩的直径为250～1 200 mm。钢桩的穿透能力强,自重小,锤击沉桩效果好,承载能力高,无论起吊、运输或是沉桩、接桩都很方便。其缺点是耗钢量大,成本高,易锈蚀,我国只在少数重点工程中使用,如上海宝钢工程就采用了直径914.4 mm,壁厚16 mm,长61 m等几种规格的钢管桩。

木桩:常用松木、杉木或橡木做成,一般桩径为160～260 mm,桩长4～6 m,桩顶锯平并加铁箍,桩尖削成棱锥形。木桩制作和运输方便、打桩设备简单,在我国使用历史悠久,目前已很少使用,只在某些加固工程或能就地取材的临时工程中采用。木桩在淡水中耐久性好,但在海水及干湿交替的环境中极易腐烂,因此一般应打入地下水位以下不少于0.5 m。

预制桩沉桩深度一般应根据地质资料及结构设计要求估算。施工时以最后贯入度和桩尖设计标高两方面控制。最后贯入度系指沉至某标高时,每次锤击的沉入量,通常以最后每阵的平均贯入量表示。锤击法常以10次锤击为一阵,振动沉桩以1 min为一阵。最后贯入度则根据计算或地区经验确定,一般可取最后两阵的平均贯入度为10～50 mm/阵。

② 灌注桩

4-2 沉管灌注桩复打施工模拟

灌注桩是直接在所设计桩位处成孔,然后在孔内下放钢筋笼(也有直接插筋或省去钢筋的)再浇灌混凝土而成。其横截面呈圆形,可以做成大直径和扩底桩。保证灌注桩承载力的关键在于桩身的成型及混凝土质量。灌注桩通常可分为沉管灌注桩、钻(冲)孔灌注桩和挖孔桩。

沉管灌注桩:利用锤击或振动等方法沉管成孔,然后浇灌混凝土,拔出套管,其施工程序如图4-5所示。一般可分为单打、复打(浇灌混凝土并拔管后,立即在原位再次沉管及浇灌混凝土)和反插法(灌满混凝土后,先振动再拔管,一般拔0.5～1.0 m,再反插0.3～0.5 m)三种。复打后的桩横截面面积增大,承载力提高,但其造价也相应提高。

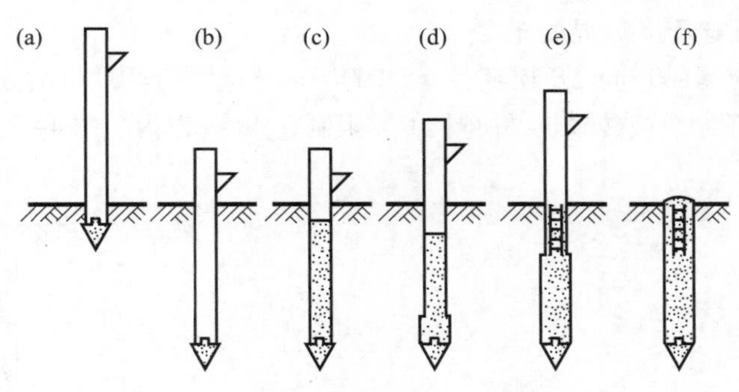

图 4-5　沉管灌注桩的施工程序示意

(a) 打桩机就位;(b) 沉管;(c) 浇灌混凝土;(d) 边拔管,边振动;(e) 安放钢筋笼,继续浇灌混凝土;(f) 成型

锤击沉管灌注桩的常用桩径(预制桩尖的直径)为 300~500 mm,桩长常在 20 m 以内,可打至硬塑黏土层或中、粗砂层。其优点是设备简单、打桩进度快、成本低。但在软、硬土层交界处或软弱土层处易发生缩颈(桩身截面局部缩小)现象,此时通常可放慢拔管速度,灌注管内混凝土的充盈系数(混凝土实际用量与计算的桩身体积之比)一般应达 1.10~1.20。此外,也可能由于邻桩挤压或其他振动作用等各种原因使土体上隆,引起桩身受拉而出现断桩现象;或出现局部夹土、混凝土离析及强度不足等质量事故。

4-3
锤击沉管灌注桩施工模拟

振动沉管灌注桩的钢管底端带有活瓣桩尖(沉管时桩尖闭合,拔管时活瓣张开以便浇灌混凝土),或套上预制混凝土桩尖。桩横截面直径一般为 400~500 mm,常用振动锤的振动力为70 kN、100 kN和 160 kN。在黏性土中,其沉管穿透能力比锤击沉管灌注桩稍差,承载力也比锤击沉管灌注桩要低。

4-4
长螺旋钻孔灌注桩施工模拟

内击式沉管灌注桩(亦称弗兰基桩,Franki Pile)的优点是混凝土密实且与土层紧密接触,同时桩头扩大,承载力较高,效果较好,但穿越厚砂层能力较低,打入深度难以掌握。施工时,先在竖起的钢套筒内放进约 1 m 高的混凝土或碎石,用吊锤在套筒内锤打,形成"塞头"。以后锤打时,塞头带动套筒下沉。至设计标高后,吊住套筒,浇灌混凝土并继续锤击,使塞头脱出筒口,形成扩大的桩端,其直径可达桩身直径的 2~3 倍,当桩端不再扩大而使套筒上升时,开始浇灌桩身混凝土(若需配筋时先吊放钢筋笼),同时边拔套筒边锤击,直至达到所需高度为止。

4-5
反循环钻孔灌注桩施工模拟

钻(冲)孔灌注桩:钻(冲)孔灌注桩用钻机钻土成孔,然后清除孔底残渣,安放钢筋笼,浇灌混凝土。有的钻机成孔后,可撑开钻头的扩孔刀刃使之旋转切土扩大桩孔,浇灌混凝土后在底端形成扩大桩端,但扩底直径不宜大于 3 倍桩身直径。根据不同土质,可采用不同的钻、挖工具,常用的有螺旋钻机、冲击钻机、冲抓钻机等。

目前国内钻(冲)孔灌注桩多用泥浆护壁,泥浆应选用膨胀土或高塑性黏土在现场加水搅拌制成,一般要求其相对密度为 1.1~1.15,黏度为 10~25 s,含砂率<6%,胶体率>95%。施工时泥浆水面应高出地下水面 1 m 以上,清孔后在水下浇灌混凝土,其施工程序如图 4-6 所示。常用桩径为800 mm,1 000 mm,1 200 mm 等。其最大优点是入土深,能进入岩层,刚度大,承载力高,桩身变形小,并可方便地进行水下施工。

4-6
正循环钻孔灌注桩施工模拟

挖孔桩:挖孔桩可采用人工或机械挖掘成孔,逐段边开挖边支护,达所需深度后

再进行扩孔、安装钢筋笼及浇灌混凝土。

挖孔桩一般内径应≥800 mm，开挖直径≥1 000 mm，护壁厚≥100 mm，分节支护，每节高 500～1 000 mm，可用混凝土预制块或砖砌筑，桩身长度宜限制在 40 m 以内。图 4-7 为某人工挖孔桩示例。

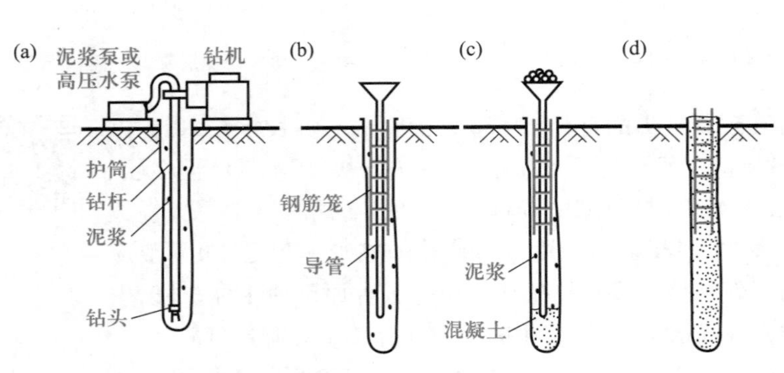

图 4-6　钻孔灌注桩施工程序

(a) 成孔；(b) 下导管和钢筋笼；(c) 浇灌水下混凝土；(d) 成桩

图 4-7　人工挖孔桩示例

4-7
爆破成孔
灌注桩施工
模拟

在挖孔桩施工时可直接观察地层情况，孔底易清除干净，设备简单，噪声小，场区内各桩可同时施工，且桩径大、适应性强，比较经济。但由于挖孔时可能存在塌方、缺氧、有害气体、触电等危险，易造成安全事故，因此应严格执行有关安全操作的规定。此外难以克制流砂现象。

表 4-1 给出了我国常用灌注桩的桩径、桩长及适用范围的参考值。另外，对各类灌注桩，都可以在孔底预先放置适量的炸药，在灌注混凝土后引爆，使桩底扩大呈球形，以增加桩底支承面积而提高桩的承载力，这种爆炸扩底的桩称爆扩桩（图 4-8）。

表 4-1　常用灌注桩的桩径、桩长及适用范围

成孔方法		桩径/mm	桩长/m	适用范围
泥浆护壁成孔	冲　抓	≥800	≤30	碎石土、砂类土、粉土、黏性土及风化岩。当进入中等风化和微风化岩层时，冲击成孔的速度比回转钻快
	冲　击		≤50	
	回转钻		≤80	
	潜水钻	500～800	≤50	黏性土、淤泥、淤泥质土及砂类土
干作业成孔	螺旋钻	300～800	≤30	地下水位以上的黏性土、粉土、砂类土及人工填土
	钻孔扩底	300～600	≤30	地下水位以上坚硬、硬塑的黏性土及中密以上砂类土
	机动洛阳铲	300～500	≤20	地下水位以上的黏性土、粉土、黄土及人工填土
沉管成孔	锤　击	340～800	≤30	硬塑黏性土、粉土及砂类土，直径≥600 mm 的可达强风化岩
	振　动	400～500	≤24	可塑黏性土、中细砂
爆扩成孔		≤350	≤12	地下水位以上的黏性土、黄土、碎石土及风化岩
人工挖孔		≥100	≤40	黏性土、粉土、黄土及人工填土

(3) 按桩的设置效应分类

随着桩的设置方法(打入或钻孔成桩等)不同,桩周土所受的排挤作用也很不同。排挤作用将使土的天然结构、应力状态和性质发生很大变化,从而影响桩的承载力和变形性质。这些影响统称为桩的设置效应。桩按设置效应可分为下列三类。

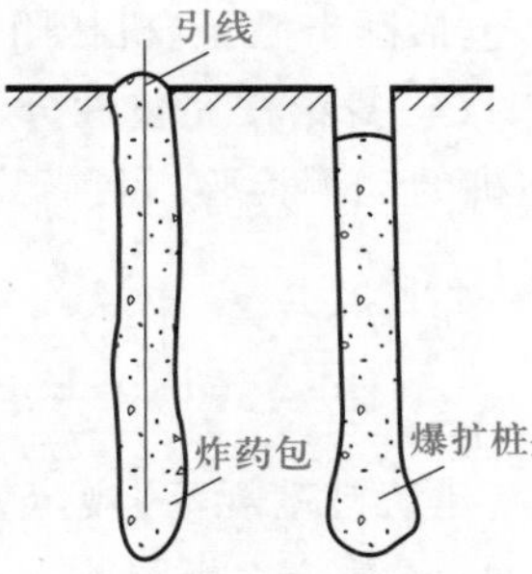

① 非挤土桩

钻(冲或挖)孔灌注桩、机挖井形灌注桩及机动洛阳铲成孔灌注桩等。因设置过程中清除孔中土体,桩周土不受排挤作用,并可能向桩孔内移动,使土的抗剪强度降低,桩侧摩阻力有所减小。

引线

炸药包

爆扩桩头

图 4-8 爆扩桩

② 部分挤土桩

冲击成孔灌注桩、预钻孔打入式预制桩、H 型钢桩、开口钢管桩和开口预应力混凝土管桩等。在桩的设置过程中对桩周土体稍有排挤作用,但土的强度和变形性质变化不大,一般可用原状土测得的强度指标来估算桩的承载力和沉降量。

③ 挤土桩

实心的预制桩、下端封闭的管桩、木桩及沉管灌注桩等在锤击和振动贯入过程中都要将桩位处的土体大量排挤开,使土的结构严重扰动破坏,对土的强度及变形性质影响较大。因此必须采用原状土扰动后再恢复的强度指标来估算桩的承载力及沉降量。

此外,按桩身材料的不同亦可把桩分为混凝土桩、钢桩、木桩及组合材料桩等。也可按桩径大小分为小桩($d \leqslant 250$ mm)、普通桩(250 mm$<d<$800 mm)和大直径桩($d \geqslant 800$ mm)三种。

4-1-3 桩的质量检验

Quality Inspection of Pile

桩基础属于地下隐蔽工程,尤其是灌注桩,很容易出现缩颈、夹泥、断桩或沉渣过厚等多种形态的质量缺陷,影响桩身结构完整性和单桩承载力,因此必须进行施工监督、现场记录和质量检测,以保证质量,减少隐患。对于柱下单桩或大直径灌注桩工程,保证桩身质量就更为重要。目前已有多种桩身结构完整性的检测技术,下列几种较为常用。

4-8 缩颈桩形成模拟

1. 开挖检查

只限于对所暴露的桩身进行观察检查。

2. 抽芯法

抽芯法可检测混凝土桩的桩长、桩身强度、桩底沉渣厚度和持力层岩土性状,可判断桩身完整性类别。在灌注桩桩身内钻孔(直径 100 ~ 150 mm),取混凝土芯样进行观察和单轴抗压试验,了解混凝土有无离析、空洞、桩底沉渣和夹泥等桩身缺陷现象。有条件时也可采用钻孔电视直接观察孔壁孔底质量。

3. 声波透射法

声波透射法可检测桩身缺陷程度及位置,判定桩身完整性类别。预先在桩中埋入 3 ~ 4 根金属管,利用超声波在不同强度(或不同弹性模量)的混凝土中传播速度的变化来检测桩身质量。试验时在其中一根管内放入发射器,而在其他管中放入接收器,通过测读并记录不同深度处声波的传递时间来分析判断桩身质量。

4. 动测法

包括锤击激振、机械阻抗、水电效应、共振等小应变动测，PDA(打桩分析仪)等大应变动测及PIT(桩身结构完整性分析仪)等。对于等截面、质地较均匀的预制桩测试效果较可靠；而对于灌注桩的动测检验，目前已有相当多的实践经验，具有一定的可靠性。

4-1-4 桩基设计原则
Design Principles of Pile Foundation

《建筑桩基规范》规定，建筑桩基础应按下列两类极限状态设计：

① 承载能力极限状态：桩基达到最大承载能力、整体失稳或发生不适于继续承载的变形。

② 正常使用极限状态：桩基达到建筑物正常使用所规定的变形限值或耐久性要求的某项限值。

根据建筑规模、功能特征、对差异变形的适用性、场地地基和建筑物体型的复杂性以及由于桩基问题可能造成建筑物破坏或影响正常使用的程度，将桩基设计分为三个安全等级(表4-2)，并要求进行如下计算和验算。

表4-2 建筑桩基安全等级

设计等级	建筑物类型
甲级	(1) 重要的建筑 (2) 30层以上或高度超过100 m的高层建筑 (3) 体型复杂且层数相差超过10层的高低层(含纯地下室)连体建筑 (4) 20层以上框架-核心筒结构及其他对差异沉降有特殊要求的建筑 (5) 场地和地基条件复杂的7层以上的一般建筑及坡地、岸边建筑 (6) 对相邻既有工程影响较大的建筑
乙级	除甲级、丙级以外的建筑
丙级	场地和地基条件简单、荷载分布均匀的7层及7层以下的一般建筑

(1) 所有桩基均应根据具体条件分别进行承载能力计算和稳定性验算，内容包括：

① 根据桩基使用功能和受力特征分别进行竖向和水平向承载力计算；

② 计算桩身和承台结构的承载力(当桩侧土不排水抗剪强度小于10 kPa且桩长径比大于50时应进行桩身压屈验算；对混凝土预制桩应按吊装、运输和锤击作用进行桩身承载力验算；对钢管桩应进行局部压屈验算)；

③ 桩端平面以下存在软弱下卧层时应进行软弱下卧层承载力验算；

④ 坡地、岸边桩基应进行整体稳定性验算；

⑤ 抗浮、抗拔桩基应进行基桩和群桩的抗拔承载力计算；

⑥ 抗震设防区的桩基应进行抗震承载力验算。

(2) 以下桩基尚应进行变形验算：

① 设计等级为甲级的非嵌岩桩和非深厚坚硬持力层的建筑桩基，设计等级为乙级的体型复杂、荷载分布显著不均或桩端平面以下存在软弱土层的建筑桩基，以及软土地基上多层建筑减沉

复合疏桩基础应进行沉降计算；

② 承受较大水平荷载或对水平变位有严格限制的建筑桩基应计算其水平位移。

(3) 对不允许出现裂缝或需限制裂缝宽度的混凝土桩身和承台还应进行抗裂或裂缝宽度验算。

(4) 桩基设计时所采用的作用效应组合与相应的抗力应符合下列规定：

① 确定桩数和布桩时，应采用传至承载底面的荷载效应标准组合，相应的抗力采用基桩或复合基桩承载力特征值。

② 计算风荷载作用下的桩基沉降和水平位移时，应采用荷载效应准永久组合；计算水平地震作用、风载作用下的桩基水平位移时，应采用水平地震作用、风荷载效应标准组合。

③ 验算坡地、岸边建筑桩基的整体稳定性时，应采用荷载效应标准组合；抗震设防区应采用地震作用效应和荷载效应的标准组合。

④ 计算桩基结构承载力、确定尺寸和配筋时，应采用传至承台顶面的荷载效应基本组合；当进行承台和桩身裂缝控制验算时，应分别采用荷载效应的标准组合和准永久组合。

⑤ 桩基结构安全等级、设计使用年限和结构重要性系数 γ_0 应按现行有关建筑结构规范的规定采用；对桩基结构进行抗震验算时其承载力调整系数 γ_{RE} 应按《抗震规范》的规定采用。

对软土、湿陷性黄土、季节性冻土和膨胀土、岩溶地区及坡地岸边上的桩基，抗震设防区桩基和可能出现负摩阻力的桩基，均应根据各自不同的特殊条件，遵循相应的设计原则。

4-2 竖向荷载下单桩的工作性能 Behavior of Single Pile under Vertical Load

单桩工作性能的研究是单桩承载力分析理论的基础。通过桩土相互作用分析，了解桩土间的传力途径和单桩承载力的构成及其发展过程，以及单桩的破坏机理等，对正确评价单桩轴向承载力具有一定的指导意义。

桩顶荷载一般包括轴向力、水平力和力矩。为了简单，在研究桩的受力性能及计算桩的承载力时，往往对竖向受力情形单独进行研究。本节讨论桩在竖向压力荷载作用下的受力性能。而对桩在拉力、水平力和力矩作用下的受力性能及单桩承载力的确定将在 4-3 节和 4-4 节讨论。

4-2-1 桩的荷载传递 Load Transfer along the Pile Shaft

桩在竖向荷载作用下，桩身材料会产生弹性压缩变形，桩和桩侧土之间产生相对位移，因而桩侧土对桩身产生向上的桩侧摩阻力。如果桩侧摩阻力不足以抵抗竖向荷载，一部分竖向荷载会传递到桩底，桩底持力层会产生压缩变形，桩底土也会对桩端产生阻力。通过桩侧摩阻力和桩端阻力，桩将荷载传给土体。

设桩顶竖向荷载为 Q，桩侧总摩阻力为 Q_s，桩端总阻力为 Q_p，取桩为脱离体，由静力平衡条件，得到关系式

$$Q=Q_s+Q_p \tag{4-1}$$

当桩顶荷载加大到极限值时，式(4-1)改写为

$$Q_u = Q_{su} + Q_{pu} \tag{4-2}$$

式中 Q_u——单桩竖向极限荷载；

Q_{su}——单桩总极限侧阻力；

Q_{pu}——单桩总极限端阻力。

如图4-9b所示的桩，竖向荷载 Q 在桩身各截面引起的轴向力 N_z，可以通过桩的静载试验，利用埋设于桩身内的测试元件量测得到，从而可以绘出轴力沿桩身的分布曲线（图4.9e）。该曲线称荷载传递曲线。由于桩侧土的摩阻作用，轴向力 N_z 随深度 z 的增大而减小，其衰减的快慢反映了桩侧土摩阻作用的强弱。桩顶的轴向力 N_0 与桩顶竖向荷载 Q 相平衡，即 $N_0 = Q$；桩端的轴向力 N_l 与总桩端阻力 Q_p 相平衡，故总侧阻力 $Q_s = Q - Q_p$。

荷载传递曲线确定了 z 深度处轴向力 N_z 与 z 的函数关系。有了该曲线，可以由桩的微分方程求得 z 深度截面的轴向位移 δ_z 及桩侧单位面积摩阻力 τ_z。

设桩的长度为 l，横截面积为 A，周长为 u。现从桩身任意深度 z 处取 dz 微分段，根据微分段的竖向力平衡条件（忽略桩身自重），可得

$$N_z - \tau_z u \mathrm{d}z - (N_z + \mathrm{d}N_z) = 0 \tag{4-3}$$

$$\tau_z = -\frac{1}{u} \cdot \frac{\mathrm{d}N_z}{\mathrm{d}z} \tag{4-4}$$

式(4-4)表明，任意深度处单位侧摩擦力 τ_z 的大小与该处轴力 N_z 的变化率成正比。负号表明当 τ_z 方向向上时，桩身轴力 N_z 将随深度的增加而减少。一般称式(4-4)为桩的荷载传递基本微分方程。只要测得桩身轴力 N_z 的分布曲线，即可用此式求桩侧摩阻力的大小与分布（对 N_z 微分一次），见图4-9d。

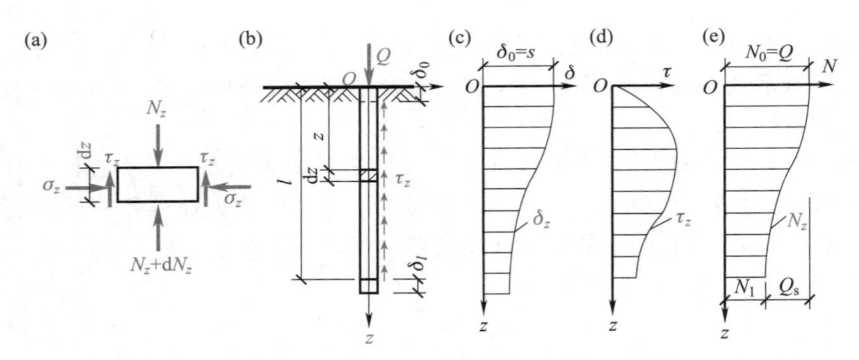

图4-9 单桩轴向荷载传递

(a) 微桩段的受力情况；(b) 轴向受压的单桩；(c) 截面位移；(d) 摩阻力分布；(e) 轴力分布

当顶部作用有轴向荷载 Q 时，其桩顶截面位移 δ_0（亦即桩顶沉降 s）一般由两部分组成，一部分为桩端下沉量 δ_l，另一部分则为桩身材料在轴力 N_z 作用下产生的压缩变形 δ_s，可表示为 $s = \delta_l + \delta_s$。

在进行单桩静载试验时，可同时测出桩顶竖向位移 s，利用上述已测知的轴力分布曲线 N_z，根据材料力学公式，求出任意深度处的桩截面位移 δ_z 和桩端位移 δ_l，即

$$\delta_z = s - \frac{1}{EA}\int_0^z N_z \mathrm{d}z \tag{4-5}$$

$$\delta_l = s - \frac{1}{EA}\int_0^l N_z \mathrm{d}z \tag{4-6}$$

式中 A——桩的横截面面积；

E——桩身材料的弹性模量。

上述从桩的荷载传递曲线分析轴向位移 δ_z 和侧阻力 τ_z，是较为常用的竖向荷载传递分析方法。用不同荷载作用下的传递曲线按上述方法进行分析，可以较为清楚地了解侧阻力和端阻力随荷载增大的发展变化、发挥程度及两种阻力与桩身位移的关系等规律，所得结果对合理地确定桩的承载力和设计桩基础都是很有意义的。

4-2-2 桩的荷载传递的一般规律

General Rules of Load Transfer along the Pile Shaft

桩在竖向荷载 Q 作用下，侧阻与端阻的发挥程度与多种因素有关，并且侧阻与端阻也是相互影响的。虽然式(4-2)表达简单，应该注意的是桩侧阻力与桩端阻力并非同时发挥，更不是同时达到极限。

一般来说，侧阻、端阻的发挥程度与桩土之间的相对位移情况有关，并且桩侧阻力的发挥先于桩端阻力。有些试验资料表明侧阻充分发挥所需要的桩土相对位移趋于定值，认为一般在黏性土中桩土相对位移为 4～6 mm，砂土中为 6～10 mm 时，桩侧阻力充分发挥。也有的学者根据现场试验研究取得的成果，认为土层的埋藏深度对侧阻的发挥有显著的影响，埋藏深度不同，充分发挥侧阻所需要的相对位移不同。另外，侧阻的发挥与桩径、土性及成桩方法等多种因素有关，其性状还需要进一步研究。

桩端阻力的发挥不仅滞后于桩侧阻力，而且其充分发挥所需的桩端位移值比桩侧摩阻力到达极限所需的桩身截面位移值大得多。桩端阻力的发挥程度与桩端土的性质、桩的类型和施工方法等因素有关，其研究成果同侧阻研究成果比起来要少得多。根据小直径桩的试验结果，砂类土的桩底极限位移为$(0.08\sim0.1)d$，一般黏性土为 $0.25d$，硬黏土为 $0.1d$。同时，也有研究结果表明，发挥桩端阻力所需要的位移因桩的类型不同而有较大差别。

许多学者通过室内模型试验和现场原型试验研究发现，桩侧阻力和桩端阻力都存在深度效应。当桩端入土深度 $l \leqslant h_{cp}$时，桩的极限端阻力随深度而增加，但当 $l > h_{cp}$后，极限端阻力基本保持不变，h_{cp}称为端阻临界深度。桩侧摩阻力一般随桩的入土深度增加而线性增大，但当桩入土深度超过一定值后，侧阻力不再随深度增加而增大，该一定深度 h_{cs}称侧阻临界深度。根据砂土中模型试验和现场试验结果，得到侧阻临界深度与端阻临界深度的关系为 $h_{cs}=(0.3\sim1.0)h_{cp}$。关于侧阻和端阻的深度效应问题有待进一步研究。

澳大利亚学者 Poulos 等运用弹性理论来分析桩基，结果表明竖向受压时桩的荷载传递有以下规律：

(1) 轴向压力下的桩的荷载传递与其长径比 l/d 及桩端土与桩侧土的相对刚度 R_{bs} 有关。R_{bs}定义为桩端土与桩侧土的压缩模量或变形模量之比 E_b/E_s。其值越大，说明桩端土抵抗变形的能力越强于桩侧土，反之则越弱。当 $R_{bs}=0$ 时，荷载全部由桩侧阻力承担，属于摩擦桩。在 l/d 一定且为中长桩($l/d\approx25$)的情况下，传递到桩端的荷载即桩端阻力 Q_p 随 R_{bs}的增大而上升，但当 R_{bs}大到一定程度后，Q_p 几乎不再随 R_{bs}变化。

（2）桩端阻力 Q_p 和桩与桩侧土的相对刚度 R_{ps} 有关。R_{ps} 定义为桩与桩侧土的压缩模量或变形模量之比 E_p/E_s。当 R_{ps} 增大时，桩端阻力 Q_p 也增大；反之，桩端阻力分担的荷载比例降低。对于 $R_{ps}\leqslant 10$ 的中长桩，桩端阻力接近于零。这说明对于碎石桩、灰土桩等低刚度桩组成的基础，应按复合地基原理设计。

（3）对扩底桩，增大扩底直径与桩身直径之比 D/d，桩端分担的荷载可以提高。在均质土中，当 $l/d\approx 25$ 时，桩端分担的百分比（即 Q_p/Q）对等直径桩仅约 5%，对 $D/d=3$ 的扩底桩可增至 35% 左右。

（4）Q_p 随长径比 l/d 增大而减小，桩身下部侧阻的发挥也相应降低。当桩长较大时，桩端土的性质对荷载传递的影响较小，荷载主要由桩侧的摩阻力分担。当桩很长时，则不论桩端土刚度多大，端阻均可忽略不计，荷载全部由桩侧阻力分担。因此，很长的桩实际上总是摩擦桩，此种情况下，用扩大桩端直径来提高承载力是徒劳的。

上述理论分析结果表明，为了有效地发挥桩的承载性能和取得良好的经济效益，设计时应根据土层的分布性质并注意桩的荷载传递特性，合理确定桩长、桩径和桩端持力层。

4-2-3 单桩的破坏模式 Failure Mode of Single Pile

单桩在轴向荷载作用下，其破坏模式主要取决于桩周土的抗剪强度、桩端支承情况、桩的尺寸及桩的类型等条件。图 4-10 给出了轴向荷载作用下可能的单桩破坏模式简图。

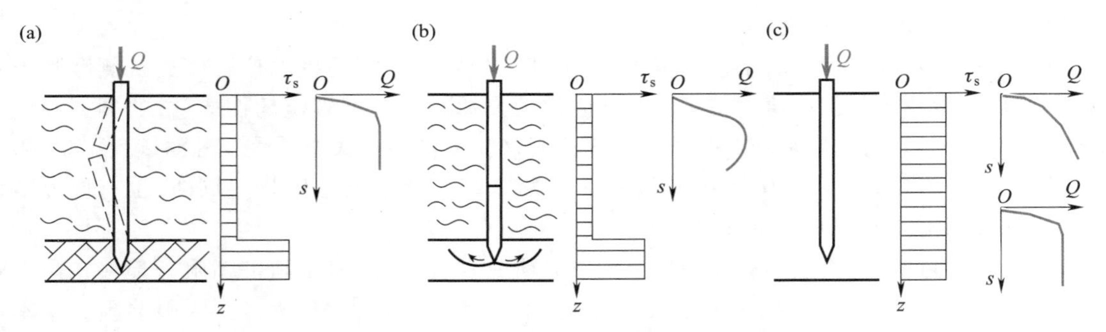

图 4-10 轴向荷载作用下单桩的破坏模式

1. 压屈破坏

当桩底支承在坚硬的土层或岩层上，桩周土层极为软弱，桩身无约束或侧向抵抗力时，桩在轴向荷载作用下，如同一细长压杆出现纵向压屈破坏，荷载-沉降（$Q-s$）关系曲线为“急剧破坏”的陡降型，其沉降量很小，具有明确的破坏荷载（图 4-10a）。桩的承载力取决于桩身的材料强度。穿越深厚淤泥质土层中的小直径端承桩或嵌岩桩、细长的木桩等多属于此种破坏。

2. 整体剪切破坏

当具有足够强度的桩穿过抗剪强度较低的土层，达到抗剪强度较高的土层，且桩的长度不大时，桩在轴向荷载作用下，由于桩底上部土层不能阻止滑动土楔的形成，桩底土体形成滑动面而出现整体剪切破坏。因为桩端较高强度的土层将出现大的沉降，桩侧摩阻力难以充分发挥，主要荷载由桩端阻力承受,$Q-s$ 曲线也为陡降型,呈现明确的破坏荷载(图 4-10b)。桩的承载力主要取决于桩端土的支承力。一般打入式短桩、钻扩短桩等的破坏均属于此种破坏。

3. 刺入破坏

当桩的入土深度较大或桩周土层抗剪强度较均匀时,桩在轴向荷载作用下将出现刺入破坏,如图 4-10c 所示。此时桩顶荷载主要由桩侧摩阻力承担,桩端阻力极微,桩的沉降量较大。一般当桩周土质较软弱时,$Q-s$ 曲线为“渐进破坏”的缓变型(图 4-10c),无明显拐点,极限荷载难以判断,桩的承载力主要由上部结构所能承受的极限沉降 s_u 确定;当桩周土的抗剪强度较高时,$Q-s$ 曲线可能为陡降型,有明显拐点,桩的承载力主要取决于桩周土的强度。一般情况下的钻孔灌注桩多属于此种情况。

4-2-4 桩侧负摩擦力

Negative Skin Friction of the Pile

1. 负摩擦力概念

前面讨论的是在正常情况下桩和周围土体之间的荷载传递情况,即在桩顶荷载作用下,桩侧土相对于桩产生向上的位移,因而土对桩侧产生向上的摩擦力①,构成了桩承载力的一部分,称之为正摩擦力。

但有时会发生相反的情况,即桩周围的土体由于某些原因发生下沉,且变形量大于相应深度处桩的下沉量,即桩侧土相对于桩产生向下的位移,土体对桩产生向下的摩擦力,这种摩擦力称为负摩擦力。通常,在下列情况下应考虑桩侧负摩擦力作用:

(1) 在软土地区,大范围地下水位下降,使土中有效应力增加,导致桩侧土层沉降;

(2) 桩侧有大面积地面堆载使桩侧土层压缩;

(3) 桩侧有较厚的欠固结土或新填土,这些土层在自重下沉降;

(4) 在自重湿陷性黄土地区,由于浸水而引起桩侧土的湿陷;

(5) 在冻土地区,由于温度升高而引起桩侧土的融陷。

必须指出,在桩侧引起负摩擦力的条件是,桩周围的土体下沉必须大于桩的沉降,否则可不考虑负摩擦力的问题。

负摩擦力对桩是一种不利因素。负摩擦力相当于在桩上施加了附加的下拉荷载 Q_n,它的存在降低了桩的承载力,并可导致桩发生过量的沉降。工程中,因负摩擦力引起的不均匀沉降造成建筑物开裂、倾斜或因沉降过大而影响使用的现象屡有发生,不得不花费大量资金进行加固,有的甚至因无法使用而拆除。所以,在可能发生负摩擦力的情况下,设计时应考虑其对桩基承载力和沉降的影响。

2. 负摩擦力分布特性

(1) 中性点。桩身负摩擦力并不一定发生于整个软弱压缩土层中,而是在桩周土相对于桩产生下沉的范围内。在地面发生沉降的地基中,长桩的上部为负摩擦力而下部往往仍为正摩擦力。正负摩擦力分界的地方称为中性点。图 4-11 给出了桩穿过会产生负摩擦力的土层达到坚

---

① 摩擦力,也称摩擦阻力、摩阻力。

硬土层时竖向荷载的传递情况。

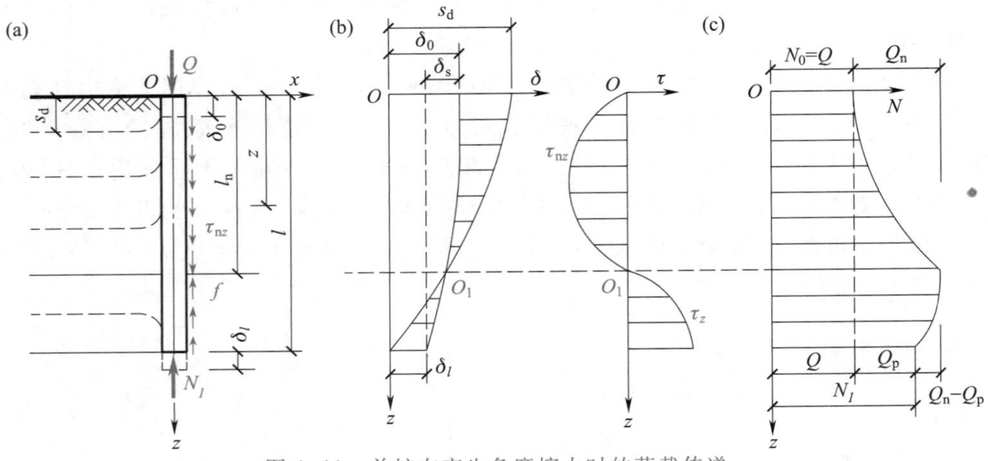

图 4-11 单桩在产生负摩擦力时的荷载传递

为了计算桩的负摩擦力的大小就必须知道负摩擦力在桩上的分布范围，亦即需要确定中性点的位置。由于桩周摩擦力的强度与土对桩的相对位移有关，中性点处的摩擦力为零，故桩对土的相对位移也为零，同时下拉荷载在中性点处达到最大值，即在中性点截面桩身轴力达到最大值($Q+Q_n$)。中性点的深度 l_n(l_n 自桩顶算起，桩顶高于地面时，由地面算起)与桩周土的压缩性和变形条件以及桩和持力层土的刚度等因素有关，理论上可根据桩的竖向位移和桩周地基内竖向位移相等的地方来确定中性点的位置。但由于桩在荷载作用下的沉降稳定历时、沉降速率等都与桩周围土的沉降情况不同，要准确确定中性点的位置比较困难，一般根据现场试验所得的经验数据近似地加以确定，即以 l_n 与桩周土层沉降的下限深度 l_0 的比值 β 的经验数值来确定中性点的位置。

国外有些现场试验资料指出，对于端承桩和允许产生沉降但不超过有害范围的桩，可取 $\beta=0.85\sim0.95$；对不允许产生沉降和基岩上的桩可取 $\beta=1.0$；对于摩擦桩可取 $\beta=0.7\sim0.8$。表 4-3 为《建筑桩基规范》给出的中性点深度比 l_n/l_0，可供设计时参考。

表 4-3 中性点深度比 l_n/l_0

持力层土类	黏性土、粉土	中密以上砂	砾石、卵石	基　岩
l_n/l_0	0.5～0.6	0.7～0.8	0.9	1.0

注：1. l_n、l_0 分别为自桩顶算起的中性点深度和桩周软弱土层下限深度；

2. 桩穿越自重湿陷性黄土时，l_n 按表列值增大 10%（持力层为基岩者除外）；

3. 当桩周土层固结与桩基固结沉降同时完成时取 $l_n=0$；

4. 当桩周土层计算沉降量小于 20 mm 时，应按表列值乘以 0.4～0.8 折减。

(2) 桩周土层的固结随时间而变化，故土层的竖向位移和桩身截面位移都是时间的函数。因此，在桩顶荷载 Q 的作用下，中性点位置、摩擦力及轴力等也都相应地发生变化。当桩截面位移在桩顶荷载作用下稳定后，土层固结的程度和速率是影响 Q_n 大小和分布的主要因素。固结程度高，地面沉降大，中性点往下移；固结速率大，Q_n 增长快，但其增长需经过一定的时间才能达到极限值。在该过程中，桩身在 Q_n 作用下产生压缩，桩端处轴力增加，沉降也相应增大，由此导致土相对于桩的向下位移减少，Q_n 降低，而逐渐达到稳定状态。

3. 负摩擦力的确定

在现场进行桩的负摩擦力试验是一种最直接并且可靠的方法，但需要的时间很长，常常以年计，费用也大。故国内外进行这一试验的桩数远比桩的一般静载试验少得多，还有待进一步研究。

由于影响负摩擦力的因素较多，如桩侧与桩端土的变形与强度性质、土层的应力历史、桩侧土发生沉降的原因和范围及桩的类型与成桩工艺等，从理论上精确计算负摩擦力是复杂而困难的。目前国内外学者均提出一些有关负摩擦力的计算方法，但提出的计算方法都是带有经验性质的近似公式。

多数学者认为桩侧负摩擦力的大小与桩侧土的有效应力有关，根据大量试验与工程实测结果表明，贝伦（Bjerrum）提出的"有效应力法"较接近实际，其计算公式为

$$q_{si}^{n}=\zeta_{n}\sigma'_{i} \tag{4-7}$$

式中　q_{si}^{n}——第 i 层土的桩侧负摩擦力标准值，kPa。

σ'_i——桩周第 i 层土平均竖向有效应力，kPa。当降低地下水时 $\sigma'_i=\gamma'_i z_i$；当地面有满布荷载时 $\sigma'_i=p+\gamma'_i z_i$。这里 γ'_i 为第 i 层土层底以上桩周土按厚度计算的加权平均有效重度；z_i 为自地面算起的第 i 层土中点深度；p 为地面均布荷载。

ζ_n——桩周土负摩擦力系数，$\zeta_n=K_0\tan\varphi'$。K_0 为桩周土的侧压力系数，φ' 为土的有效内摩擦角。ζ_n 与土的类别和状态有关，可按表 4-4 取用。

表 4-4　负摩擦力系数 ζ_n

桩周土类	饱和软土	黏性土、粉土	砂　土	自重湿陷性黄土
ζ_n	0.15～0.25	0.25～0.40	0.35～0.50	0.20～0.35

注：1. 在同一类土中，对于挤土桩，取表中较大值，对非挤土桩，取表中较小值；

2. 填土按其组成取表中同类土较大值。

此外，也可根据土的类别，按下列经验公式计算：

软土或中等强度黏土

$$q_{si}^{n}=c_{u} \tag{4-8}$$

砂类土（q_{si}^{n}以 kPa 计）

$$q_{si}^{n}=\frac{N_i}{5}+3 \tag{4-9}$$

式中　c_u——土的不排水抗剪强度，kPa；

N_i——桩周第 i 层土经钻杆长度修正后的平均标准贯入试验击数。

单桩桩侧总的负摩擦力（下拉荷载）Q_n 为

$$Q_{n}=u\sum q_{si}^{n}l_{i} \tag{4-10}$$

式中　u——桩的周长，m；

l_i——中性点以上各土层的厚度，m。

国外有的学者认为，当桩穿过 15 m 以上可压缩土层且地面每年下沉超过 20 mm，或者为端

承桩时，应计算下拉荷载 Q_n，一般其安全系数可取1.0。

工程上可采取适当措施来消除或减小负摩擦力。例如，对填土建筑场地，填筑时要保证填土的密实度符合要求，尽量在填土沉降稳定后成桩；当建筑场地有大面积堆载时，成桩前采取预压措施，减小堆载时引起的桩侧土沉降；对湿陷性黄土地基，先进行强夯、素土或灰土挤密桩等方法处理，消除或减轻湿陷性。在预制桩中性点以上表面涂一薄层沥青，或者对钢桩再加一层厚度为3 mm的塑料薄膜（兼作防锈蚀用），对现场灌注桩在桩与土之间灌注膨润土浆等方法对消除或降低负摩擦力的影响也是十分有效的。

4-3 单桩竖向承载力的确定
Determination of the Vertical Bearing Capacity of Single Pile

单桩承载力是指单桩在外荷载作用下，不丧失稳定性、不产生过大变形时的承载能力。确定单桩承载力是桩基设计的最基本内容。单桩在竖向荷载作用下到达破坏状态前或出现不适于继续承载的变形时所对应的最大荷载，称单桩竖向极限承载力。在设计时，不应使桩在极限状态下工作，必须有一定的安全储备。

在竖向荷载作用下，无论受压还是受拉，桩丧失承载能力一般表现为两种形式：① 桩周土岩的阻力不足，桩发生急剧且量大的竖向位移；或者虽然位移不急剧增加，但因位移量过大而不适于继续承载。② 桩身材料的强度不够，桩身被压坏或拉坏。因此，桩的竖向承载力应分别根据桩周土岩的阻力和桩身强度确定，采用其中的较小者。一般来说，竖向受压的摩擦桩的承载力决定于土的阻力，材料强度往往不能充分发挥，只有对端承桩、超长桩及桩身质量有缺陷的桩，桩身材料强度才起控制作用。抗拔桩的承载力也往往由土的阻力决定，但对于长期或经常承受拔力的桩，还需视环境条件限制桩身的裂缝宽度甚至不允许出现裂缝。在这种情况下，除桩身强度外，还应进行抗裂计算。

4-3-1 按材料强度确定
Determination of the Bearing Capacity by the Material Strength

按桩身材料强度确定单桩竖向承载力时，可将桩视为轴心受压杆件，根据桩材按《混凝土结构设计规范》等混凝土或钢结构规范计算。对于钢筋混凝土桩，要求

$$N \leqslant \varphi(\psi_c f_c A_p + 0.9 f'_y A_g) \tag{4-11}$$

式中 N——荷载效应基本组合下的桩顶轴向压力设计值，kN。

f_c——混凝土轴心抗压强度设计值，kPa。

f'_y——纵向主筋抗压强度设计值，kPa。

A_p——桩身的横截面面积，m^2。

A_g——纵向主筋截面面积，m^2。

φ——桩的稳定系数，对低承台桩基，考虑土的侧向约束可取 $\varphi=1.0$；但穿过厚软黏土层（$c_u<10$ kPa）和可液化土层的端承桩或高承台桩基，其值应小于1.0。

ψ_c——基桩成桩工艺系数，混凝土预制桩、预应力混凝土空心桩取0.85；干作业非挤土灌注桩取0.90；泥浆护壁和套管护壁非挤土灌注桩、部分挤土灌注桩及挤土灌注桩取

0.7～0.8；软土区挤土灌注桩取0.6。

尚需注意，只有当桩顶以下5d范围内桩身箍筋间距不大于100 mm且符合相关构造要求时才考虑纵向主筋对桩身受压承载力的作用，否则上式中f'_yA_g项为零。此外，对高承台基桩、桩身穿越可液化土或不排水抗剪强度小于10 kPa的软弱土层中的基桩，还应考虑桩身挠曲对轴向偏心力偏心距增大的影响。

4-3-2 按单桩竖向抗压静载试验法确定

Determination of the Bearing Capacity by the Static Loading Test on Single Pile

静载试验是评价单桩承载力最为直观和可靠的方法，其除了考虑到地基土的支承能力外，也计入了桩身材料强度对于承载力的影响。

对于甲级、乙级建筑桩基，应通过静载试验确定单桩竖向极限承载力。对地质条件简单的乙级桩基，可参考地质条件相同的试桩资料，结合静力触探等原位测试和经验参数综合确定极限承载力；对于丙级建筑桩基，可以根据原位测试和经验参数确定。对于地基条件复杂、桩施工质量可靠性低及本地区采用的新桩型或新工艺等情况下的桩基也须通过静载试验。

在同一条件下的试桩数量，不宜少于总数的1%，并不应少于3根。工程总桩数在50根以内时不应少于2根。

对于预制桩，由于打桩时土中产生的孔隙水压力有待消散，土体因打桩扰动而降低的强度随时间逐渐恢复，因此，为了使试验能真实反映桩的承载力，要求在桩身强度满足设计要求的前提下，砂类土间歇时间不少于10天；粉土和黏性土不少于15天；饱和黏性土不少于25天。

1. 静载试验装置及方法

试验装置主要由加载稳压、提供反力和沉降观测三部分组成（图4-12）。桩顶的油压千斤顶对桩顶施加压力，千斤顶的反力由锚桩、压重平台的重力或若干根地锚组成的伞状装置来平衡。安装在基准梁上的百分表或电子位移计用于量测桩顶的沉降。

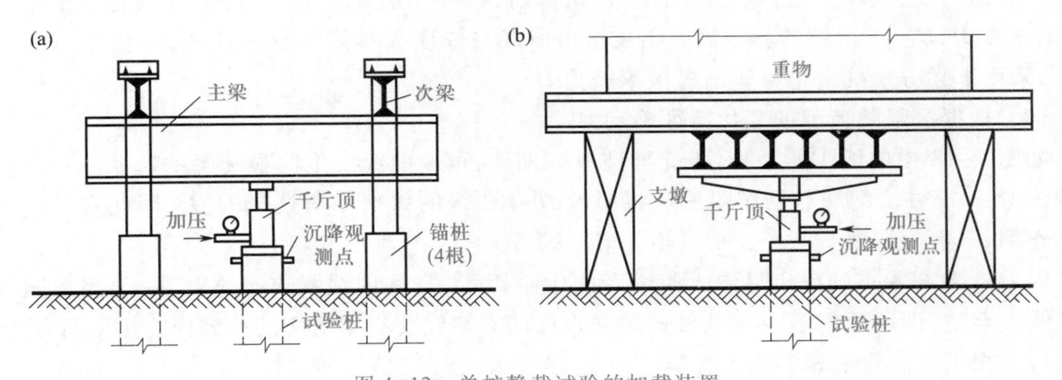

图4-12 单桩静载试验的加载装置

(a) 锚桩横梁反力装置；(b) 压重平台反力装置

试桩与锚桩（或与压重平台的支墩、地锚等）之间、试桩与支承基准梁的基准桩之间及锚桩与基准桩之间，都应有一定的间距（表4-5），以减少彼此的相互影响，保证量测精度。

表 4-5 试桩、锚桩和基准桩之间的中心距离

反力装置	试桩与锚桩（或压重平台支墩边）	试桩与基准桩	基准桩与锚桩（或压重平台支墩边）
锚桩横梁	≥4(3)d 且>2.0 m	≥4(3)d 且>2.0 m	≥4(3)d 且>2.0 m
压重平台	≥4d 且>2.0 m	≥4(3)d 且>2.0 m	≥4d 且>2.0 m
地锚装置	≥4d 且>2.0 m	≥4(3)d 且>2.0 m	≥4d 且>2.0 m

注：1. d 为试桩、锚桩或地锚的设计直径，取较大者；当为扩底桩时，试桩与锚桩的中心距不应小于2倍扩大端直径。
2. 括号内数值用于工程桩验收检测时多排桩设计桩中心距小于 $4d$ 的情况。

试验时加载方式通常有慢速维持荷载法、快速维持荷载法、等贯入速率法、等时间间隔加载法及循环加载法等。工程中最常用的是慢速维持荷载法。即逐级加载，每级荷载值约为最大加载量或预估单桩极限承载力的1/10，当每级荷载作用下桩顶沉降量小于0.1 mm/h时，则认为已趋稳定，然后施加下一级荷载直到试桩破坏，再分级卸载到零。对于工程桩的检验性试验，也可采用快速维持荷载法，即一般每隔1小时加一级荷载。

2. 终止加载条件

当出现下列情况之一时即可终止加载：

(1) 某级荷载下，桩顶沉降量为前一级荷载下沉降量的5倍，且桩顶总沉降量超过40 mm；

(2) 某级荷载下，桩顶沉降量大于前一级荷载下沉降量的2倍，且经24 h尚未达到相对稳定；

(3) 已达到设计要求的最大加载量，且桩顶沉降达到相对稳定标准；

(4) 当荷载-沉降曲线呈缓变型时，可加载至桩顶总沉降量60～80 mm，特殊情况下可按具体要求加载至桩顶累计沉降量超过80 mm。

3. 按试验成果确定单桩承载力

一般认为，当桩顶发生剧烈或不停滞的沉降时，桩处于破坏状态，相应的荷载称为极限荷载（极限承载力，Q_u）。由桩的静载试验结果给出荷载与桩顶沉降关系 Q-s 曲线，再根据 Q-s 曲线特性，采用下述方法确定单桩竖向极限承载力 Q_u。

(1) 根据沉降随荷载的变化特征确定 Q_u

如图4-13中曲线①所示，对于陡降型 Q-s 曲线，可取曲线发生明显陡降的起始点所对应的荷载为 Q_u。该方法的缺点是作图比例将影响 Q-s 曲线的斜率和所选择的 Q_u，因此宜按一定的比例作图，一般可取整个图形比例为横∶竖=2∶3。

因 Q-s 曲线拐点的确定易渗入绘图者的主观因素，有些曲线拐点也不甚明了，因此国外多用切线交会法，即取相应于 Q-s 曲线始段和末段两点切线交点所对应的荷载作为极限荷载 Q_u。

(2) 根据沉降量确定 Q_u

对于缓变型 Q-s 曲线（图4-13中曲线②），一般可取 $s=40$ mm 对应的荷载值为 Q_u；当桩长大于40 m时，宜考虑桩身弹性压缩量。对于大直径桩可取 $s=0.05D$（D 为桩端直径）所对应的荷载值。

此外，也可根据沉降随时间的变化特征确定 Q_u，取 s-$\log t$ 曲线（图4-14）尾部出现明显向下弯曲的前一级荷载值作为 Q_u；也可根据终止加载条件(2)中的前一级荷载值作为 Q_u。

测出每根试桩的极限承载力值 Q_{ui} 后，可以下列规定通过统计确定单桩竖向抗压极限承载力 Q_u：

① 参加统计的所有试桩，当满足其极差不超过平均值的 30% 时，取其平均值为单桩竖向抗压极限承载力；

② 若极差超过平均值的 30%，应分析极差过大的原因，结合工程具体情况综合确定，必要时增加试桩数量；

③ 对桩数为 3 根或 3 根以下的柱下承台，或工程桩抽检数量少于 3 根时，应取低值。

取上述单桩竖向抗压极限承载力 Q_u 的一半作为同一条件下单桩竖向抗压承载力特征值 R_a。

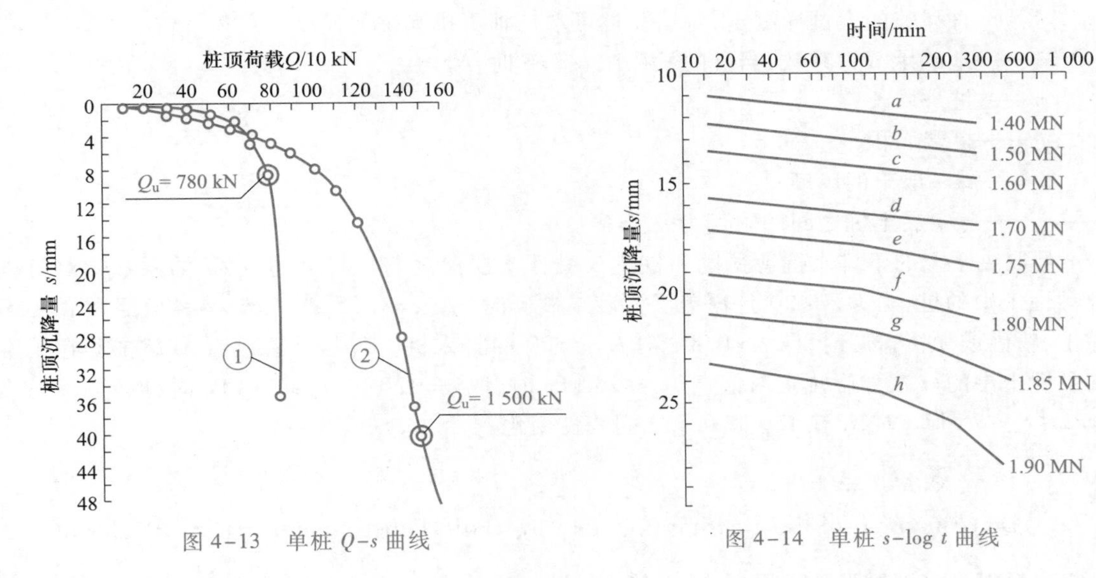

图 4-13　单桩 Q-s 曲线　　图 4-14　单桩 s-$\log t$ 曲线

4-3-3　按土的抗剪强度指标确定

Determination of the Bearing Capacity by the Shear Strength of Subsoil

国外广泛采用以土力学原理为基础的单桩极限承载力公式。该类公式在土的抗剪强度指标的取值上考虑理论公式无法概括的某些影响因素，例如：土的类别和排水条件、桩的类型和设置效应等，所以仍是经验性的。单桩极限承载力 Q_u 一般可以下式表示：

$$Q_u = Q_{su} + Q_{pu} - (G - \gamma A_p l) \tag{4-12}$$

式中　Q_{su}、Q_{pu}——桩侧总极限摩阻力和桩端总极限阻力；

G、γ——桩的自重和桩长以内土的平均重度；

$G-\gamma A_p l$——因桩的设置而附加于地基的重力，$\gamma A_p l$ 为与桩同体积的土重，常假设其值等于桩重 G，故上式可简化为

$$Q_u = Q_{su} + Q_{pu} \tag{4-13}$$

计算桩的极限端阻力 Q_{pu} 时，是以刚塑性理论为基础，把桩视为一宽度为 d，埋深为 l 的深基础。在桩顶加载至土体发生剪切破坏时，根据所假设的桩端附近土体不同滑裂面形状，求出桩端极限端阻力 Q_{pu}。桩端土的破坏模式较常用的有太沙基型、梅耶霍夫型、别列赞捷夫（В. Г. Березанцев）型

和魏西克型。

桩的极限侧阻力 Q_{su} 的计算通常取桩身范围内各土层的极限侧阻力 q_{siu} 与对应桩侧表面积乘积之和，即 $Q_{su}=u\sum q_{siu}l_i$，从而归结为求桩侧各点的极限侧阻力 q_{siu}。根据各位学者计算表达式系数的不同，归纳为 α 法、β 法、λ 法等。关于 Q_{su} 与 Q_{pu} 的详细计算，本书限于篇幅不多介绍，以下只对黏性土中桩的极限承载力计算做简单介绍。

对于黏性土中的桩，因桩在设置和受载初期，桩周土来不及排水固结，一般以短期承载力控制设计，故宜按总应力分析法取不排水强度 c_u 估算 Q_u，故

$$Q_u=u\sum c_{ai}l_i+c_uN_cA_p \tag{4-14}$$

式中　c_u——桩底以上 $3d$ 至桩底以下 $1d$ 范围内土的不排水抗剪强度平均值，对裂隙黏土宜用含裂隙的大试样测定，对钻孔桩可取三轴不排水抗剪强度的0.75倍；

N_c——地基承载力系数，当桩的长径比 $l/d>5$ 时，$N_c=9$；

u——桩身周长；

A_p——桩端面积；

l_i——第 i 层土的厚度；

c_{ai}——第 i 层土桩之间的附着力，$c_{ai}=\alpha c_u$。

α 是取决于土的不排水抗剪强度和桩进入黏性土层深度与桩径之比 h_c/d 的系数。对打入到硬黏性土中的桩，当 $h_c/d<20$ 且覆盖层为砂或砂砾时，取 $\alpha=1.25$；当 $8<h_c/d\leqslant 20$ 且覆盖层为软黏土、粉砂或无覆盖层时，取 $\alpha=0.4$。对 $h_c/d>20$ 的打入桩，美国石油协会（API）推荐在正常固结黏性土中的 α 按如下规定取值：当 $c_u\leqslant 25$ kPa时，取 $\alpha=1.0$；当 $c_u\geqslant 75$ kPa时，取 $\alpha=0.5$；当25 kPa$\leqslant c_u\leqslant$75 kPa时，α 在1.0和0.5之间线性变化。

4-3-4　按静力触探法确定

Determination of the Bearing Capacity by Static Penetration Test (SPT) Results

静力触探是将圆锥形的金属探头，以静力方式按一定的速率均匀压入土中。借助探头的传感器，测出探头侧阻 f_s 及端阻 q_c。探头由浅入深测出各种土层的这些参数后，即可算出单桩承载力。根据探头构造的不同，又可分为单桥探头和双桥探头两种。

静力触探与桩的静载试验虽有很大区别，但与桩打入土中的过程基本相似，所以可把静力触探近似看成是小尺寸打入桩的现场模拟试验，且由于其设备简单，自动化程度高等优点，被认为是一种很有发展前途的确定单桩承载力的方法，国外应用极广。我国自1975年以来，已进行了大量研究，积累了丰富的静力触探与单桩竖向静载试验的对比资料，提出了不少反映地区经验的计算单桩竖向极限承载力标准值 Q_{uk} 的公式。

双桥探头（圆锥面积15 cm^2，锥角60°，摩擦套筒高218.5 mm，侧面积 30×10^3 mm^2）可同时测出 f_s 和 q_c，《建筑桩基规范》在总结各地经验的基础上提出，当按双桥探头静力触探资料确定混凝土预制桩单桩竖向极限承载力标准值 Q_{uk} 时，对于黏性土、粉土和砂土，如无当地经验时可按下式计算：

$$Q_{uk}=\alpha q_cA_p+u\sum l_i\beta_if_{si} \tag{4-15}$$

式中　q_c——桩端平面上、下探头阻力，kPa。取桩端平面以上 $4d$ 范围内探头阻力加权平均值，再与桩端平面以下 $1d$ 范围内的探头阻力进行平均。

f_{si}——第 i 层土的探头平均侧阻力,kPa。

α——桩端阻力修正系数,对黏性土、粉土取 2/3,饱和砂土取 1/2。

β_i——第 i 层土桩侧阻力综合修正系数,按下式计算:

黏性土和粉土

$$\beta_i = 10.04(f_{si})^{-0.55} \tag{4-16}$$

砂类土

$$\beta_i = 5.05(f_{si})^{-0.45} \tag{4-17}$$

4-3-5　按经验公式法确定

Determination of the Bearing Capacity by Empirical Formulas

利用经验公式确定单桩承载力的方法是一种沿用多年的传统方法,广泛适用于各种桩型,尤其是在预制桩方面积累的经验颇为丰富。所用的承载力参数是根据它们与土性指标之间的换算关系,在利用当地的静载试验资料进行统计分析的基础上,通过必要的对比分析和调整后得出的。《建筑桩基规范》针对不同的常用桩型,推荐了下述不同的估算表达式。

1. 一般预制桩及中小直径灌注桩

对预制桩和直径 $d<800$ mm 的灌注桩,单桩竖向极限承载力标准值 Q_{uk} 可按下式计算:

$$Q_{uk} = Q_{sk} + Q_{pk} = u\sum q_{sik} l_i + q_{pk} A_p \tag{4-18}$$

式中　Q_{sk}——单桩总极限侧阻力标准值,kN。

Q_{pk}——单桩总极限端阻力标准值,kN。

q_{sik}——桩侧第 i 层土的极限侧阻力标准值,kPa。一般按当地经验取值,如无当地经验值时,可根据成桩方法与工艺按表 4-6 取值。

q_{pk}——极限端阻力标准值,kPa。一般按当地经验取值,如无当地经验值时,根据成桩方法与工艺按表 4-7 取值。

其余符号同前。

表 4-6　桩的极限侧阻力标准值 q_{sik}　kPa

土的名称	土的状态		混凝土预制桩	水下钻(冲)孔桩	干作业钻孔桩
填　土	—		22~30	20~28	20~28
淤　泥	—		14~20	12~18	12~18
淤泥质土	—		22~30	20~28	20~28
黏性土	流塑	$I_L>1$	24~40	21~38	21~38
	软塑	$0.75<I_L\leq 1$	40~55	38~53	38~53
	可塑	$0.50<I_L\leq 0.75$	55~70	53~68	53~66
	硬可塑	$0.25<I_L\leq 0.5$	70~86	68~84	66~82
	硬塑	$0<I_L\leq 0.25$	86~98	84~96	82~94
	坚硬	$I_L\leq 0$	98~105	96~102	94~104

续表

土的名称	土的状态		混凝土预制桩	水下钻(冲)孔桩	干作业钻孔桩
红黏土	$0.7<\alpha_w\leqslant1$		13~32	12~30	12~30
	$0.5<\alpha_w\leqslant0.7$		32~74	30~70	30~70
粉 土	稍密	$e>0.9$	26~46	24~42	24~42
	中密	$0.75\leqslant e\leqslant0.9$	48~66	42~62	42~62
	密实	$e<0.75$	66~88	62~82	62~82
粉细砂	稍密	$10<N\leqslant15$	24~48	22~46	22~46
	中密	$15<N\leqslant30$	48~66	46~64	46~64
	密实	$N>30$	66~88	64~86	64~86
中砂	中密	$15<N\leqslant30$	54~74	53~72	53~72
	密实	$N>30$	74~95	72~94	72~94
粗砂	中密	$15<N\leqslant30$	74~95	74~95	76~98
	密实	$N>30$	95~116	95~116	98~120
砾砂	稍密	$5<N_{63.5}\leqslant15$	70~110	50~90	60~100
	中密(密实)	$N_{63.5}>15$	116~138	116~130	112~130
圆砾、角砾	中密、密实	$N_{63.5}>10$	160~200	135~150	135~150
碎石、卵石	中密、密实	$N_{63.5}>10$	200~300	140~170	150~170
全风化软质岩	—	$30<N\leqslant50$	100~120	80~100	80~100
全风化硬质岩	—	$30<N\leqslant50$	140~160	120~140	120~150
强风化软质岩	—	$N_{63.5}>10$	160~240	140~200	140~220
强风化硬质岩	—	$N_{63.5}>10$	220~300	160~240	160~260

注：1. 对于尚未完成自重固结的填土和以生活垃圾为主的杂填土，不计算其侧阻力；

2. α_w 为含水比，$\alpha_w=w/w_L$，w 为土的天然含水率，w_L 为土的液限；

3. N 为标准贯入击数，$N_{63.5}$ 为重型圆锥动力触探击数；

4. 全风化、强风化软质岩和全风化、强风化硬质岩指其母岩分别为 $f_{rk}\leqslant15$ MPa、$f_{rk}>30$ MPa 的岩石，f_{rk} 为岩石饱和单轴抗压强度标准值。

2. 大直径桩灌注桩

对于桩径大于等于800 mm的大直径桩，其侧阻及端阻要考虑尺寸效应。侧阻的尺寸效应主要发生在砂、碎石类土中，这是因为大直径桩一般为钻、挖、冲孔灌注桩，在无黏性土中的成孔过程中将会出现孔壁土的松弛效应，从而导致侧阻力降低。孔径越大，降幅越大。大直径桩的极限端阻力也存在着随桩径增大而呈双曲线关系下降的现象。上述现象表明，在计算大直径桩的竖向受压承载力时，应考虑尺寸效应的影响。

表 4-7 桩的极限端阻力标准值 q_{pk}

土的名称	土的状态		混凝土预制桩桩长 l/m				泥浆护壁钻(冲)孔桩桩长 l/m				干作业钻孔桩桩长 l/m		
			$l≤9$	$9<l≤16$	$16<l≤30$	$l>30$	$5≤l<10$	$10≤l<15$	$15≤l<30$	$30≤l$	$5≤l<10$	$10≤l<15$	$15≤l$
黏性土	软塑	$0.75<I_L≤1$	210~850	650~1 400	1 200~1 800	1 300~1 900	150~250	250~300	300~450	300~450	200~400	400~700	700~950
	可塑	$0.50<I_L≤0.75$	850~1 700	1 400~2 200	1 900~2 800	2 300~3 600	350~450	450~600	600~750	750~800	500~700	800~1 100	1 000~1 600
	硬可塑	$0.25<I_L≤0.5$	1 500~2 300	2 300~3 300	2 700~3 600	3 600~4 400	800~900	900~1 000	1 000~1 200	1 200~1 400	850~1 100	1 500~1 700	1 700~1 900
	硬塑	$0<I_L≤0.25$	2 500~3 800	3 800~5 500	5 500~6 000	6 000~6 800	1 100~1 200	1 200~1 400	1 400~1 600	1 600~1 800	1 600~1 800	2 200~2 400	2 600~2 800
粉土	中密	$0.75≤e≤0.9$	950~1 700	1 400~2 100	1 900~2 700	2 500~3 400	300~500	500~650	650~750	750~850	800~1 200	1 200~1 400	1 400~1 600
	密实	$e<0.75$	1 500~2 600	2 100~3 000	2 700~3 600	3 600~4 400	650~900	750~950	900~1 100	1 100~1 200	1 200~1 700	1 400~1 900	1 600~2 100
粉砂	稍密	$10<N≤15$	1 000~1 600	1 500~2 300	1 900~2 700	2 100~3 000	350~500	450~600	600~700	650~750	500~950	1 300~1 600	1 500~1 700
	中密、密实	$N>15$	1 400~2 200	2 100~3 000	3 000~4 500	3 800~5 500	600~750	750~900	900~1 100	1 100~1 200	900~1 000	1 700~1 900	1 700~1 900
细砂	中密、密实	$N>15$	2 500~4 000	3 600~5 000	4 400~6 000	5 300~7 000	650~850	900~1 200	1 200~1 500	1 500~1 800	1 200~1 600	2 000~2 400	2 400~2 700
中砂			4 000~6 000	5 500~7 000	6 500~8 000	7 500~9 000	850~1 050	1 100~1 500	1 500~1 900	1 900~2 100	1 800~2 400	2 800~3 800	3 600~4 400
精砂			5 700~7 500	7 500~8 500	8 500~10 000	9 500~11 000	1 500~1 800	2 100~2 400	2 400~2 600	2 600~2 800	2 900~3 600	4 000~4 600	4 600~5 200

续表

土的名称	土的状态		混凝土预制桩桩长 l/m				泥浆护壁钻(冲)孔桩桩长 l/m				干作业钻孔桩桩长 l/m		
			$l\leqslant9$	$9<l\leqslant16$	$16<l\leqslant30$	$l>30$	$5\leqslant l<10$	$10\leqslant l<15$	$15\leqslant l<30$	$30\leqslant l$	$5\leqslant l<10$	$10\leqslant l<15$	$15\leqslant l$
砾砂	中密、密实	$N>15$	6 000 ~ 9 500		9 000 ~ 10 500		1 400 ~ 2 000		2 000 ~ 3 200		3 500 ~ 5 000		
角砂、圆砾	中密、密实	$N_{63.5}>10$	7 000 ~ 10 000		9 500 ~ 11 500		1 800 ~ 2 200		2 200 ~ 3 600		4 000 ~ 5 500		
碎石、卵石	中密、密实	$N_{63.5}>10$	8 000 ~ 11 000		10 500 ~ 13 000		2 000 ~ 3 000		3 000 ~ 4 000		4 500 ~ 6 500		
全风化软质岩		$30\leqslant N<50$	4 000 ~ 6 000				1 000 ~ 1 600				1 200 ~ 2 000		
全风化硬质岩		$30\leqslant N<50$	5 000 ~ 8 000				1 200 ~ 2 000				1 400 ~ 2 400		
强风化软质岩		$N_{63.5}>10$	6 000 ~ 9 000				1 400 ~ 2 200				1 600 ~ 2 600		
强风化硬质岩		$N_{63.5}>10$	7 000 ~ 11 000				1 800 ~ 2 800				2 000 ~ 3 000		

注：1. 对于砂土和碎石类土，要综合考虑土的密实度、桩端进入持力层的深径比 h_b/d 确定，土愈密实，h_b/d 愈大，取值愈高；

2. 预制桩的岩石极限端阻力指桩端支承于中、微风化基岩表面或进入强风化岩、软质岩一定深度条件下的极限端阻力；

3. 全风化、强风化软质岩和全风化、强风化硬质岩指其母岩分别为 $f_{rk}\leqslant15$ MPa、$f_{rk}>30$ MPa 的岩石。

根据现有研究成果，大直径桩的 Q_{uk} 可按下式计算：

$$Q_{uk}=Q_{sk}+Q_{pk}=u\sum\psi_{si}q_{sik}l_i+\psi_p q_{pk}A_p \tag{4-19}$$

式中 q_{sik}——桩侧第 i 层土的极限侧阻力标准值，无当地经验值时，可按表 4-6 取值，对于扩底桩变截面以下不计侧阻力。

q_{pk}——桩径 $d=800$ mm 时的极限端阻力标准值，可采用深层荷载板试验确定。当不能按深层荷载板试验时，可采用当地经验值或按表 4-7 取值；对于清底干净的干作业桩，可按表 4-8 取值。

ψ_{si}、ψ_p——分别为大直径桩侧阻力、端阻力尺寸效应系数，按表 4-9 取值。

u——桩身周长，当人工挖孔桩桩周护壁为振捣密实的混凝土时，桩身周长可按护壁外直径计算。

表 4-8 干作业桩（清底干净，$D=0.8$ m）极限端阻力标准值 q_{pk} kPa

土的名称		状态		
黏性土		$0.25<I_L\leqslant0.75$	$0<I_L\leqslant0.25$	$I_L\leqslant0$
		800～1 800	1 800～2 400	2 400～3 000
粉土		$0.75<e\leqslant0.9$	$e\leqslant0.75$	
		1 000～1 500	1 500～2 000	
砂土和碎石类土		稍密	中密	密实
	粉砂	500～700	800～1 100	1 200～2 000
	细砂	700～1 100	1 200～1 800	2 000～2 500
	中砂	1 000～2 000	2 200～3 200	3 500～5 000
	粗砂	1 200～2 200	2 500～3 500	4 000～5 500
	砾砂	1 400～2 400	2 600～4 000	5 000～7 000
	圆砾、角砾	1 600～3 000	3 200～5 000	6 000～9 000
	卵石、碎石	2 000～3 000	3 300～5 000	7 000～11 000

注：1. q_{pk} 取值宜考虑桩端持力层土的状态及桩进入持力层的深度效应，当进入持力层深度 h_b 分别为 $h_b\leqslant D$，$D<h_b<4D$，$h_b\geqslant4D$ 时，q_{pk} 可分别取较低值、中值、较高值。D 为桩端扩底直径。

2. 砂土密实度可根据标贯击数 N 判定，$N\leqslant10$ 为松散，$10<N\leqslant15$ 为稍密，$15<N\leqslant30$ 为中密，$N>30$ 为密实。

3. 当对沉降要求不严时，q_{pk} 可取高值。

4. 当桩的长径比 $l/d\leqslant8$ 时，q_{pk} 宜取较低值。

表 4-9 大直径桩侧阻力尺寸效应系数 ψ_{si}、端阻力尺寸效应系数 ψ_p

土类别	粉性土、粉土	砂土、碎石类土
ψ_{si}	$(0.8/d)^{1/5}$	$(0.8/d)^{1/3}$
ψ_p	$(0.8/D)^{1/4}$	$(0.8/D)^{1/3}$

注：表中 D 为桩端直径。

3. 嵌岩桩

嵌岩桩是指桩端置于完整或者较完整基岩中的桩。随着高层建筑及桥梁工程的高速发展，嵌岩桩的应用日益广泛。近十年来大量试验研究成果和工程应用经验均表明，一般情况下，只要嵌岩桩不是很短，上覆土层的侧阻力就能部分发挥；此外，嵌岩深度内也有侧阻力作用，故传递到桩端的应力随嵌岩深度增大而递减，当嵌岩深度达 $5d$ 时，该应力接近于零，故桩端嵌岩深度一般不必很大，超过某一界限则无助于提高桩的竖向承载力。

因此，嵌岩桩的极限承载力标准值 Q_{uk} 由桩周土总侧阻力 Q_{sk}、嵌岩段总侧阻力和总端阻力三部分组成，为了简化，嵌岩段总侧阻力和总端阻力称为嵌岩段总极限阻力 Q_{rk}。当根据岩石单轴抗压强度确定单桩竖向极限承载力标准值时，可按下式计算：

$$Q_{uk}=Q_{sk}+Q_{rk} \tag{4-20}$$

$$Q_{sk}=u\sum q_{sik}l_i \tag{4-21}$$

$$Q_{rk}=\zeta_r f_{rk}A_p \tag{4-22}$$

式中 q_{sik}——桩周第 i 层土的极限侧阻力标准值，无经验时可根据成桩工艺按表 4-6 取值。

f_{rk}——岩石饱和单轴抗压强度标准值，对于黏土质岩取天然湿度单轴抗压强度标准值。

ζ_r——嵌岩段侧阻和端阻综合系数，与嵌岩深径比 h_r/d、岩石软硬程度和成桩工艺有关，可按表 4-10 采用；表中数值适用于泥浆护壁成桩，对于干作业成桩（清底干净）和泥浆护壁后注浆应取表列数值的 1.2 倍。

表 4-10 嵌岩段侧阻和端阻综合系数 ζ_r

嵌岩深径比 h_r/d	0.0	0.5	1	2	3	4	5	6	7	8
极软岩、软岩	0.60	0.80	0.95	1.18	1.35	1.48	1.57	1.63	1.66	1.70
较硬岩、坚硬岩	0.45	0.65	0.81	0.90	1.00	1.04	—	—	—	—

注：1. 表中极软岩、软岩指 $f_{rk}\leqslant 15$ MPa；较硬岩、坚硬岩指 $f_{rk}>30$ MPa，介于两者之间可按线性内插法取值；

2. h_r 为桩身嵌岩深度，当岩面倾斜时，以坡下方的嵌岩深度为准；当 h_r/d 为非表列数值时可按线性内插法取值。

4-3-6 按动力试桩法确定*

Determination of the Bearing Capacity by Dynamic Load Test*

动力试桩法是应用物体振动和应力波的传播理论来确定单桩竖向承载力及检验桩身完整性的一种方法。与传统的静载试验相比，在试验设备、测试效率、工作条件及试验费用等方面，动力试桩法均具有明显的优越性。其最大的技术经济效益是速度快、成本低，可对工程桩进行大量的普查，及时找出工程桩的隐患，防止重大安全质量事故。

动测技术在国外应用较早，早期的打桩公式就是一种动力试桩法。打桩时，桩在一定能量锤击下入土的难易程度反映出土对桩的支承能力，桩在一次锤击下入土的深度 e 称为贯入度。当其他条件相同时，桩打入硬土中的 e 值要比软土中的小；在同一土层中，则桩入土越深 e 值就越小。也就是说，e 与打桩时土对桩的阻力之间存在着一定的函数关系，反映这种关系的表达式就统称为动力打桩公式。动力打桩公式的基本假定与实际不符，往往带来较大误差，近年来国内外已很少采用。

随着测试和计算技术的提高，动力试桩技术在我国得到了较大的发展。1972 年，湖南大学周光龙教授率先提出了桩基参数动测法,对开创我国动力试桩方法的研究起了积极的推动作用。1978 年,东南大学唐念慈教授等首先应用波动方程法,在渤海 12 号平台的钢管桩动力测试中获得了成功。随着我国桩基工程的发展,动力试桩法已在全国广泛应用,有效地补充了静力试桩的不足,满足了我国桩基工程发展的需要。然而,我国动测技术的研究和应用毕竟为时不长,各种方法尚存在一定的问题,有待进一步研究和完善。

动力试桩法种类繁多。一般可分为高应变动力检测法和低应变动力检测法两大类。

高应变法由 20 世纪 70 年代的锤击法到 80 年代引进的 PDA 打桩分析仪和 PID 法,近年来又自行研制成各种试桩分析仪,软件和硬件的功能都有很大的提高。今后宜有步骤地发展这种动力测试仪器,加强动力模型和机理的研究工作,提高软硬件的质量、适用性和可靠性。目前,国际上普遍采用高应变法测定桩的极限承载力和检测桩的质量和完整性,也用低应变法检测桩的质量和完整性。

低应变法在我国应用极为广泛,约有 90% 的检测单位采用低应变法,每年检测的桩数在 4 万根以上。由于低应变法具有软硬件价格便宜,设备轻巧,测试过程简单等优点,目前多用于桩身质量检测。

4-3-7 桩的抗拔承载力 Uplift Bearing Capacity of Pile

主要承受竖向抗拔荷载的桩称竖向抗拔桩。某些建筑物,如海洋建筑物、高耸的烟囱、高压输电铁塔、受巨大浮托力的地下建筑物、特殊土如膨胀土和冻土上的建筑物等,它们所受的荷载往往会使其下的桩基中的某部分受到上拔力的作用。桩的抗拔承载力主要取决于桩身材料强度及桩与土之间的抗拔侧阻力和桩身自重。

对桩的抗拔极限承载力的计算公式一般可以分成两大类。一类是理论计算公式,此类公式是先假定不同的桩的破坏模式,然后以土的抗剪强度和侧压力系数等主要参数进行承载力计算。假定的破坏模式也多种多样,比如圆锥台状破裂面、曲面状破裂面和圆柱状破裂面等。第二类为经验公式,以试桩实测资料为基础,建立起桩的抗拔侧阻力与抗压侧阻力之间的关系和抗拔破坏模式。前一类公式,由于抗拔剪切破坏面的不同假设,以及设置桩的方法对桩周土强度指标的复杂性和不确定性,使用起来比较困难。因此,现在一般应用经验公式计算抗拔桩的极限承载力。有关抗拔桩的承载机理迄今尚未完全解决,国内外学者仍在深入研究之中。

影响抗拔桩极限承载力的因素主要有桩周土的土类、土层的形成条件、桩的长度、桩的类型和施工方法、桩的加载历史和荷载的特点等。总之,凡是引起桩周土内应力状态变化的因素,对抗拔极限承载力都将产生影响。

由于一级建筑物桩基的重要性,以及经验公式中计算参数的局限性,为慎重起见,对一级建筑桩基,单桩抗拔极限承载力应通过现场单桩抗拔静载试验确定。对于二、三级建筑桩基,则可按经验公式(4-21)所估算的抗压桩侧阻力值乘以经验折减系数后作为抗拔侧阻力值。

1. 单桩抗拔静载试验

同抗压静载试验一样,抗拔试验也有多种方法。按加载方法的不同,各国已经实行或使用过的方法可分为以下几种:

（1）慢速维持荷载法。此法与竖向抗压静载试验相似，每级荷载作用下位移达到相对稳定后再加下一级荷载。许多国家采用此方法，我国《建筑桩基规范》也推荐此方法。

（2）等时间间隔法。此法每级荷载维持 1 h，然后加下一级荷载，没有相应的稳定标准。美国材料与试验学会（ASTM）推荐此法。

（3）连续上拔法。以一定的速率连续加载。美国材料与试验学会（ASTM）推荐的加载速率为 0.5 ~ 1.0 mm/min。

（4）循环加载法。加载分级进行，每级荷载均进行加载和卸载（到零）多次循环，稳定后再加下一级荷载。此方法为苏联国家标准规定的方法之一。

还有其他的试验方式。总之，由于实际中的抗拔桩所受的荷载往往呈间歇性或周期性，在抗拔桩实际工程或研究工作中，应该选择一种体现出荷载特点的试验方法。

2. 经验公式法

经验公式法是建立在圆柱状模型破坏模式基础上的，认为桩的抗拔侧阻力与抗压侧阻力相似，但随着上拔量的增加，抗拔侧阻力会因为土层松动及侧面积减少等原因而低于抗压侧阻力，故利用抗压侧阻力确定抗拔侧阻力时，需要引进抗拔折减系数 λ，此系数是根据大量的试验资料统计得出的。另外，上拔时形成的桩端真空吸引力所占比例不大，且可靠性不高，可不予考虑。

桩基受拔可能会出现下列情形：① 单桩基础受拔；② 群桩基础中部分基桩受拔，此时拔力引起的破坏对基础来讲不是整体性的；③ 群桩基础的所有基桩均承受拔力，此时基础便可能整体受拔破坏。对这 3 种情形的抗拔承载力按下述计算。

（1）单桩或群桩基础呈非整体性破坏时，基桩的抗拔极限承载力标准值计算式为

$$T_{\mathrm{uk}} = \sum \lambda_i q_{\mathrm{sik}} u_i l_i \tag{4-23}$$

式中 T_{uk}——单桩抗拔极限承载力标准值；

λ_i——抗拔系数，可按表 4-11 取值；

q_{sik}——桩侧第 i 层土的抗压极限侧阻力标准值，kPa，可根据成桩方法与工艺按表 4-6 取值；

u_i——破坏表面周长，等直径桩为 πd。如为扩底桩，自桩底起算 $(4\sim10)d$ 范围内，取 $u_i=\pi D$；自桩底起算 $(4\sim10)d$ 范围外，仍按 πd 计算。

表 4-11 抗拔系数 λ_i

土 类	λ 值
砂土	0.50 ~ 0.70
黏性土、粉土	0.70 ~ 0.80

注：桩长 l 与桩径 d 之比小于 20 时，λ_i 值取小值。

（2）群桩基础呈整体性破坏时，基桩的抗拔极限承载力标准值计算式为

$$T_{\mathrm{gk}} = \frac{1}{n} u_1 \sum \lambda_i q_{\mathrm{sik}} l_i \tag{4-24}$$

式中 u_1——群桩外围周长；

n——群桩基础的基桩数。

4-3-8 单桩竖向承载力特征值

Characteristic Value of the Vertical Bearing Capacity of Single Pile

作用于桩顶的竖向荷载主要由桩侧和桩端土体承担，而地基土体为大变形材料，当桩顶荷载增加时，随着桩顶变形的相应增长，单桩承载力也逐渐增大，很难定出一个真正的“极限值”。此外，建筑物的使用也存在功能上的要求，往往基桩承载力尚未充分发挥，桩顶变形已超出正常使用的限值。因此，单桩竖向承载力应为不超过桩顶荷载-变形曲线线性变形阶段的比例界限荷载，即表示正常使用极限状态计算时采用的单桩承载力值，以发挥正常使用功能时所允许采用的抗力设计值。为与国际标准 ISO 2394《结构可靠性总原则》中相应的术语“特征值”(characteristic value)相一致，故称为单桩竖向承载力特征值。

(1)《建筑桩基规范》规定：单桩竖向极限承载力是指单桩在竖向荷载作用下到达破坏状态前或出现不适于继续承载的变形时所对应的最大荷载，确定单桩极限承载力的方法前文已述。而单桩竖向承载力特征值 R_a 取其极限承载力标准值 Q_{uk} 的一半，即

$$R_a = Q_{uk}/K \tag{4-25}$$

式中 K——安全系数，取 $K=2$。

对于端承型桩基、桩数少于 4 根的摩擦型柱下独立桩基，或由于地基性质、使用条件等因素不宜考虑承台效应时，基桩竖向承载力特征值 R 应取单桩竖向承载力特征值，即 $R=R_a$；否则，对符合条件的摩擦型桩基，一般宜考虑承台效应确定其复合基桩的竖向承载力特征值 R($R>R_a$，详见后述)。

(2)《地基规范》指出，单桩竖向承载力特征值的确定应符合下列规定：

① 单桩竖向承载力特征值应通过单桩竖向静载试验确定。在同一条件下的试桩数量，不宜少于总桩数的 1%，且不应少于 3 根。单桩竖向承载力特征值取单桩竖向静载试验所得单桩竖向极限承载力除以安全系数 2。

当桩端持力层为密实砂卵石或其他承载力类似的土层时，对单桩承载力很高的大直径端承型桩，可采用深层平板荷载试验确定桩端土的承载力特征值。

② 地基基础设计等级为丙级的建筑物，可采用静力触探及标贯试验参数确定 R_a 值。

③ 初步设计时单桩竖向承载力特征值 R_a 可按下式估算：

$$R_a = q_{pa}A_p + u\sum q_{sia}l_i \tag{4-26}$$

式中 q_{pa}、q_{sia}——桩端阻力、根侧阻力特征值，由当地静载试验结果统计分析算得。

其他符号意义同前。

当桩端嵌入完整及较完整的硬质岩中时，可按下式估算单桩竖向承载力特征值：

$$R_a = q_{pa}A_p \tag{4-27}$$

式中 q_{pa}——桩端岩石承载力特征值，当桩端无沉渣时，应根据岩石饱和单轴抗压强度标准值确定，或按岩基荷载试验确定。

④ 嵌岩灌注桩桩端以下 3 倍桩径范围内应无软弱夹层、断裂破碎带和洞穴分布；并应在桩底应力扩散范围内无岩体临空面。

从上述两种规范及前面章节可见，有关单桩极限承载力的计算、确定方法和对于单桩竖向承载力特征值的确定，两部规范的基本设计原则一致，方便应用。

4-4 桩的水平承载力确定 Determination of the Horizontal Bearing Capacity of Pile

建筑工程中的桩基础大多以承受竖向荷载为主，但在风荷载、地震荷载、机械制动荷载或土压力、水压力等作用下，也将承受一定的水平荷载。尤其是桥梁工程中的桩基，除了满足桩基的竖向承载力要求之外，还必须对桩基的水平承载力进行验算。

4-4-1 水平荷载作用下单桩的工作特点 Behavior of Single Pile under Horizontal Load

桩能够承担水平荷载的能力称单桩水平承载力。竖直桩的水平承载力主要依靠周围土体的水平抵抗。短桩由于入土浅，而表层土的性质一般较差，桩的刚度远大于土层的刚度，在水平荷载作用下整个桩身易被推倒或发生倾斜（图 4-15a），故桩的水平承载力很低。桩入土深度越大，土的水平抵抗能力也越大。长桩为细长的杆件，在水平荷载作用下，桩将形成一端嵌固的地基梁，桩的变形呈波浪状（图 4-15b），沿桩长向深处逐渐消失。如果水平荷载过大，桩将会在土中某处折断。因此，桩的水平承载力，对于长桩由桩的水平位移和桩身弯矩所控制，而短桩则为水平位移和倾斜控制。

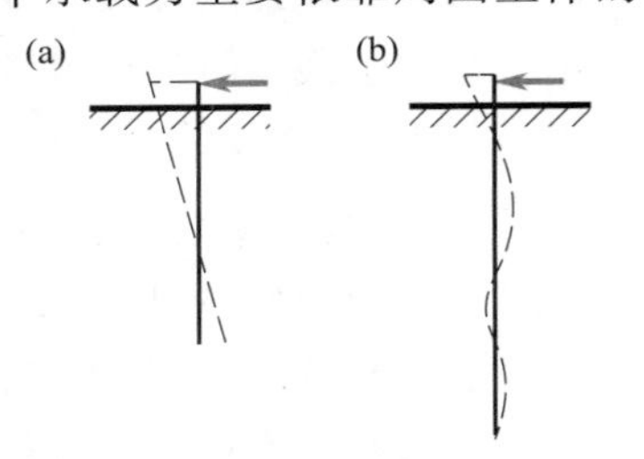

图 4-15 竖直桩受水平力

竖直单桩的水平承载力远小于其竖向承载力，对高桩码头这类以承受水平荷载为主或其他承受较大水平荷载的建筑物桩基，若仅用竖直桩不合适也不经济，这时可考虑采用斜桩或叉桩来承担水平荷载，其作用实际上是将竖直桩所产生的弯矩，转换为受压或受拉。一般认为，外荷载合力 R 与竖直线所成的夹角 $\theta \leqslant 5°$ 时用竖直桩；当 $5° < \theta \leqslant 15°$ 时用斜桩；当 $\theta > 15°$ 或受双向荷载作用时宜采用叉桩。

单桩水平承载力的大小主要取决于桩身的强度、刚度、桩周土的性质、桩的入土深度及桩顶的约束条件等因素。如何确定单桩水平承载力是个复杂的问题，还没有很好地解决。目前确定单桩水平承载力的途径有两类：一类是通过水平静载试验，另一类是通过理论计算，二者中以前者更为可靠。

4-9 茅草街大桥主墩桩水平静载试验

4-4-2 单桩水平静载试验 Horizontal Static Load Test of Single Pile

对于受横向荷载较大的一级建筑物桩基，单桩的横向承载力设计值应通过单桩水平静载试验确定。

1. 试验装置

一般采用千斤顶施加水平力，力的作用线应通过工程桩基承台底面标高处，千斤顶与试桩接触处宜设置一球形铰座，以保证作用力能水平通过桩身轴线。桩的水平位移宜用大量程百分表量测，若需测定地面以上桩身转角时，在水平力作用线以上 500 mm 左右还应安装一或两只百分表（图 4-16）。固定百分表的基准桩与试桩的净距不少于 1 倍试桩直径。

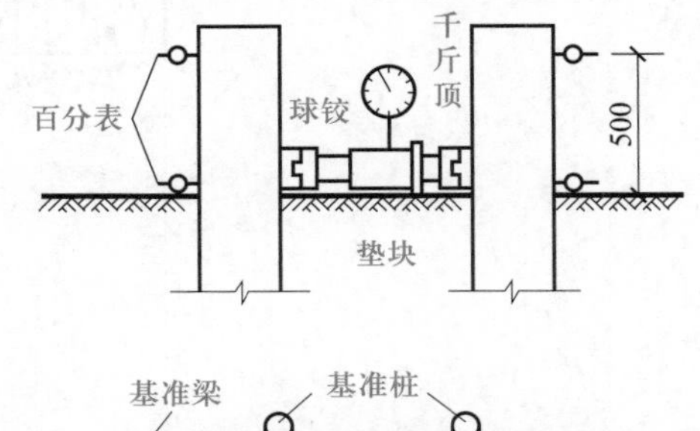

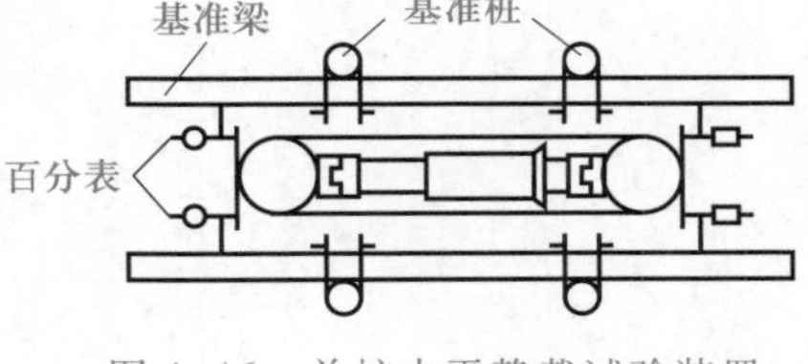

图 4-16　单桩水平静载试验装置

2. 试验加载方法

一般采用单向多循环加卸载法，每级荷载增量为预估水平极限承载力的 1/15～1/10，根据桩径大小并适当考虑土层软硬，对于直径 300～1 000 mm 的桩，每级荷载增量可取 2.5～20 kN。每级荷载施加后，恒载 4 min 测读水平位移，然后卸载至零，停 2 min 测读残余水平位移，或者加载、卸载各 10 min，如此循环 5 次，再施加下一级荷载，试验不得中途停歇。对于个别承受长期水平荷载的桩基也可采用慢速连续加载法进行，其稳定标准可参照竖向静载试验确定。

3. 终止加载条件

当桩身折断或桩顶水平位移超过 30～40 mm（软土取 40 mm），或桩侧地表出现明显裂缝或隆起时，即可终止试验。

4. 水平承载力的确定

根据试验结果，一般应绘制桩顶水平荷载-时间-桩顶水平位移（H_0-t-x_0）曲线（图 4-17），或绘制水平荷载-位移梯度（$H_0-\Delta x_0/\Delta H_0$）曲线（图 4-18），或水平荷载-位移（$H_0-x_0$）曲线，当具有桩身应力量测资料时，尚应绘制应力沿桩身分布图及水平荷载-最大弯矩截面钢筋应力（$H_0-\sigma_g$）曲线（图 4-19）。

试验资料表明，上述曲线中通常有两个特征点，所对应的桩顶水平荷载称为临界荷载 H_{cr} 和极限荷载 H_u（亦即单桩水平极限承载力）。H_{cr} 是相当于桩身开裂、受拉区混凝土不参加工作时的桩顶水平力，一般可取：

（1）H_0-t-x_0 曲线出现突变点（相同荷载增量的条件下出现比前一级明显增大的位移增量）的前一级荷载；

（2）$H_0-\Delta x_0/\Delta H_0$ 曲线的第一直线段的终点或 $\lg H_0-\lg x_0$ 曲线拐点所对应的荷载；

（3）$H_0-\sigma_g$ 曲线第一突变点对应的荷载。

H_u 是相当于桩身应力达到强度极限时的桩顶水平力，一般可取：

（1）H_0-t-x_0 曲线明显陡降的前一级荷载或水平位移包络线向下凹曲（图 4-17）时的前一级荷载；

（2）$H_0-\Delta x_0/\Delta H_0$ 曲线第二直线段终点所对应的荷载；

（3）桩身折断或钢筋应力达到极限的前一级荷载。

按规范要求获得单位工程同一条件下的单桩水平临界荷载统计值后，单桩水平承载力特征值的确定，应符合下列规定：

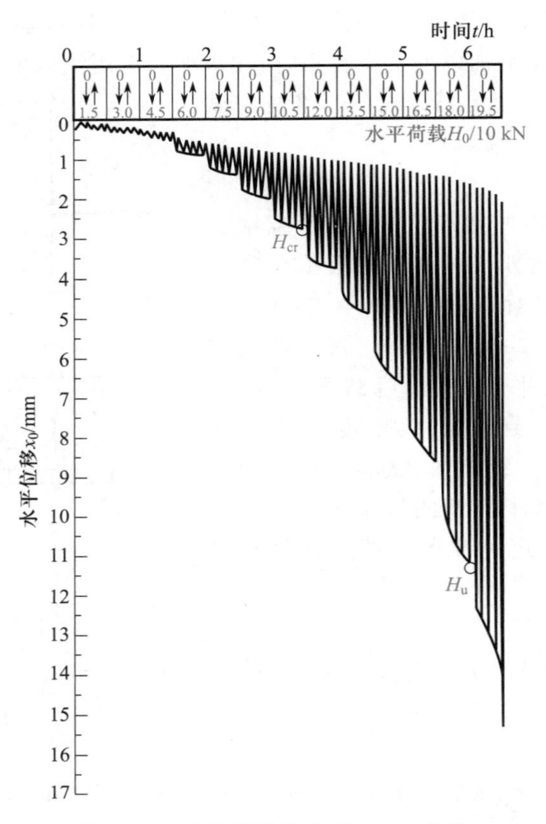

图 4-17 水平静载试验 H_0-t-x_0 曲线

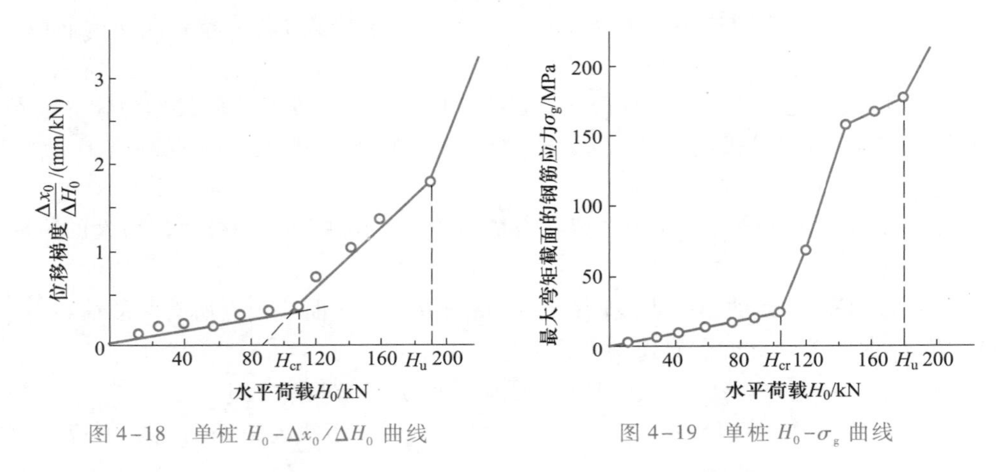

图 4-18 单桩 $H_0-\Delta x_0/\Delta H_0$ 曲线

图 4-19 单桩 $H_0-\sigma_g$ 曲线

（1）当水平承载力按桩身强度控制时，取水平临界荷载统计值为单桩水平承载力特征值 R_{ha}；

（2）当桩受长期水平荷载作用且不允许桩身开裂时，取水平临界荷载统计值的 0.8 倍作为单桩水平承载力特征值 R_{ha}；

（3）对于钢筋混凝土预制桩、钢桩和桩身全截面配筋率不小于 0.65% 的灌注桩，也可根据水平静载试验结果，取地面处水平位移为 10 mm（对于水平位移敏感的建筑物取 6 mm）所对应荷载的 75% 作为单桩水平承载力特征值 R_{ha}；

（4）对于桩身配筋率小于 0.65% 的灌注桩，可取水平静载试验的临界荷载 H_{cr} 的 75% 作为其水平承载力特征值 R_{ha}。

4-4-3　水平受载桩的理论分析

Theoretical Analysis of Pile under Horizontal Load

当桩入土较深，桩的刚度较小时，桩的工作状态如同一个埋在弹性介质里的弹性杆件，采用文克勒地基模型研究桩在水平荷载和两侧土抗力共同作用下的挠度曲线，通过挠曲线微分方程的解答，求出桩身各截面的弯矩与剪力方程，并以此验算桩的强度。

按文克勒假定，桩侧土作用在桩上的抗力 p(kN/m) 可以用下式表示：

$$p=k_hxb_0 \tag{4-28}$$

式中　b_0——桩身截面计算宽度，按表 4-12 取值；

x——水平位移；

k_h——土的水平抗力系数（或称水平基床系数或地基系数），kN/m³。

表 4-12　桩身截面计算宽度 b_0

截面宽度 b 或直径 d/m	圆桩	方桩
>1 m	$0.9(d+1)$	$b+1$
≤1 m	$0.9(1.5d+0.5)$	$1.5b+0.5$

文克勒假定用于桩的分析比用于弹性地基梁的分析更为恰当，因为土只可能产生抗压的抗力而不能产生抗拉的抗力，所以地基梁在承受外荷载作用产生向上的挠曲时，地基梁的上面没有土的抗压作用，也就无法考虑土的抗力。然而桩的两侧都有土，当桩身产生侧向挠曲而挤压土时，就会产生土抗力。

至于桩侧水平抗力系数 $k_h=kz^n$ 如何沿桩身分布，是国内外学者长期以来研究的课题，目前仍在不断探讨中。因为对 k_h 的不同假设，将直接影响挠曲线微分方程的求解和截面内力计算。k_h 与土的种类和桩入土深度有关。由于对 k_h 的分布所作的假定不同，故区分为不同的计算分析方法，采用较多的有以下几种：

1. 常数法（图 4-20a）

此法为我国学者张有龄在 20 世纪 30 年代提出，假定地基水平抗力系数沿深度均匀分布，即 $n=0$。由于假设 k_h 不变，而地面的变形一般又最大，因此，相应的土抗力也大，这与实际不符，但由于此法数学处理较为简单，若适当选择 k_h 的大小，仍然可以保证一定的精度，满足工程需要。此法在日本和美国采用较多。

2. k 法（图 4-20b）

此法假定 k_h 在弹性曲线第一位移零点以上按直线或抛物线变化，以下则为常数 k。该法由苏联学者盖尔斯基于 1934 年提出，该法求解也比较容易，适合于计算一般预制桩或灌注桩的内力和水平位移，曾在我国广泛采用。

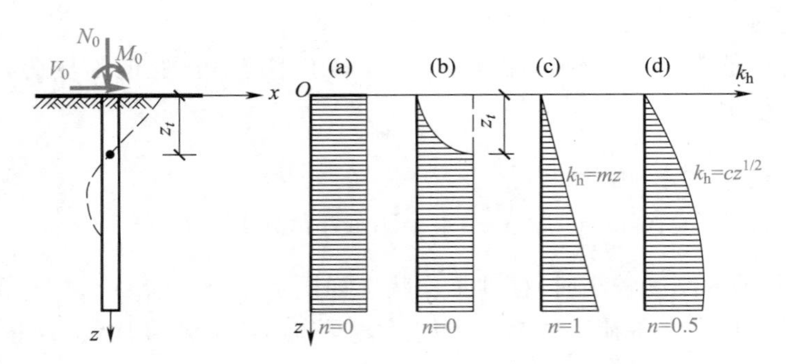

图 4-20　地基水平抗力系数的分布图式

(a) 常数法;(b) k 法;(c) m 法;(d) c 法

3. *m* 法(图 4-20c)

假定地基水平抗力系数随深度呈线性增加,即 $n=1$,$k_h=mz$,这里 m 为比例系数。该法始见苏联学者于 1939 年用于计算板桩墙,1962 年用于管柱计算。该法适合于水平抗弯刚度 EI 很大的灌注桩,在我国铁道、公路和水利部门常用,近年来建筑工程部门也采用此法。

4. *c* 法(图 4-20d)

假定地基水平抗力系数随深度呈抛物线增加,即 $n=0.5$,$k_h=cz^{1/2}$,c 为比例常数。该法 1964 年由日本久保浩一提出,在我国多用于公路部门。

此外还有 k_h 随深度按梯形分布的方法等。

实测资料表明,当桩的水平位移较大时,m 法计算结果比较接近实际;而当水平位移较小时,c 法比较接近实际。下面对 m 法作简单介绍。

1. 单桩的挠曲线微分方程

设单桩在桩顶竖向荷载 N_0,水平荷载 H_0,弯矩 M_0 和地基水平抗力 $p(z)$ 作用下产生挠曲,其弹性挠曲线微分方程为

$$EI\frac{d^4x}{dz^4}+N_0\frac{d^2x}{dz^2}=-p \tag{4-29}$$

由于 N_0 的影响很小,所以忽略 $N_0\dfrac{d^2x}{dz^2}$一项。注意到式(4-28)及 $k_h=mz$ 的假定,得桩的挠曲线微分方程式为

$$\frac{d^4x}{dz^4}+\frac{mb_0}{EI}zx=0 \tag{4-30}$$

令

$$\alpha=\sqrt[5]{\frac{mb_0}{EI}} \tag{4-31}$$

将式(4-31)代入式(4-30),则得

$$\frac{d^4x}{dz^4}+\alpha^5zx=0 \tag{4-32}$$

上式中的 α 称为桩的水平变形系数,单位是 m^{-1}。

求解式(4-32)时,注意到材料力学中的挠度 x、转角 φ、弯矩 M 和剪力 V 之间的微分关系,利用幂级数积分后,可得桩身各截面的变形、内力及沿桩身抗力的简捷算法表达式如下:

位移

$$x_z=\frac{H_0}{\alpha^3EI}A_x+\frac{M_0}{\alpha^2EI}B_x \tag{4-33}$$

转角

$$\varphi_z=\frac{H_0}{\alpha^2EI}A_\varphi+\frac{M_0}{\alpha EI}B_\varphi \tag{4-34}$$

弯矩

$$M_z=\frac{H_0}{\alpha}A_M+M_0B_M \tag{4-35}$$

剪力

$$V_z=H_0A_V+\alpha M_0B_V \tag{4-36}$$

水平抗力

$$p_z=\frac{\alpha H_0A_p}{b_0}+\frac{\alpha^2M_0B_p}{b_0} \tag{4-37}$$

式中 $A_x,B_x,\cdots,A_p,B_p$ 均为量纲为一的系数,决定于 αl 和 αz,可从有关设计规范或手册查用。表4-13列出了 $\alpha l\geqslant4.0$ 时的系数值。按上式计算出的变形、内力、单桩水平抗力随深度的变化如图4-21所示。

表4-13 长桩变形和内力计算常数表(注:仅列出 $\alpha l\geqslant4.0$ 者)

αz	A_x	A_φ	A_M	A_V	A_p	B_x	B_φ	B_M	B_V	B_p
0.0	2.441	-1.621	0	1.000	0	1.621	-1.751	1.000	0	0
0.1	2.279	-1.616	0.100	0.988	0.228	1.451	-1.651	1.000	-0.008	0.145
0.2	2.118	-1.601	0.197	0.956	0.424	1.291	-1.551	0.998	-0.028	0.258
0.3	1.959	-1.577	0.290	0.905	0.588	1.141	-1.451	0.994	-0.058	0.342
0.4	1.803	-1.543	0.377	0.839	0.721	1.001	-1.352	0.986	-0.096	0.400
0.5	1.650	-1.502	0.458	0.761	0.825	0.870	-1.254	0.975	-0.137	0.435
0.6	1.503	-1.452	0.529	0.675	0.902	0.750	-1.157	0.959	-0.182	0.450
0.7	1.360	-1.396	0.592	0.582	0.952	0.639	-1.062	0.938	-0.227	0.447
0.8	1.224	-1.334	0.646	0.458	0.979	0.537	-0.970	0.913	-0.271	0.430
0.9	1.094	-1.267	0.689	0.387	0.984	0.445	-0.880	0.884	-0.312	0.400
1.0	0.970	-1.196	0.723	0.289	0.970	0.361	-0.793	0.851	-0.351	0.361

续表

αz	A_x	A_φ	A_M	A_V	A_p	B_x	B_φ	B_M	B_V	B_p
1.1	0.854	−1.123	0.747	0.193	0.940	0.286	−0.710	0.814	−0.384	0.315
1.2	0.746	−1.047	0.762	0.102	0.895	0.219	−0.630	0.774	−0.413	0.263
1.3	0.645	−0.971	0.768	0.015	0.838	0.160	−0.555	0.732	−0.437	0.208
1.4	0.552	−0.894	0.765	−0.066	0.772	0.108	−0.484	0.687	−0.455	0.151
1.5	0.466	−0.818	0.755	−0.140	0.699	0.063	−0.418	0.641	−0.467	0.094
1.6	0.338	−0.743	0.737	−0.206	0.621	0.024	−0.356	0.594	−0.474	0.039
1.7	0.317	−0.671	0.714	−0.264	0.540	−0.008	−0.299	0.546	−0.475	−0.014
1.8	0.254	−0.601	0.685	−0.313	0.457	−0.036	−0.247	0.499	−0.471	−0.064
1.9	0.197	−0.534	0.651	−0.355	0.375	−0.058	−0.199	0.452	−0.462	−0.110
2.0	0.147	−0.471	0.614	−0.388	0.294	−0.076	−0.156	0.407	−0.449	−0.151
2.2	0.065	−0.356	0.532	−0.432	0.142	−0.099	−0.084	0.320	−0.412	−0.219
2.4	0.003	−0.258	0.443	−0.446	0.008	−0.110	−0.028	0.243	−0.363	−0.265
2.6	−0.040	−0.178	0.355	−0.437	−0.104	−0.111	0.014	0.175	−0.307	−0.290
2.8	−0.069	−0.116	0.270	−0.406	−0.193	−0.105	0.044	0.120	−0.249	−0.295
3.0	−0.087	−0.070	0.193	−0.361	−0.262	−0.095	0.063	0.076	−0.191	−0.284
3.5	−0.105	−0.012	0.051	−0.200	−0.367	−0.057	0.083	0.014	−0.067	−0.199
4.0	−0.108	−0.003	0	−0.001	−0.432	−0.015	0.085	0	0	−0.059

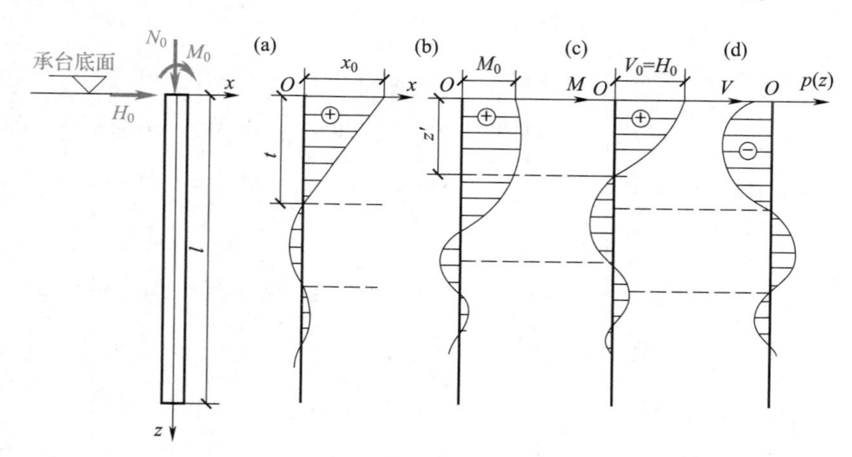

图 4-21 单桩内力与变位曲线

(a) 挠曲 x 分布；(b) 弯矩 M 分布；(c) 剪力 V 分布；(d) 水平抗力 p 分布

按 m 法进行计算时，比例系数 m 宜通过水平静载试验确定。如无试验资料时可参考表4-14所列数值。另外，如果桩侧有几层土时，应求出主要影响深度 $h_m=2(d+1)$ 范围内的 m 值加权平均，作为整个深度的 m 值。比如3层土时

$$m=\frac{m_1h_1^2+m_2(2h_1+h_2)h_2+m_3(2h_1+2h_2+h_3)h_3}{(h_1+h_2+h_3)^2}$$

如 h_m 深度范围内只有两层土，则令上式中的 h_3 为零，即得相应的 m 值。

表4-14　地基土横向抗力系数的比例系数 m 值

序号	地基土类别	预制桩、钢桩		灌注桩	
		m/(MN/m^4)	相应单桩在地面处水平位移/mm	m/(MN/m^4)	相应单桩在地面处水平位移/mm
1	淤泥，淤泥质土，饱和湿陷性黄土	2~4.5	10	2.5~6	6~12
2	流塑($I_L>1$)、软塑($0.75<I_L\leqslant1$)状黏性土，$e>0.9$ 粉土，松散粉细砂，松散、稍密填土	4.5~6.0	10	6~14	4~8
3	可塑($0.25<I_L\leqslant0.75$)状黏性土、$e=0.7\sim0.9$ 粉土，湿陷性黄土，中密填土，稍密细砂	6.0~10	10	14~35	3~6
4	硬塑($0<I_L<0.25$)、坚硬($I_L\leqslant0$)状黏性土、湿陷性黄土，$e<0.75$ 粉土，中密的中粗砂，密实老填土	10~22	10	35~100	2~5
5	中密、密实的砾砂，碎石类土			100~300	1.5~3

注：1. 当桩顶横向位移大于表列数值或当灌注桩配筋率较高(≥0.65%)时，m 值应适当降低；当预制桩的横向位移小于10 mm时，m 值可适当提高。

2. 当横向荷载为长期或经常出现的荷载时，应将表列数值乘以0.4降低采用。

3. 当地基为可液化土层时，表列式中应乘以相应的土层液化折减系数。

2. 桩顶的水平位移

桩顶水平位移是控制水平承载力的主要因素，由表4-13，查换算深度 $\alpha z=0$ 时的 A_x 和 B_x 值，代入式(4-33)求得的位移即为长桩桩顶的水平位移。

桩的长短不同，其水平受力下的工作性状也不同。在桩基分析中，一般以实际桩长 l 和水平变形系数 α 的乘积 αl(称换算长度)来区分桩的长短：换算长度 $\alpha l\geqslant4$ 的桩称长桩或柔性桩；换算长度 $\alpha l<4$ 的桩称短桩或刚性桩。刚性桩的桩顶水平位移计算可根据桩的换算长度 αl 和桩端支承条件，由表4-15查得位移系数 A_x 和 B_x，再代入式(4-33)求解。

表 4-15 各类桩的桩顶位移系数 A_x 和 B_x

αl	桩尖置于土中		桩尖嵌固在岩石中	
	A_x	B_x	A_x	B_x
0.5	72.004	192.026	0.042	0.125
1.0	18.030	24.106	0.329	0.494
1.5	8.101	7.349	1.014	1.028
2.0	4.737	3.418	1.841	1.468
3.0	2.727	1.758	2.385	1.586
≥4.0	2.441	1.621	2.401	1.600

3. 桩身最大弯矩及其位置

设计承受水平力的单桩时,为了配筋,设计人员最关心的是桩身的最大弯矩值及其所在位置。为了简化,可根据桩顶荷载 H_0、M_0 和桩的水平变形系数 α 计算系数 C_{I}:

$$C_{\mathrm{I}}=\alpha M_0/H_0 \tag{4-38}$$

由系数 C_{I} 从表 4-16 查得相应的换算深度 $\bar{h}(=\alpha z)$,于是求得最大弯矩的深度

$$z_0=\bar{h}/\alpha \tag{4-39}$$

由系数 C_{I} 从表 4-16 查得相应的系数 C_{II},桩身最大弯矩按下式计算:

$$M_{\max}=C_{\mathrm{II}}M_0 \tag{4-40}$$

表 4-16 适合于 $\alpha l\geqslant 4.0$ 即桩长 $l\geqslant 4.0/\alpha$ 的长桩。对 $l<4.0/\alpha$ 的刚性桩,则不能再用此法计算。

表 4-16 计算最大弯矩位置及最大弯矩系数 C_{I} 和 C_{II} 值

$\bar{h}=\alpha z$	C_{I}	C_{II}	$\bar{h}=\alpha z$	C_{I}	C_{II}
0.0	∞	1.000	1.4	-0.145	-4.596
0.1	131.252	1.001	1.5	-0.299	-1.876
0.2	34.186	1.004	1.6	-0.434	-1.128
0.3	15.544	1.012	1.7	-0.555	-0.740
0.4	8.781	1.029	1.8	-0.665	-0.530
0.5	5.539	1.057	1.9	-0.768	-0.396
0.6	3.710	1.101	2.0	-0.865	-0.304
0.7	2.566	1.169	2.2	-1.048	-0.187
0.8	1.791	1.274	2.4	-1.230	-0.118
0.9	1.238	1.441	2.6	-1.420	-0.074
1.0	0.824	1.728	2.8	-1.635	-0.045
1.1	0.503	2.299	3.0	-1.893	-0.026
1.2	0.246	3.876	3.5	-2.994	-0.003
1.3	0.034	23.438	4.0	-0.045	-0.011

4-5　群桩基础计算
Calculation of Pile Group

在实际工程中,除少量大直径桩基础外,一般都是群桩基础。荷载作用下的群桩基础,各桩的承载力发挥和沉降性状往往与相同情况下的单桩有显著差别;承台底产生的土反力也将分担部分荷载,因此,在桩基的设计计算时,必须考虑到群桩的工作特点。

4-5-1　群桩的工作特点
Characteristic of Pile Group

对于群桩基础,作用于承台上的荷载实际上是由桩和地基土共同承担,由于承台、桩、地基土的相互作用情况不同,使桩端、桩侧阻力和地基土的阻力因桩基类型而异。

1. 端承型群桩基础

由于端承型桩基持力层坚硬,桩顶沉降较小,桩侧摩阻力不易发挥,桩顶荷载基本上通过桩身直接传到桩端处土层上。而桩端处承压面积很小,各桩端的压力彼此互不影响(图 4-22),因此可近似认为端承型群桩基础中各基桩的工作性状与单桩基本一致;同时,由于桩的变形很小,桩间土基本不承受荷载,群桩基础的承载力就等于各单桩的承载力之和;群桩的沉降量也与单桩基本相同,即群桩效应系数 $\eta=1$。

2. 摩擦型群桩基础

摩擦型群桩主要通过每根桩侧的摩擦阻力将上部荷载传递到桩周及桩端土层中。且一般假定桩侧摩阻力在土中引起的附加应力 σ_z 按某一角度 α 沿桩长向下扩散分布,至桩端平面处,压力分布如图 4-23 中阴影部分所示。当桩数少,桩中心距 s_a 较大时,例如 $s_a>6d$,桩端平面处各桩传来的压力互不重叠或重叠不多(图 4-23a),此时群桩中各桩的工作情况与单桩一致,故群桩的承载力等于各单桩承载力之和。但当桩数较多,桩距较小时,例如常用桩距 $s_a=(3\sim4)d$ 时,桩端处地基中各桩传来的压力将相互重叠(图 4-23b),桩端处压力比单桩时大得多,桩端以下压缩土层的厚度也比单桩要深,此时群桩中各桩的工作状态与单桩的不同,其承载力小于各单桩承载力之总和,沉降量则大于单桩的沉降量,即所谓群桩效应。显然,若限制群桩的沉降量与单桩沉降量相同,则群桩中每一根桩的平均承载力就比单桩时要低,即群桩效应系数 $\eta<1$。

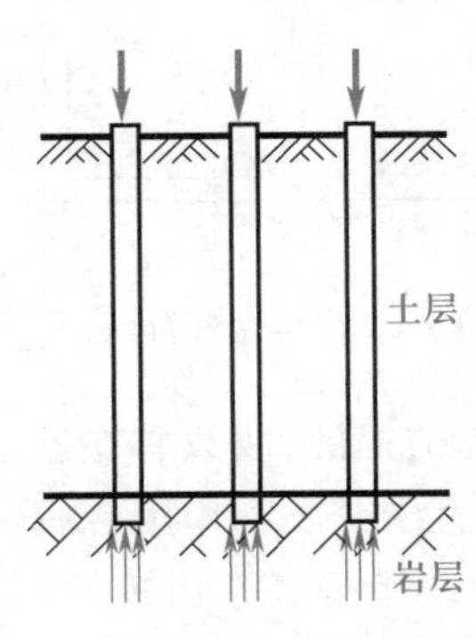

图 4-22　端承型群桩基础

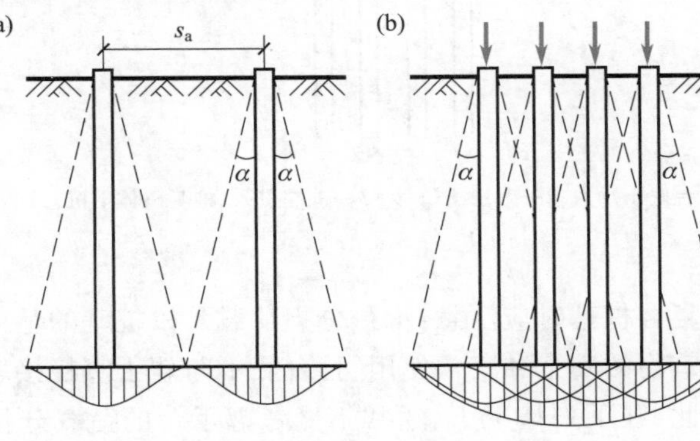

图 4-23　摩擦型群桩桩端平面上的压力分布

但是国内外大量工程实践和试验研究结果表明,采用单一的群桩效应系数不能正确反映群桩基础的工作状况,低估了群桩基础的承载能力。其原因是:

(1) 群桩基础的沉降量只需满足建筑物桩基变形允许值的要求,无需按单桩的沉降量控制;

(2) 群桩基础中的一根桩与单桩的工作条件不同,其极限承载力也不一样。

由于群桩基础成桩时桩侧土体受挤密的程度高,潜在的侧阻大,桩间土的竖向变形量比单桩时大,故桩与土的相对位移减小,影响侧阻力的发挥。通常,砂土和粉土中的桩基,群桩效应使桩的侧阻力提高;而黏性土中的桩基,在常见桩距下,群桩效应往往使侧阻力降低。考虑群桩效应后,桩端平面处压应力增加较多,极限桩端阻力相应提高。因此,群桩基础中桩的极限承载力确定极为复杂,其与桩的间距、土质、桩数、桩径、入土深度及桩的类型和排列方式等因素有关。

4-5-2 承台下土对荷载的分担作用 Bounding Action of Soil under the Pile Platform

在荷载作用下,由桩和承台底地基土共同承担荷载的桩基称复合桩基(图4-24)。承台底分担荷载的作用随桩群相对于地基土向下位移幅度的加大而增强。为了保证承台底与土保持接触而不脱开,并提供足够的土阻力,则桩端必须贯入持力层促使群桩整体下沉。此外,桩身受荷压缩,产生桩-土相对滑移,也使承台底反力增加。

研究表明,承台底土反力比平板基础底面下的土反力要低(桩侧土因桩的竖向位移而发生剪切变形所致),其大小及分布形式,随桩顶荷载水平、桩径桩长、承台底和桩端土质、承台刚度及桩群的几何特征等因素而变化。通常,承台底分担荷载的比例可从百分之十几直至百分之三十。

刚性承台底面土反力呈马鞍形分布(图4-24)。若以桩群外围包络线为界,将承台底面积分为内外两区(图4-25),则内区反力比外区小而且比较均匀,桩距增大时内外区反力差明显降低。承台底分担的荷载总值增加时,反力的塑性重分布不显著而保持反力图式基本不变。利用承台底反力分布的上述特征,可以通过加大外区与内区的面积比来提高承台分担荷载的份额。

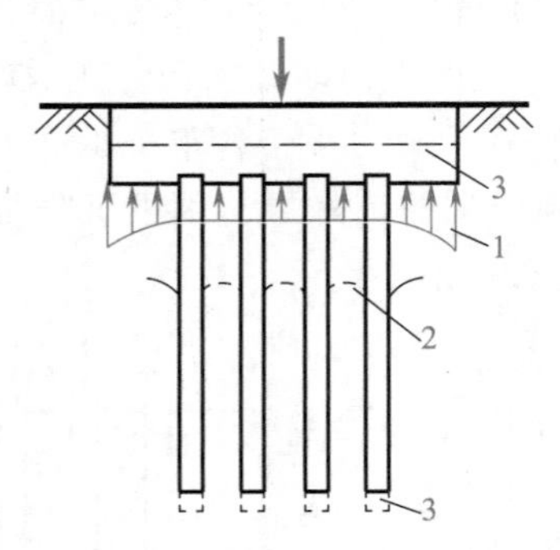

1—台底土反力;2—上层土位移;3—桩端贯入、桩基整体下沉。

图4-24 复合桩基

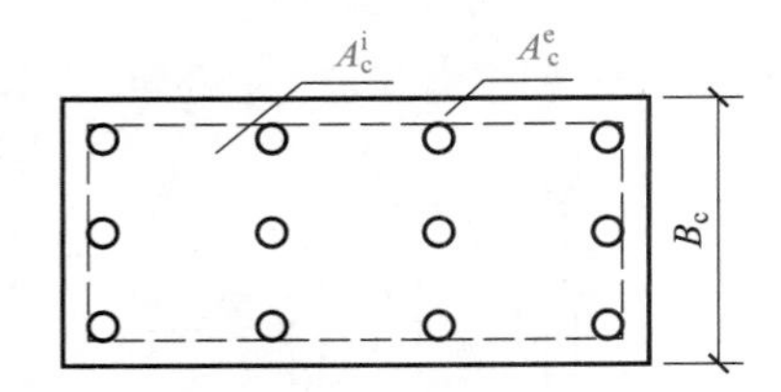

图4-25 承台底分区图

设计复合桩基时应注意:承台分担荷载是以桩基的整体下沉为前提的,故只有在桩基沉降不会危及建筑物的安全和正常使用,且台底不与软土直接接触时,才宜于开发利用承台底土反力的潜力。因此,在下列情况下,通常不能考虑承台的荷载分担效应:① 承受经常出现的动力作用,如铁路桥梁桩基;② 承台下存在可能产生负摩擦力的土层,如湿陷性黄土、欠固结土、新填土、高灵敏度软土及可液化土，或由于降水地基土固结而与承台脱开；③ 在饱和软土中沉入密集桩群，引起超静孔隙水压力和土体隆起，随着时间推移，桩间土逐渐固结下沉而与承台脱离等。

4-5-3　复合基桩的竖向承载力特征值

Characteristic Value of the Vertical Bearing Capacity of Composite Foundation Pile

通过对群桩工作特点的分析得以下结论：对于端承型群桩和桩中心距大于 $6d$ 的摩擦型群桩，群桩的竖向承载力等于各单桩承载力之和，沉降量也与独立单桩基本一致，仅需验算单桩的竖向承载力和沉降即可。而对于桩的中心距 $s_a \leqslant 6d$ 的摩擦型群桩，除了验算单桩的承载力外，还须验算群桩的承载力和沉降。

《建筑桩基规范》规定：对于端承型桩基、桩数少于 4 根的摩擦型桩基，或由于地层土性、使用条件等因素不宜考虑承台效应时，基桩竖向承载力特征值取单桩竖向承载力特征值，即 $R=R_a$；对于符合下列条件之一的摩擦型桩基，宜考虑承台效应确定其复合基桩的竖向承载力特征值：

(1) 上部结构整体刚度较好、体型简单的建(构)筑物；

(2) 对差异沉降适应性较强的排架结构和柔性构筑物。

考虑承台效应的复合基桩竖向承载力特征值 R 可按下式确定：

不考虑地震作用时

$$R=R_a+\eta_c f_{ak} A_c \tag{4-41}$$

考虑地震作用时

$$R=R_a+\frac{\zeta_a}{1.25}\eta_c f_{ak} A_c \tag{4-42}$$

式中　η_c——承台效应系数，可按表 4-17 取值。

f_{ak}——承台底 1/2 承台宽度深度范围(≤5 m)内各层土地基承载力特征值按厚度加权的平均值。

ζ_a——地基抗震承载力调整系数，应按《抗震规范》采用。

A_c——计算基桩所对应的承台底地基土净面积。$A_c=(A-nA_{ps})/n$，A_{ps} 为桩身截面面积，A 为承台计算域面积。对于柱下独立桩基，A 为承台总面积；对于桩筏基础，A 为柱、墙筏板的 1/2 跨距和悬臂边 2.5 倍筏板厚度所围成的面积；桩集中布置于单片墙下的桩筏基础，A 取墙两边各 1/2 跨距围成的面积，按条形承台计算 η_c。

表 4-17　承台效应系数 η_c

B_c/l \ s_a/d	3	4	5	6	>6
≤0.4	0.06~0.08	0.14~0.17	0.22~0.26	0.32~0.38	0.50~0.80
0.4~0.8	0.08~0.10	0.17~0.20	0.26~0.30	0.38~0.44	
>0.8	0.10~0.12	0.20~0.22	0.30~0.34	0.44~0.50	
单排桩条形承台	0.15~0.18	0.25~0.30	0.38~0.45	0.50~0.60	

注：1. 表中 s_a 为桩中心距，对非正方形排列基桩，$s_a=\sqrt{A/n}$，A 为承台计算域面积，n 为总桩数；B_c 为承台宽度。

2. 对桩布置于墙下的箱、筏承台，η_c 可按单排桩条基取值；对单排桩条形承台，若 $B_c<1.5d$，η_c 按非条形承台取值。

3. 对采用后注浆灌注桩的承台，η_c 宜取低值；对饱和黏性土中的挤土桩基、软土地基上的桩基承台，η_c 宜取低值的 0.8 倍。

例题 4-1 某预制桩桩径为400 mm,桩长10 m,穿越厚度 $l_1=3$ m,液性指数 $I_L=0.75$ 的黏土层;进入密实的中砂层,厚度 $l_2=7$ m。桩基同一承台中采用3根桩,桩顶离地面1.5 m。试确定该预制桩的竖向极限承载力标准值和基桩竖向承载力特征值。

解 由表4-6查得桩的极限侧阻力标准值 q_{sik}:

黏土层 $I_L=0.75$, $q_{s1k}=60$ kPa;

中砂层 密实,可取 $q_{s2k}=80$ kPa。

再由表4-7查得桩的极限端阻力标准值 q_{pk}:

密实中砂,$l=10$ m,查得 $q_{pk}=5\ 500\sim7\ 000$ kPa,可取 $q_{pk}=6\ 000$ kPa。

故单桩竖向极限承载力标准值为

$$\begin{aligned}Q_{uk}&=Q_{sk}+Q_{pk}=u_P\sum q_{sik}l_i+q_{pk}A_p\\&=(\pi\times0.4\times(60\times3+80\times7)+6\ 000\times\pi\times0.4^2/4)\ \text{kN}\\&=(929.91+753.98)\ \text{kN}=1\ 683.89\ \text{kN}\end{aligned}$$

因该桩基属桩数不超过4根的非端承桩基,可不考虑承台效应,由式(4-25)可求得基桩竖向承载力特征值为

$$R_a=Q_{uk}/2=842\ \text{kN}$$

4-5-4 桩顶作用效应简化计算

Simplified Calculation of the Pile Top Effect

桩顶作用效应分为荷载效应和地震作用效应,相应的作用效应组合分为荷载效应标准组合、地震作用效应和荷载效应标准组合。

1. 基桩桩顶荷载效应计算

对于一般建筑物和受水平力较小的高大建筑物,当桩基中桩径相同时,通常假定:① 承台为刚性;② 各桩刚度相同;③ x、y 是桩基平面的惯性主轴。基桩的桩顶作用效应(图4-26)可按下列公式计算:

轴心竖向力作用下

$$N_k=\frac{F_k+G_k}{n}\tag{4-43}$$

偏心竖向力作用下

$$N_{ik}=\frac{F_k+G_k}{n}+\frac{M_{xk}y_i}{\sum y_j^2}+\frac{M_{yk}x_i}{\sum x_j^2}\tag{4-44}$$

水平力

$$H_{ik}=H_k/n\tag{4-45}$$

式中 F_k——荷载效应标准组合下作用于承台顶面的竖向力;

G_k——承台及其上土的自重标准值,地下水位以下部分应扣除水的浮力;

M_{xk}、M_{yk}——荷载效应标准组合下作用于承台底面通过桩群形心的 x、y 轴的力矩;

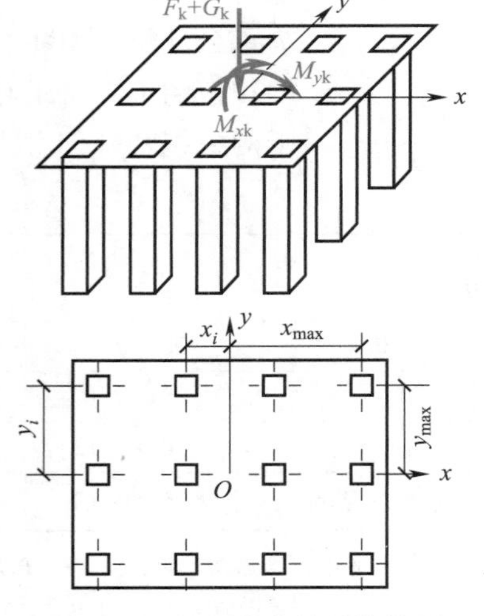

图4-26 桩顶荷载的计算简图

N_k、N_{ik}——分别为荷载效应标准组合轴心与偏心竖向力作用下第 i 根基桩或复合基桩的平均竖向力和竖向力；

H_k——荷载效应标准组合下作用于承台底面的水平力；

H_{ik}——荷载效应标准组合下作用于第 i 根基桩或复合基桩的水平力；

x_i、x_j、y_i、y_j——第 i、j 基桩或复合基桩至 y、x 轴的距离；

n——桩基中的基桩总数。

对位于 8 度和 8 度以上抗震设防区和其他受较大水平力的高层建筑桩基，当其桩基承台刚度较大或由于上部结构与承台的协同作用能增强承台的刚度时；以及受较大水平力及 8 度和 8 度以上地震作用的高承台桩基，桩顶作用效应的计算应考虑承台与基桩协同工作和土的弹性抗力。对烟囱、水塔、电视塔等高耸结构物桩基则常采用圆形或环形刚性承台，当基桩宜布置在直径不等的同心圆圆周上，且同一圆周上的桩距相等时，仍可按式(4-44)计算。

2. 地震作用效应

对于主要承受竖向荷载作用的抗震设防区低承台桩基，当同时满足下列条件时，计算桩顶作用效应时可不考虑地震作用：

(1) 按《抗震规范》规定可不进行天然地基和基础抗震承载力计算的建筑物；

(2) 不位于斜坡地带和地震可能导致滑移、地裂地段的建筑物；

(3) 桩端及桩身周围无可液化土层；

(4) 承台周围无可液化土、淤泥、淤泥质土。

对位于 8 度和 8 度以上抗震设防区的高大建筑物低承台桩基，在计算各基桩的作用效应和桩身内力时，可考虑承台(包括地下墙体)与基桩的共同工作和土的弹性抗力作用。

4-5-5 基桩竖向承载力验算

Checking Calculation of the Bearing Capacity of Foundation Pile

1. 荷载效应标准组合

承受轴心荷载的桩基，其基桩或复合基桩竖向承载力应符合下式要求：

$$N_k \leqslant R \tag{4-46}$$

承受偏心荷载的桩基，除应满足上式要求外，尚应满足下式的要求：

$$N_{kmax} \leqslant 1.2R \tag{4-47}$$

式中 N_{kmax}——荷载效应标准组合偏心竖向力作用下桩顶最大竖向力。

2. 地震作用效应和荷载效应标准组合

地震震害调查表明，无论桩周土类别如何，基桩竖向承载力均可提高 25%，故

轴心荷载作用下

$$N_{Ek} \leqslant 1.25R \tag{4-48}$$

偏心荷载作用下，除应满足式(4-48)的要求外，尚应满足

$$N_{Ekmax} \leqslant 1.5R \tag{4-49}$$

式中 N_{Ek}——地震作用效应和荷载效应标准组合下，基桩或复合基桩的平均竖向力；

N_{Ekmax}——地震作用效应和荷载效应标准组合下，基桩或复合基桩的最大竖向力。

此外，无论哪种作用效应组合，基桩在竖向压力下承载力设计值还应满足桩身承载力的要求。

4-5-6 桩基软弱下卧层承载力验算

Checking Calculation of the Bearing Capacity of the Weak Underlying Stratum

当桩端平面以下受力层范围内存在软弱下卧层时，应进行下卧层的承载力验算。根据该下卧层发生强度破坏的可能性，可分为整体冲剪破坏和基桩冲剪破坏两种情况，如图4-27所示。验算时要求

$$\sigma_z+\gamma_m z\leqslant f_{az} \tag{4-50}$$

式中 σ_z——作用于软弱下卧层顶面的附加应力，可分别按式(4-51)和式(4-52)计算；

γ_m——软弱层顶面以上各土层重度加权平均值(地下水位下取浮重度)；

z——地面至软弱层顶面的深度；

f_{az}——软弱下卧层经深度修正的地基承载力特征值。

(1) 对桩距 $s_a\leqslant 6d$ 的群桩基础，一般可作整体冲剪破坏考虑，按下式计算下卧层顶面的附加应力：

$$\sigma_z=\frac{(F_k+G_k)-3/2(a_0+b_0)\sum q_{sik}l_i}{(a_0+2t\ \tan\ \theta)(b_0+2t\ \tan\ \theta)} \tag{4-51}$$

式中 a_0、b_0——桩群外围桩边包络线内矩形面积的长、短边长；

t——硬持力层厚度；

θ——桩端硬持力层压力扩散角，按表4-18取值。

其余符号同前。

表4-18 桩端硬持力层压力扩散角 θ

E_{s1}/E_{s2}	$t=0.25b_0$	$t\geqslant 0.50b_0$
1	4°	12°
3	6°	23°
5	10°	25°
10	20°	30°

注：1. E_{s1}、E_{s2} 分别为硬持力层、软弱下卧层的压缩模量；

2. 当 $t<0.25b_0$ 时，取 $\theta=0$；

3. 当 $0.25b_0<t<0.50b_0$ 时，可按线性内插法取值。

(2) 桩距 $s_a>6d$，且各桩端的压力扩散线不相交于硬持力层中时(图4-27b)，即硬持力层厚度 $t<\dfrac{(s_a-d_e)c\ \tan\ \theta}{2}$ 的群桩基础及单桩基础，应作基桩冲剪破坏考虑，可推导得到下卧层顶面 σ_z 的表达式为

$$\sigma_z=\frac{4(N_k-u\sum q_{sik}l_i)}{\pi(d_e+2t\ \tan\ \theta)^2} \tag{4-52}$$

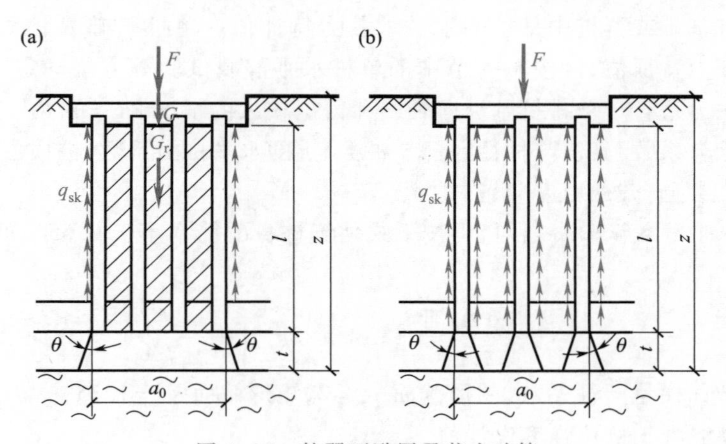

图 4-27 软弱下卧层承载力验算

（a）整体冲剪破坏；（b）基桩冲剪破坏

式中 N_k——荷载效应标准组合下，桩顶轴向压力值，kN；

d_e——桩端等代直径，圆形桩 $d_e=d$；方桩 $d_e=1.13b$（b 为桩边长）；按表 4-18 确定 θ 时，取 $b_0=d_e$。

4-5-7 桩基竖向抗拔承载力验算

Checking Calculation of the Uplift Capacity of Pile Foundation

承受拔力的桩基，应同时验算群桩基础呈整体破坏和呈非整体破坏时基桩的抗拔承载力：

$$N_k \leqslant \frac{T_{gk}}{2}+G_{gp} \tag{4-53}$$

$$N_k \leqslant \frac{T_{uk}}{2}+G_p \tag{4-54}$$

式中 G_{gp}——群桩基础所包围体积的桩土总自重除以总桩数（地下水位以下取有效重度）；

G_p——基桩自重，地下水位以下取有效重度，对于扩底桩应按规范确定桩、土柱体周长后计算桩、土自重。

群桩呈整体破坏和呈非整体破坏时的基桩抗拔极限承载力标准值 T_{gk}，T_{uk} 的计算可参见式（4-24）和式（4-23）。此外，上式应按《混凝土结构设计规范》验算桩身的抗拉承载力，并按规定裂缝宽度或抗裂性验算。

4-5-8 桩基水平承载力验算

Checking Calculation of the Horizontal Capacity of Pile Foundation

对于受水平力的竖直桩，在一般建筑桩基中，当外荷载合力与竖直线的夹角≤5°时，竖直桩的水平承载力能满足设计要求，可不设斜桩。

受水平荷载的一般建筑物和水平荷载较小的高大建筑物单桩基础和群桩中的基桩桩顶水平荷载值 H_{ik} 应满足：

$$H_{ik} \leqslant R_h \tag{4-55}$$

式中 R_h——单桩基础或群桩中基桩的水平承载力特征值。单桩基础 $R_h=R_{ha}$(R_{ha}为单桩水平承载力特征值,可按4-4节中的单桩水平静载试验等方法确定);群桩基础(不含水平力垂直于单排桩基纵向轴线和力矩较大的情况)$R_h=\eta_h R_{ha}$,其中 η_h 为群桩效应综合系数,其值与桩径、桩距、桩数、土的水平抗力系数、桩顶位移等因素有关,具体可参见《建筑桩基规范》取值。

当缺少单桩水平静载试验资料时,可按下式估算桩身配筋率小于0.65%的灌注桩的单桩水平承载力特征值:

$$R_{ha}=\frac{0.75\alpha\gamma_m f_t W_0}{v_m}(1.25+22\rho_g)\left(1\pm\frac{\zeta_N N_k}{\gamma_m f_t A_n}\right) \tag{4-56}$$

式中 γ_m——桩截面模量塑性系数,圆形截面 $\gamma_m=2$,矩形截面 $\gamma_m=1.75$;

f_t——桩身混凝土抗拉强度设计值;

v_m——桩身最大弯矩系数,按表4-19取值,对于单桩基础和单排桩基纵向轴线与水平力方向相垂直的情况,按桩顶铰接考虑;

ρ_g——桩身配筋率;

"±"号——根据桩顶竖向力性质确定,压力取"+",拉力取"-";

ζ_N——桩顶竖向力影响系数,竖向压力取 $\zeta_N=0.5$,竖向拉力取 $\zeta_N=1.0$;

N_k——荷载效应标准组合下桩顶的竖向力;

W_0——桩身换算截面受拉边缘的弹性抵抗矩:

圆形截面

$$W_0=\frac{\pi d}{32}[d^2+2(\alpha_E-1)\rho_g d_0^2] \tag{4-57}$$

方形截面

$$W_0=\frac{b}{6}[b^2+2(\alpha_E-1)\rho_g b_0^2] \tag{4-58}$$

A_n——桩身换算截面面积:

圆形截面

$$A_n=\frac{\pi d^2}{4}[1+(\alpha_E-1)\rho_g] \tag{4-59}$$

方形截面

$$A_n=b^2[1+(\alpha_E-1)\rho_g] \tag{4-60}$$

式中 d_0、b_0——扣除保护层的桩直径或边长;

α_E——钢筋弹性模量与混凝土弹性模量的比值。

当桩的水平承载力由水平位移控制,且缺少单桩水平静载试验资料时,对预制桩、钢桩、桩身配筋率大于0.65%的灌注桩,其 R_{ha}可按下式估算:

$$R_{ha}=\frac{0.75\alpha^3 EI}{v_x}x_{0a} \tag{4-61}$$

式中 x_{0a}——桩顶容许水平位移;

v_x——桩顶水平位移系数,按表4-19取值,取值方法同 v_m。

表 4-19 桩顶(身)最大弯矩系数 v_m 和水平位移系数 v_x

桩顶约束情况	桩的换算埋深 αh	v_m	v_x
铰接、自由	4.0	0.768	2.441
	3.5	0.750	2.502
	3.0	0.703	2.727
	2.8	0.675	2.905
	2.6	0.639	3.163
	2.4	0.601	3.526
固　接	4.0	0.926	0.940
	3.5	0.934	0.970
	3.0	0.967	1.028
	2.8	0.990	1.055
	2.6	1.018	1.079
	2.4	1.045	1.095

注：1. 铰接(自由)的 v_m 系桩身的最大弯矩系数，固接的 v_m 系桩顶的最大弯矩系数；

2. 当 $\alpha h>4$ 时取 $\alpha h=4.0$。h 为桩的入土深度。

当验算永久荷载控制的桩基水平承载力时，应将上述方法确定的单桩水平承载力特征值 R_{ha} 乘以调整系数0.80；验算地震作用桩基的水平承载力时，应将上述方法确定的 R_{ha} 乘以调整系数1.25。

计算水平荷载较大和水平地震作用、风荷载作用的带地下室的高大建筑物桩基的水平位移时，可考虑地下室侧墙、承台、桩群、土共同作用，按《建筑桩基规范》方法计算。

4-5-9 桩基负摩阻力验算

Checking Calculation of the Negative Skin Friction of Pile Foundation

群桩中任一基桩的下拉荷载标准值 Q_g^n，可取单桩下拉荷载 Q_n 乘以负摩阻力桩群桩效应系数 η_n，即

$$Q_g^n=\eta_n Q_n \tag{4-62}$$

其中

$$\eta_n=s_{ax}s_{ay}\bigg/\left[\pi d\left(\frac{q_s^n}{\gamma'_m}\right)+\frac{d}{4}\right] \tag{4-63}$$

式中 s_{ax}、s_{ay}——分别为纵横向桩的中心距；

q_s^n——中性点以上桩的平均负摩阻力标准值；

γ'_m——中性点以上桩周土平均有效重度。

对于单桩基础，可取 $\eta_n=1$；当按式(4-63)计算的群桩基础 $\eta_n>1$ 时，取 $\eta_n=1$。

当考虑桩侧负摩阻力，验算基桩竖向承载力特征值 R 时，对于摩擦型基桩取桩身计算中性点以上侧阻力为零，基桩承载力按下式验算：

$$N_k\leqslant R \tag{4-64}$$

式中 N_k 的意义与式(4-46)相同。

对于端承型基桩除应满足式(4-64)要求外，尚应计入下拉荷载 Q_g^n，基桩承载力按下式验算：

$$N_k+Q_g^n\leqslant R \tag{4-65}$$

当土层不均匀和建筑物对不均匀沉降较敏感时，尚应将负摩阻力引起的下拉荷载计入附加荷载验算桩基沉降。

4-5-10 桩基沉降验算*

Settlement Calculation of Pile Foundation*

对以下桩基应进行沉降验算：① 地基基础设计等级为甲级的建筑物桩基；② 体型复杂、荷载不均匀或桩端以下存在软弱土层的设计等级为乙级的建筑物桩基；③ 摩擦型桩基。

目前桩和桩基的沉降分析方法繁多，诸如弹性理论法、荷载传递法、剪切变形传递法、有限单元法及各种各样的简化方法。关于单桩的沉降本书不作介绍；对群桩的最终沉降，工程上实用的计算方法是单向固结理论的分层压缩总和法，把地基看作是各向同性均质线弹性体，地基内的应力分布采用布西内斯克应力解和明德林(Mindlin)应力解。

《建筑桩基规范》推荐等效作用分层总和法：对桩中心距小于或等于6倍桩径的桩基，其等效作用面位于桩端平面；等效作用面积为桩承台投影面积；等效作用附加应力 p 近似取承台底平均附加应力。等效作用面以下的应力分布采用布氏解。桩基的最终沉降量表达式可为

$$s=\psi\psi_e s' \tag{4-66}$$

式中 s——桩基最终沉降量；

s'——按分层总和法计算出的桩基沉降，但桩基沉降计算深度 z_n 应按应力比法确定；

ψ——桩基沉降计算经验系数；

ψ_e——桩基等效沉降系数，按下式简化计算：

$$\psi_e=C_0+\frac{n_b-1}{C_1(n_b-1)+C_2} \tag{4-67}$$

$$n_b=\sqrt{nB_c/L_c} \tag{4-68}$$

C_0、C_1、C_2——与群桩中各基桩的不同距径比 s_a/d、长径比 l/d 及承台长宽比 L_c/B_c 有关的系数，见《建筑桩基规范》；

L_c、B_c、n——矩形承台的长、宽及总桩数。

上述的沉降计算方法虽然是建立在布西内斯克应力解的基础上的，但比传统的实体基础计算方法前进了一步。布西内斯克解是把荷载作用于弹性体表面上，然后求地基内部的应力和位移。明德林解是指在弹性半无限空间内部，作用着竖直或水平集中力，然后求解在半无限体内任一点的应力和位移。而桩的荷载是分布于弹性体的内部，因此用明德林解代替布西内斯克解更为合理，这已为工程实践所证明。明德林解之所以未能推广采用，主要是计算过于复杂。

为了在布西内斯克解和明德林解之间建立关系，上述《建筑桩基规范》推荐的方法中引入了桩基等效沉降系数 ψ_e，它的定义是：群桩基础按明德林解计算的沉降量 s_M 与按布西内斯克解计算的沉降量 s_B 之比，即 $\psi_e=s_M/s_B$，其简化算法就是公式(4-67)。这样，等效作用分层总和法既保留了以布西内斯克解为基础的分层总和法简单实用的优点，同时又考虑了明德林解合理的内容。

桩基的容许变形值如无当地经验时，可按《地基规范》中的有关规定采用，对于表中未包括的建筑物桩基容许变形值，可根据上部结构对桩基变形的适应能力和使用上的要求确定。一般验算因地质条件不均匀、荷载差异很大、体型复杂等因素引起的地基变形时，对砌体承重结构应由局部倾斜控制；对框架结构和单层排架结构由相邻桩基的沉降差控制；而对于多层或高层建筑

和高耸结构应由倾斜值控制。

4-6 桩基础设计
Design of Pile Foundation

桩基础的设计应力求选型恰当、经济合理、安全适用,对桩和承台有足够的强度、刚度和耐久性;对地基(主要是桩端持力层)有足够的承载力和不产生过量的变形,其设计内容和步骤如下或如图 4-28 所示。

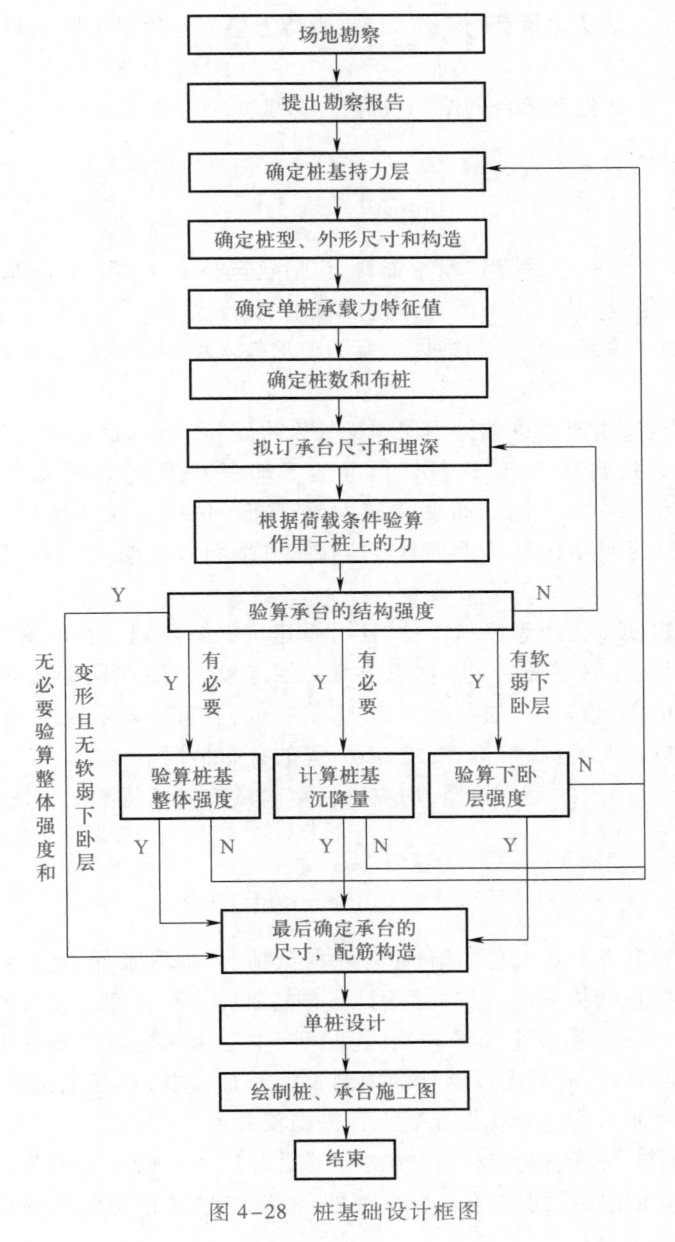

图 4-28 桩基础设计框图

(1) 进行调查研究,场地勘察,收集有关资料;

(2) 综合勘察报告、荷载情况、使用要求、上部结构条件等确定桩基持力层;

(3) 选择桩材,确定桩的类型、外形尺寸和构造;

(4) 确定单桩承载力特征值;

(5) 根据上部结构荷载情况,初步拟订桩的数量和平面布置;

(6) 根据桩的平面布置,初步拟订承台的轮廓尺寸及承台底标高;

(7) 验算作用于单桩上的竖向和横向荷载;

(8) 验算承台尺寸及结构强度;

(9) 必要时验算桩基整体承载力和沉降量,当持力层下有软弱下卧层时,验算软弱下卧层的地基承载力;

(10) 单桩设计,绘制桩和承台的结构及施工详图。

4-6-1 收集设计资料 Collection of Pile Design Materials

设计桩基之前必须充分掌握设计原始资料,包括建筑类型、荷载、工程地质勘察资料、材料来源及施工技术设备等情况,并尽量了解当地使用桩基的经验。

对桩基的详细勘察除满足现行勘察规范有关要求外尚应满足以下要求:

1. 勘探点间距

端承型桩和嵌岩桩,主要由桩端持力层顶面坡度决定,点距一般为 12 ~24 m,若相邻两勘探点揭露出的层面坡度大于 10%,应视具体情况适当加密勘探点;摩擦型桩,点距一般为 20 ~30 m,若土层性质或状态在水平向分布变化较大或存在可能对成桩不利的土层时,也应适当加密勘探点;在复杂地质条件下的柱下单桩基础应按桩列线布置勘探点,并宜逐桩设点。

2. 勘探深度

布置 1/3 ~1/2 的勘探孔作为控制性孔,且甲级建筑桩基场地至少应有 3 个,乙级建筑桩基应不少于 2 个。控制性孔应穿透桩端平面以下压缩层厚度,一般性勘探孔应深入桩端平面以下 3 ~5 m;嵌岩桩钻孔应深入持力岩层不小于 3 ~5 倍桩径;当持力岩层较薄时,部分钻孔应钻穿持力岩层。岩溶地区,应查明溶洞、溶沟、溶槽、石笋等的分布情况。

在勘察深度地区范围内的每一地层,均应进行室内试验或原位测试,以提供设计所需参数。

4-6-2 桩型、桩长和截面尺寸选择 Selection of Pile Type, Length and Sectional Dimension

桩基设计时,首先应根据建筑物的结构类型、荷载情况、地层条件、施工能力及环境限制(噪声、振动)等因素,选择预制桩或灌注桩的类别、桩的截面尺寸和长度及桩端持力层等。

一般当土中存在大孤石、废金属及花岗岩残积层中有未风化的石英脉时,预制桩将难以穿越;当土层分布很不均匀时,混凝土预制桩的预制长度较难掌握;在场地土层分布比较均匀的条件下,采用质量易于保证的预应力高强混凝土管桩比较合理。

桩的长度主要取决于桩端持力层的选择。桩端最好进入坚硬土层或岩层,采用嵌岩桩或端承桩;当坚硬土层埋藏很深时,则宜采用摩擦型桩,桩端应尽量达到低压缩性、中等强度的土层上。桩端进入持力层的深度,对于黏性土、粉土不宜小于 $2d$,砂类土不宜小于 $1.5d$,碎石类土不宜小于 $1d$。当存在软弱下卧层时,桩端以下硬持力层厚度不宜小于 $4d$,嵌岩灌注桩的周边嵌入微风化或中等风化岩体的最小深度不宜小于 0.5 m,以确保桩端与岩体接触。此外,在桩底下 $3d$ 范围内应无软弱夹层、断裂带、洞穴和空隙分布,尤其是荷载很大的柱下单桩更为如此。一般岩层表面起伏不平,且常有隐伏的沟槽,尤其在碳酸盐类岩石地区,岩面石芽、溶槽密布,桩端可能落于岩面隆起或斜面处,有导致滑移的可能,因此在桩端应力扩散范围内应无岩体临空面存在,并确保基底岩体的滑动稳定。

当硬持力层较厚且施工条件允许时,桩端进入持力层的深度应尽可能达到桩端阻力的临界深度,以提高桩端阻力。该临界深度值对于砂、砾为 $(3\sim6)d$,对于粉土、黏性土为 $(5\sim10)d$。此外,同一建筑物还应避免同时采用不同类型的桩(如摩擦型桩和端承型桩,但用沉降缝分开者除外)。同一基础相邻桩的桩底标高差,对于非嵌岩端承型桩不宜超过相邻桩的中心距,对于摩擦型桩,在相同土层中不宜超过桩长的 1/10。

桩长及桩型初步确定后,即可根据 4-1 节内容或表 4-1 定出桩的截面尺寸,并初步确定承台底面标高。一般若建筑物楼层高、荷载大,宜采用大直径桩,尤其是大直径人工挖孔桩比较经济实用,目前国内已用过的最大直径为 5 m。对于承台埋深,一般情况下,主要从结构要求和方便施工的角度来选择。季节性冻土上的承台埋深应根据地基土的冻胀性考虑,并应考虑是否需要采取相应的防冻害措施。膨胀土上的承台,其埋深选择与此类似。

4-6-3 桩数及桩位布置

Quntity and Location of Piles

1. 桩的根数

初步估定桩数时,先不考虑群桩效应,根据单桩竖向承载力特征值 R,当桩基为轴心受压时,桩数 n 可按下式估算:

$$n \geqslant \frac{F_k + G_k}{R} \tag{4-69}$$

式中 F_k——作用在承台上的轴向压力标准值;

G_k——承台及其上方填土的自重标准值。

偏心受压时,对于偏心距固定的桩基,如果桩的布置使得群桩横截面的重心与荷载合力作用点重合,桩数仍可按上式确定。否则,应将上式确定的桩数增加 10%~20%。对桩数超过 3 根的非端承群桩基础,应按 4-5 节求得基桩承载力特征值后重新估算桩数,如有必要,还要通过桩基软弱下卧层承载力和桩基沉降验算才能最终确定。

承受水平荷载的桩基,在确定桩数时还应满足桩水平承载力的要求。此时,可粗略地以各单桩水平承载力之和作为桩基的水平承载力,这样偏于安全。

此外,在层厚较大的高灵敏度流塑黏土中,不宜采用桩距小而桩数多的打入式桩基。否则,软黏土结构破坏严重,使土体强度明显降低,加之相邻各桩的相互影响,桩基的沉降和不均匀沉降都将显著增加。

2. 桩的中心距

桩的间距过大,承台体积增加,造价提高;间距过小,桩的承载能力不能充分发挥,且给施工造成困难。一般桩的最小中心距应符合表4-20的规定。对于大面积桩群，尤其是挤土桩，桩的最小中心距还应按表列数值适当加大。

表4-20　桩的最小中心距

土类与成桩工艺		桩排数≥3，桩数≥9的摩擦型桩基	其他情况
非挤土灌注桩		3.0d	2.5d
部分挤土灌注桩		3.5d	3.0d
挤土桩	穿越非饱和土、饱和非黏性土	4.0d	3.5d
	穿越饱和黏性土	4.5d	4.0d
沉管夯扩、钻孔挤扩桩	穿越非饱和土、饱和非黏性土	2.2D且4.0d	2.0D且3.5d
	穿越饱和黏性土	2.5D且4.5d	2.2D且4.0d
钻、挖孔扩底灌注桩		2D或D+2.0 m（当D>2 m时）	1.5D或D+1.5 m（当D>2 m时）

注：d为圆桩设计直径或方桩设计边长，D为扩大端设计直径。其他相关说明可见《建筑桩基规范》。

3. 桩位的布置

桩在平面内可布置成方形（或矩形）、三角形和梅花形（图4-29a）。条形基础下的桩，可采用单排或双排布置（图4-29b），也可采用不等距布置。

为了使桩基中各桩受力比较均匀，布置时应尽可能使上部荷载的中心与桩群的横截面形心重合或接近。当作用在承台底面的弯矩较大时，应增加桩基横截面的惯性矩。对柱下单独桩基和整片式桩基，宜采用外密内疏的布置方式；对横墙下桩基，可在外纵墙之外布设一至二根“探头”桩，如图4-30所示。此外，在有门洞的墙下布桩应将桩设置在门洞的两侧，梁式或板式基础下的群桩，布置时应注意使梁板中的弯矩尽量减小，即多在柱、墙下布桩，以减少梁和板跨中的桩数。

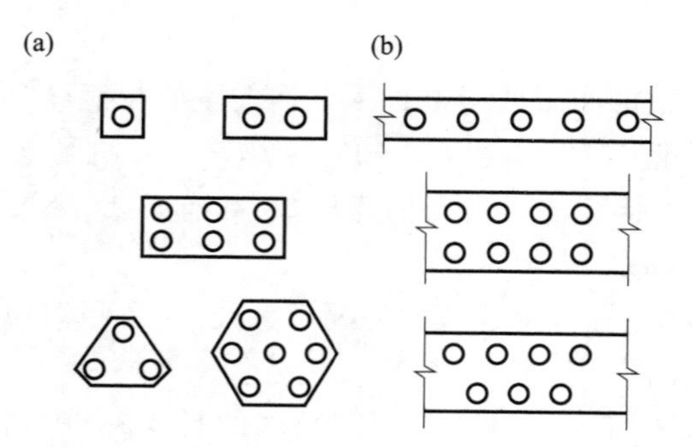

图4-29　桩的平面布置示例

（a）柱下桩基；（b）墙下桩基

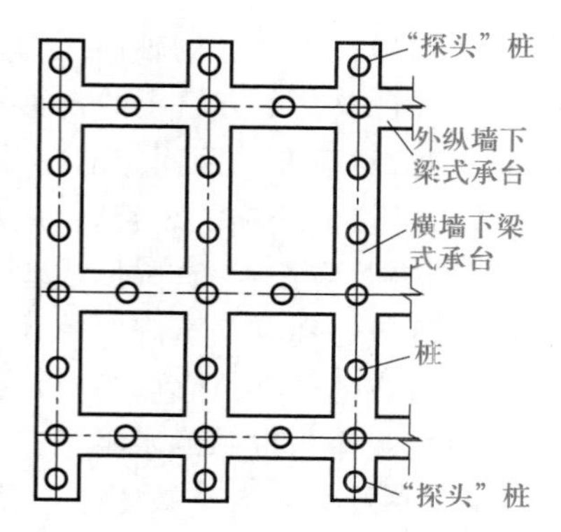

图4-30　横墙下“探头”桩的布置

4-6-4　桩身截面强度计算

Section Strength Calculation of Pile

预制桩的混凝土强度等级宜≥C30，采用静压法沉桩时，可适当降低，但不宜<C20；预应力混凝土桩的混凝土强度等级宜≥C40。预制桩的主筋（纵向）应按计算确定并根据断面的大小及形状选用4～8根直径为14～25 mm的钢筋。最小配筋率ρ_{min}宜≥0.8%，一般可为1%左右，静压法沉桩时宜≥0.4%。箍筋直径可取6～8 mm，间距≤200 mm，在桩顶和桩尖处应适当加密，如图4-31所示。用打入法沉桩时，直接受到锤击的桩顶应设置3层Φ6@40～70 mm的钢筋网，层距50 mm。桩尖所有主筋应焊接在一根圆钢上，或在桩尖处用钢板加强。主筋的混凝土保护层应≥30 mm，桩上需埋设吊环，位置由计算确定。桩的混凝土强度必须达设计强度的100%才可起吊和搬运。

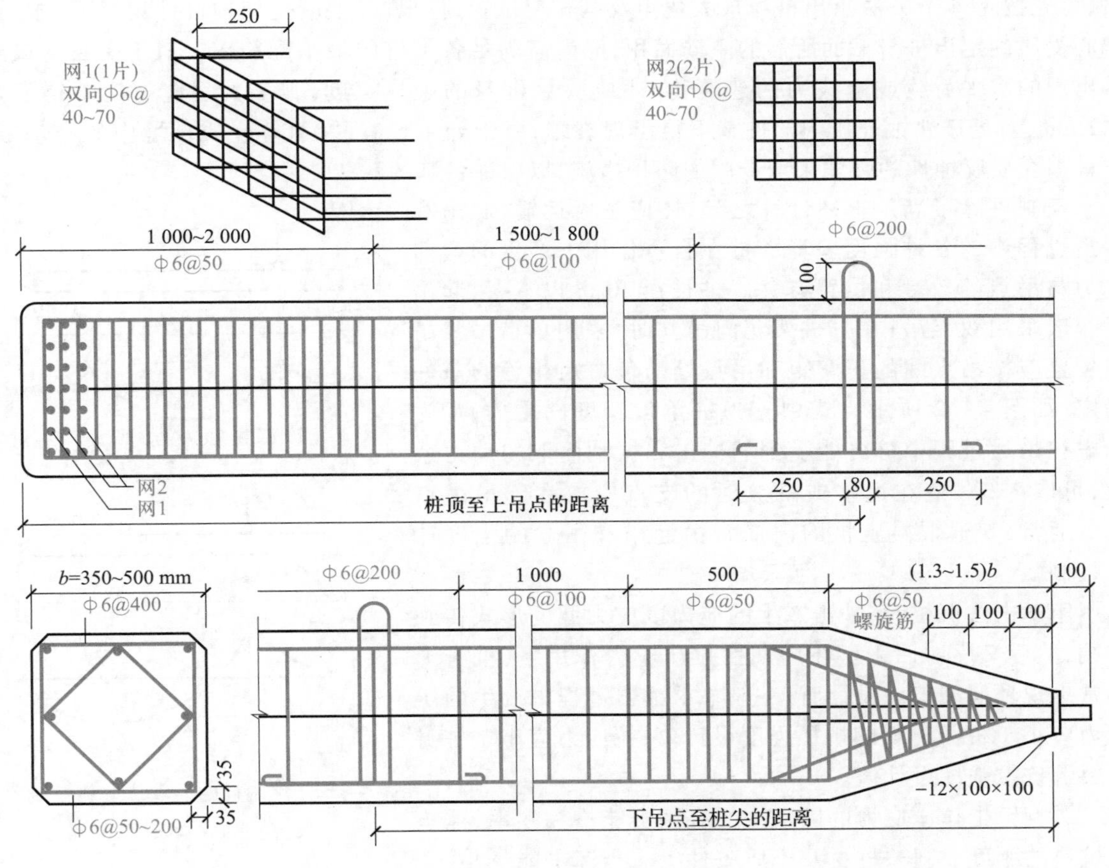

图4-31　混凝土预制桩

灌注桩的混凝土强度等级一般应≥C15，水下浇灌时应≥C20，混凝土预制桩尖应≥C30。当桩顶轴向压力和水平力满足《建筑桩基规范》受力条件时，可按构造要求配置桩顶与承台的连接钢筋笼。对甲级建筑桩基，主筋为6～10根Φ12～14，ρ_{min}≥0.2%，锚入承台$30d_g$（主筋直径），伸入桩身长度≥$10d$，且不小于承台下软弱土层层底深度；对乙级建筑桩基，可配置4～8根

Φ10～12 的主筋，锚入承台 $30d_g$，且伸入桩身长度≥5d，对于沉管灌注桩，配筋长度不应小于承台软弱土层层底厚度；丙级建筑桩基可不配构造钢筋。

一般 ρ_g 可取 0.20%～0.65%（小桩径取高值，大桩径取低值），对受水平荷载特别大的桩、抗拔桩和嵌岩端承桩应根据计算确定。主筋的长度一般可取 4.0/α（α 为桩的水平变形系数），当为抗拔桩、端承桩、承受负摩阻力和位于坡地岸边的基桩时应通长配置。承受水平荷载的桩，主筋宜≥8Φ10，抗压和抗拔桩应≥6Φ10，且沿桩身周边均匀布置，其净距不应小于60 mm，并尽量减少钢筋接头。箍筋宜采用Φ6～8@200～300 mm 的螺旋箍筋，受水平荷载较大和抗震的桩基，桩顶 3～5d 内箍筋应适当加密；当钢筋笼长度超过 4 m 时，每隔 2 m 左右应设一道Φ12～18 的焊接加劲箍筋。主筋的混凝土保护层厚度应≥35 mm，水下浇灌混凝土时应≥50 mm。

轴心荷载作用下的桩身截面强度可按 4-3 节方法计算；偏心荷载（包括水平力和弯矩）作用时，可先按 4-4 节方法求出桩身最大弯矩及其相应位置，再根据《混凝土结构设计规范》要求，按偏心受压确定出桩身截面所需的主筋面积，但尚需满足各类桩的最小配筋率。对于受长期或经常出现的水平荷载或上拔力的建筑物，还应验算桩身的裂缝宽度，其最大裂缝宽度不得超过0.2 mm，对处于腐蚀介质中的桩基不得出现裂缝；对于处于含有酸、氯等介质环境中的桩基，还应根据介质腐蚀性的强弱采取专门的防护措施，以保证桩基的耐久性。

预制桩除了满足上述计算之外，还应考虑运输、起吊和锤击过程中的各种强度验算。桩在自重作用下产生的弯曲应力与吊点的数量和位置有关。桩长在 20 m 以下者，起吊时一般采用双点吊；在打桩架龙门吊立时，采用单点吊。吊点位置应按吊点间的正弯矩和吊点处的负弯矩相等的条件确定，如图 4-32 所示。式中 q 为桩单位长度的重力，K 为考虑在吊运过程中桩可能受到的冲击和振动而取的动力系数，可取 1.3。桩在运输或堆放时的支点应放在起吊吊点处。通常，普通混凝土桩的配筋常由起吊和吊立的强度计算控制。

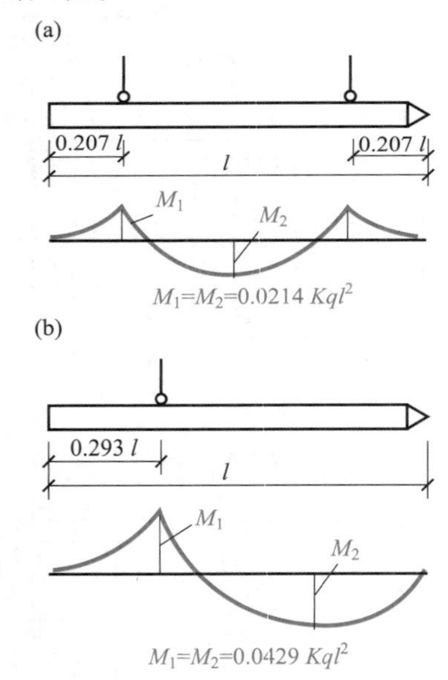

图 4-32 预制桩的吊点位置和弯矩图

（a）双点起吊时；（b）单点起吊时

用锤击法沉桩时，冲击产生的应力以应力波的形式传到桩端，然后又反射回来。在周期性拉压应力作用下，桩身上端常出现环向裂缝。设计时，一般要求锤击过程中产生的压应力应小于桩身材料的抗压强度设计值；拉应力应小于桩身材料的抗拉强度设计值。

影响锤击拉压应力的因素主要有锤击能量和频率、锤垫及桩垫的刚度、桩长、桩材及土质条件等。当锤击能量小、频率低，采用软而厚的锤垫和桩垫，在不厚的软黏土或无密实砂夹层的黏性土中沉桩，以及桩长较小（<12 m）时，锤击拉压应力比较小，一般可不考虑。设计时常根据实测资料确定锤击拉压应力值。当无实测资料时，可按《建筑桩基规范》建议的经验公式及表格取值。预应力混凝土桩的配筋常取决于锤击拉应力。

4-6-5　承台设计

Design of Pile Cap

桩基承台可分为柱下独立承台、柱下或墙下条形承台（梁式承台），以及筏板承台和箱形承台等。承台的作用是将桩连接成一个整体，并把建筑物的荷载传到桩上，因而承台应有足够的强度和刚度。

1. 外形尺寸及构造要求

承台的平面尺寸一般由上部结构、桩数及布桩形式决定。通常，墙下桩基做成条形承台，即梁式承台；柱下桩基宜采用板式承台（矩形或三角形），如图 4-33 所示。其剖面形状可做成锥形、台阶形或平板形。

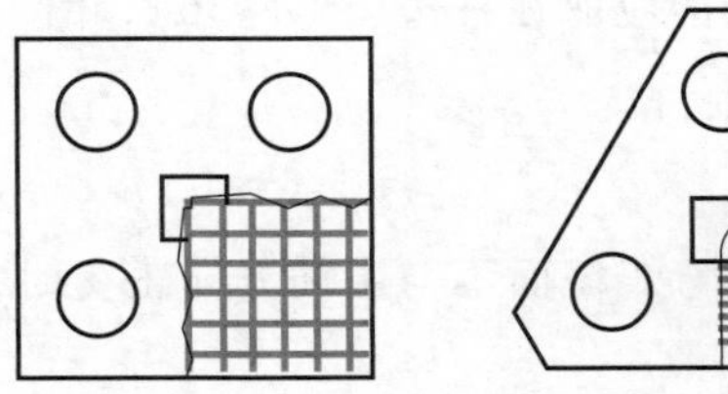

图 4-33　柱下独立桩基承台配筋示意

（a）矩形承台；（b）三桩承台

承台厚度应≥300 mm，宽度应≥500 mm，承台边缘至边桩中心距离不应小于桩的直径或边长，且边缘挑出部分应≥150 mm，对于条形承台梁应≥75 mm。为保证群桩与承台之间连接的整体性，桩顶应嵌入承台一定长度，对大直径桩宜≥100 mm；对中等直径桩宜≥50 mm。混凝土桩的桩顶主筋应伸入承台内，其锚固长度宜≥$30d_g$，对于抗拔桩基应≥$40d_g$（d_g 为钢筋直径）。承台的混凝土强度等级宜≥C20，采用 HRB400 钢筋时宜≥C25。承台的配筋按计算确定，对于矩形承台板，宜双向均匀配置，钢筋直径宜≥ϕ10，间距应满足 100～200 mm；对于三桩承台，应按三向板带均匀配置，最里面 3 根钢筋相交围成的三角形，应位于柱截面范围以内（图 4-33b）；台底钢筋的混凝土保护层厚度宜≥70 mm。承台梁的纵向主筋应≥ϕ12。

筏形、箱形承台板的厚度应满足整体刚度、施工条件及防水要求。对于桩布置于墙下或基础梁下的情况，承台板厚度宜≥250 mm，且板厚与计算区段最小跨度之比不宜小于 1/20。承台板的分布构造钢筋可用Φ10～12@150～200 mm，考虑到整体弯矩的影响，纵横两方向的支座钢筋应有 1/3～1/2，且配筋率≥0.15%，贯通全跨配置；跨中钢筋应按计算配筋率全部连通。

两桩桩基的承台，宜在其短向设置连系梁。连系梁顶宜与承台顶位于同一标高，梁宽应≥200 mm，梁高可取承台中心距的 1/15～1/10，并配置不小于 4Φ12 的钢筋。

承台埋深应≥600 mm，在季节性冻土、膨胀土地区宜埋设在冰冻线、大气影响线以下，但当冰冻线、大气影响线深度≥1 m 且承台高度较小时，则应视土的冻胀、膨胀性等级分别采取换填无黏性垫层、预留空隙等隔胀措施。

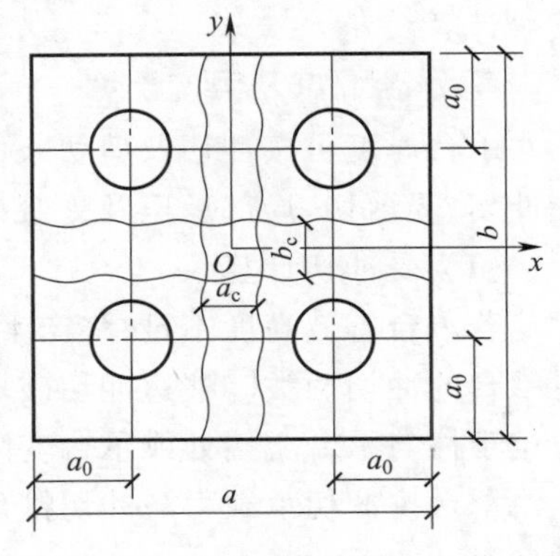

图 4-34　四桩承台弯曲破坏模式

2. 承台的内力计算

模型试验研究表明，柱下独立桩基承台（四桩及三桩承台）在配筋不足的情况下将产生弯曲破坏，其破坏特征呈梁式破坏。破坏时屈服线如图 4-34 所示，最大弯矩产生于屈服线处。根据极限平衡原理，承台正截面弯矩计算如下。

（1）柱下多桩矩形承台

计算截面应取在柱边和承台高度变化处(杯口外侧或台阶边缘),按下式计算:

$$M_x = \sum N_i y_i$$
$$M_y = \sum N_i x_i \tag{4-70}$$

式中 M_x、M_y——垂直 x,y 轴方向计算截面处弯矩设计值;

x_i、y_i——垂直 y 轴和 x 轴方向自桩轴线到相应计算截面的距离(图4-35);

N_i——扣除承台和承台上土自重设计值后 i 桩竖向净反力设计值;当不考虑承台效应时,则为 i 桩竖向总反力设计值。

(2) 柱下三桩三角形承台

计算截面应取在柱边(图4-36),并按下式计算:

$$M_y = N_x x$$
$$M_x = N_y y \tag{4-71}$$

当计算弯矩截面不与主筋方向正交时,须对主筋方向角进行换算。

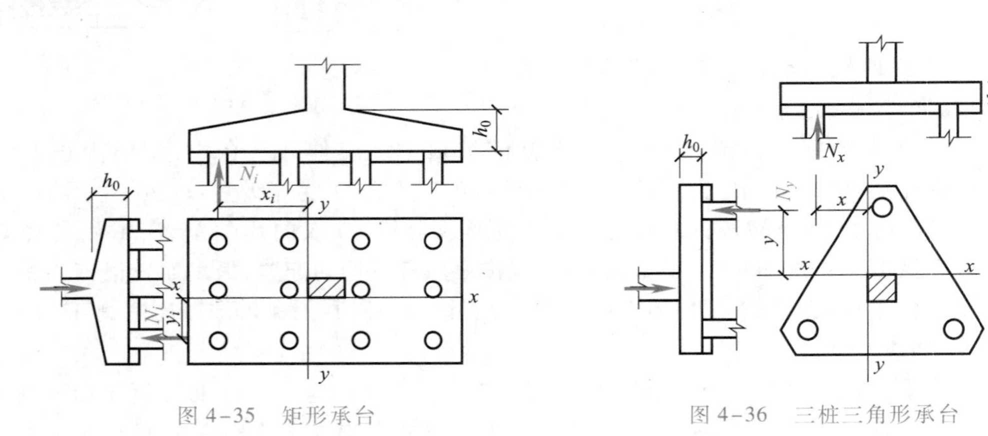

图4-35 矩形承台 图4-36 三桩三角形承台

(3) 柱下或墙下条形承台梁

正截面弯矩设计值一般可按弹性地基梁进行分析,地基的计算模型应根据地基土层的特性选取。通常可采用文克勒假定,将基桩视为弹簧支承,其刚度系数可由静载试验的 $Q-s$ 曲线确定,具体计算可参见有关文献。当桩端持力层较硬且桩轴线不重合时,可视桩为不动支座,按连续梁计算。

3. 承台厚度及强度计算

承台厚度可按冲切及剪切条件确定,一般可先按冲切计算,再按剪切复核;其强度计算包括受冲切、受剪切、局部承压及受弯计算。

(1) 受冲切计算

若承台有效高度不足,将产生冲切破坏。其破坏方式可分为沿柱(墙)边的冲切和单一基桩对承台的冲切两类。柱边冲切破坏锥体斜面与承台底面的夹角大于或等于45°,该斜面的上周边位于柱与承台交接处或承台变阶处,下周边位于相应的桩顶内边缘处(图4-37)。

承台抗冲切承载力与冲切锥角有关,可以用冲跨比 λ 表达。对于柱下矩形承台,验算时应满足:

$$F_l \leqslant \beta_{hp}\beta_0 u_m f_t h_0 \tag{4-72}$$

$$F_l = F - \sum N_i \tag{4-73}$$

$$\beta_0 = \frac{0.84}{\lambda + 0.2} \tag{4-74}$$

式中 F_l——作用于冲切破坏锥体上的冲切力设计值。

f_t——承台混凝土抗拉强度设计值。

u_m——冲切破坏锥体有效高度中线周长。

h_0——承台冲切破坏锥体的有效高度。

β_{hp}——受冲切承载力截面高度的影响系数，当 $h<800$ mm 时，β_{hp} 取 1.0；$h>2\ 000$ mm 时，β_{hp} 取 0.9；其间按线性内插法取值。

β_0——冲切系数。

λ——冲跨比，$\lambda = a_0/h_0$（a_0 为冲跨，即柱边或承台变阶处到桩边的水平距离），当 $\lambda<0.25$ 时，取 $\lambda=0.25$；当 $\lambda>1.0$ 时，取 $\lambda=1.0$。

F——作用于柱（墙）底的竖向荷载设计值。

$\sum N_i$——冲切破坏锥体范围内各基桩净反力（不计承台和承台上土自重）设计值之和。

对于圆柱及圆桩，计算时应将截面换算成方柱或方桩，取换算柱或桩截面边宽 $b_p=0.8d$。

柱下矩形独立承台受柱冲切时可按下列公式计算（图4-37）：

$$F_l = 2[\beta_{0x}(b_c + a_{0y}) + \beta_{0y}(h_c + a_{0x})]\beta_{hp} f_t h_0 \tag{4-75}$$

式中 β_{0x}、β_{0y}——由式（4-74）求得，$\lambda_{0x}=a_{0x}/h_0$，$\lambda_{0y}=a_{0y}/h_0$，λ_{0x}、λ_{0y} 均应满足 0.25～1.0 的要求；

h_c、b_c——柱截面长、短边尺寸；

a_{0x}、a_{0y}——自柱长边或短边到最近桩边的水平距离。

对位于柱（墙）冲切破坏锥体以外的基桩，尚应考虑单桩对承台的冲切作用，并按四桩以上（含四桩）承台、三桩承台等不同情况计算受冲切承载力。

对于柱下两桩承台，宜按深受弯构件（$l_0/h<5.0$，$l_0=1.15l_n$，l_n 为两桩净距）计算受弯、受剪承载力，不需进行冲切承载力计算。

（2）受剪切计算

桩基承台的剪切破坏面为一通过柱（墙）边与桩边连线所形成的斜截面（图 4-38）。当柱（墙）外有多排桩形成多个剪切斜截面时，对每一个斜截面都应进行受剪承载力计算。

下面仅介绍柱下等厚度承台的计算。其斜截面受剪承载力可按下列公式计算：

$$V \leqslant \beta_{hs}\alpha f_t b_0 h_0 \tag{4-76}$$

$$\left.\begin{aligned} \alpha &= \frac{1.75}{\lambda + 1.0} \\ \beta_{hs} &= \left(\frac{800}{h_0}\right)^{1/4} \end{aligned}\right\} \tag{4-77}$$

式中 V——斜截面的最大剪力设计值。

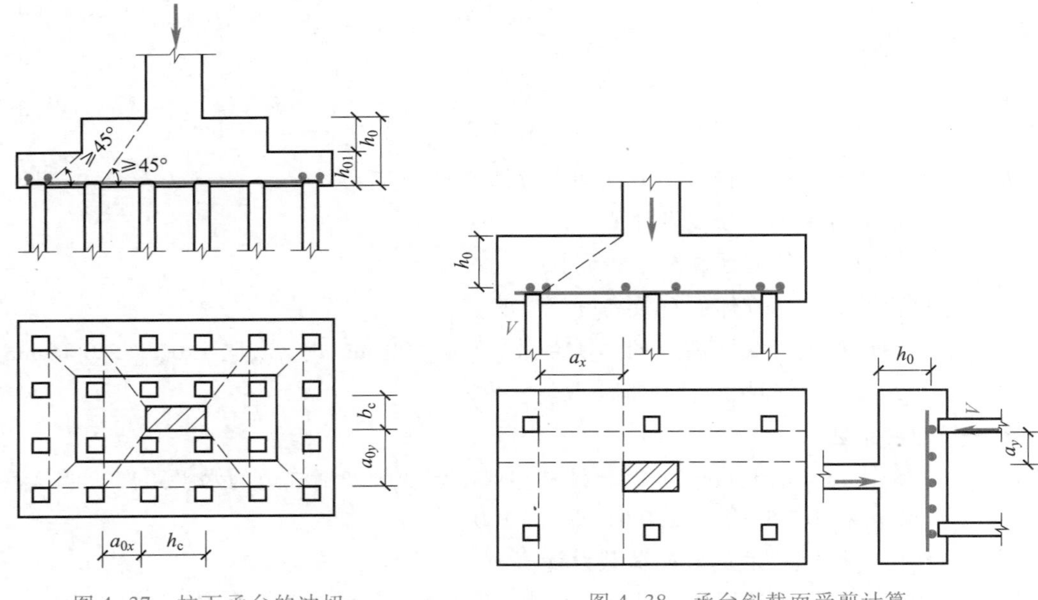

图 4-37　柱下承台的冲切　　　　图 4-38　承台斜截面受剪计算

b_0——承台计算截面处的计算宽度。

h_0——承台计算截面处的有效高度。

β_{hs}——受剪切承载力截面高度的影响系数，当 $h_0<800$ mm 时，取 $h_0=800$ mm；当 $h_0>$ 2 000 mm时，取 $h_0=2\ 000$ mm；其间按线性内插法取值。

α——剪切系数。

λ——计算截面的剪跨比，$\lambda_x=a_x/h_0$，$\lambda_y=a_y/h_0$，其中 a_x，a_y（图 4-38）为柱（墙）边或承台变阶处至 y，x 方向计算一排桩的桩边水平距离，当 $\lambda<0.25$ 时，取 $\lambda=0.25$；当 $\lambda>3$ 时，取 $\lambda=3$。

（3）局部受压计算

对于柱下桩基承台，当混凝土强度等级低于柱或桩的强度等级时，应按《混凝土结构设计规范》验算柱下或桩上承台的局部受压承载力。当进行承台的抗震验算时，尚应根据《抗震规范》规定对承台的受弯、受冲切、受剪切承载力进行抗震调整。

（4）受弯计算

承台的受弯计算，可根据承台类型分别按上述方法求得承台内力，然后按《混凝土结构设计规范》验算其正截面受弯承载力，计算方法与一般梁板相同，故此不赘述。

例题 4-2　某乙级建筑桩基如图 4-39 所示，柱截面尺寸为 450 mm×600 mm，作用在基础顶面的荷载为：$F_k=2\ 800$ kN，$M_k=210$ kN·m（作用于长边方向），$H_k=145$ kN。拟采用截面为 350 mm×350 mm 的预制混凝土方桩，桩长 12 m，已确定基桩竖向承载力特征值 $R=500.0$ kN，水平承载力特征值 $R_h=45$ kN，承台混凝土强度等级为 C30，配置 HRB400 钢筋，试设计该桩基础（不考虑承台效应）。

解　C30 混凝土，$f_t=1\ 430$ kPa；HRB300 钢筋，$f_y=360$ N/mm^2。

（1）基桩持力层、桩材、桩型、外形尺寸及单桩承载力特征值均已选定，桩身结构设计从略

(2) 确定桩数及布桩

初选桩数:暂取 6 根,取桩距 $s=3d=3\times0.35\ \mathrm{m}=1.05\ \mathrm{m}$,按矩形布置如图 4-39 所示。

$$n>\frac{F_{\mathrm{k}}}{R}=\frac{2\ 800}{500}=5.6$$

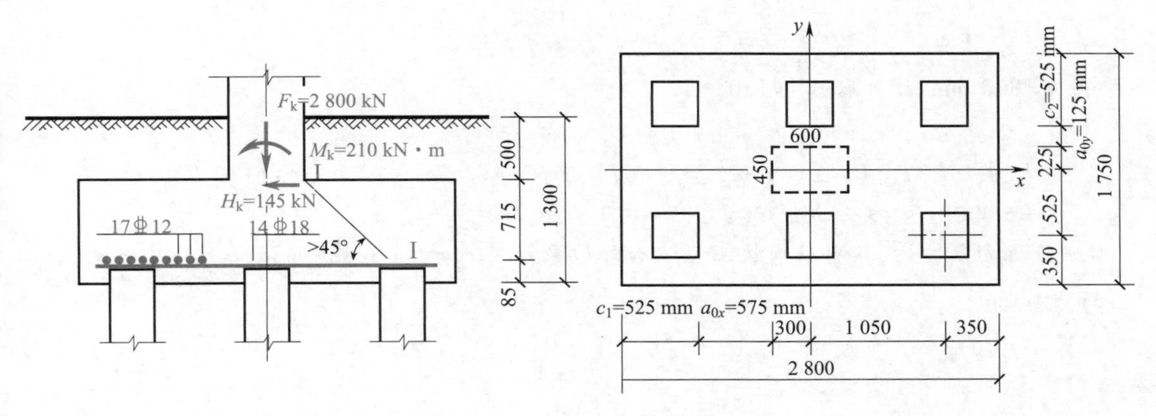

图 4-39　例题 4-2 计算图示

(3) 初选承台尺寸

取承台长边和短边分别为

$$a=2\times(0.35+1.05)\mathrm{m}=2.8\ \mathrm{m}$$
$$b=2\times0.35\mathrm{m}+1.05\mathrm{m}=1.75\ \mathrm{m}$$

承台埋深 1.3 m,承台高 0.8 m,桩顶伸入承台 50 mm,钢筋保护层取 35 mm,则承台有效高度为

$$h_0=(0.8-0.050-0.035)\mathrm{m}=0.715\ \mathrm{m}=715\ \mathrm{mm}$$

(4) 计算桩顶荷载

取承台及其上土的平均重度 $\gamma_{\mathrm{G}}=20\ \mathrm{kN/m^3}$,则桩顶平均竖向力为

$$N_{\mathrm{k}}=\frac{F_{\mathrm{k}}+G_{\mathrm{k}}}{n}=\frac{2\ 800+20\times2.8\times1.75\times1.3}{6}\ \mathrm{kN}=487.9\ \mathrm{kN}<R=500\ \mathrm{kN}$$

$$N_{\mathrm{k\,max}}=N_{\mathrm{k}}+\frac{(M_{\mathrm{k}}+H_{\mathrm{k}}h)x_{\max}}{\sum x_i^2}=\left(487.9+\frac{(210+145\times0.8)\times1.05}{4\times1.05^2}\right)\ \mathrm{kN}$$
$$=(487.9+77.6)\ \mathrm{kN}=565.5\ \mathrm{kN}<1.2R=600\ \mathrm{kN}$$

符合式(4-46)和式(4-47)要求。

基桩水平承载力验算:

$$H_{1\mathrm{k}}=H_{\mathrm{k}}/n=145\ \mathrm{kN}/6=24.2\ \mathrm{kN}$$

其值远小于单桩水平承载力特征值 $R_{\mathrm{h}}=45\ \mathrm{kN}$,因此无须验算考虑群桩效应的基桩水平承载力(详见《建筑桩基规范》)。

(5) 承台受冲切承载力验算

① 柱边冲切,按式(4-72)~式(4-74)可求得冲跨比 λ 与冲切系数 β_0。

$$\lambda_{0x}=\frac{a_{0x}}{h_0}=\frac{0.575}{0.715}=0.804(\text{符合 }0.25\sim1.0)$$

$$\beta_{0x}=\frac{0.84}{\lambda_{0x}+0.2}=\frac{0.84}{0.804+0.2}=0.837$$

$$\lambda_{0y}=\frac{a_{0y}}{h_0}=\frac{0.125}{0.715}=0.175<0.25(\text{取 }\lambda_{0y}=0.25)$$

$$\beta_{0y}=\frac{0.84}{\lambda_{0y}+0.2}=\frac{0.84}{0.25+0.2}=1.867$$

因 $h=800$ mm，故可取 $\beta_{hp}=1.0$。

$$\begin{aligned}&2[\beta_{0x}(b_c+a_{0y})+\beta_{0y}(h_c+a_{0x})]\beta_{hp}f_t h_0\\&=2\times[0.837\times(0.450+0.125)+1.867\times(0.600+0.575)]\times1.0\times1\,430\times0.715\text{ kN}\\&=5\,470.1\text{ kN}>F_l=(2\,800\times1.35-0)\text{ kN}=3\,780\text{ kN(可以)}\end{aligned}$$

② 角桩向上冲切，从角柱内边缘至承台外边缘距离 $c_1=c_2=0.525$ m，$a_{1x}=a_{0x}$，$\lambda_{1x}=\lambda_{0x}$，$a_{1y}=a_{0y}$，$\lambda_{1y}=\lambda_{0y}$。

$$\beta_{1x}=\frac{0.56}{\lambda_{1x}+0.2}=\frac{0.56}{0.804+0.2}=0.558$$

$$\beta_{1y}=\frac{0.56}{\lambda_{1y}+0.2}=\frac{0.56}{0.25+0.2}=1.244$$

$$\begin{aligned}&[\beta_{1x}(c_2+a_{1y}/2)+\beta_{1y}(c_1+a_{1x}/2)]\beta_{hp}f_t h_0\\&=[0.558\times(0.525+0.125/2)+1.244\times(0.6+0.575/2)]\times1.0\times1\,430\times0.715\text{ kN}\\&=1\,464.1\text{ kN}>N_{kmax}=565.5\text{ kN(可以)}\end{aligned}$$

(6) 承台受剪切承载力计算

根据式(4-76)，剪跨比与以上冲跨比相同，故对Ⅰ-Ⅰ斜截面：

$$\lambda_x=\lambda_{0x}=0.804(\text{介于 }0.25\sim1.0\text{ 之间})$$

故剪切系数

$$\alpha=\frac{1.75}{\lambda+1.0}=\frac{1.75}{0.804+1.0}=0.970$$

因 $h_0=715$ mm<800 mm，故可取 $h_0=800$ mm 后求得 $\beta_{hs}=1.0$。

$$\begin{aligned}\beta_{hs}\alpha f_t b_0 h_0&=1.0\times0.970\times1\,430\times1.75\times0.715\text{ kN}=1\,735.6\text{ kN}>2N_{k\,max}\\&=2\times565.5\text{ kN}=1\,131.0\text{ kN(可以)}\end{aligned}$$

Ⅱ-Ⅱ斜截面 λ 按0.3计，其受剪切承载力更大，故验算从略。

(7) 承台受弯承载力计算

由式(4-70)可得

$$M_x=\sum N_i y_i=3\times487.9\times0.3\text{ kN}\cdot\text{m}=439.1\text{ kN}\cdot\text{m}$$

$$A_s=\frac{M_x}{0.9f_y h_0}=\frac{439.1\times10^6}{0.9\times360\times715}\text{ mm}^2=1\,895.5\text{ mm}^2$$

选用17⌀12，$A_s=1\,923$ mm²，沿平行 y 轴方向均匀布置。

$$M_y=\sum N_i x_i=2\times565.5\times0.7\text{ kN}\cdot\text{m}=791.7\text{ kN}\cdot\text{m}$$

$$A_s=\frac{M_y}{0.9f_y h_0}=\frac{791.7\times10^6}{0.9\times360\times715}\text{ mm}^2=3\,417.5\text{ mm}^2$$

选用14⌀18，$A_s=3\,563$ mm²，沿平行 x 轴方向均匀布置。

4-7 小结
Summary

(1) 与浅基础相比,桩基具有竖向和水平向承载力高、刚度大、抗震性能好的特点。与其他深基础比较,桩基具有施工简单、功效高和适用范围广的优点。所以,桩基础是深基础中目前使用频率最高的一种基础形式。

(2) 桩按承载性状可以分为摩擦型桩和端承型桩;按成桩方法可以分为非挤土桩、部分挤土桩和挤土桩,其中,钻孔灌注桩是典型的非挤土桩,打入桩是典型的挤土桩;按直径大小可以分为小直径桩、中等直径桩和大直径桩。

(3) 桩基验算包含承载力验算和沉降验算,其中承载力验算是基本的,而沉降验算仅在必要时进行。桩基的承载力验算包含基桩(含复合基桩,以下同)的轴向承载力和水平承载力验算,此外,桩基的承台强度和软弱下卧层的承载力也应满足相应要求。

(4) 基桩的轴向承载力包含轴向抗压承载力和轴向抗拔承载力。要求按荷载效应标准组合计算所得的平均桩顶竖向压力不大于基桩的竖向承载力特征值,最大的桩顶竖向压力不大于基桩竖向承载力特征值的 1.2 倍;考虑地震作用时,基桩的竖向承载力可相应增加。当承受上拔荷载作用时,应按整体破坏和非整体破坏两种情况分别验算。

(5) 复合基桩的竖向承载力特征值由单桩竖向承载力特征值和承台效应两部分组成。单桩竖向承载力特征值由单桩竖向极限承载力标准值除以安全系数得到,承台效应由分配到一根桩上的承台底土抗力乘以承台效应系数得到。

(6) 单桩竖向极限承载力特征值应根据桩基的设计等级按规定的方法确定。目前工程中常用的方法有单桩静载试验、原位测试和经验参数法,其中最可靠的是单桩静载试验,用得最多的是经验参数法。当按经验参数法确定单桩竖向承载力特征值时,应根据桩的类型由土的物理指标与承载力参数之间的经验关系按相关公式进行计算。同时,桩身承载力和抗裂能力应满足相关要求。

(7) 桩基的沉降计算可采用等效作用分层总和法,该法的要点是将桩端平面作为等效作用面,等效作用面积为承台的投影面积,等效作用面上的附加压力近似取承台底的平均附加压力,然后按一般的分层总和法计算桩端平面以下土层的沉降量,而桩基础的最终沉降量即等于上述计算结果乘以桩基沉降计算经验系数和桩基等效沉降系数。

(8) 承台是桩基础的重要构件。在桩基础中,承台起着将桩群连接为整体和将荷载较均匀地分配到各个基桩的重要作用。承台的验算内容包含抗冲切、抗剪切和抗弯曲(配筋)验算。当承台的混凝土强度等级低于柱或桩的混凝土强度等级时,尚应验算承台与上述构件连接处的局部受压承载力。

(9) 成桩期间的质量控制和成桩后的质量检测是保证施工质量达到设计要求和桩基运行安全的关键。目前的检测手段比如钻芯法和声波透射法可以有效地判断现场灌注桩成桩质量的状态,但钻芯法存在费时费力的弊端,实际工程中一般不能达到大比例钻芯的条件;声波透射法检测和桩基施工相互间存在干扰。所以成桩质量检测也需要进一步加强研究,以期寻找到更为方便可靠的检测手段。

思考题与习题
Questions and Exercises

4-1 试简述桩基础的适用场合及设计原则。

4-2 试分别根据桩的承载性状和桩的施工方法对桩进行分类。

4-3 简述单桩在竖向荷载作用下的工作性能及其破坏性状。

4-4 什么叫负摩阻力、中性点？如何确定中性点的位置及负摩阻力的大小？

4-5 何谓单桩竖向承载力特征值？

4-6 何谓群桩效应？如何验算桩基竖向承载力？

4-7 单桩水平承载力与哪些因素有关？设计时如何确定？

4-8 在工程实践中如何选择桩的直径、桩长及桩的类型？

4-9 如何确定承台的平面尺寸及厚度？设计时应做哪些验算？

4-10 某工程桩基采用预制混凝土桩，桩截面尺寸为 350 mm×350 mm，桩长 10 m，各土层分布情况如图 4-40 所示，试确定该基桩的竖向承载力标准值 Q_{uk} 和基桩的竖向承载力特征值 R（不考虑承台效应）。

4-11 某建筑物采用单桩基础，桩径 $d=0.5$ m，旋转钻施工，地质剖面如图 4-41 所示，试求该桩受到的下拉荷载值。

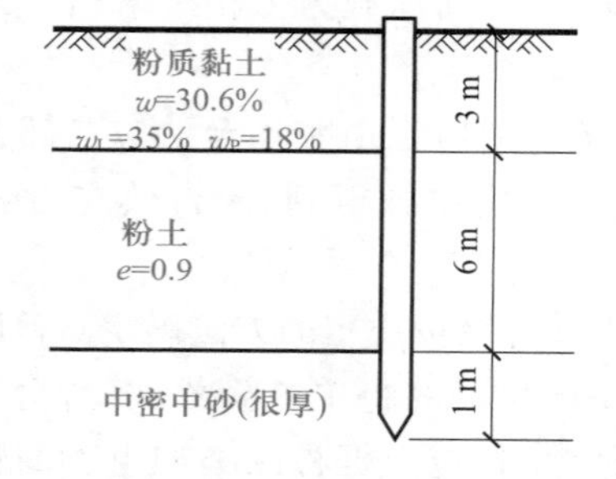

图 4-40 习题 4-10 图

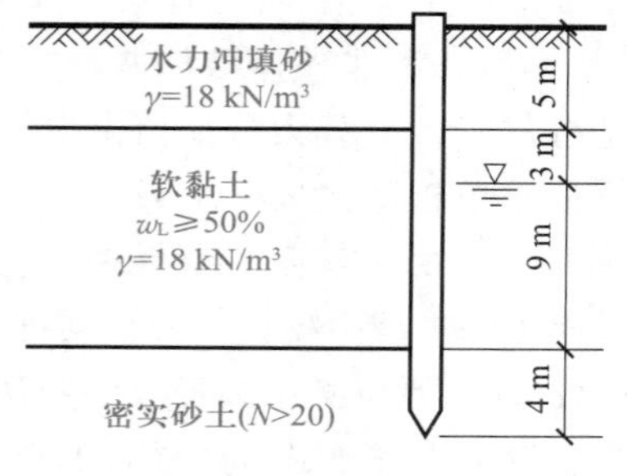

图 4-41 习题 4-11 图

4-12 某工程一群桩基础中桩的布置及承台尺寸如图 4-42 所示，其中桩采用 $d=500$ mm 的钢筋混凝土预制桩，桩长 12 m，承台埋深 1.2 m。土层分布第一层为 3 m 厚的杂填土，第二层为 4 m 厚的可塑状态黏土，其下为很厚的中密中砂层。上部结构传至承台的轴心荷载标准值为 $F_k=5\ 400$ kN，弯矩 $M_k=1\ 200$ kN·m，试验算该桩基础是否满足设计要求。

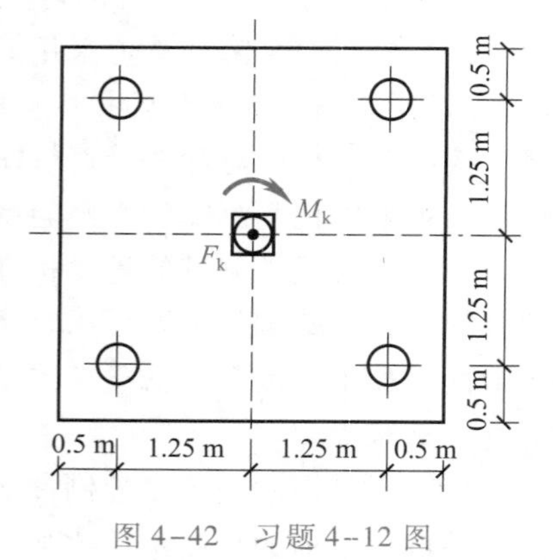

图 4-42 习题 4-12 图

4-13 某场地土层分布情况为：第一层杂填土，厚 1.0 m；第二层为淤泥，软塑状态，厚 6.5 m；第三层为粉质黏土，$I_L=0.25$，厚度较大。现需设计一框架内柱的预制桩基础。柱底在地面处的竖向荷载为 $F_k=1\ 700$ kN，弯矩为 $M_k=180$ kN·m，水平荷载 $H_k=100$ kN，初选预制桩截面尺寸 350 mm×350 mm。试设计该桩基础。

第5章
Chapter 5

沉井基础及其他深基础
Open Caisson and Other Types of Deep Foundation

本章学习目标：

熟练掌握沉井作为整体深基础按刚性桩进行基底应力与桩侧土抗力验算及沉井本身内力变形的分析计算方法。

掌握沉井基础的构造及各组成部分的作用。

熟悉沉井的分类、施工工艺和下沉时可能遇到的问题及处理措施。

了解沉井下沉过程中作为支挡结构的结构计算内容与方法。

了解墩基础、地下连续墙等其他深基础的施工工艺与方法。

5-1
教学课件

5-1 概述
Introduction

5-1-1 沉井的作用及适用条件
Function and Applicability of Open Caisson

沉井是一种带刃脚的井筒状构造物(图 5-1a)。它利用人工或机械方法清除井内土石,借助自重或添加压重等措施克服井壁摩阻力逐节下沉至设计标高,再浇筑混凝土封底并填塞井孔,成为建筑物的基础(图 5-1b)。

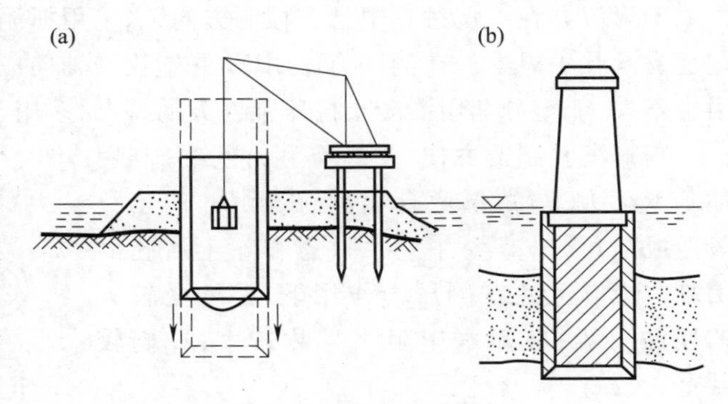

图 5-1 沉井基础示意
(a) 沉井下沉; (b) 沉井基础

沉井的特点是埋置深度较大(如日本采用壁外喷射高压空气施工,井深超过 200 m),整体性强,稳定性好,具有较大的承载面积,能承受较大的垂直和水平荷载。此外,沉井既是基础,又是施工时的挡土和挡水围堰构造物,施工工艺简便,技术稳妥可靠,无须使用特殊专业设备,并可做成补偿性基础，避免过大沉降，保证基础稳定性。因此在深基础或地下结构中应用较为广泛，如桥梁墩台基础，地下泵房、水池、油库、矿用竖井，大型设备基础，高层和超高层建筑物基础等。但沉井基础施工工期较长，对粉、细砂类土在井内抽水易发生流砂现象，造成沉井倾斜；沉井下沉过程中遇到的大孤石、树干或井底岩层表面倾斜过大，也会给施工带来一定的困难。

沉井最适合在不太透水的土层中下沉，这样易于控制沉井下沉方向，避免倾斜。一般下列情况可考虑采用沉井基础：

（1）上部荷载较大，表层地基土承载力不足，而在一定深度下有较好的持力层，且与其他基础方案相比较为经济合理；

（2）在山区河流中，虽土质较好，但冲刷大，或河中有较大卵石不便桩基础施工；

（3）岩层表面较平坦且覆盖层薄，但河水较深，采用扩大基坑施工围堰有困难。

5-1-2　沉井的分类 Classification of Open Caisson

（1）按施工的方法不同，沉井可分为一般沉井和浮运沉井。一般沉井指直接在基础设计的位置上制造，然后挖土，依靠沉井自重下沉。若基础位于水中，则先人工筑岛，再在岛上筑井下沉。浮运沉井指先在岸边制造，再浮运就位下沉的沉井。通常在深水地区（如水深大于 10 m），或水流流速大、有通航要求、人工筑岛困难或不经济时，可采用浮运沉井。

（2）按制造沉井的材料可分为混凝土沉井、钢筋混凝土沉井、竹筋混凝土沉井和钢沉井。混凝土沉井因抗压强度高，抗拉强度低，多做成圆形，且仅适用于下沉深度不大（4 ~ 7 m）的松软土层。钢筋混凝土沉井抗压抗拉强度高，下沉深度大（可达数十米以上），可做成重型或薄壁就地制造下沉的沉井，也可做成薄壁浮运沉井及钢丝网水泥沉井等，在工程中应用最广。沉井承受拉力主要在下沉阶段，我国南方盛产竹材，因此可就地取材，采用耐久性差但抗拉力好的竹筋代替部分钢筋，做成竹筋混凝土沉井，如南昌赣江大桥、白沙沱长江大桥等。钢沉井由钢材制作，其强度高、重量轻、易于拼装，适于制造空心浮运沉井，但用钢量大，国内较少采用。此外，根据工程条件也可选用木沉井和砌石圬工沉井等。

（3）按沉井的平面形状可分为圆形、矩形和圆端形三种基本类型，根据井孔的布置方式，又可分为单孔、双孔及多孔沉井（图 5-2）。

圆形沉井在下沉过程中易于控制方向，当采用抓泥斗挖土时，比其他沉井更能保证其刃脚均匀地支承在土层上。在侧压力作用下，井壁仅受轴向应力作用，即使侧压力分布不均匀，弯曲应力也不大，能充分利用混凝土抗压强度大的特点，多用于斜交桥或水流方向不定的桥墩基础。

矩形沉井制造方便，受力有利，能充分利用地基承载力，与矩形墩台相配合。沉井四角一般做成圆角，以减少井壁摩阻力和除土清孔的困难。矩形沉井在侧压力作用下，井壁受较大的挠曲力矩；在流水中阻水系数较大，冲刷较严重。

圆端形沉井在控制下沉、受力条件、阻水冲刷等方面均较矩形沉井有利，但施工较为复杂。

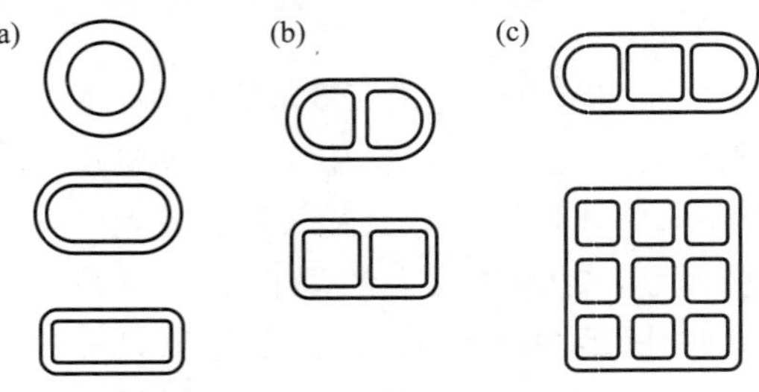

图 5-2　沉井的平面形状

（a）单孔沉井；（b）双孔沉井；（c）多孔沉井

对平面尺寸较大的沉井,可在沉井中设隔墙,构成双孔或多孔沉井,以改善井壁受力条件及均匀取土下沉。

(4) 按沉井的立面形状可分为柱形、阶梯形和锥形沉井(图5-3)。柱形沉井受周围土体约束较均衡,下沉过程中不易发生倾斜,井壁接长较简单,模板可重复利用,但井壁侧阻力较大,当土体密实,下沉深度较大时,易出现下部悬空,造成井壁拉裂,故一般用于入土不深或土质较松软的情况。阶梯形沉井和锥形沉井可以减小土与井壁的摩阻力,井壁抗侧压力性能较为合理,但施工较复杂,消耗模板多,沉井下沉过程中易发生倾斜,多用于土质较密实,沉井下沉深度大,且要求沉井自重不太大的情况。锥形沉井井壁坡度通常为1/40~1/20,阶梯形井壁的台阶宽为100~200 mm。

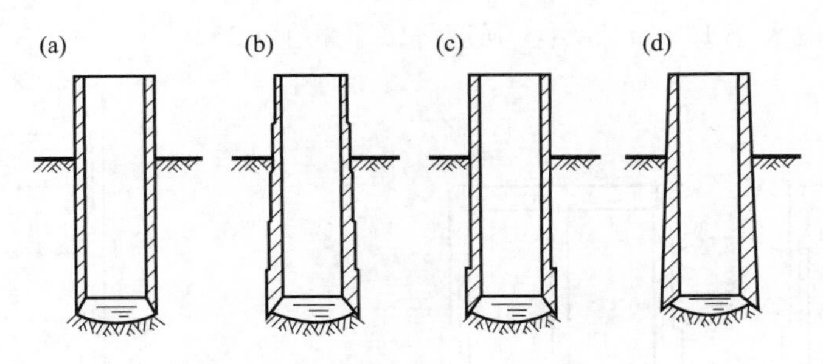

图5-3 沉井的立面形状

(a) 柱形;(b) 阶梯形;(c) 阶梯形;(d) 锥形

5-1-3 沉井基础的构造

Constitution of Open Caisson Foundation

1. 沉井的轮廓尺寸

沉井的平面形状常取决于上部结构(或下部结构墩台)底部的形状。对于矩形沉井,为保证下沉的稳定性,沉井的长短边之比不宜大于3。若上部结构的长宽比较为接近,可采用方形或圆形沉井。沉井顶面尺寸为结构物底部尺寸加襟边宽度。襟边宽度不应小于0.2 m,且大于沉井全高的1/50,浮运沉井不小于0.4 m,如沉井顶面需设置围堰,其襟边宽度根据围堰构造还需加大。建筑物边缘应尽可能支承于井壁上或顶板支承面上,对井孔内不以混凝土填实的空心沉井不允许结构物边缘全部置于井孔位置上。

沉井的入土深度需根据上部结构、水文地质条件及各土层的承载力等确定。入土深度较大的沉井应分节制造和下沉,每节高度不宜大于5 m;当在松软土层中下沉时,底节沉井还应不大于沉井宽度的0.8倍;若底节沉井高度过高,沉井过重,将给制模、筑岛时岛面处理、抽除垫木下沉等带来困难。

2. 沉井的一般构造

沉井一般由井壁、刃脚、隔墙、井孔、凹槽、封底和顶板等组成(图5-4)。有时井壁中还预埋射水管等其他部分。各组成部分的作用如下。

(1) 井壁

沉井的外壁,是沉井的主体部分,在沉井下沉过程中起挡土、挡水及利用本身自重克服土与井壁间摩阻力下沉的作用。当沉井施工完毕后，就成为传递上部荷载的基础或基础的一部分。因此，井壁必须具有足够的强度和一定的厚度，并根据施工过程中的受力情况配置竖向及水平向钢筋。壁厚可采用0.80～2.2 m，最薄不宜小于0.4 m，但钢筋混凝土薄壁浮运沉井及钢模薄壁浮运沉井的壁厚不受此限，井壁的混凝土强度等级不低于C25，对薄壁浮运沉井不应低于C30。

（2）刃脚

井壁下端形如楔状的部分，其作用是利于沉井切土下沉。刃脚底面（踏面）宽度一般为0.1～0.2 m，软土可适当放宽。若下沉深度大，土质较硬，刃脚底面应以型钢（角钢或槽钢）加强（图5-5），以防刃脚损坏。刃脚内侧斜面与水平面夹角不宜小于45°。刃脚高度视井壁厚度、便于抽除垫木而定，一般大于1.0 m，混凝土强度等级不低于C25。

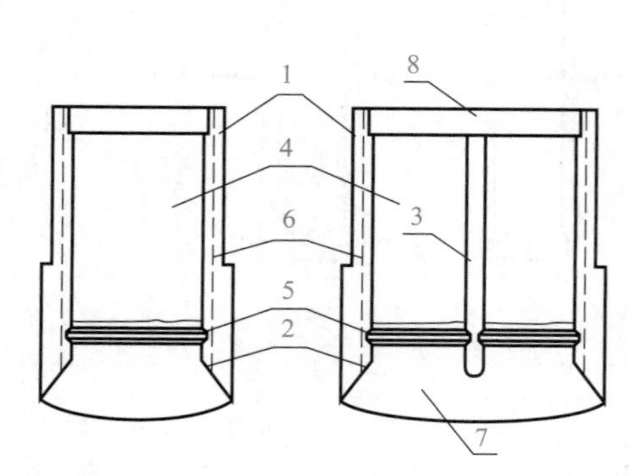

1—井壁；2—刃脚；3—隔墙；4—井孔；5—凹槽；6—射水管组；7—封底混凝土；8—顶板

图5-4 沉井的一般构造

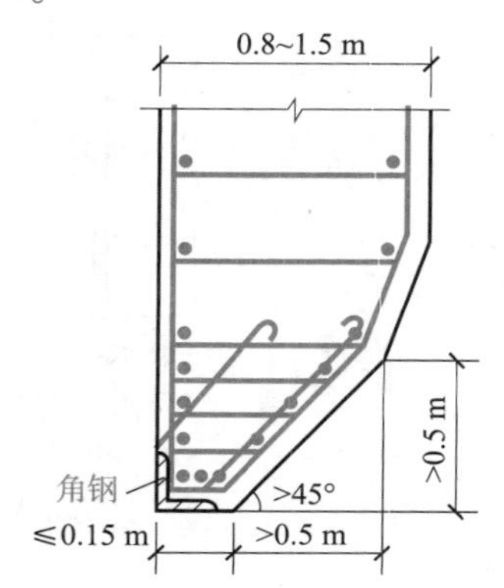

图5-5 刃脚构造示意

（3）隔墙

隔墙为沉井的内壁，其作用是将沉井空腔分隔成多个井孔，便于控制挖土下沉，防止或纠正倾斜和偏移，并加强沉井刚度，减小井壁挠曲应力。隔墙厚度一般小于井壁，为0.5～1.0 m。隔墙底面应高出刃脚底面0.5 m以上，避免被土搁住而妨碍下沉。如为人工挖土，还应在隔墙下端设置过人孔，以便工作人员在井孔间往来。

（4）井孔

井孔为挖土排土的工作场所和通道，其尺寸应满足施工要求，最小边长不宜小于3 m。井孔应对称布置，以便对称挖土，保证沉井均匀下沉。

（5）凹槽

凹槽位于刃脚内侧上方，高约1.0 m，深度一般为150～300 mm。用于沉井封底时使井壁与封底混凝土较好地结合，使封底混凝土底面反力更好地传给井壁。沉井挖土困难时，可利用凹槽做成钢筋混凝土板，改为气压箱室挖土下沉。

（6）射水管

当沉井下沉较深，土阻力较大，估计下沉困难时，可在井壁中预埋射水管组。射水管应均匀布置，以利于通过控制水压和水量来调整下沉方向。一般水压不小于600 kPa。如使用泥浆润滑套施工方法,应有预埋的泥浆压射管路。

(7) 封底

沉井沉至设计标高进行清基后,便在刃脚踏面以上至凹槽处浇筑混凝土形成封底。封底可防止地下水涌入井内,其底面承受地基土和水的反力,封底混凝土顶面应高出凹槽或刃脚根部0.5 m,其厚度可由应力验算决定,根据经验也可取不小于井孔最小边长的1.5倍。混凝土强度等级对非岩石地基和岩石地基分别不应低于C25和C20,井孔内填充的混凝土强度等级不低于C15。

(8) 顶板

沉井封底后,若条件允许,为节省圬工量,减轻基础自重,在井孔内可不填充任何东西,做成空心沉井基础,或仅填砂石,此时须在井顶设置钢筋混凝土顶板,以承托上部结构。顶板厚度一般为1.5~2.0 m,钢筋配置由计算确定。

沉井井孔是否填充,应根据受力或稳定要求决定。在严寒地区,低于冻结线0.25 m以上部分,必须用混凝土或圬工填实。

3. 浮运沉井的构造

浮运沉井可分为不带气筒和带气筒的浮运沉井两种。不带气筒的浮运沉井多用钢、木、钢丝网水泥等材料制作,钢丝网水泥薄壁浮式沉井薄壁空心,内壁与外管均用2~3层钢丝网铺设在钢筋网两侧,抹以高强度的水泥砂浆,并用1~3 mm保护层,具有构造简单、施工方便、节省钢材等优点。适用于水不太深、流速不大、河床较平、冲刷较小的自然条件。为增加水中自浮能力,还可做成带临时性井底板的浮运沉井,即浮运就位后,灌水下沉,同时接筑井壁,当到达河床后,打开临时性井底板,再按一般沉井施工。

当水深流急、沉井较大时,通常可采用带气筒的浮运沉井。如图5-6所示,其主要由双壁钢沉井底节、单壁钢壳、钢气筒等组成。双壁钢沉井底节是一个可自浮于水中的壳体结构,底节以上的井壁采用单壁钢壳,既可防水,又可作为接高时灌注沉井外圈混凝土的模板的一部分。钢气筒为沉井提供所需浮力,同时在悬浮下沉中可通过充放气调节使沉井上浮、下沉或校正偏斜等,当沉井落至河床后,除去气筒即为取土井孔。

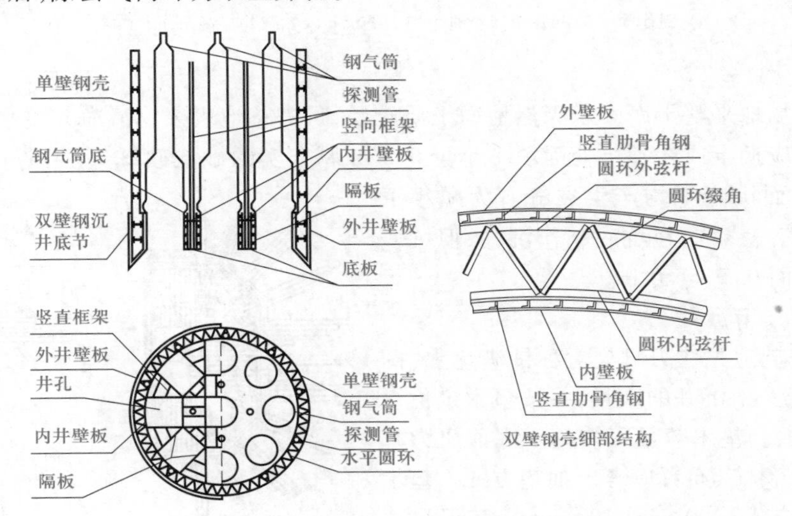

图5-6 带钢气筒的浮运沉井

4. 组合式沉井

当采用低承台桩出现围水挖土(岩)浇筑承台困难,而采用沉井则岩层倾斜较大或沉井范围内地基土软硬不均且水深较大时,可采用沉井-桩基的混合式基础,即组合式沉井。施工时先将沉井下沉至预定标高,浇筑封底混凝土和承台,再通过井内预留孔位钻孔灌注成桩。该混合式沉井结构既可围水挡土,又可作为钻孔桩的护筒和桩基的承台。

5-2 沉井的施工 Construction of Open Caisson

沉井基础施工一般可分为旱地施工、水中筑岛及浮运沉井三种。施工前应详细了解场地的地质和水文条件。水中施工应做好河流汛期、河床冲刷、通航及漂流物等的调查研究,充分利用枯水季节,制订出详细的施工计划及必要的措施,确保施工安全。

5-2-1 旱地沉井施工 Construction of Open Caisson on Land

旱地沉井施工包括就地制造、除土下沉、封底、充填井孔及浇筑顶板等步骤(图5-7),一般工序如下。

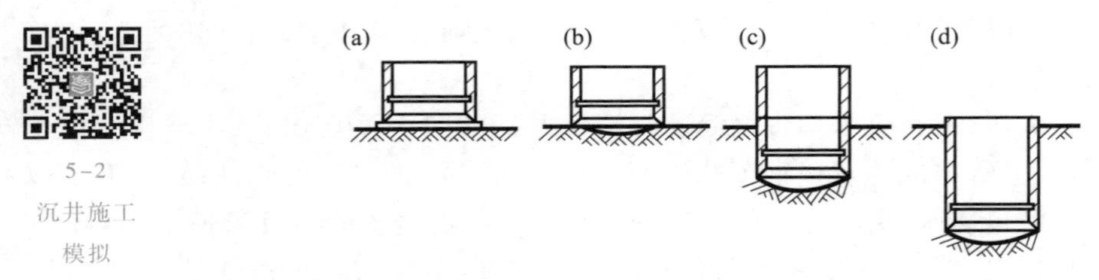

图5-7 沉井施工顺序示意

(a) 制作第一节沉井;(b) 抽垫挖土下沉;(c) 沉井接高下沉;(d) 封底

1. 清整场地

要求施工场地平整干净。若天然地面土质较硬,只需将地表杂物清净并整平,就可在其上制造沉井。否则应换土或在基坑处铺填不小于0.5 m厚夯实的砂或砂砾垫层,防止沉井在混凝土浇筑之初因地面沉降不均产生裂缝。为减小下沉深度,也可挖一浅坑,在坑底制作沉井,但坑底应高出地下水面0.5~1.0 m。

2. 制作第一节沉井

制造沉井前,应先在刃脚处对称铺满垫木(图5-8),以支承第一节沉井的重量,并按垫木定位立模板以绑扎钢筋。垫木数量可按垫木底面压力不大于100 kPa计算,其布置应考虑抽垫方便。垫木一般为枕木或方木(200 mm×200 mm),其下垫一层厚约0.3 m的砂,垫木间隙用砂填实(填到半高

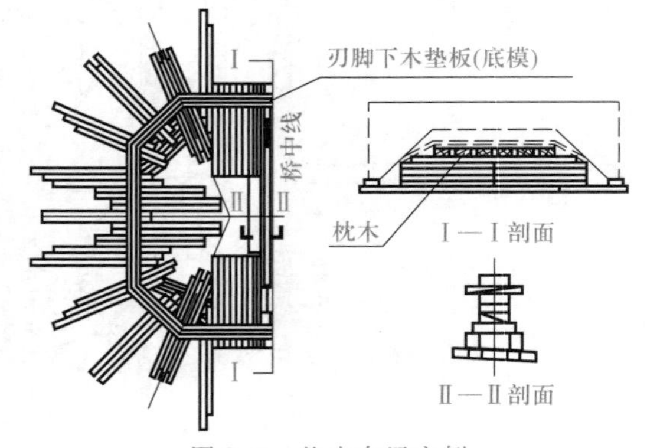

图5-8 垫木布置实例

即可)。然后在刃脚位置处放上刃脚角钢,竖立内模,绑扎钢筋,再立外模浇筑第一节沉井。模板应有较大刚度,以免挠曲变形。

3. 拆模及抽垫

当沉井混凝土强度达设计强度70%时可拆除模板,达设计强度后方可抽撤垫木。抽垫应分区、依次、对称、同步地向沉井外抽出。其顺序为:先内壁,再短边,最后长边。长边下垫木隔一根抽一根,以固定垫木为中心,由远而近对称地抽,最后抽除固定垫木,并随抽随用砂土回填捣实,以免沉井开裂、移动或偏斜。

4. 除土下沉

沉井宜采用不排水除土下沉,在稳定的土层中,也可采用排水除土下沉。除土方法可采用人工或机械,排水下沉常用人工除土。人工除土可使沉井均匀下沉并易于清除井内障碍物,但应有安全措施。不排水下沉时,可使用空气吸泥机、抓土斗、水力吸石筒、水力吸泥机等除土。通过黏土、胶结层除土困难时,可采用高压射水破坏土层。

沉井正常下沉时,应自中间向刃脚处均匀对称除土,排水下沉时应严格控制设计支承点土的排除,并随时注意沉井正位,保持竖直下沉,无特殊情况不宜采用爆破施工。

5. 接高沉井

当第一节沉井下沉至一定深度(井顶露出地面不小于0.5 m,或露出水面不小于1.5 m)时,停止除土,接筑下节沉井。接筑前刃脚不得掏空,并应尽量纠正上节沉井的倾斜,凿毛顶面,立模,然后对称均匀浇筑混凝土,待强度达设计要求后再拆模继续下沉。

6. 设置井顶防水围堰

若沉井顶面低于地面或水面,应在井顶接筑临时性防水围堰,围堰的平面尺寸略小于沉井,其下端与井顶上预埋锚杆相连。井顶防止围堰应因地制宜,合理选用,常见的有土围堰、砖围堰和钢板桩围堰。若水深流急,围堰高度大于5.0 m时,宜采用钢板桩围堰。

7. 基底检验和处理

沉井沉至设计标高后,应检验基底地质情况是否与设计相符。排水下沉时可直接检验;不排水下沉则应进行水下检验,必要时可用钻机取样进行检验。

当基底土承载力达设计要求后,应对地基进行必要的辅助性处理。砂性土或黏性土地基,一般可在井底铺一层砾石或碎石至刃脚底面以上200 mm。岩石地基,应凿除风化岩层,若岩层倾斜,还应凿成阶梯形。要确保井底浮土、软土清除干净,使封底混凝土与地基结合紧密。

8. 沉井封底

基底检验合格后应及时封底。排水下沉时,如渗水量上升速度≤6 mm/min可采用普通混凝土封底;否则宜用水下混凝土封底。若沉井面积大,可采用多导管先外后内、先低后高依次浇筑。封底一般为素混凝土,但必须与地基紧密结合,不得存在有害的夹层、夹缝。

9. 井孔填充和顶板浇筑

封底混凝土达设计强度后,再排干井孔中的水,填充井内圬工。如井孔中不填料或仅填砾石,则井顶应浇筑钢筋混凝土顶板,以支承上部结构,且应保持无水施工。然后砌筑井上构筑物,并随后拆除临时性的井顶围堰。

5-2-2　水中沉井施工*

Construction of Open Caisson in Water*

1. 水中筑岛

当水深小于3 m,流速≤1.5 m/s时,可采用砂或砾石在水中筑岛,周围用草袋围护(图5-9a);若水深或流速加大,可采用围堰防护筑岛(图5-9b);当水深较大(通常<15 m)或流速较大时,宜采用钢板桩围堰筑岛(图5-9c)。岛面应高出最高施工水位0.5 m以上,砂岛地基强度应符合要求,围堰筑岛时,围堰距井壁外缘距离 $b \geqslant H\tan(45°-\varphi/2)$ 且≥2 m(H 为筑岛高度,φ 为砂在水中的内摩擦角)。其余施工方法与旱地沉井施工相同。

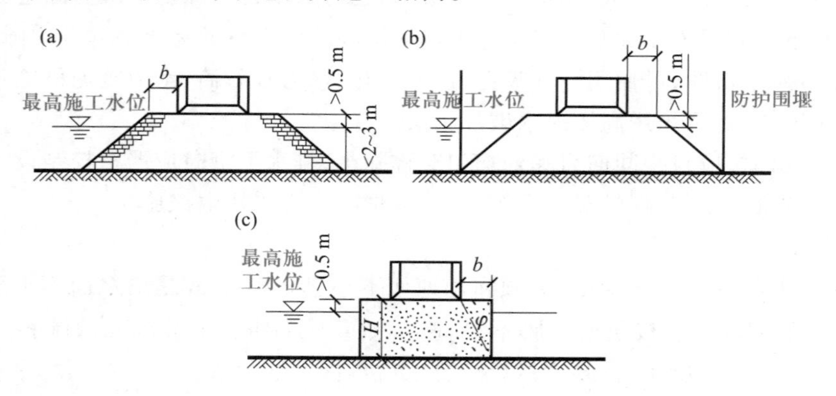

图5-9　水中筑岛下沉沉井

(a) 无围堰防护筑岛;(b) 有围堰防护筑岛;(c) 钢板桩围堰筑岛

2. 浮运沉井

若水深较大(如大于10 m),人工筑岛困难或不经济时,可采用浮运法施工。即将沉井在岸边做成空体结构,或采用其他措施(如带钢气筒等)使沉井浮于水上,利用在岸边铺成的滑道滑入水中(图5-10),然后用绳索牵引至设计位置。在悬浮状态下,逐步将水或混凝土注入空体中,使沉井徐徐下沉至河底。若沉井较高,需分段制造,在悬浮状态下逐节接长下沉至河底,但整个过程应保证沉井本身稳定。当刃脚切入河床一定深度后,即可按一般沉井下沉方法施工。

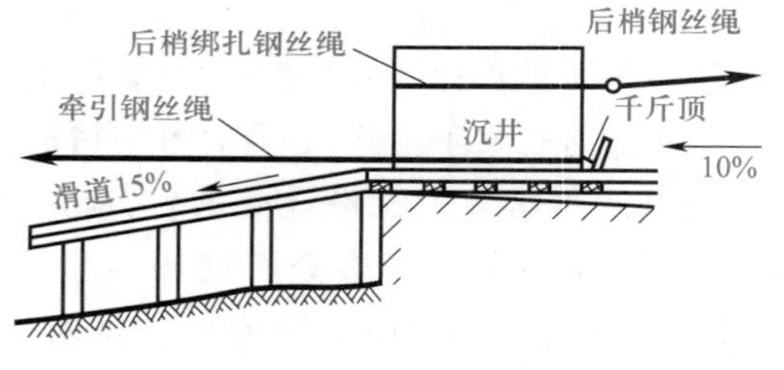

图5-10　浮运沉井下水示意

5-2-3　泥浆套和空气幕下沉沉井施工简介*

Construction Introduction of Open Caisson by Slurry Cover and Air Curtain*

当沉井深度很大,井侧土质较好时,井壁与土层间的摩阻力很大,若采用增加井壁厚度或压重等办法受限时,通常可设置泥浆润滑套和空气幕来减小井壁摩阻力。

1. 用泥浆套下沉沉井

泥浆套下沉法是借助泥浆泵和输送管道将特制的泥浆压入沉井外壁与土层之间,在沉井外围形成有一定厚度的泥浆层,该泥浆层把土与井壁隔开,并起润滑作用,从而大大降低沉井下沉中的摩擦阻力,可降低至 3 ~ 5 kPa(一般黏性土对井壁阻力为 25 ~ 50 kPa),减少井壁圬工数量,加速沉井下沉,并具有良好的稳定性。

泥浆通常由膨润土、水和碳酸钠分散剂配置而成,具有良好的固壁性、触变性和胶体稳定性。泥浆润滑套的构造主要包括射口挡板、地表围圈及压浆管。

射口挡板可用角钢或钢板弯制,置于每个泥浆射口处固定在井壁台阶上(图 5-11a),其作用是防止压浆管射出的泥浆直冲土壁,以免土壁局部坍落堵塞射浆口。

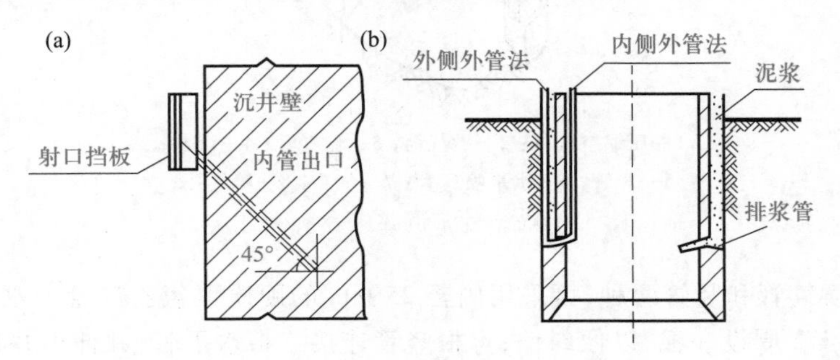

图 5-11 射口挡板与压浆管构造

(a) 射口挡板;(b) 外管法压浆管构造

地表围圈用木板或钢板制成,埋设在沉井周围(图 5-12),其作用是防止沉井下沉时土壁坍落,为沉井下沉过程中新造成的空隙补充泥浆,调整各压浆管出浆的不均衡。地表围圈的宽度与沉井台阶相同,高 1.5 ~ 2.0 m,顶面高出地面或岛面 0.5 m,圈顶面宜加盖。

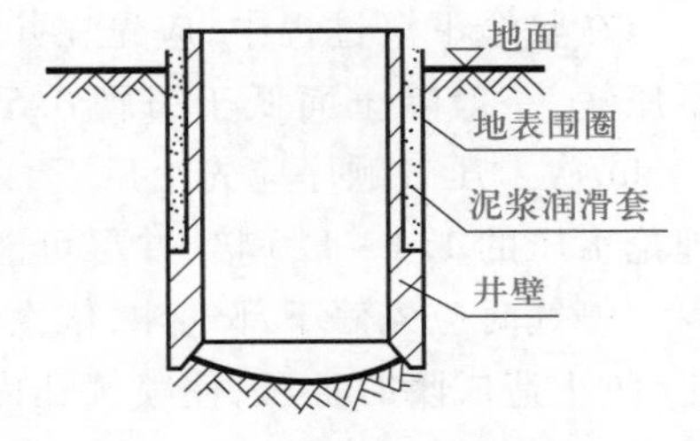

图 5-12 泥浆套地表围圈

压浆管可分为内管法(厚壁沉井)和外管法(薄壁沉井,图 5-11b)两种,通常用直径为 38 ~ 50 mm的钢管制成,沿井周边每 3 ~ 4 m 布置一根。

下沉过程中要勤补浆,勤观测,发现倾斜、漏浆等问题要及时纠正。若基底为一般土质,易出现边清基边下沉现象,此时应压入水泥砂浆换置泥浆,以增大井壁摩阻力。此外,该法不宜用于卵石、砾石土层。

2. 用空气幕下沉沉井

用空气幕下沉是一种减少下沉时井壁摩阻力的有效方法。它是通过向沿井壁四周预埋的气管中压入高压气流,气流沿喷气孔射出再沿沉井外壁上升,在沉井周围形成一空气“帷幕”(即空气幕),使井壁周围土松动或液化,摩阻力减小,促使沉井下沉。

如图 5-13 所示,空气幕沉井在构造上增加了一套压气系统,该系统由气斗、井壁中的气管、压缩空气机、贮气筒及输气管等组成。

气斗是沉井外壁上凹槽及槽中的喷气孔,凹槽的作用是保护喷气孔,使喷出的高压气流有一扩散空间,然后较均匀地沿井壁上升,形成气幕。气斗应布设简单、不易堵塞、便于喷气,目前多用棱锥形(150 mm×150 mm),其数量根据每个气斗所作用的有效面积确定。喷气孔直径 1 mm,可按等距离分布,上下交错排列布置。

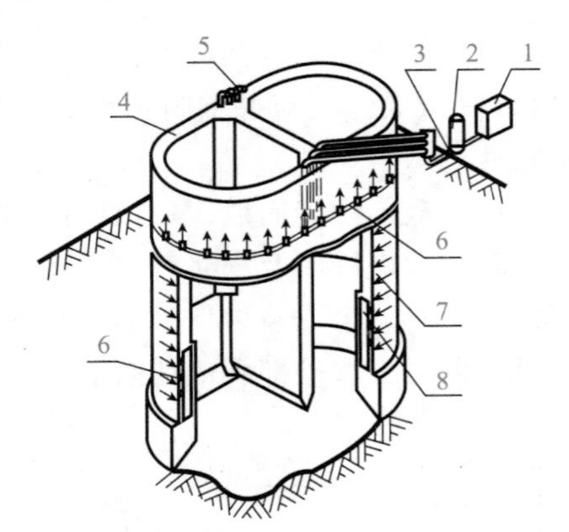

1—压缩空气机；2—贮气筒；3—输气管；4—沉井；
5—竖管；6—水平喷气管；7—气斗；8—喷气孔。
图 5-13 空气幕沉井压气系统构造

气管有水平喷气管和竖管两种，可采用内径 25 mm 的硬质聚氯乙烯管。水平喷气管连接各层气斗，每 1/4 或 1/2 周设一根，以便纠偏；每根竖管连接二根水平管，并伸出井顶。

由压缩空气机输出的压缩空气应先输入贮气筒，再由地面输气管送至沉井。以防止压气时压力骤然降低而影响压气效果。

在整个下沉过程中，应先在井内除土，消除刃脚下土的抗力后再压气，但也不得过分除土而不压气，一般除土面低于刃脚 0.5～1.0 m 时，即应压气下沉。压气时间不宜过长，一般不超过 5 min/次。压气顺序应先上后下，以形成沿沉井外壁上喷的气流。气压不应小于喷气孔最深处理论水压的 1.4～1.6 倍，并尽可能使用风压机的最大值。

停气时应先停下部气斗，依次向上，最后停上部气斗，并应缓慢减压，不得将高压空气突然停止，防止造成瞬时负压，使喷气孔内吸入泥沙而被堵塞。空气幕下沉沉井适用于砂类土、粉质土及黏性土地层，对于卵石土、砾类土及风化岩等地层不宜使用。

5-2-4 沉井下沉过程中遇到的问题及处理

Treatment of the Problems during the Sinking of Open Caisson

1. 偏斜

沉井偏斜大多发生在下沉不深时。导致偏斜的主要原因有：① 土体表面松软，制作场地或河底高低不平，软硬不均；② 刃脚制作质量差，井壁与刃脚中线不重合；③ 抽垫方法欠妥，回填不及时；④ 除土不均匀对称，下沉时有突沉和停沉现象；⑤ 刃脚遇障碍物顶住而未及时发现，排土堆放不合理，或单侧受水流冲刷淘空等导致沉井受力不对称。

纠正偏斜，通常可用除土、压重、顶部施加水平力或刃脚下支垫等方法处理，空气幕沉井也可采用单侧压气纠偏。若沉井倾斜，可在高侧集中除土，加重物，或用高压射水冲松土层，低侧回填砂石，必要时在井顶施加水平力扶正。若中心偏移则先除土，使井底中心向设计中心倾斜，然后在对侧除土，使沉井恢复竖直，如此反复至沉井逐步移近设计中心。当刃脚遇障碍物时，须先清除再下沉。如遇树根、大孤石或钢料铁件，排水施工时可人工排除，必要时用少量炸药（少于 200 g）炸碎。不排水施工时，可由潜水工进行水下切割或爆破。

2. 难沉

难沉即沉井下沉过慢或停沉。导致难沉的主要原因是:① 开挖面深度不够,正面阻力大;② 偏斜,或刃脚下遇到障碍物、坚硬岩层和土层;③ 井壁摩阻力大于沉井自重;④ 井壁无减阻措施或泥浆套、空气幕等遭到破坏。

解决难沉的措施主要是增加压重和减少井壁摩阻力。增加压重的方法有:① 提前接筑下节沉井,增加沉井自重;② 在井顶加压沙袋等重物迫使沉井下沉;③ 不排水下沉时,可井内抽水,减少浮力,迫使下沉,但需保证土体不产生流砂现象。减小井壁摩阻力的方法有:① 将沉井设计成阶梯形、钟形,或使外壁光滑;② 井壁内埋设高压射水管组,射水辅助下沉;③ 利用泥浆套或空气幕辅助下沉;④ 增大开挖范围和深度,必要时还可采用 0.1 ~ 0.2 kg 炸药起爆助沉,但同一沉井每次只能起爆一次,且需适当控制爆振次数。

3. 突沉

突沉常发生于软土地区,容易使沉井产生较大的倾斜或超沉。引起突沉的主要原因是井壁摩阻力较小,当刃脚下土被挖除时,沉井支承削弱,或排水过多、除土太深、出现塑流等。防止突沉的措施一般是控制均匀除土,在刃脚处除土不宜过深,此外,在设计时可采用增大刃脚踏面宽度或增设底梁的措施提高刃脚阻力。

4. 流砂

在粉、细砂层中下沉沉井,经常出现流砂现象,若不采取适当措施将造成沉井严重倾斜。产生流砂的主要原因是土中动水压力的水头梯度大于临界值,故防止流砂的措施是:① 排水下沉时发生流砂可向井内灌水,采取不排水除土,减小水头梯度;② 采用井点、深井或深井泵降水,降低井外水位,改变水头梯度方向使土层稳定,防止流砂发生。

5-3　沉井的设计与计算
Design and Calculation of Open Caisson

沉井既可是建构筑物的基础,又是施工过程中挡土、挡水的结构物,因而其设计计算包括沉井作为整体深基础的计算和沉井在施工过程中的结构计算两大部分。

在设计沉井之前必须掌握如下有关资料:① 上部结构或下部结构墩台的尺寸要求,沉井基础设计荷载;② 水文和地质资料(如设计水位、施工水位、冲刷线或地下水位标高,土的物理力学性质,沉井通过的土层有无障碍物等);③ 拟采用的施工方法(排水或不排水下沉,筑岛或防水围堰的标高等)。

5-3-1　沉井作为整体深基础的计算
Calculation of Open Caisson as Integrated Deep Foundation

沉井作为整体深基础,其设计主要是根据上部结构特点、荷载大小及水文和地质情况,结合沉井的构造要求及施工方法,拟定出沉井埋深、高度和分节及平面形状和尺寸,井孔大小及布置,井壁厚度和尺寸,封底混凝土和顶板厚度等进行计算。

根据沉井基础的埋置深度不同有两种计算方法。当沉井埋深较浅,在最大冲刷线以下仅数米时,可不考虑基础侧面土的横向抗力影响,按浅基础设计计算;当埋深较大时,沉井周围土体对沉井的约束作用不可忽视,此时在验算地基应力、变形及沉井的稳定性时,应考虑基础侧面土体弹性抗力的影响,按刚性桩($\alpha h\leqslant 2.5$)计算内力和土抗力。

一般要求沉井基础下沉到坚实的土层或岩层上,其作为地下结构物,荷载较小,地基的承载力和变形通常不会存在问题。沉井作为整体深基础,可考虑沉井侧面摩阻力进行地基承载力计算,一般应满足

$$F+G\leqslant R_j+R_f \tag{5-1}$$

式中 F——沉井顶面处作用的荷载,kN;

G——沉井的自重,kN;

R_j——沉井底部地基土的总反力,kN;

R_f——沉井侧面的总摩阻力,kN。

沉井底部地基土的总反力 R_j 等于该处土的承载力特征值 f_a 与支承面积 A 的乘积,即

$$R_j=f_aA \tag{5-2}$$

可假定井侧摩阻力沿深度呈梯形分布,距地面 5 m 范围内按三角形分布,5 m 以下为常数,如图 5-14 所示,故总摩阻力为

$$R_f=U(h-2.5)q_0 \tag{5-3}$$

式中 U——沉井的周长,m;

h——沉井的入土深度,m;

q_0——单位面积摩阻力加权平均值,$q_0=\sum q_ih_i/\sum h_i$, kPa;

h_i——各土层厚度,m;

q_i——i 土层井壁单位面积摩阻力,根据实际资料或查表 5-1 选用。

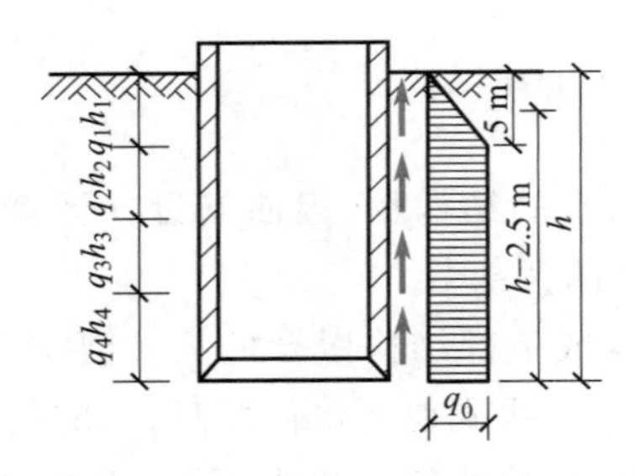

图 5-14 井侧摩阻力分布假定

表 5-1 井壁与土体间的摩阻力标准值

土的名称	土与井壁的摩阻力 q/kPa
黏性土	25~50
砂土	12~25
卵石	15~30
砾石	15~20
软土	10~12
泥浆套	3~5

注:泥浆套为灌注在井壁外侧的触变泥浆,是一种辅沉材料。

考虑沉井侧壁土体弹性抗力时,通常可作如下基本假定:

(1) 地基土为弹性变形介质,水平向地基系数随深度成正比例增加(即 m 法);

(2) 不考虑基础与土之间的黏着力和摩阻力;

(3) 沉井刚度与土的刚度之比视为无限大,横向力作用下只能发生转动而无挠曲变形。

根据基础底面的地质情况,又可分为非岩石地基和岩石地基两种情况,沉井基础考虑土体弹性抗力,计算基础侧面水平压应力、基底应力和基底截面弯矩。

1. 非岩石地基(包括沉井立于风化岩层内和岩面上)

当沉井基础受到水平力 F_H 和偏心竖向力 $F_V(=F+G)$ 共同作用(图 5-15a)时,可将其等效

为距离基底作用高度为 λ 的水平力 F_H(图 5-15b),即

$$\lambda=\frac{F_V e+F_H l}{F_H}=\frac{\sum M}{F_H} \tag{5-4}$$

式中　$\sum M$——对井底各力矩之和。

在水平力作用下,沉井将围绕位于地面下 z_0 深度处的 A 点转动一 ω 角(图 5-16),地面下深度 z 处沉井基础产生的水平位移 Δx 和土的侧面水平压应力 σ_{zx} 分别为

$$\Delta x=(z_0-z)\tan\omega \tag{5-5}$$

$$\sigma_{zx}=\Delta x C_z=C_z(z_0-z)\tan\omega \tag{5-6}$$

式中　z_0——转动中心 A 离地面的距离;

C_z——深度 z 处水平向的地基系数,$C_z=mz$,m 为地基土的比例系数,kN/m^4。

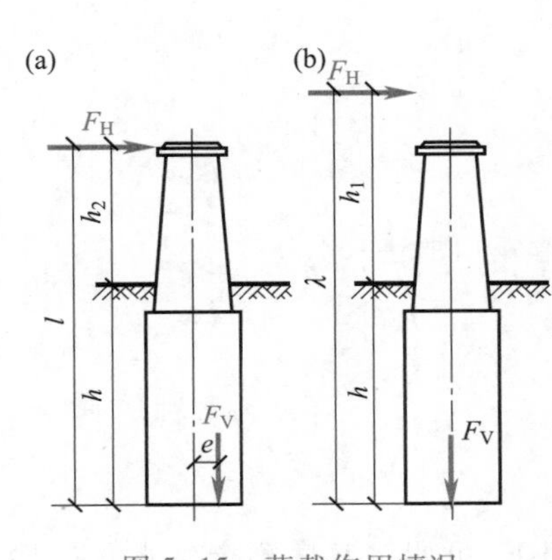

图 5-15　荷载作用情况

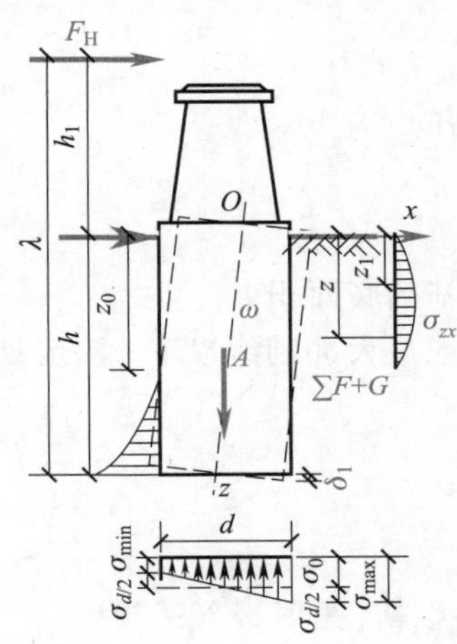

图 5-16　非岩石地基计算示意

将 C_z 值代入式(5-6)得

$$\sigma_{zx}=mz(z_0-z)\tan\omega \tag{5-7}$$

即考虑基础侧面水平压应力沿深度为二次抛物线变化。若考虑到基础底面处竖向地基系数 C_0 不变,则基底压应力图形与基础竖向位移图相似。故

$$\sigma_{d/2}=C_0\delta_1=C_0\frac{d}{2}\tan\omega \tag{5-8}$$

式中　C_0——$C_0=m_0 h$,且不得小于 $10m_0$;

d——基底宽度或直径;

m_0——基底处地基土的比例系数,kN/m^4。

上述各式中 z_0 和 ω 为两个未知数,根据图(5-16)可建立两个平衡方程式,即

$$\sum X=0\qquad F_H-\int_0^h \sigma_{zx}b_1\,dz=F_H-b_1 m\tan\omega\int_0^h z(z_0-z)\,dz=0 \tag{5-9}$$

$$\sum M=0\qquad F_H h_1+\int_0^h \sigma_{zx}b_1 z\,dz-\sigma_{d/2}W_0=0 \tag{5-10}$$

式中　b_1——基础计算宽度(4-4 ~3 小节);

W_0——基底的截面模量。

联立求解可得

$$z_0=\frac{\beta b_1 h^2(4\lambda-h)+6dW_0}{2\beta b_1 h(3\lambda-h)} \tag{5-11}$$

$$\tan\omega=\frac{6F_{\mathrm{H}}}{Amh} \tag{5-12}$$

其中：$A=\dfrac{\beta b_1 h^3+18W_0 d}{2\beta(3\lambda-h)}$；$\beta=\dfrac{C_{\mathrm{h}}}{C_0}=\dfrac{mh}{m_0 h}$，$\beta$ 为深度 h 处沉井侧面的水平地基系数与沉井底面的竖向地基系数的比值，其中 m、m_0 按《公路桥涵地基与基础设计规范》附录 L 有关规定采用。

将此代入上述各式可得：

基础侧面水平压应力

$$\sigma_{zx}=\frac{6F_{\mathrm{H}}}{Ah}z(z_0-z) \tag{5-13}$$

基底边缘处压应力

$$\sigma_{\substack{\max\\ \min}}=\frac{F_{\mathrm{V}}}{A_0}\pm\frac{3F_{\mathrm{H}}d}{A\beta} \tag{5-14}$$

式中 A_0—基础底面积。

离地面或最大冲刷线以下 z 深度处基础截面上的弯矩（图 5-16）为

$$\begin{aligned} M_z&=F_{\mathrm{H}}(\lambda-h+z)-\int_0^z \sigma_{zx} b_1(z-z_1)\,\mathrm{d}z_1\\ &=F_{\mathrm{H}}(\lambda-h+z)-\frac{F_{\mathrm{H}}b_1 z^3}{2hA}(2z_0-z) \end{aligned} \tag{5-15}$$

2. 岩石地基（基底嵌入基岩内）

若基底嵌入基岩内，在水平力和竖直偏心荷载作用下，可假定基底不产生水平位移，基础的旋转中心 A 与基底中心重合，即 $z_0=h$（图 5-17）。而在基底嵌入处将存在一水平阻力 F_{R}，该阻力对 A 点的力矩一般可忽略不计。取弯矩平衡方程便可导得转角 $\tan\omega$ 为

$$\tan\omega=\frac{F_{\mathrm{H}}}{mhD} \tag{5-16}$$

其中

$$D=\frac{b_1\beta h^3+6Wd}{12\lambda\beta}$$

基础侧面水平压应力

$$\sigma_{zx}=(h-z)z\frac{F_{\mathrm{H}}}{Dh} \tag{5-17}$$

基底边缘处压应力

$$\sigma_{\substack{\max\\ \min}}=\frac{F_{\mathrm{V}}}{A}\pm\frac{F_{\mathrm{H}}d}{2\beta D} \tag{5-18}$$

由 $\sum x=0$ 可得嵌入处未知水平阻力为

$$F_{\mathrm{R}}=\int_0^h b_1\sigma_{zx}\,\mathrm{d}z-F_{\mathrm{H}}=F_{\mathrm{H}}\left(\frac{b_1 h^2}{6D}-1\right) \tag{5-19}$$

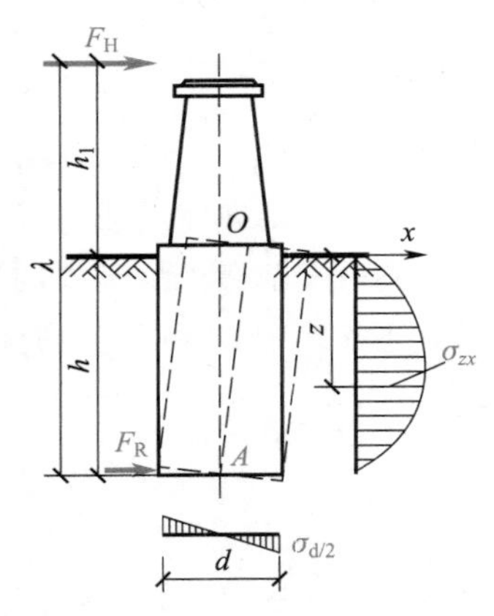

图 5-17 基底嵌入基岩内计算

地面以下 z 深度处基础截面上的弯矩为

$$M_z = F_H(\lambda - h + z) - \frac{b_1 F_H z^3}{12Dh}(2h - z) \tag{5-20}$$

尚需注意，当基础仅受偏心竖向力 F_V 作用时，$\lambda \to \infty$，上述公式均不能应用。此时，应以 $M = F_V e$ 代替式(5-10)等式中的 $F_H h_1$，同理可导得上述两种情况下相应的计算公式，此处不再赘述，详见《公路桥涵地基与基础设计规范》附录 M。

3. 验算

(1) 基底应力

要求计算所得的最大压应力不应超过沉井底面处经修正后的地基承载力特征值 f_a，即

$$\sigma_{max} \leqslant \gamma_R f_a \tag{5-21}$$

式中 γ_R——抗力系数，对桥梁地基可参见《公路桥梁地基与基础设计规范》。

(2) 基础侧面水平压应力验算

上述公式计算的基础侧面水平压应力 σ_{zx} 值应小于沉井周围土的极限抗力值 $[\sigma_{zx}]$，否则不能计入井周土体侧向抗力。计算时可认为基础在外力作用下产生位移时，深度 z 处基础一侧产生主动土压力 E_a，而被挤压侧受到被动土压力 E_p 作用，因此基础侧面水平压应力验算公式为

$$\sigma_{zx} \leqslant [\sigma_{zx}] = E_p - E_a \tag{5-22}$$

由朗肯土压力理论可导得

$$\sigma_{zx} \leqslant \frac{4}{\cos\varphi}(\gamma z \tan\varphi + c) \tag{5-23}$$

式中 γ——土的重度；

φ, c——土的内摩擦角和黏聚力。

考虑到桥梁结构性质和荷载情况，且经验表明最大的横向抗力大致在 $z = h/3$ 和 $z = h$ 处，以此代入式(5-23)，即

$$\sigma_{\frac{h}{3}x} \leqslant \eta_1 \eta_2 \frac{4}{\cos\varphi}\left(\frac{\gamma h}{3}\tan\varphi + c\right) \tag{5-24}$$

$$\sigma_{hx} \leqslant \eta_1 \eta_2 \frac{4}{\cos\varphi}(\gamma h \tan\varphi + c) \tag{5-25}$$

式中 $\sigma_{\frac{h}{3}x}$、σ_{hx}——相应于 $z = \frac{h}{3}$ 和 $z = h$ 深度处土的水平压应力，可由式(5-13)或式(5-17)计算；

η_1——取决于上部结构形式的系数，一般取 $\eta_1 = 1$，对于超静定拱桥结构 $\eta_1 = 0.7$；

η_2——考虑结构重力在总荷载中所占百分比的系数，$\eta_2 = 1 - 0.8\frac{M_g}{M}$；

M_g——结构自重对基础底面重心产生的弯矩；

M——全部荷载对基础底面重心产生的总弯矩。

沉井基础侧面水平压应力如不满足上述考虑土的弹性抗力条件时，其偏心和稳定的设计条件可参照第 2 章。

(3) 墩台顶面水平位移验算

基础在水平力和力矩作用下，墩台顶水平位移 δ 由地面处水平位移 $z_0 \tan\omega$、地面或局部冲刷线至墩台顶 h_2 范围内水平位移 $h_2 \tan\omega$ 及台身弹性挠曲变形在 h_2 范围内引起的墩台顶水平位移 δ_0 三部分所组成。

$$\delta=(z_0+h_2)\tan\omega+\delta_0 \tag{5-26}$$

实际上基础的刚度并非无穷大，对墩台顶的水平位移必有影响。故通常采用修正系数 K_1 和 K_2 来反映实际刚度对地面处水平位移及转角的影响。其值可按表5-2查用。另外考虑到基础转角一般很小，可取 $\tan\omega=\omega$。因此

$$\delta=(z_0K_1+h_2K_2)\omega+\delta_0 \tag{5-27}$$

表5-2 墩台顶水平位移修正系数

αh	系数	λ/h				
		1	2	3	4	∞
1.6	K_1	1.0	1.0	1.0	1.0	1.0
	K_2	1.0	1.1	1.1	1.1	1.1
1.8	K_1	1.0	1.1	1.1	1.1	1.1
	K_2	1.1	1.2	1.2	1.2	1.3
2.0	K_1	1.1	1.1	1.1	1.1	1.2
	K_2	1.2	1.3	1.4	1.4	1.4
2.2	K_1	1.1	1.2	1.2	1.2	1.2
	K_2	1.2	1.5	1.6	1.6	1.7
2.4	K_1	1.1	1.2	1.3	1.3	1.3
	K_2	1.3	1.8	1.9	1.9	2.0
2.6	K_1	1.2	1.3	1.4	1.4	1.4
	K_2	1.4	1.9	2.1	2.2	2.3

注：$\alpha h<1.6$ 时，$K_1=K_2=1.0$。当仅有偏心竖向力作用时，$\lambda/h\to\infty$。

桥梁墩台设计除应考虑基础沉降外，还需检验因地基变形和墩身弹性水平变形所引起的墩顶水平位移。现行规范规定墩顶水平位移 δ(cm)应满足 $\delta\leqslant0.5\sqrt{L}$，$L$ 为相邻跨中最小跨的跨度(m)，当 $L<25$ m时，取 $L=25$ m。

此外，对高而窄的沉井还应验算产生施工容许偏差时的影响。

5-3-2 沉井施工过程中的结构计算*

Structural Analysis of Open Caisson during Sinking Construction*

沉井受力随整个施工及营运过程的不同而不同。因此在井体各部分设计时，必须了解和确定它们各自的最不利受力状态，拟定出相应的计算图式，然后计算截面应力，进行必要的配筋，以保证井体结构在施工各阶段中的强度和稳定。

沉井结构在施工过程中主要需进行下列验算。

1. 沉井自重下沉验算

为保证沉井施工时能顺利下沉至设计标高，沉井自重 G(不排水下沉时应扣除浮力)应大于土对井壁的总摩阻力 R_f，两者之比称为下沉系数 K，一般要求

$$K=\frac{G}{R_f}\geqslant1.15\sim1.25 \tag{5-28}$$

当不能满足上述要求时，可加大井壁厚度或调整取土井尺寸；若不排水下沉，达一定深度后

可改用排水下沉;或添加压重、射水助沉及采取泥浆套、空气幕等措施。

2. 底节沉井竖向挠曲验算

底节沉井在抽垫及除土下沉过程中,由于施工方法不同,刃脚下支承亦不同,沉井自重将导致井壁产生较大的竖向挠曲应力。因此应根据不同的支承情况,进行井壁的强度验算。若挠曲应力大于沉井材料纵向抗拉强度,应增加底节沉井高度或在井壁内设置水平向钢筋,防止沉井竖向开裂。其支承情况根据施工方法不同可按如下考虑。

(1) 排水除土下沉

将沉井视为支承于四个固定支点上的梁,且支点控制在最有利位置处,即支点和跨中所产生的弯矩大致相等。对矩形和圆端形沉井,若沉井长宽比大于1.5,支点可设在长边,如图5-18a所示;圆形沉井的四个支点可布置在两相互垂直线上的端点处。

(2) 不排水除土下沉

机械挖土时刃脚下支点很难控制,沉井下沉过程中可能出现的最不利支承为:对矩形和圆端形沉井,因除土不均将导致沉井支承于四角(图5-18b)成为一简支梁,跨中弯矩最大,沉井下部竖向开裂;也可能因孤石等障碍物使沉井支承于壁中(图5-18c),形成悬臂梁,支点处沉井顶部产生竖向开裂;圆形沉井则可能出现支承于直径上的两个支点。

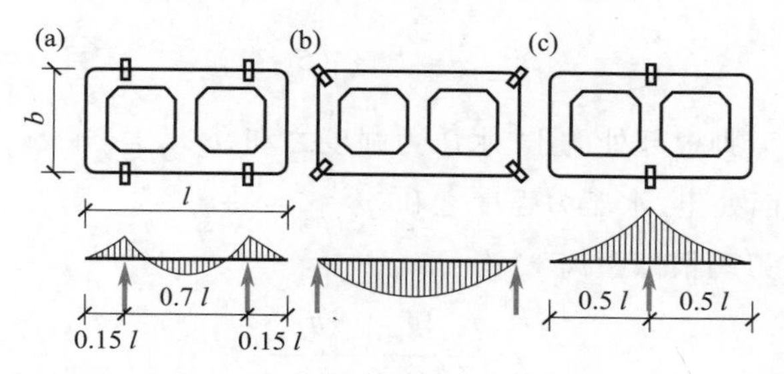

图5-18　底节沉井支点布置示意图

(a) 排水除土下沉;(b),(c) 不排水除土下沉

若底节沉井隔墙跨度较大,还需验算隔墙的抗拉强度。其最不利受力情况是下部土已挖空,上节沉井刚浇筑而未凝固,此时隔墙成为两端支承在井壁上的梁,承受两节沉井隔墙和模板等重量。若底节隔墙强度不够,可布置水平向钢筋,或在隔墙下夯填粗砂以承受荷载。

3. 沉井刃脚受力计算

沉井在下沉过程中,刃脚受力较为复杂,为简化起见,一般按竖向和水平向分别计算。竖向分析时,近似地将刃脚看作固定于刃脚根部井壁处的悬臂梁(图5-19),根据刃脚内外侧作用力的不同可能向外或向内挠曲;在水平面上,则视刃脚为一封闭的框架(图5-21),在水、土压力作用下在水平面内发生弯曲变形。根据悬臂及水平框架两者的变位关系及其相应的假定分别可导得刃脚悬臂分配系数α和水平框架分配系数β为

$$\alpha=\frac{0.1L_1^4}{h_k^4+0.05L_1^4}\leqslant 1.0 \tag{5-29}$$

$$\beta=\frac{0.1h_k^4}{h_k^4+0.05L_2^4} \tag{5-30}$$

式中　L_1、L_2——支承于隔墙间的井壁的最大和最小计算跨度；

h_k——刃脚斜面部分的高度。

上述分配系数仅适用于内隔墙底面高出刃脚底不超过 0.5 m 或大于 0.5 m 而采用竖向承托加强的情况。否则 $\alpha=1.0$，刃脚不起水平框架作用，但需按构造布置水平钢筋，以承受一定的正、负弯矩。

外力经上述分配后，即可将刃脚受力情况分别按竖、横两个方向计算。

（1）刃脚竖向受力分析

一般可取单位宽度井壁，将刃脚视为固定在井壁上的悬臂梁，分别按刃脚向内和向外挠曲两种最不利情况分析。

先分析刃脚向外挠曲计算，当沉井下沉过程中刃脚内侧切入土中深约 1.0 m，同时接筑完上节沉井，且沉井上部露出地面或水面约一节沉井高度时处于最不利位置。此时，沉井因自重将导致刃脚斜面土体抵抗刃脚而向外挠曲，如图 5-19 所示，作用在刃脚高度范围内的外力有：

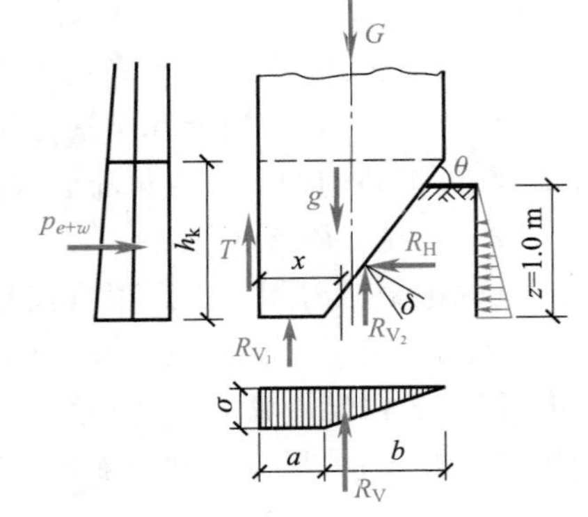

图 5-19　刃脚向外挠曲受力示意图

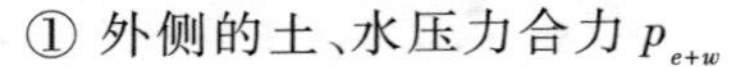
① 外侧的土、水压力合力 p_{e+w}

$$p_{e+w}=\frac{p_{e_2+w_2}+p_{e_3+w_3}}{2}h_k \tag{5-31}$$

式中　$p_{e_2+w_2}$——作用在刃脚根部处的土、水压力强度之和，$p_{e_2+w_2}=e_2+w_2$；

$p_{e_3+w_3}$——刃脚底面处土、水压力强度之和，$p_{e_3+w_3}=e_3+w_3$。

p_{e+w} 作用点位置（离刃脚根部距离 y）为

$$y=\frac{h_k}{3}\frac{2p_{e_3+w_3}+p_{e_2+w_2}}{p_{e_3+w_3}+p_{e_2+w_2}}$$

地面下深度 h_y 处刃脚承受的土压力 e_y 可按朗肯土压力公式计算，水压力应根据施工情况和土质条件计算，为安全起见，一般规定式（5-31）计算所得刃脚外侧土、水压力合力不得大于静水压力的 70%，否则按静水压力的 70% 计算。

② 刃脚外侧的摩阻力 T

$$T=qh_k \tag{5-32}$$

$$T=0.5E \tag{5-33}$$

式中　q——井壁单位面积摩阻力；

E——刃脚外侧主动土压力合力，$E=(e_2+e_3)h_k/2$。

为偏于安全，使刃脚下土反力最大，井壁摩阻力应取上两式中较小值。

③ 土的竖向反力 R_V

$$R_V=G-T \tag{5-34}$$

式中　G——沿井壁周长单位宽度上沉井的自重，水下部分应考虑水的浮力。

若将 R_V 分解为作用在踏面下土的竖向反力 R_{V1} 和刃脚斜面下土的竖向反力 R_{V2}，且假定 R_{V1} 为均匀分布强度为 σ 的合力，R_{V2} 为三角形分布最大强度为 σ 的合力，以及水平反力 R_H 呈三角形分布，如图 5-19 所示，则根据力的平衡条件可导得各反力值为

$$R_{V1}=\frac{2a}{2a+b}R_V \tag{5-35}$$

$$R_{V2}=\frac{b}{2a+b}R_V \tag{5-36}$$

$$R_H=R_{V2}\tan(\theta-\delta) \tag{5-37}$$

式中　a——刃脚踏面宽度；

b——切入土中部分刃脚斜面的水平投影长度；

θ——刃脚斜面的倾角；

δ——土与刃脚斜面间的外摩擦角，一般可取 $\delta=\varphi$。

④ 刃脚单位宽度自重 g

$$g=\frac{t+a}{2}h_k\gamma_k \tag{5-38}$$

式中　t——井壁厚度；

γ_k——钢筋混凝土刃脚的重度，不排水施工时应扣除浮力。

求出以上各力的数值、方向及作用点后，根据图 5-19 几何关系可求得各力对刃脚根部中心轴的力臂，从而求得总弯矩 M_0，竖向力 N_0 及剪力 Q，即

$$M_0=M_{e+w}+M_T+M_{R_V}+M_{R_H}+M_g \tag{5-39}$$

$$N_0=R_V+T+g \tag{5-40}$$

$$Q=p_{e+w}+R_H \tag{5-41}$$

其中 M_{e+w}、M_T、M_{R_V}、M_{R_H} 及 M_g 分别为土水压力合力 p_{e+w}、刃脚底部外侧摩阻力 T、反力 R_V、横向反力 R_H 及刃脚自重 g 等对刃脚根部中心轴的弯矩，且刃脚部分各水平力均应按规定考虑分配系数 α。

求得 M_0、N_0 及 Q 后就可验算刃脚根部应力，并计算出刃脚内侧所需竖向钢筋用量。一般刃脚钢筋截面积不宜少于刃脚根部截面积的 0.1%，且竖向钢筋应伸入根部以上 $0.5L_1$。

再分析刃脚向内挠曲计算，其最不利位置是沉井已下沉至设计标高，刃脚下土体挖空而尚未浇筑封底混凝土（图 5-20），此时刃脚可视为根部固定在井壁上的悬臂梁，以此计算最大弯矩。

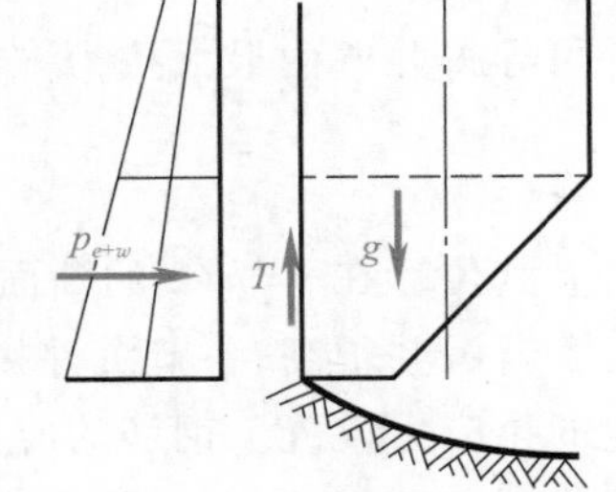

图 5-20　刃脚内挠受力分析

作用在刃脚上的力有刃脚外侧的土压力、水压力、摩阻力及刃脚本身的重力。各力的计算方法同前。但水压力计算应注意实际施工情况，为偏于安全，若不排水下沉时，井壁外侧水压力以 100% 计算，井内水压力取 50%，但也可按施工中可能出现的水头差计算；若排水下沉时，不透水土取静水压力的 70%，透水土按 100% 计算。计算所得各水平外力同样应考虑分配系数 α。再由外力计算出对刃脚根部中心轴的弯矩、竖向力及剪力，以此求得刃脚外壁钢筋用量。其配筋构造要求与向外挠曲相同。

（2）刃脚水平受力计算

当沉井下沉至设计标高，刃脚下土已挖空但未浇筑封底混凝土时，刃脚所受水平压力最大，处于最不利状态。此时可将刃脚视为水平框架（图 5-21），作用于刃脚上的外力与计算刃脚向内挠曲时一样，但所有水平力应乘以分配系数 β，以此求得水平框架的控制内力，再配置框架所需水平钢筋。

框架的内力可按一般结构力学方法计算，具体计算可根据不同沉井平面形式查阅有关文献。

4. 井壁受力计算

(1) 井壁竖向拉应力验算

沉井下沉过程中，刃脚下土挖空时，若上部井壁摩阻力较大可能将沉井箍住，井壁内产生因自重引起的竖向拉应力。若假定作用于井壁的摩阻力呈倒三角形分布(图5-22)，沉井自重为G，入土深度为h，则距刃脚底面x深处断面上的拉力S_x为

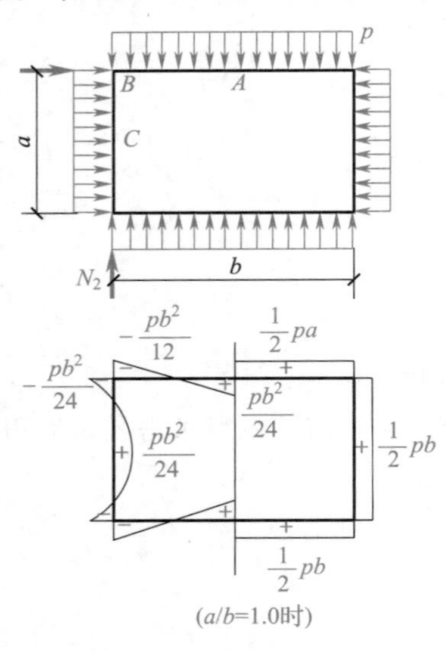

图5-21 单孔矩形框架受力

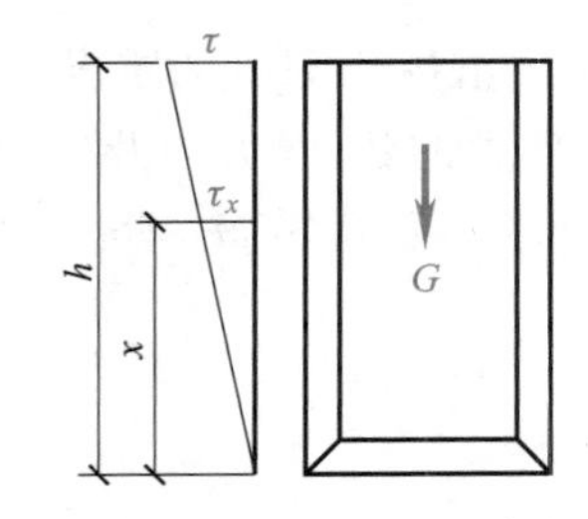

图5-22 井壁摩阻力分布

$$S_x=\frac{Gx}{h}-\frac{Gx^2}{h^2} \tag{5-42}$$

并可导得井壁内最大拉力S_{max}为

$$S_{max}=\frac{G}{4} \tag{5-43}$$

其位置在$x=h/2$的断面上；当不排水下沉(设水位和地面齐平)时，$S_{max}=0.007G$。

若沉井很高，各节沉井接缝处混凝土的拉应力可由接缝钢筋承受，并按接缝钢筋所在位置发生的拉应力设置。钢筋的应力应小于0.75倍钢筋强度标准值，并须验算钢筋的锚固长度。采用泥浆下沉的沉井，在泥浆套内不会出现箍住现象，井壁也不会因自重而产生拉应力。

(2) 井壁横向受力计算

当沉井沉至设计标高，刃脚下土已挖空而尚未封底时，井壁承受的水、土压力为最大，此时应按水平框架分析内力，验算井壁材料强度，其计算方法与刃脚框架计算相同。

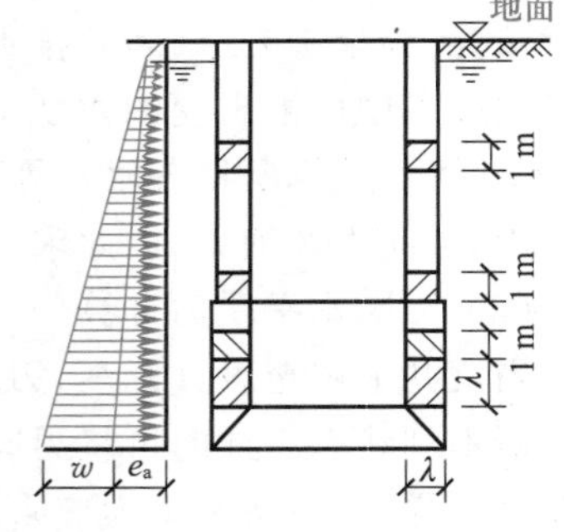

图5-23 井壁框架受力示意图

刃脚根部以上高度等于井壁厚度的一段井壁(图5-23)，除承受作用于该段的土、水压力外，还承受由刃脚悬臂作用传来的水平剪力(即刃脚内挠时受到的水平外力乘以分配系数α)。此外，还应验算每节沉井最下端处单位高度井壁作为水平框架的强度，并以此控制该节沉井的设计，但作用于井壁框架上的水平外力，仅土压力和水压力，且不需乘以分配系数β。

采用泥浆套下沉的沉井，若台阶以上泥浆压力（即泥浆相对密度乘泥浆高度）大于上述土、水压力之和，则井壁压力应按泥浆压力计算。

5. 混凝土封底及顶板计算

（1）封底混凝土计算

封底混凝土厚度取决于基底承受的反力。作用于封底混凝土的竖向反力有两种：① 封底后封底混凝土需承受基底水和地基土的向上反力；② 空心沉井使用阶段封底混凝土需承受沉井基础所有最不利荷载组合引起的基底反力，若井孔内填砂或有水时可扣除其重量。

封底混凝土厚度一般比较大，可按下述方法计算并取其控制者。

① 按受弯计算

将封底混凝土视为支承在凹槽或隔墙底面和刃脚上的底板，按周边支承的双向板（矩形或圆端形沉井）或圆板（圆形沉井）计算，底板与井壁的连接一般按简支考虑，当连接可靠（由井壁内预留钢筋连接等）时，也可按弹性固定考虑。要求计算所得的弯曲拉应力应小于混凝土的弯曲抗拉设计强度，具体计算可参考有关设计手册。

② 按受剪计算

即计算封底混凝土承受基底反力后是否存在沿井孔周边剪断的可能性。若剪应力超过其抗剪强度则应加大封底混凝土的抗剪面积。

（2）钢筋混凝土顶板计算

空心或井孔内填以砂砾石的沉井，井顶必须浇筑钢筋混凝土顶板，用以支承上部结构荷载。顶板厚度一般预先拟定再进行配筋计算，计算时按承受最不利均布荷载的双向板或圆板考虑。

当上部结构平面全部位于井孔内时，还应验算顶板的剪应力和井壁支承压力；若部分支承于井壁上则不需进行顶板的剪力验算，但需进行井壁的压应力验算。

5-3-3 浮运沉井计算要点*

Key Points of Calculation for Floating Caisson*

沉井在浮运过程中要有一定的吃水深度，使重心低而不易倾覆，保证浮运时稳定；同时还必须具有足够的高出水面高度，使沉井不因风浪等而沉没。因此，除前述计算外，还应考虑沉井浮运过程中的受力情况，进行浮体稳定性和井壁露出水面高度等的验算。

1. 浮运沉井稳定性验算

将沉井视为一悬浮于水中的浮体，控制计算其重心、浮心及定倾半径，现以带临时性底板的浮运沉井为例进行稳定性验算。

（1）浮心位置计算

根据沉井重量等于沉井排开水的重量，则沉井吃水深 h_0（从底板底面算起，图 5-24）为

$$h_0=\frac{V_0}{A_0} \tag{5-44}$$

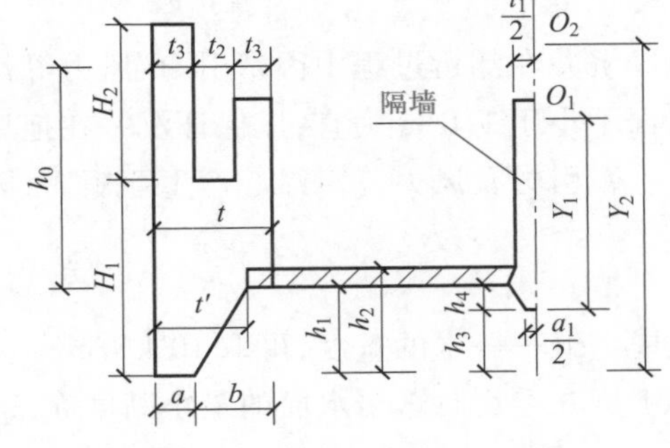

图 5-24 浮心位置计算示意图

式中 A_0——沉井排水截面面积；

V_0——沉井底板以上部分排水体积，$V_0=G/\gamma_w$，G 为沉井底板以上部分的重量。

故浮心位置 O_1（以刃脚底面起算）为 h_3+Y_1，且

$$Y_1=\frac{M_{\mathrm{I}}}{V}-h_3 \tag{5-45}$$

其中 M_{I} 为各排水体积（底板以上部分 V_0，刃脚部分 V_1，底板下隔墙部分 V_2）对刃脚底板的力矩（M_0、M_1、M_2），即

$$M_{\mathrm{I}}=M_0+M_1+M_2 \tag{5-46}$$

其中 $$M_0=V_0(h_1+h_0/2),\ M_1=V_1\frac{h_1}{3}\cdot\frac{2t'+a}{t'+a},\ M_2=V_2\left(\frac{h_4}{3}\frac{2t_1+a_1}{t_1+a_1}+h_3\right)$$

式中 h_1——底板底面至刃脚踏面的距离；

h_3——隔墙底至刃脚踏面的距离；

h_4——底板下的隔墙高度；

t_1、t'——隔墙和底板下井壁的厚度；

a_1、a——隔墙底面和刃脚底面的宽度。

（2）重心位置计算

设重心位置 O_2 离刃脚底面的距离为 Y_2，则

$$Y_2=\frac{M_{\mathrm{II}}}{V} \tag{5-47}$$

式中 M_{II}——沉井各部分体积中心对刃脚底面距离的乘积，并假定沉井圬工单位重相同。

令重心与浮心的高差为 Y，则

$$Y=Y_2-(h_3+Y_1) \tag{5-48}$$

（3）定倾半径验算

定倾半径 ρ 为定倾中心至浮心的距离，可由下式计算：

$$\rho=\frac{I_{\mathrm{X-X}}}{V_0} \tag{5-49}$$

式中 $I_{\mathrm{X-X}}$——排水截面面积的惯性矩。

浮运沉井的稳定性应满足定倾半径大于重心至浮心的距离，即

$$\rho>Y \tag{5-50}$$

2. 浮运沉井露出水面最小高度

沉井在浮运过程中因牵引力、风力等作用，不免产生一定的倾斜，故一般要求沉井顶面高出水面不小于1.0 m为宜，以保证沉井在拖运过程中的安全。

牵引力及风力等对浮心产生弯矩 M，因而使沉井旋转角度 θ，其值为

$$\theta=\arctan\frac{M}{\gamma_w V(\rho-Y)}\leqslant 6^\circ \tag{5-51}$$

式中 γ_w——水的重度，可取10 kN/m³。

沉井浮运时露出水面的最小高度 h 按下式计算：

$$h=H-h_0-h_1-d\tan\theta\geqslant f \tag{5-52}$$

式中 H——浮运时沉井的高度；

f——浮运沉井发生最大的倾斜时，顶面露出水面的安全距离，其值为1.0 m。

上式假定由于弯矩作用使沉井没入水中的深度为计算值$\frac{d\tan\theta}{2}$(d 为圆端形的直径)的 2 倍,主要是考虑浮运沉井倾斜边水面存在波浪,波峰高于无波水面。

5-4 圆端形沉井基础算例
A Design Example of Round-Ended Open Caisson

某公路桥墩基础,上部构造为等跨等截面悬链线双曲拱桥,下部结构为重力式墩及圆端形沉井基础。基础平面及剖面尺寸如图 5-25 所示,浮运法施工(浮运方法及浮运稳定性等验算从略)。

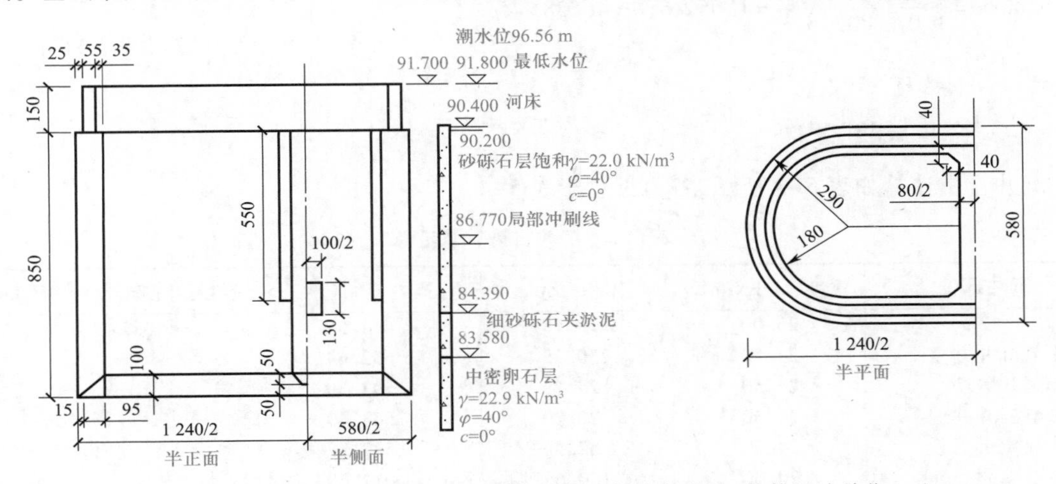

图 5-25 圆端形沉井实例的构造及地质剖面(标高单位 m,其他尺寸单位 cm)

5-4-1 设计资料
Design Information

土质及水位情况如图 5-25 所示,传给沉井的恒载及活载见表 5-4。

沉井混凝土等级为 C25,钢筋采用 HRB400。按《公路桥涵地基与基础设计规范》设计计算。

5-4-2 沉井高度及各部分尺寸
Height and Component Sizes of Open Caisson

1. 沉井高度 H

按水文计算,最大冲刷深度 h_m=90.40 m-86.77 m=3.63 m,大、中桥基础埋深应≥2.0 m,故

$$H=(91.70-90.40)\ \mathrm{m}+3.63\ \mathrm{m}+2.0\ \mathrm{m}=6.93\ \mathrm{m}$$

但沉井底较近于细砂砾石夹淤泥层。

按土质条件,井底应进入中密卵石层,并考虑 2.0 m 的安全度,则

$$H=91.70\ \mathrm{m}-81.58\ \mathrm{m}=10.12\ \mathrm{m}$$

按地基承载力,沉井底面位于中密卵石层为宜。

据以上分析,拟取沉井高度 H=10 m,井顶标高 91.70 m,井底标高 81.70 m。因潮水位高,

第一节沉井高度不宜太小，故取 8.5 m，第二节高 1.5 m，第一节井顶标高 90.20 m。

2. 沉井平面尺寸

考虑到桥墩形式，采用两端半圆形中间为矩形的沉井。圆端外半径 2.9 m，矩形长边 6.6 m，宽 5.8 m，第一节井壁厚 $t=1.1$ m，第二节厚度 0.55 m。隔墙厚度 $\delta=0.8$ m。其他尺寸如图 5-25 所示。

刃脚踏面宽度 $a=0.15$ m，刃脚高 $h_k=1.0$ m（图 5-26），内侧倾角

$$\tan\theta=\frac{1.0\ \text{m}}{1.0\ \text{m}-0.15\ \text{m}}=1.052\,6,\theta=46°28>45°$$

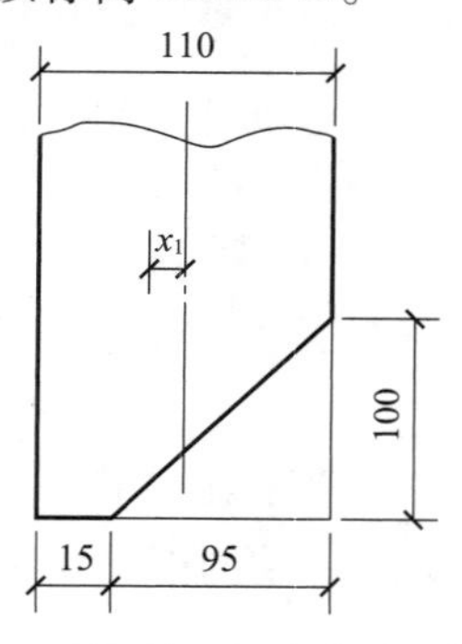

图 5-26　刃脚断面尺寸设计（单位：cm）

5-4-3　荷载计算
Load Calculation

沉井自重计算如表 5-3 所示，各力汇总于表 5-4。

表 5-3　沉井自重计算汇总

沉井部位	重度 γ/(kN/m³)	体积 V/m³	重力 G/kN	形心至井壁外侧距离/m
刃脚	25.00	18.18	454.50	0.372
第一节沉井井壁	24.50	230.72	5 652.64	
底节沉井隔墙	24.50	24.22	593.39	
第二节沉井井壁	24.50	23.20	568.40	
钢筋混凝土盖板	24.50	62.36	1 527.82	
井孔填砂卵石	20.00	150.62	3 012.40	
封底混凝土	24.00	126.26	3 030.24	
沉井总重			14 839.39	

表 5-4　各力汇总表

<table>
<tr><th colspan="2">力的名称</th><th>力值/kN</th><th>对沉井底面形心轴的力臂/m</th><th>弯矩/(kN·m)</th></tr>
<tr><td rowspan="6">竖向力</td><td>二孔上部结构恒载</td><td>$P_1=25\ 691.00$</td><td rowspan="2">1.15</td><td rowspan="2">747.50</td></tr>
<tr><td>墩身一孔活载(竖向力)</td><td>$P_g=650.00$</td></tr>
<tr><td>由制动力产生的竖向力</td><td>$P_T=32.40$</td><td rowspan="3">1.15</td><td rowspan="3">37.26</td></tr>
<tr><td>沉井总重</td><td>$G=14\ 839.39$</td></tr>
<tr><td>沉井浮力</td><td>$G'=-6\ 355.23$</td></tr>
<tr><td>合　计</td><td>$\sum P=34\ 857.56$</td><td></td><td>784.76</td></tr>
<tr><td rowspan="3">水平力</td><td>一孔活载(水平力)</td><td>$H_g=815.10$</td><td>18.806</td><td>-15 328.77</td></tr>
<tr><td>制 动 力</td><td>$H_T=75.00$</td><td>18.806</td><td>-1 410.45</td></tr>
<tr><td>合　计</td><td>$\sum H=890.10$</td><td></td><td>-16 739.22</td></tr>
</table>

注：1. 低水位时沉井浮力 $G'=(549.96\ \text{m}^3+3.141\,6\times(2.65\ \text{m})^2\times1.5\ \text{m}+6.6\ \text{m}\times5.3\ \text{m}\times1.5\ \text{m})\times10.00\ \text{kN/m}^3=6\ 355.23\ \text{kN}$。

2. 上表仅列了单孔荷载作用情况，双孔荷载时 $\sum M=-15\ 954.46\ \text{kN}\cdot\text{m}$。

5-4-4 基底应力验算

Stress Calculation under the Foundation Base

沉井井底埋深 $h=86.77\ \mathrm{m}-81.70\ \mathrm{m}=5.07\ \mathrm{m}$,井宽 $d=5.8\ \mathrm{m}$,井底面积 $A_0=3.141\,6\times(2.9\ \mathrm{m})^2+6.6\ \mathrm{m}\times5.8\ \mathrm{m}=64.7\ \mathrm{m}^2$,井底抵抗矩 $W=\dfrac{\pi d^3}{32}+\dfrac{1}{6}a^2b=56.12\ \mathrm{m}^3$,竖向荷载 $N=\sum P=34\,857.56\ \mathrm{kN}$,水平荷载 $\sum H=890.10\ \mathrm{kN}$,弯矩 $\sum M=15\,954.46\ \mathrm{kN\cdot m}$。

又 $h<10\ \mathrm{m}$,故取 $C_0=10m_0$,即 $\beta=C_h/C_0=mh/10m_0=0.5$,$b_1=(1-0.1a/b)(b+1)=12.77\ \mathrm{m}$,$\lambda=M/h=17.92\ \mathrm{m}$,故

$$A=\frac{b_1\beta h^3+18dW_0}{2\beta(3\lambda-h)}=\frac{12.77\ \mathrm{m}\times0.5\times(5.07\ \mathrm{m})^3+18\times5.8\ \mathrm{m}\times56.12\ \mathrm{m}^3}{2\times0.5(3\times17.92\ \mathrm{m}-5.07\ \mathrm{m})}=137.42\ \mathrm{m}^3$$

$$\sigma_{\substack{\max\\ \min}}=\frac{N}{A_0}\pm\frac{3Hd}{A\beta}=\frac{34\,857.56\ \mathrm{kN}}{64.70\ \mathrm{m}^2}\pm\frac{3\times890.10\ \mathrm{kN}\times5.8\ \mathrm{m}}{137.42\ \mathrm{m}^3\times0.5}$$

$$=\begin{cases}764.16\\313.35\end{cases}\mathrm{kPa}$$

井底地基土为中密卵石层,可取 $f_{a0}=650\ \mathrm{kPa}$,$k_1=3$,$k_2=6$,土重度 $\gamma_1=\gamma_2=12.00\ \mathrm{kN/m^3}$(考虑浮力后的近似值),考虑地基承受作用偶然组合,承载力可提高 25%,即 $\gamma_R=1.25$,从而有

$$\begin{aligned}\gamma_R f_a&=1.25\times[f_{a0}+k_1\gamma_1(b-2\ \mathrm{m})+k_2\gamma_2(h-3\ \mathrm{m})]\\&=1.25[650\ \mathrm{kPa}+3\times12.0\ \mathrm{kN/m^3}(5.8\ \mathrm{m}-2\ \mathrm{m})+6\times12.0\ \mathrm{kN/m^3}(5.07\ \mathrm{m}-3\ \mathrm{m})]\\&=1\,169.8\ \mathrm{kPa}>764.7\ \mathrm{kPa}\end{aligned}$$

满足要求。

5-4-5 基础侧向水平压应力验算

Lateral Stress Calculation

将以上计算式参数代入式(5-11),得井身转动中心 A 至地面的距离

$$z_0=\frac{0.5\times12.77\ \mathrm{m}\times(5.07\ \mathrm{m})^2(4\times17.92\ \mathrm{m}-5.07\ \mathrm{m})+6\times5.8\ \mathrm{m}\times56.12\ \mathrm{m}^3}{2\times0.5\times12.77\ \mathrm{m}\times5.07\ \mathrm{m}\times(3\times17.92\ \mathrm{m}-5.07\ \mathrm{m})}=4.09\ \mathrm{m}$$

根据式(5-13)可得基础侧向水平压应力

$$\sigma_{\frac{h}{3}x}=\frac{6\times890.10\ \mathrm{kN}}{137.42\ \mathrm{m}^3\times5.07\ \mathrm{m}}\times\frac{5.07\ \mathrm{m}}{3}\left(4.09\ \mathrm{m}-\frac{5.07\ \mathrm{m}}{3}\right)=31.06\ \mathrm{kPa}$$

$$\sigma_{hx}=\frac{6\times890.10\ \mathrm{kN}\times5.07\ \mathrm{m}}{137.42\ \mathrm{m}^3\times5.07\ \mathrm{m}}(4.09\ \mathrm{m}-5.07\ \mathrm{m})=-38.09\ \mathrm{kPa}$$

若取土体抗剪强度指标 $\varphi=40°$,$c=0$;系数 $\eta_1=0.7$,$\eta_2=1.0$(因 $M_g=0$),则根据式(5-24)及式(5-25)可得土体极限横向抗力为

$$z=\frac{h}{3}\text{时},\ [\sigma_{zx}]=0.7\times1.0\times\frac{4}{\cos40°}\left(\frac{12.00\ \mathrm{kN/m^3}\times5.07\ \mathrm{m}}{3}\tan40°\right)=62.21\ \mathrm{kPa}>31.06\ \mathrm{kPa}$$

$$z=h\text{ 时},\ [\sigma_{zx}]=0.7\times1.0\times\frac{4}{\cos40°}(12.00\ \mathrm{kN/m^3}\times5.07\ \mathrm{m}\times\tan40°)=186.64\ \mathrm{kPa}>38.09\ \mathrm{kPa}$$

均满足要求,因此计算时可以考虑沉井侧面土的弹性抗力。

5-4-6 沉井自重下沉验算

Sinking Checking under Deadweight of Open Caisson

沉井自重 G =(刃脚重+底节沉井重+底节隔墙重+顶节沉井重)

$=454.50\ \text{kN}+5\ 652.64\ \text{kN}+593.39\ \text{kN}+568.40\ \text{kN}=7\ 268.93\ \text{kN}$

沉井浮力 $G'=(18.18\ \text{m}^3+230.72\ \text{m}^3+24.22\ \text{m}^3+23.22\ \text{m}^3)\times 10.00\ \text{kN/m}^3=2\ 963.40\ \text{kN}$

土与井壁间平均单位摩阻力

$$T_{\text{m}}=\frac{20.0\ \text{kN/m}^2\times 1.9\ \text{m}+12.0\ \text{kN/m}^2\times 0.8\ \text{m}+18.0\ \text{kN/m}^2\times 6.0\ \text{m}}{8.7\ \text{m}}=17.89\ \text{kN/m}^2$$

总摩阻力

$$T=[(\pi\times 5.3\ \text{m}+2\times 6.6\ \text{m})\times 0.2\ \text{m}+(\pi\times 5.8\ \text{m}+2\times 6.6\ \text{m})\times 8.5\ \text{m}]\times 17.89\ \text{kN/m}^2$$
$$=4\ 883.26\ \text{kN}$$

排水下沉时 $G>T$;不排水下沉时,预估井底围堰重(高出潮水位)600 kN,则

$$(7\ 268.93\ \text{kN}+600\ \text{kN}-2\ 963.40\ \text{kN})/4\ 883.26\ \text{kN}=1.01,\ 即\frac{G}{T}=1.01$$

沉井自重稍大于摩阻力,可采取部分排水方法,也可采取加压重或其他措施。

5-4-7 刃脚受力验算

Analysis and Checking of the Shoe

1. 刃脚向外挠曲

经试算分析,最不利位置为刃脚下沉到标高 90.4 m−8.7 m+4.35 m=86.05 m 处,刃脚切入土中 1 m,第二节沉井已接上,如图 5-27 所示,其悬臂作用分配系数为

$$\alpha=\frac{0.1L_1^4}{h_{\text{k}}^4+0.05L_1^4}=\frac{0.1\times(4.7\ \text{m})^4}{(1.0\ \text{m})^4+0.05\times(4.7\ \text{m})^4}=1.92>1.0$$

取 $\alpha=1.0$。刃脚侧土为砂卵石层,$q=18.00$ kPa,$\varphi=40°$,则

(1) 作用于刃脚的力(按低水位取单位宽度计算)

$$w_2=(91.80\ \text{m}-87.05\ \text{m})\times 10\ \text{kN/m}^2=47.50\ \text{kN/m}$$

$$w_3=(91.80\ \text{m}-86.05\ \text{m})\times 10\ \text{kN/m}^2=57.50\ \text{kN/m}$$

$$e_2=12.0\ \text{kN/m}^2\times(90.40\ \text{m}-87.05\ \text{m})\times\tan^2(45°-40°/2)$$
$$=8.70\ \text{kN/m}$$

$$e_3=12.0\ \text{kN/m}^2\times(90.40\ \text{m}-86.05\ \text{m})\times\tan^2(45°-40°/2)$$
$$=11.30\ \text{kN/m}$$

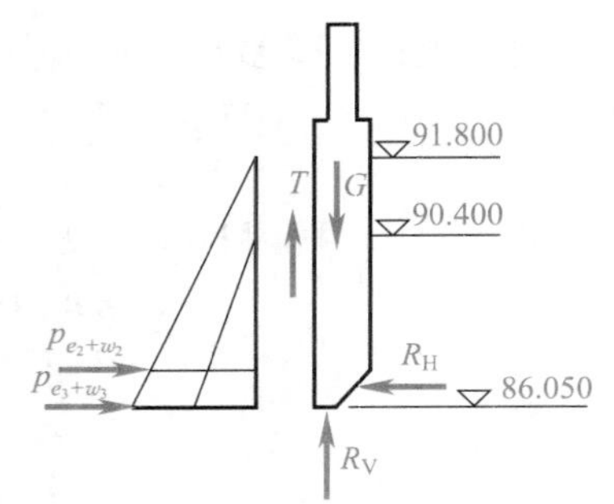

图 5-27 刃脚外挠验算

若从安全考虑,刃脚外侧水压力取 50%,则

$$p_{e_2+w_2}=47.50\ \text{kN/m}\times 0.5+8.7\ \text{kN/m}=32.45\ \text{kN/m}$$

$$p_{e_3+w_3}=57.50\ \text{kN/m}\times 0.5+11.3\ \text{kN/m}=40.05\ \text{kN/m}$$

$$p_{e+w}=\frac{1}{2}(p_{e_2+w_2}+p_{e_3+w_3})h_{\text{k}}=\frac{1}{2}(32.45\ \text{kN/m}+40.05\ \text{kN/m})\times 1.0\ \text{m}=36.25\ \text{kN}$$

若以静水压力的 70% 计算,则

$$0.7\gamma_w hh_k = 0.7\times10.00\ \text{kN/m}^2\times5.25\ \text{m}\times1\ \text{m} = 36.75\ \text{kN} > p_{e+w}$$

故取 $p_{e+w}=36.25$ kN。

刃脚摩阻力　　$T_1=0.5\ E=0.5\times(8.7\ \text{kN/m}+11.3\ \text{kN/m})/2\times1\ \text{m}=5.00\ \text{kN}$

或　　　　　　$T_1=qh_k\times1\ \text{m}=18.00\ \text{kN}$

因此取刃脚摩阻力为 5.00 kN(取小值)。

单位宽沉井自重(不计沉井浮力及隔墙自重)

$$G_1=\left(\frac{0.15\ \text{m}+1.10\ \text{m}}{2}\times1.0\ \text{m}\times1.0\ \text{m}\times25.0\ \text{kN/m}^3+7.5\ \text{m}\times1.1\ \text{m}\times1.0\ \text{m}\times 24.50\ \text{kN/m}^3+0.825\ \text{m}^3\times24.50\ \text{kN/m}^3\right)=237.96\ \text{kN}$$

刃脚踏面竖向反力

$$R_V=237.96\ \text{kN}-11.30\ \text{kN/m}\times\frac{1}{2}\times4.35\ \text{m}\times0.5=225.67\ \text{kN}$$

刃脚斜面横向力(取 $\delta_2=\varphi=40°$)

$$R_H=\frac{bR_V}{2a+b}\tan(\theta-\delta_2)=\frac{225.67\ \text{kN}\times0.95\ \text{m}}{2\times0.15\ \text{m}+0.95\ \text{m}}\tan(46°28'-40°)=19.38\ \text{kN}$$

刃脚自重 g 的作用点至刃脚根部中心轴距离

$$x_1=\frac{\lambda^2+a\lambda-2a^2}{6(\lambda+a)}=\frac{(1.1\ \text{m})^2+0.15\ \text{m}\times1.1\ \text{m}-2\times(0.15\ \text{m})^2}{6(1.1\ \text{m}+0.15\ \text{m})}=0.178\ \text{m}$$

刃脚踏面下反力合力　　$R_{V1}=\dfrac{2a}{2a+b}R_V=\dfrac{0.15\ \text{m}\times2}{0.15\ \text{m}\times2+0.95\ \text{m}}R_V=0.24\ R_V$

刃脚斜面上反力合力　　$R_{V2}=R_V-0.24R_V=0.76R_V$

R_V 的作用点距离井壁外侧为

$$x=\frac{1}{R_V}\left[R_{V1}\frac{a}{2}+R_{V2}\left(a+\frac{b}{3}\right)\right]$$
$$=\frac{1}{R_V}\left[0.24R_V\ \frac{0.15\ \text{m}}{2}+0.76R_V\left(0.15\ \text{m}+\frac{0.95\ \text{m}}{3}\right)\right]=0.38\ \text{m}$$

(2) 各力对刃脚根部界面中心的弯矩(图 5-28)

水平水压力及土压力引起的弯矩

$$M_{e+w}=36.25\ \text{kN}\times\frac{1}{3}\times\frac{2\times40.05\ \text{m}+32.45\ \text{m}}{40.05\ \text{m}+32.45\ \text{m}}\times1.0\ \text{m}=18.73\ \text{kN}\cdot\text{m}$$

刃脚侧面摩阻力引起的弯矩

$$M_T=5.00\ \text{kN}\times1.1\ \text{m}/2=2.75\ \text{kN}\cdot\text{m}$$

反力 R_V 引起的弯矩

$$M_{R_V}=225.67\ \text{kN}\times\left(\frac{1.1\ \text{m}}{2}-0.38\ \text{m}\right)=38.36\ \text{kN}\cdot\text{m}$$

刃脚斜面水平反力引起的弯矩

$$M_{R_H}=19.38\ \text{kN}(1\ \text{m}-0.33\ \text{m})=12.98\ \text{kN}\cdot\text{m}$$

刃脚自重引起的弯矩

$$M_g=0.625\ \text{m}^2\times1\ \text{m}\times25.00\ \text{kN/m}^3\times0.178\ \text{m}=2.78\ \text{kN}\cdot\text{m}$$

故总弯矩为

$$M_0=\sum M=12.98\ \text{kN}\cdot\text{m}+38.36\ \text{kN}\cdot\text{m}+2.75\ \text{kN}\cdot\text{m}-18.73\ \text{kN}\cdot\text{m}-2.78\ \text{kN}\cdot\text{m}=32.58\ \text{kN}\cdot\text{m}$$

（3）刃脚根部处的应力验算

刃脚根部轴力 $N_0=225.67\ \text{kN}-0.625\ \text{m}^3\times25.00\ \text{kN/m}^3=210.04\ \text{kN}$，面积 $A=1.1\ \text{m}^2$，抵抗矩 $W=0.2\ \text{m}^3$，故

$$\sigma_h=\frac{N_0}{A}\pm\frac{M_0}{W}=\frac{210.04\ \text{kN}}{1.1\ \text{m}^2}\pm\frac{32.58\ \text{kN}\cdot\text{m}}{0.2\ \text{m}^3}=\begin{cases}353.85\\28.05\end{cases}\text{kPa}$$

因压应力远小于 $f_{cd}=7\ 820\ \text{kPa}$（由 C20 混凝土查 JTG D 61—2005《公路圬工桥涵设计规范》得到其轴心抗压强度 $f_{cd}=7\ 820\ \text{kPa}$，弯曲抗拉强度 f_{tmd} 及直接抗剪强度 f_{vd}），按受力条件不需设置钢筋，而只需按构造要求配筋即可。至于水平剪力，因其较小，验算时未予考虑。

2. 刃脚向内挠曲（图 5-29）

（1）作用于刃脚的力

目前可求得作用于刃脚外侧的土、水压力（按潮水位计算）为：$w_2=138.60\ \text{kN/m}$，$w_3=148.60\ \text{kN/m}$，$e_2=20.10\ \text{kN/m}$，$e_3=22.60\ \text{kN/m}$，故总土、水压力为 $P=164.95\ \text{kN}$。

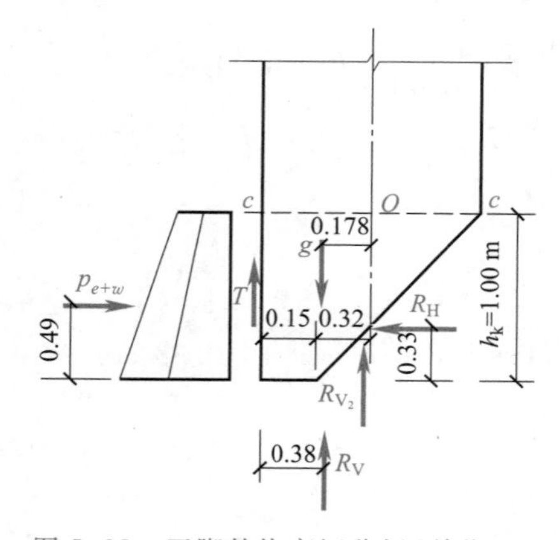

图 5-28 刃脚外挠弯矩分析（单位：m）

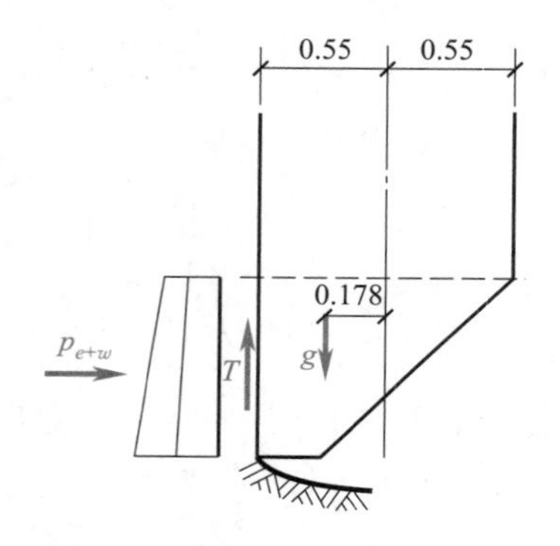

图 5-29 刃脚内挠验算（单位：m）

p_{e+w} 对刃脚根部形心轴的弯矩为

$$M_{e+w}=164.95\ \text{kN}\times\frac{1}{3}\times\frac{2\times(148.60+22.60)+138.60+20.10}{148.60+22.60+138.60+20.10}\ \text{m}=83.52\ \text{kN}\cdot\text{m}$$

此时刃脚摩阻力为 $T_1=10.68\ \text{kN}$（$qh_k=20.00\ \text{kN}>10.68\ \text{kN}$），其产生的弯矩为

$$M_T=-10.68\ \text{kN}\times0.55\ \text{m}=-5.87\ \text{kN}\cdot\text{m}$$

刃脚自重 $g=0.625\ \text{m}^3\times25.00\ \text{kN/m}^3=15.63\ \text{kN}$，所产生的弯矩为

$$M_g=15.63\ \text{kN}\times0.178\ \text{m}=2.78\ \text{kN}\cdot\text{m}$$

所有各力对刃脚根部的弯矩 M、轴向力 N 及剪力 Q 为

$$M=M_{e+w}+M_T+M_g=83.52\ \text{kN}\cdot\text{m}-5.87\ \text{kN}\cdot\text{m}+2.78\ \text{kN}\cdot\text{m}=80.43\ \text{kN}\cdot\text{m}$$

$$N=T_1-g=10.68\ \text{kN}-15.63\ \text{kN}=-4.95\ \text{kN}$$

$$Q=P=164.95\ \text{kN}$$

（2）刃脚根部截面应力验算

弯曲应力

$$\sigma=\frac{N}{A}\pm\frac{M}{W}=\frac{-4.95\ \text{kN}}{1.1\ \text{m}^2}\pm\frac{80.43\ \text{kN/m}}{0.20\ \text{m}^3}=\begin{cases}-406.65\ \text{kPa}<f_{\text{tmd}}=800\ \text{kPa}\\397.65\ \text{kPa}<6\ 060\ \text{kPa}\end{cases}$$

剪应力　$\sigma_{\text{j}}=\dfrac{164.95\ \text{kN}}{1.1\ \text{m}^2}=149.96\ \text{kPa}<f_{\text{vd}}=1\ 590\ \text{kPa}$

计算结果表明，刃脚外侧也仅需按构造要求配筋。

3. 刃脚框架计算

由于 $\alpha=1.0$，刃脚作为水平框架承受的水平力很小，故不需验算，可按构造布置钢筋。如需验算，则与井壁水平框架计算方法相同。

5-4-8　井壁受力验算

Analysis and Checking of the Wall

1. 沉井井壁竖向拉力验算

$$S_{\max}=\frac{1}{4}(Q_1+Q_2+Q_3+Q_4)=1\ 817.23\ \text{kN}（未考虑浮力）$$

井壁受拉面积

$$A_1=\frac{3.141\ 6}{4}((5.8\ \text{m})^2-(3.6\ \text{m})^2)+6.6\ \text{m}\times5.8\ \text{m}-2.9\ \text{m}\times3.6\ \text{m}\times2=33.64\ \text{m}^2$$

混凝土所受到的拉应力

$$\sigma_h=\frac{S_{\max}}{A_1}=\frac{1\ 817.23\ \text{kN}}{33.64\ \text{m}^2}=54.02\ \text{kPa}<0.8R_{\text{e}}^{\text{b}}=0.8\times1\ 600\ \text{kPa}=1\ 280\ \text{kPa}$$

井壁内可按构造布置竖向钢筋。实际上根据土质情况井壁不可能产生大的拉应力。

2. 井壁横向受力计算

沉井沉至设计标高时，刃脚根部以上一段井壁承受的外力最大，它不仅承受本身范围内的水平力，还要承受刃脚作为悬臂传来的剪力，故处于最不利状态。

考虑潮水位时，单位宽度井壁上的水压力（图 5-30）为

$w_1=127.60\ \text{kN/m}^2$，$w_2=138.60\ \text{kN/m}^2$，$w_3=148.60\ \text{kN/m}^2$

单位宽度井壁上的土压力为

$e_1=17.19\ \text{kPa}$，$e_2=20.10\ \text{kPa}$，$e_3=22.60\ \text{kPa}$

刃脚及刃脚根部以上 1.1 m 井壁范围的外力

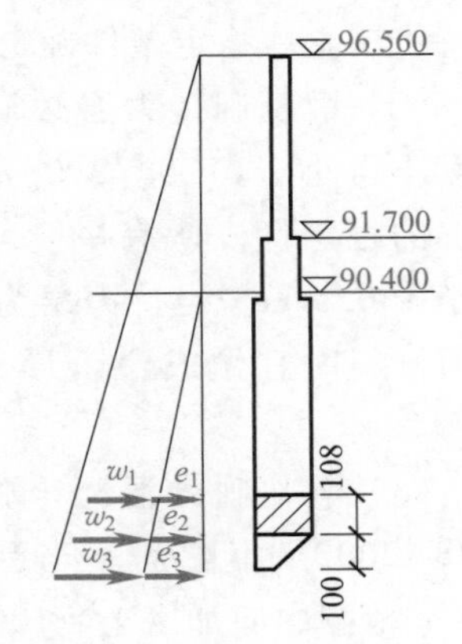

图 5-30　井壁横向受力验算
（标高单位：m，其他尺寸单位：cm）

$$P = 0.5\times(17.19\ \text{kPa}+22.60\ \text{kPa}\times1+127.60\ \text{kPa}+148.6\ \text{kPa}\times1)\times2.1\ \text{m}$$
$$=331.79\ \text{kN/m}(\alpha=1)$$

沉井各部分所受内力、底节沉井竖向挠曲、封底混凝土及盖板验算从略。

5-5 其他深基础简介*
Introduction of Other Deep Foundations*

深基础种类很多,除桩基、沉井外,墩基础、地下连续墙和沉箱等都属于深基础。其主要特点是需采用特殊的施工方法,解决基坑开挖、排水等问题,减小对邻近建筑物的影响。

5-3 墩基础施工模拟

5-5-1 墩基础
Pier Foundation

墩是一种利用机械或人工在地基中开挖成孔后灌注混凝土形成的大直径桩基础,由于其直径粗大如墩(一般直径 d>1 800 mm),故称为墩基础。其功能与桩相似,底面可扩大成钟形,形成扩底墩。墩底直径最大达7.5 m,深度一般为20～40 m,最大可达80 m。当支承于基岩上时,竖向承载力可达60～70 MN,且沉降量极小。

墩基础能较好地适应复杂的地质条件,常用于高层建筑中柱基础。墩身可穿越浅部不良地基达到深部基岩或坚实土层,并可通过扩底工艺获得很高的单墩承载力。但其混凝土用量大,施工时有一定难度,故不宜用于荷载较小、地下水位较高、水量较大的小型工程及相当深度内无坚硬持力层的地区。

墩基础设计时要详细掌握工程地质和水文地质资料,以及施工设备及技术条件,论证其经济合理和技术可行性,并综合考虑如下因素:

(1) 墩基础承载力高,原则上应采用一柱一墩。墩深一般不宜超过30 m,扩底墩的中心距宜≥1.5d_b(图5-31),d_b/d宜≤3.0,扩大头斜面高宽比 h/b 不宜小于1.5,具体数值应根据持力层土体稳定条件确定。

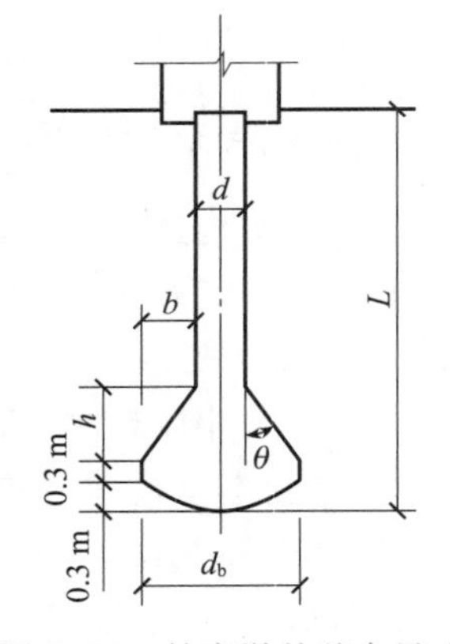

图5-31 扩底墩的基本尺寸

(2) 墩基础持力层必须承载力较高且具有一定厚度,其厚度不得小于(1.5～2.0)d_b,并保证土层在扩底施工时具有足够的稳定性。墩底一般可做成锅底状,进入持力层深度不宜小于0.5 m。当持力层为基岩时,应嵌入岩层一定深度,当岩面倾斜时宜做成台阶形,并进行稳定性验算,以防止滑动失稳。

(3) 墩基础的混凝土强度等级一般≥C20,钢筋不少于Φ10@200,最小配筋率当受压时应≥0.2%,受弯时应≥0.4%。箍筋不少于Φ8@300,墩顶1.5 m范围内应加密至@100,并设置Φ14@200加劲筋。主筋保护层厚度不小于35 mm,水下浇筑混凝土时不小于50 mm。墩顶应嵌入承台不小于100 mm,承台厚度≥300 mm,墩边至承台边的距离不小于200 mm。此外,还宜在墩的双向设置拉梁,拉梁配筋可按所联柱子轴力值的10%

设置。

(4) 因墩基础承载力高,且多为一柱一墩,一旦发生质量问题,其后果严重且难以处理。故墩基础的施工技术和质量对工程的成败起主要作用,设计时必须明确规定施工和质检方案,提出监控指标及安全、技术措施,并预计可能出现的不利变化及人为因素等造成的影响,以确保墩基础的施工质量。

(5) 墩基础施工前应查明土层的渗透性,地下水的类型、流量及补给条件,地下土层中的有害气体等,进行周密的施工组织设计,并考虑施工过程中可能遇到的各种问题,如坍孔、缩颈、地下水条件的可能变化、施工时对周围建筑物及环境的影响等。

5-5-2 地下连续墙
Diaphragm Wall

地下连续墙是20世纪50年代由意大利米兰ICOS公司首先开发成功的一种新的支护形式。它是在泥浆护壁条件下,使用专门的成槽机械,在地面开挖一条狭长的深槽,然后在槽内设置钢筋笼,浇筑混凝土,逐步形成一道连续的地下钢筋混凝土连续墙。

地下连续墙发展初期仅作为施工时承受水平荷载的挡土墙或防渗墙使用;随后逐渐将其用作高层建筑的地下室、地下停车场及地铁等建筑的外墙结构,除施工过程中的支挡作用外,地下连续墙还承担部分或全部的建筑物竖向荷载。连续墙在公路行业也得到了应用,主要用作悬索桥重力式锚碇基坑的施工支护结构,同时也兼作基础的一部分,参与使用阶段受力,如广东虎门大桥西锚碇采用圆形地下连续墙、江苏润扬长江大桥北锚碇采用矩形地下连续墙、武汉阳逻长江大桥南锚碇及广州珠江黄浦大桥采用圆形地下连续墙等。而《公路桥涵地基基础设计规范》更是把地下连续墙新增为桥梁基础结构,并根据墙段单元之间的连接组合、平面布置及使用功能,将其分为条壁式地下连续墙基础、井筒式地下连续墙基础及部分地下连续墙基础等形式。

地下连续墙的优点是无须放坡,土方量小;全盘机械化施工,工效高,速度快,施工期短;混凝土浇筑无须支模和养护,成本低;可在沉井作业、板桩支护等方法难以实施的环境中进行无噪声、无振动施工;并穿过各种土层进入基岩,无须采取降低地下水的措施,因此可在密集建筑群中施工;尤其是用于2层以上地下室的建筑物,可配合"逆筑法"施工(从地面逐层而下修筑建筑物地下部分的一种施工技术),而更显出其独特的作用。地下连续墙已发展有后张预应力、预制装配和现浇预制等多种形式,其使用日益广泛,目前在泵房、桥台、地下室、箱基、地下车库、地铁车站、码头、高架道路基础、水处理设施,甚至深埋的下水道等,都有成功应用的实例。

地下连续墙的成墙深度由使用要求决定,大都在50 m以内,墙宽与墙深及受力情况有关,目前常用600 mm及800 mm两种,特殊情况下也有400 mm及1 200 mm的薄型及厚型地下连续墙。地下连续墙的施工工序如下。

5-4
地下连续墙施工模拟

1. 修筑导墙

沿设计轴线两侧开挖导沟,修筑钢筋混凝土(钢、木)导墙,以供成槽机械钻进导向、维护表土和保持泥浆稳定液面。导墙内壁面之间的净空应比地下连续墙设计厚度加宽40~60 mm,埋深一般为1~2 m,墙厚0.1~0.2 m。

2. 制备泥浆

泥浆以膨润土或细粒土在现场加水搅拌制成，用以平衡侧向地下水压力和土压力，泥浆压力使泥浆渗入土体孔隙，在墙壁表面形成一层组织致密、透水性很小的泥皮，保护槽壁稳定而不致坍塌，并起到携渣、防渗等作用。泥浆液面应保持高出地下水位 0.5～1.0 m，相对密度（1.05～1.10）应大于地下水的相对密度。其浓度、黏度、pH、含水量、泥皮厚度及胶体率等多项指标应严格控制并随时测定、调整，以保证其稳定性。

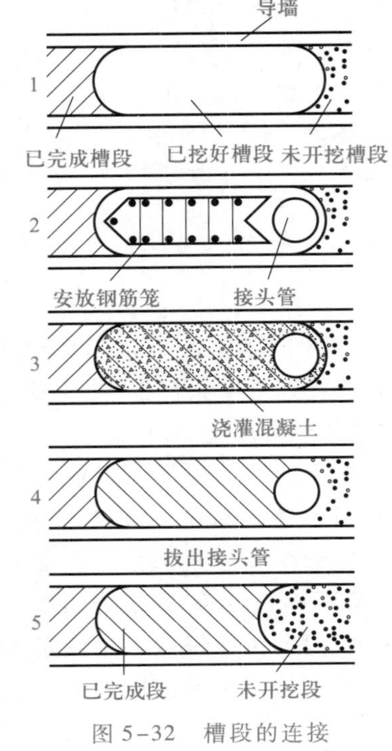

图 5-32 槽段的连接

3. 成槽

成槽是地下连续墙施工中最主要的工序，对于不同土质条件和槽壁深度应采用不同的成槽机具开挖槽段。例如大卵石或孤石等复杂地层可用冲击钻；切削一般土层，特别是软弱土，常用导板抓斗、铲斗或回转钻头抓铲。采用多头钻机开槽，每段槽孔长度可取 6～8 m，采用抓斗或冲击钻机成槽，每段长度可更大。墙体深度可达几十米。

4. 槽段的连接

地下连续墙各单元槽段之间靠接头连接。接头通常要满足受力和防渗要求，并施工简单。国内目前使用最多的接头形式是用接头管连接的非刚性接头。单元槽段内土体被挖除后，在槽段的一端先吊放接头管，再吊入钢筋笼，浇灌混凝土，然后逐渐将接头管拔出，形成半圆形接头，如图 5-32 所示。

地下连续墙既是地下工程施工时的围护结构，又是永久性建筑物的地下部分。因此，设计时应针对墙体施工和使用阶段的不同受力和支承条件下的内力进行简化计算；或采用能考虑土的非线性力学性状及墙与土的相互作用的计算模型以有限单元法进行分析。

5-6 小结 Summary

（1）沉井沉箱是一种古老、经典的深基础施工技术，1894 年竣工的由詹天佑先生主持设计建造的天津滦河大桥、1937 年由茅以升先生设计建造的钱塘江大桥均采用了沉箱技术，而中国第一桥——江阴长江公路大桥（悬索桥）北锚碇的沉井平面长 69 m，宽 51 m，下沉深度 58 m（体积 204×10^3 m^3），相当于九个半篮球场那么大的 20 层高楼埋进地底，比美国费雷泽诺桥的锚碇沉井（体积 150×10^3 m^3）还要大，堪称世界最大沉井。沉井是一种带刃脚的井筒状构造物，是借助自重或添加压重等措施克服井壁摩阻力或浮力逐节下沉至设计标高，再浇筑混凝土封底并填塞井孔而形成的建（构）筑物基础，一般由井壁、刃脚、隔墙、凹槽、封底和顶板等组成，对于浮运沉井有时还带有气筒。

（2）沉井具有埋深大、整体性强、稳定性好、能承受较大垂直和水平荷载等特点；同时，沉井既是建(构)筑物基础,又是施工时的挡土和挡水围堰结构物。

(3) 沉井按施工方法可分为一般沉井和浮运沉井;按井身材料可分为混凝土沉井、钢筋混凝土沉井、竹筋混凝土沉井及钢沉井;按平面形状可分为圆形、矩形和圆端形三种基本类型;按立面形状可分为柱形、阶梯形和锥形沉井。

(4) 沉井基础的施工一般可采用旱地施工、水中筑岛及浮运沉井三种方式。对于前两种方式,当沉井深度较大、井壁摩阻力很大时,若采用增加井壁厚度或压重等办法受限,可采取泥浆润滑套和空气幕技术减小井壁摩阻力。同时,沉井下沉过程中尚需要注意和解决的问题主要有偏斜、难沉、突沉及流砂等。

(5) 沉井作为整体深基础的设计计算,若沉井埋深在最大冲刷线以下较浅(仅数米)时,可不考虑井侧土抗力,按浅基础计算;否则,应考虑井侧土抗力,按刚性桩进行内力变形计算及基底应力和井侧土抗力验算,具体计算时又根据基底土质或约束情况,分为非岩石地基(沉井位于风化岩层内或岩面上)和岩石地基(沉井嵌入较完整基岩内)两种。

(6) 沉井施工过程中的结构计算主要包括自重下沉验算、底节沉井竖向挠曲验算、刃脚受力计算、井壁受力计算、混凝土封底及顶板计算等内容。对于浮运沉井,尚应考虑沉井浮运过程中的受力情况,进行浮运稳定性和井壁露出水面高度等验算。

(7) 除了桩基、沉井外,工程中采用的深基础形式还有墩基础和地下连续墙基础等。其中,地下连续墙在工程中采用广泛,《公路桥涵地基基础设计规范》已将地下连续墙新增为桥梁基础结构形式,并细分为条壁式、井筒式及部分地下连续墙基础等三种形式。

思考题与习题 Questions and Exercises

5-1 何谓沉井基础?其适用于哪些场合?与桩基础相比,其荷载传递有何异同?

5-2 沉井基础主要由哪几部分构成?工程中如何选择沉井的类型?

5-3 沉井在施工中会遇到哪些问题,应如何处理?

5-4 沉井作为整体深基础,其设计计算应考虑哪些内容?

5-5 沉井在施工过程中应进行哪些验算?

5-6 浮运沉井的计算有何特殊性?

5-7 何谓墩基础?与桩基础相比,其有何特点?

5-8 何谓地下连续墙?其主要施工工序有哪些?适用于哪些场合?

5-9 某水下圆形沉井基础直径为 7 m,基础上作用竖向荷载 18 503 kN(已扣除浮力 3 848 kN),水平力 503 kN,弯矩 7 360 kN · m(均为考虑附加组合荷载)。$\eta_1=\eta_2=1.0$。沉井埋深 10 m,土质为中等密实的砂砾层,重度 21.0 kN/m^3,内摩擦角 35°,黏聚力 $c=0$,试验算该沉井基础的地基承载力及横向土抗力。

5-10 某桥墩为钢筋混凝土圆形沉井基础,各地基土层物理力学性质资料及沉井初拟尺寸如图 5-33 所示。底节沉井及盖板混凝土等级为 C25,顶节为 C20,井孔中空。井顶中心处作用竖向荷载 7 075 kN,水平力 350 kN,弯矩2 455 kN · m,试验算该沉井基础的基底应力是否满足要求。

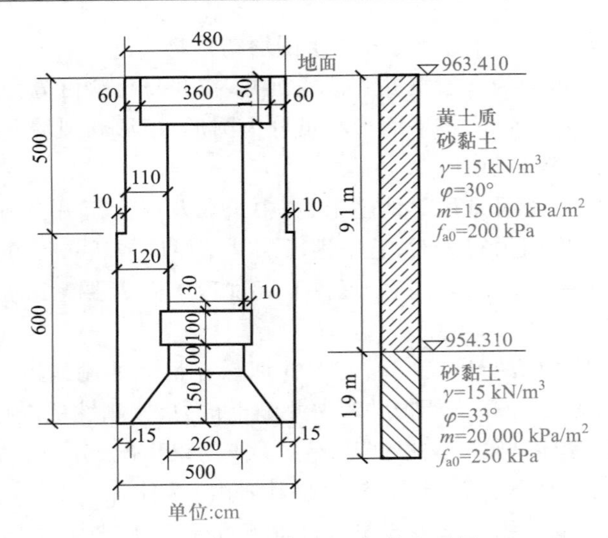

图 5-33 习题 5-10 沉井立面图

第6章
Chapter 6

基坑工程
Foundation Excavation Engineering

本章学习目标：

掌握基坑支护结构的特点、类型及其适用条件，以及作用于支挡结构上的土、水压力计算方法。

熟悉基坑稳定性验算，以及桩(墙)式支挡结构、土钉墙和重力式水泥土墙的设计计算方法。

了解基坑开挖过程中地下水控制方法和施工监测内容。

6-1
教学课件

6-1 概述
Introduction

基坑是指为进行建(构)筑物基础与地下室的施工所开挖的地面以下空间。为保护基础和地下室施工及基坑周围环境的安全，对基坑采取的临时性支挡、加固、保护与地下水控制的措施称为基坑支护。而与基坑开挖相互影响的周边建(构)筑物、地下管线、道路、岩土体和地下水体等，统称为周边环境。

为保证基坑施工、主体地下结构的安全和周围环境不受损害，需对场地及基坑(包括开挖和降水)进行一系列勘察、设计、施工和检测等工作。这项综合性的工程就称为基坑工程。

基坑工程是一项综合性很强的岩土工程，既涉及土力学中典型的强度、稳定与变形问题，又涉及土与支护结构相互作用及场地的工程、水文地质等问题，同时还与测试技术、施工技术等密切相关。因此，基坑工程具有以下特点：

(1) 支护结构通常都是临时性的，一般情况下安全储备相对较小，因此风险性较大。

(2) 由于场地工程水文地质、岩土工程性质和周边环境条件的差异性，基坑工程往往具有很强的地域性特征。所以，它的设计和施工必须因地制宜，切忌生搬硬套。

(3) 是一项综合性很强的系统工程。它不仅涉及结构、岩土、工程地质及环境等多个学科，而且勘察、设计、施工、检测等工作环环相扣，紧密相连。

(4) 具有较强的时空效应。支护结构所受荷载(如土压力)及其产生的应力和变形在时间和空间上都具有较强的变异性，这在软黏土和复杂体型基坑工程中尤为突出。

(5) 对周边环境会产生较大影响。基坑开挖、降水势必引起周边场地土的应力和地下水位发生改变，使土体产生变形，对相邻建(构)筑物和地下管线等产生影响，严重时将危及它们的安全和正常使用。大量土方运输也将对交通和环境卫生产生影响。

6-2 基坑支护结构的类型及适用条件 Types and Applicability of Retaining and Protecting Structure for Excavation

6-2-1 基坑支护结构的类型 Types of Retaining and Protecting Structure for Excavation

基坑支护结构是指支挡和加固基坑侧壁的结构。其中仅由挡土构件(桩、地下连续墙)构成，或者由挡土构件与锚杆或支撑组合而成的支护结构，称为支挡结构，包括悬臂式、锚拉式、内撑式、双排桩式等支挡结构；而土钉墙、重力式水泥土墙等可称为坑壁加固式结构。

基坑支护结构的基本类型及其适用条件如下。

1. 放坡开挖及简易支护

放坡开挖是指选择合理的坡比进行开挖。适用于场地土质较好，开挖深度不大，以及施工现场有足够放坡场所的工程。放坡开挖施工简便、费用低，但开挖及后续回填的土方量大。有时为了增加边坡稳定性和减少土方量，常在坡脚采用简易支护(图6-1)。

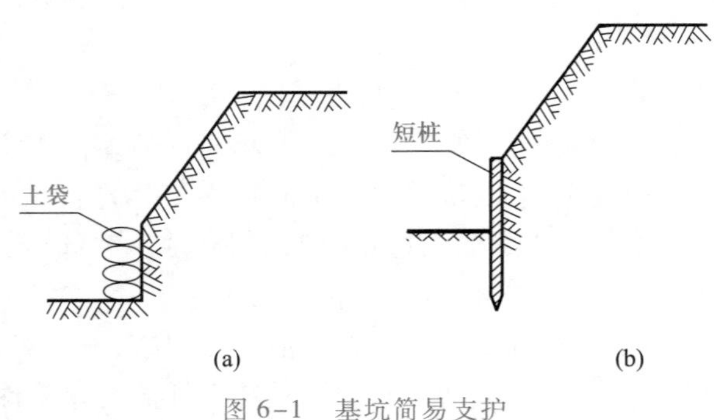

图6-1 基坑简易支护

(a) 土袋或块石堆砌支护；(b) 短桩支护

2. 悬臂式支挡结构

悬臂式支挡结构通常指未设内支撑或拉锚的板桩墙、排桩墙和地下连续墙(图6-2)。悬臂式支挡结构依靠足够的入土深度和结构的抗弯能力来维持基坑壁的稳定和结构的安全。悬臂式支挡结构的水平位移对开挖深度很敏感，容易产生较大的变形，只适用于场地土质较好、开挖深度较浅的基坑工程。

3. 内撑式支挡结构

内撑式支挡结构由挡土构件(比如挡土桩或地下连续墙)和内支撑组成(图6-3)。挡土桩常采用钢筋混凝土桩或钢板桩，地下连续墙通常为钢筋混凝土墙。内支撑常采用木方、钢筋混凝土梁或钢管(或型钢)做成。内支撑支挡结构适合各种地基土层，但设置的内支撑会占用一定的施工空间。

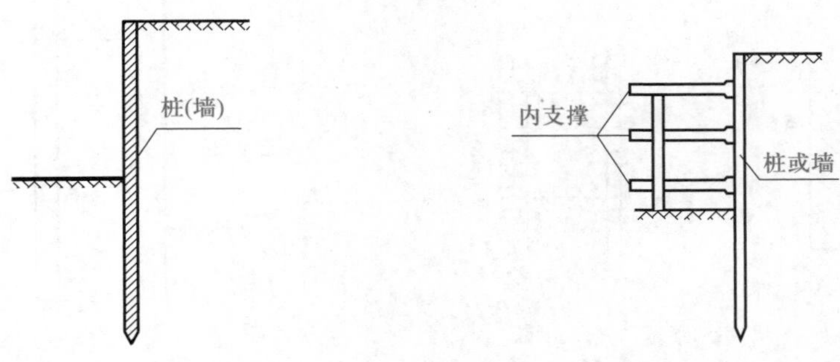

图 6-2 悬臂式支挡结构　　图 6-3 内撑式支挡结构

4. 锚拉式支挡结构

锚拉式支挡结构由挡土构件和锚杆组成，挡土构件同样可采用钢筋混凝土桩或地下连续墙。锚杆通常有地面拉锚(图 6-4a)和土层锚杆(图 6-4b)两种。地面拉锚需要有足够的场地设置锚桩或其他锚固装置，土层锚杆则需要有较好土层提供较大的锚固力。因此，锚拉式支挡结构适合土层较好的场地，不宜用于软黏土地层中。

5. 土钉墙

土钉墙由被加固的原位土体、布置较密的土钉和喷射于坡面上的混凝土面板组成(图 6-5)。土钉一般是通过钻孔、插筋、注浆来设置的，但也可通过直接打入较粗的钢筋、钢管或型钢形成。土钉墙支护结构适合地下水位以上的黏性土、砂土和碎石土等地层，不宜用于淤泥或淤泥质土等软土地层中。

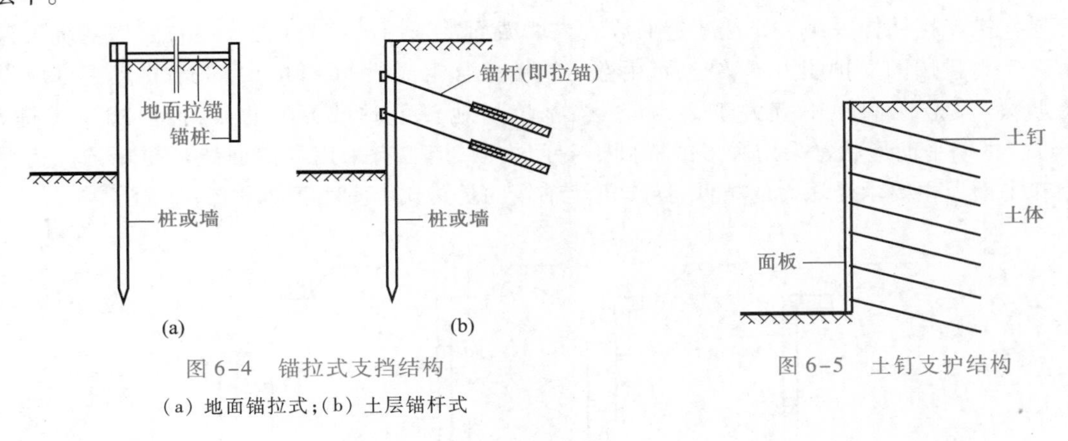

图 6-4 锚拉式支挡结构

(a) 地面锚拉式；(b) 土层锚杆式

图 6-5 土钉支护结构

6. 水泥土墙

利用水泥作为固化剂，通过特制的深层搅拌机械在地层深部将水泥和土强制拌和，让水泥和土之间产生一系列的物理-化学反应，硬结成具有整体性、水稳定性和一定强度的水泥土桩。水泥土桩与桩之间、桩排与桩排之间通过咬合紧密排列布桩，或者按网格式排列布桩(图 6-6)，就可形成重力式水泥土墙。水泥土墙适合于淤泥、淤泥质土等软土地区的基坑支护。

7. 其他支护结构

其他支护结构形式有双排桩支挡结构(图6-7)、连拱式支挡结构(图6-8)、逆作拱墙支挡结构(图6-9)、加筋水泥土墙及各种组合式支护结构。

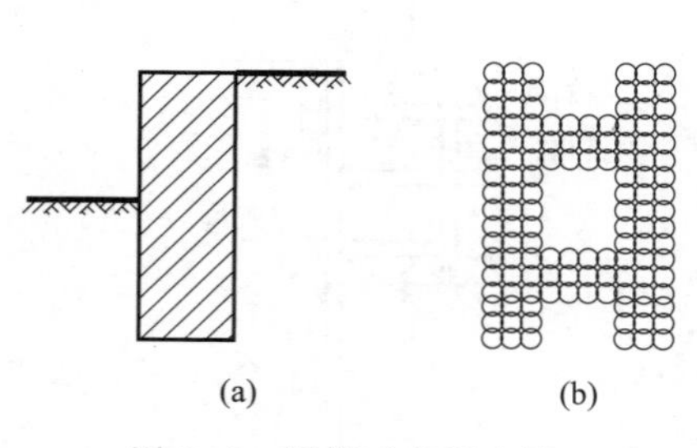

图6-6　隔栅式水泥土墙
(a)水泥土墙剖面图;(b)水泥土墙平面图

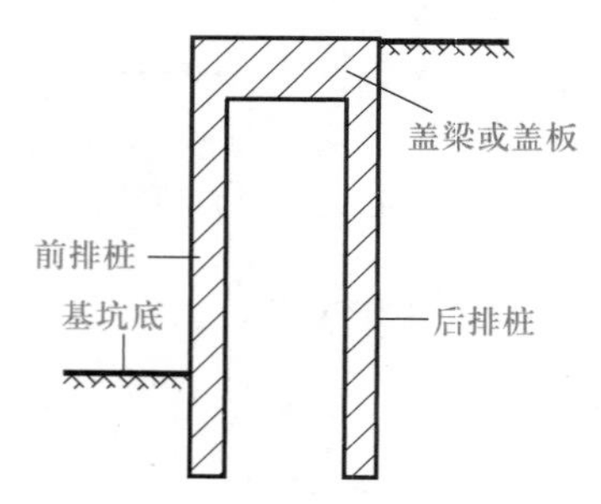

图6-7　双排桩支挡结构

双排桩支挡结构通常由钢筋混凝土前排桩和后排桩及盖梁(或板)组成(图6-7)。其支护深度比单排悬臂式支挡结构的要大,且变形相对较小。

连拱式支挡结构通常采用钢筋混凝土桩、深层搅拌水泥土拱及支撑或锚杆组合而成(图6-8)。水泥土抗拉强度小,抗压强度较大,形成水泥土拱可有效利用材料抗压强度。拱脚采用钢筋混凝土桩,承受由水泥土拱传递来的土压力,如果采用支撑或锚杆承担一定的荷载,则可取得更好的效果。

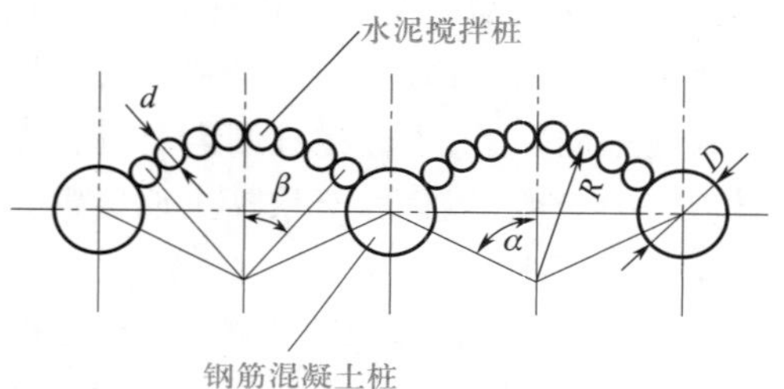

图6-8　连拱式支挡结构平面图

逆作拱支挡结构采用逆作法建造而成。拱墙截面常采用Z字型(图6-9a)。当基坑较深且一道Z字型拱墙的支护能力不够时,可由数道拱墙叠合组成(图6-9b、c),但沿拱墙高度应设置数道肋梁,其竖向间距不宜大于2.5 m。当基坑场地较窄时可不加肋梁,但应加厚拱壁(图6-9d)。拱墙平面形状常采用圆形或椭圆形封闭拱圈,但也有采用局部曲线形拱墙的。为保证拱墙在平面上主要承受压力的条件,逆作拱墙轴线的长跨比不宜小于1/8。

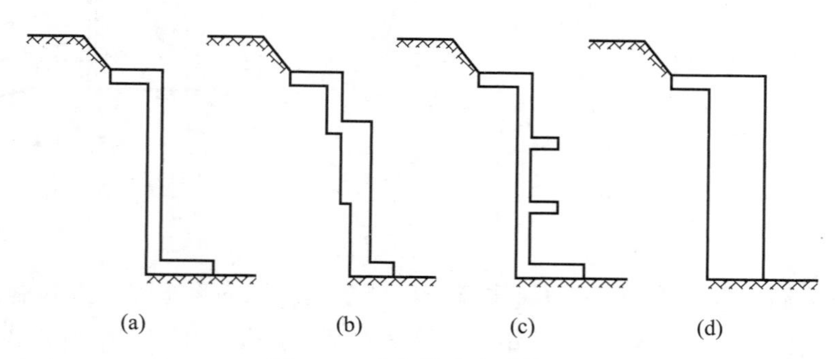

图6-9　逆作拱墙支挡结构

6-2-2 基坑支护工程的设计原则与设计内容

Principles and Contents of Design for Foundation Excavations Engineering

基坑支护工程设计的基本原则是：

(1) 在满足支护结构本身强度、稳定性和变形要求的同时，确保基坑周边建(构)筑物、地下管线、道路的正常使用和周边环境的安全；

(2) 在保证安全可靠的前提下，设计方案应技术先进、经济合理、施工方便；

(3) 为基坑开挖和基础施工提供足够的空间和最大限度的便利，并保证施工安全。

根据JGJ 120—2012《建筑基坑支护技术规程》，基坑支护结构极限状态可分为承载能力极限状态和正常使用极限状态。承载能力极限状态对应于支护结构或构件达到最大承载能力，或者土体失稳、过大变形导致支护结构或基坑周边环境破坏；正常使用极限状态对应于支护结构的变形已妨碍地下结构正常施工或影响基坑周边环境的正常使用功能。

基坑支护结构的安全等级按破坏后果分为三级，见表6-1。

表6-1 基坑支护结构的安全等级

安全等级	破坏后果	重要性系数 γ_0
一级	支护结构失效、土体过大变形对基坑周边环境或主体结构施工安全的影响很严重	1.1
二级	支护结构失效、土体过大变形对基坑周边环境或主体结构施工安全的影响严重	1.0
三级	支护结构失效、土体过大变形对基坑周边环境或主体结构施工安全的影响不严重	0.9

基坑工程从规划、设计到施工监测全过程应包括如下内容。

(1) 基坑内建筑场地勘察和基坑周边环境勘察。基坑内建筑场地勘察可利用建(构)筑物设计提供的勘察报告，必要时进行补勘。基坑周边环境勘察须查明：

① 基坑周边地面既有建(构)筑物的结构类型、层数、位置、基础形式和尺寸、埋深、使用年限及上部结构的现状；

② 基坑周边地下建(构)筑物及各种管线等设施的分布及其现状；

③ 场地周围和邻近地区地表和地下水分布情况及其对基坑开挖的影响程度。

(2) 支护结构方案技术经济比较和选型。基坑支护工程应根据工程和环境条件提出几种可行的支护结构方案，通过比较，选出技术经济指标最佳的方案。

(3) 支护结构的强度、稳定和变形及基坑内外土体的稳定性验算。基坑支护结构均应进行极限承载力状态的计算，计算内容包括支护结构和构件的受压、受弯、受剪承载力计算和土体稳定性计算。对于重要基坑工程尚应基于正常使用权限状态设计原则验算支护结构和周围土体的变形。

(4) 基坑降水和截水帷幕设计及支护墙的抗渗设计，同时还包括对基坑开挖与地下水变化引起的基坑内外土体渗透稳定性进行验算(如坑底土体的突涌稳定性验算、流土稳定性验算等)，并就基坑降水对基础桩、邻近建筑物和周边环境的影响进行评价。

(5) 基坑开挖施工方案和施工监测方案设计。

6-2-3 基坑支护结构的适用条件及选型

Applicability and Selection of Retaining and Protecting Structure for Excavation

基坑支护结构的选型应综合考虑基坑周边环境、主体建筑物和地下结构的条件、开挖深度、工程地质和水文地质条件、施工技术与设备、施工季节等因素，按照因地制宜的原则比选出最佳支护方案。

各类支护结构的适用条件及选型参见表6-2。

表6-2 各类支护结构的适用条件及选型

<table>
<tr><th colspan="2" rowspan="2">结构类型</th><th colspan="3">适用条件</th></tr>
<tr><th>安全等级</th><th colspan="2">基坑深度、环境条件、土类和地下水条件</th></tr>
<tr><td rowspan="5">支挡式结构</td><td>锚拉式结构</td><td rowspan="5">一级
二级
三级</td><td>适用于较深的基坑</td><td rowspan="5">1. 排桩适用于可采用降水或截水帷幕的基坑；
2. 地下连续墙宜同时用作主体地下结构外墙，可同时用于截水；
3. 锚杆不宜用在软土层和高水位的碎石土、砂土层中；
4. 当临近基坑有建筑物地下室、地下构筑物等，锚杆的有效锚固长度不足时，不应采用锚杆；
5. 当锚杆施工会造成基坑周边建(构)筑物的损害或违反城市地下空间规划等规定时，不应采用锚杆</td></tr>
<tr><td>内撑式结构</td><td>适用于较深的基坑</td></tr>
<tr><td>悬臂式结构</td><td>适用于较浅的基坑</td></tr>
<tr><td>双排桩</td><td>当锚拉式、支撑式和悬臂式结构不适用时，可考虑采用双排桩</td></tr>
<tr><td>支挡结构与主体结构结合的逆作法</td><td>适用于基坑周边环境很复杂的深基坑</td></tr>
<tr><td rowspan="4">土钉墙</td><td>单一土钉墙</td><td rowspan="4">二级
三级</td><td>适用于地下水位以上或经降水的非软土基坑，且基坑深度不宜大于12 m</td><td rowspan="4">当基坑潜在滑动面内有建筑物、重要地下管线时，不宜采用土钉墙</td></tr>
<tr><td>预应力锚杆复合土钉墙</td><td>适用于地下水位以上或经降水的非软土基坑，且基坑深度不宜大于15 m</td></tr>
<tr><td>水泥土桩复合土钉墙</td><td>用于非软土基坑时，基坑深度不宜大于12 m；用于淤泥质土基坑时，基坑深度不宜大于6 m；不宜用在高水位的碎石土、砂土层中</td></tr>
<tr><td>微型桩复合土钉墙</td><td>适用于地下水位以上或经降水的基坑，用于非软土基坑时，基坑深度不宜大于12 m；用于淤泥质土基坑时，基坑深度不宜大于6 m</td></tr>
<tr><td colspan="2">重力式水泥土墙</td><td>二级
三级</td><td colspan="2">适用于淤泥质土、淤泥基坑，且基坑深度不宜大于7 m</td></tr>
<tr><td colspan="2">放坡</td><td>三级</td><td colspan="2">1. 施工场地应满足放坡条件；
2. 可与上述支护结构形式结合</td></tr>
</table>

注：1. 当基坑不同部位的周边环境、土层性状、基坑深度等不同时，可在不同部位分别采用不同的支护形式；

2. 支护结构可采用上、下部以不同结构类型组合的形式。

6-3 作用于基坑支护结构上的土压力

Earth Presses Acting on Retaining and Protecting Structure for Excavation

6-3-1 支护结构上土压力的特点及计算方法

Features and Calculation Methods of Earth Presses Acting on Retaining Structure

作用于基坑支护结构上的水平荷载主要来自两方面：一是由土体（含地下水）自重产生的土压力；二是周边建（构）筑物荷载、施工荷载、地震荷载及其他附加荷载通过土体的传递而产生的侧压力。

相比一般重力式挡土墙而言，影响基坑支护结构上土压力的因素多而复杂。主要影响因素有：土的类型及应力历史、地下水赋存形式和降排水方式、施工方法和次序、挡土构件的刚度、支点布置及预加力大小等。此外，作用于支护结构上的土压力具有很强的时空效应，亦即基坑的不同地段具有不同的土压力，而且其土压力的大小和分布随时间发展变化。

在基坑开挖过程中，作用在支护结构上的土压力是随着开挖的进程而逐步形成的，其分布形式除与上述因素有关外，更重要的是它与支护结构的位移形态（位移的大小、方向和方式）有关。由于其位移形态会因支撑和锚杆的设置及每步开挖施工方式的不同而不同，因此作用于支护结构上的土压力并不完全处于静止或主动状态。有关实测资料证明：当挡土桩或墙上设有支点时，土压力分布一般呈上下小、中间大的抛物线形状或更复杂的形状；只有当挡土桩或墙处于悬臂状态时，桩或墙的上端绕下端外倾，这时才有可能产生呈直线分布的主动土压力。

我国的 GB 50007—2011《建筑地基基础设计规范》规定，作用于支护结构的主动和被动土压力可采用库仑或朗肯土压力理论计算；当对支护结构水平位移有严格限制时，应采用静止土压力计算；当按变形控制原则设计支护结构时，作用在支护结构的计算土压力可按支护结构与土体的相互作用原理确定，也可按地区经验确定。而 JGJ 120—2012《建筑基坑支护技术规程》规定采用朗肯土压力理论计算土压力：对地下水位以下的黏性土、黏质粉土层可采用土压力、水压力合算方法，而砂质粉土、砂土和碎石土层应采用土压力、水压力分算法。

6-3-2 地下水位以上土压力计算

Calculation of the Earth Presses above Water Table

当土层位于地下水位以上时，根据朗肯土压力理论，支护结构外侧地面以下深度 z_{ai} 处主动土压力强度 p_{ai}（图 6-10a）可按下式计算

$$p_{ai}=\sigma_{vi}K_{ai}-2c_i\sqrt{K_{ai}} \tag{6-1}$$

$$K_{ai}=\tan^2\left(45°-\frac{\varphi_i}{2}\right) \tag{6-2}$$

式中 σ_{vi}——支护结构外侧地面以下深度 z_{ai} 处竖向应力。

K_{ai}——支护结构外侧地面以下深度 z_{ai} 处土的主动土压力系数。

c_i、φ_i——支护结构外侧地面以下深度 z_{ai} 处土的黏聚力、内摩擦角。对于黏性土、黏质粉土

应采用三轴固结不排水剪强度指标 c_{cu}、φ_{cu} 或直剪固结快剪强度指标 c_{cq}、φ_{cq}；对于砂土、碎石土和砂质粉土应采用有效应力强度指标。

支护结构内侧，基坑底面以下深度 z_{pj} 处被动土压力强度 p_{pj}（图6-10a）可按下式计算

$$p_{pj}=\sigma_{vj}K_{pj}+2c_j\sqrt{K_{pj}} \tag{6-3}$$

$$K_{pj}=\tan^2\left(45°+\frac{\varphi_j}{2}\right) \tag{6-4}$$

式中 σ_{vj}——基坑底面以下深度 z_{pj} 处竖向应力；

K_{pj}——基坑底面以下深度 z_{pj} 处土的被动土压力系数；

c_j、φ_j——基坑底面以下深度 z_{pj} 处土的黏聚力、内摩擦角，其取值方法同上。

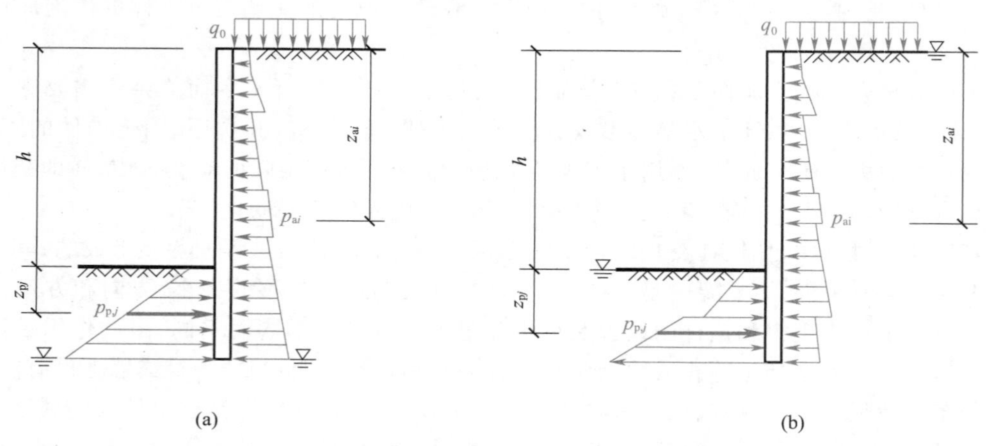

图6-10 土压力计算示意图

（a）地下水位以上土层；（b）地下水位以下土层

6-3-3 地下水位以下水、土压力计算

Calculation of the Earth Presses under Water Table

当土层位于地下水位以下（图6-10b）时，对于黏性土、黏质粉土采用土压力、水压力合算方法计算主动和被动土压力，其计算方法同式(6-1)～式(6-4)。

对于位于地下水位以下的砂土、碎石土和砂质粉土，应采用土、水压力分算法计算支护结构上的土压力。此时，土的抗剪强度指标应采用有效应力强度指标，水压力按静水压力计算。对于砂质粉土，若缺少有效应力强度指标，也可采用三轴固结不排水抗剪强度指标或直剪固结快剪强度指标代替。当存在地下水渗流时，宜按渗流理论计算水压力和土的竖向有效应力。

于是，地下水位下砂土、碎石土和砂质粉土中支护结构外侧主动土压力强度与静水压力合计为

$$p_{ai}=\sigma'_{vi}K_{ai}-2c_i\sqrt{K_{ai}}+u_{ai}=(\sigma_{vi}-u_{ai})K_{ai}-2c'_i\sqrt{K_{ai}}+u_{ai} \tag{6-5}$$

$$K_{ai}=\tan^2\left(45°-\frac{\varphi'_i}{2}\right) \tag{6-6}$$

式中 u_{ai}——支护结构外侧地面以下深度 z_{ai} 处的水压力；

c'_i、φ'_i——支护结构外侧地面以下深度 z_{ai} 处土的有效黏聚力、有效内摩擦角。

而支护结构内侧，基坑底面以下被动土压力强度与静水压力合计为

$$p_{pj}=\sigma'_{vj}K_{pj}+2c'_j\sqrt{K_{pj}}+u_{pj}=(\sigma_{vj}-u_{pj})K_{pj}+2c'_j\sqrt{K_{pj}}+u_{pj} \tag{6-7}$$

$$K_{pj}=\tan^2\left(45°+\frac{\varphi'_j}{2}\right) \tag{6-8}$$

式中 u_{pj}——基坑底面以下深度 z_{pj} 处的水压力；

c'_j、φ'_j——基坑底面以下深度 z_{pj} 处土的有效黏聚力、有效内摩擦角。

6-4 桩、墙式支挡结构设计计算

Calculation of Soldier Pile Wall and Diaphragm Wall

若施工场地狭窄、地质条件较差、基坑较深或对开挖引起的变形控制较严，则可采用排桩或地下连续墙支挡结构。

排桩可采用钻孔灌注桩、人工挖孔桩、预制钢筋混凝土板桩和钢板桩等。桩的排列方式通常有柱列式（图 6-11a）、连续式（图 6-11b ~ d）和组合式（图 6-11e ~ f）。排桩支护结构除受力桩外，有时还包括冠梁、腰梁和桩间护壁构造件等，必要时还可设置一道或多道内支撑或锚杆。

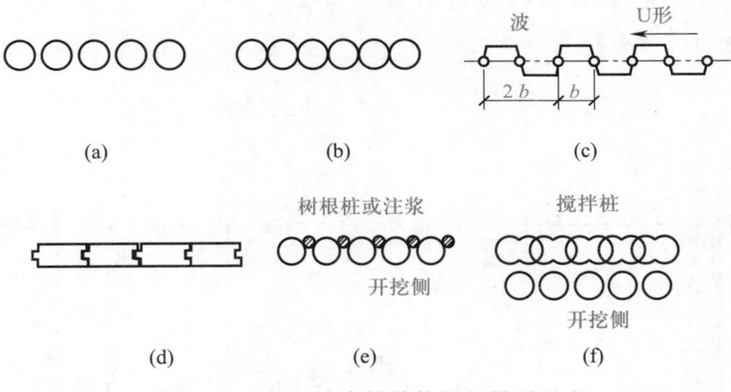

图 6-11 排桩式支挡结构桩的排列形式

地下连续墙是采用特制的成槽机械在泥浆护壁下，逐段开挖出沟槽并浇筑钢筋混凝土墙而形成。地下连续墙不仅能够挡土、止水，还可用作地下结构的外墙，同时具有刚度大、整体性好、振动噪声小、可逆作法施工及适用各种地质条件等优点，特别适合对变形控制要求较高的重要工程。但废泥浆处理不好会影响城市环境，而且造价也较高。

桩、墙式支挡结构可分为悬臂式、内撑式和锚拉式三种形式。悬臂式支挡结构主要由挡土构件（排桩或者地下连续墙）组成，而内撑式和锚拉式支挡结构除挡土构件（桩或墙）外还设置有内支撑或预应力锚杆。对于悬臂式支挡结构，可将其简化为悬臂梁进行分析计算。对于支撑式和锚拉式支挡结构，则可将其分解为挡土构件和内支撑或锚杆分别分析计算，而作用于挡土构件上支点处的力就是内支撑或锚杆所提供的抗力。

6-4-1 桩、墙设计计算 Calculation of Soldier Pile Wall and Diaphragm Wall

桩、墙的内力与变形计算方法主要有静力极限平衡法、弹性支点法和数值分析法。

传统和经典的静力极限平衡法计算简便，借助简单的计算器就可以设计计算。但由于该类方法的一些假定与实际受力状况有较大差异，计算结果往往与实际情况不符，而且还不能计算支挡结构的变形，因此它在实际工程中的应用已逐渐减少。

数值分析计算法，比如有限单元法，可以考虑复杂的工况和结构形式，可计算出基坑不同开挖阶段支护结构及其周边环境的应力和变形发展变化规律，但由于建模复杂、计算工作量大，一般用于大型复杂基坑中支挡结构的内力与变形计算。

弹性支点法是基于弹性地基梁计算原理而发展起来的计算方法，因此它有时候被称为弹性抗力法、地基反力法。根据不同的支挡结构形式，弹性支点法可分别采用解析法、半解析法或杆系结构有限元法来求解支挡结构的内力和变形。该法实用性强，计算工作量又不大，已成为目前实际工程中常用的设计计算方法。

以下简要介绍采用弹性支点法来计算桩、墙内力与变形的方法和步骤。

1. 计算模型

对于悬臂式支挡结构，其计算模型可简化为如图6-12a所示形式。计算宽度内挡土构件（桩或墙）的基本挠曲微分方程为

$$EI\frac{\mathrm{d}^4y}{\mathrm{d}z^4}+p_s\cdot b_0\cdot y-p_{ak}\cdot b_a=0 \tag{6-9}$$

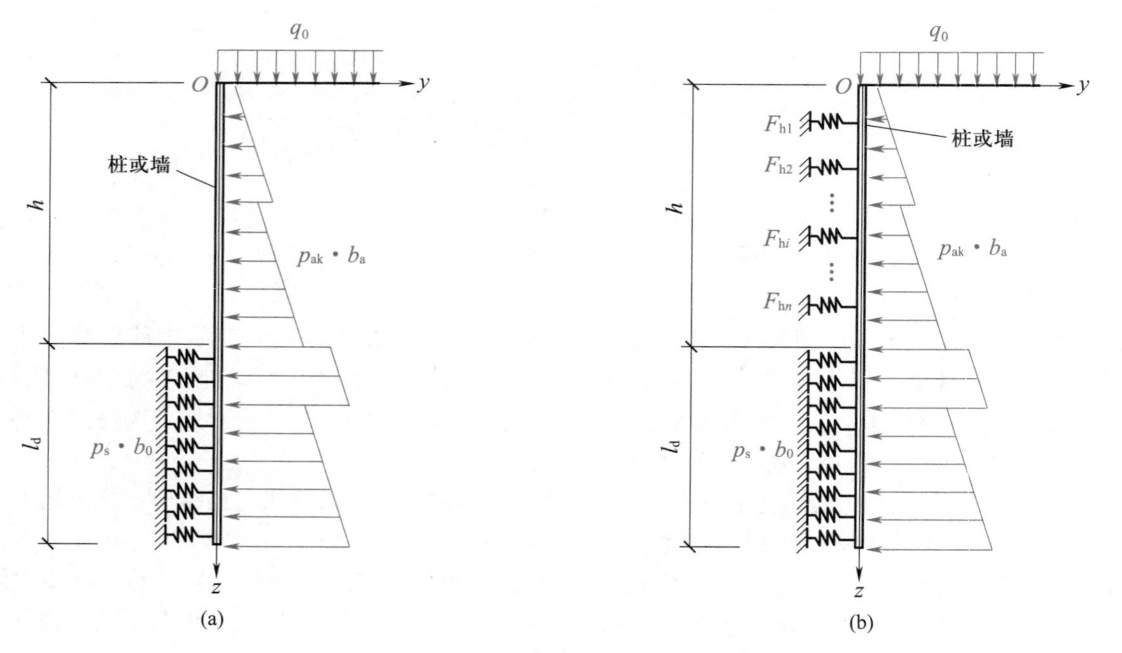

图6-12 弹性支点法计算简图

（a）悬臂式支挡结构；（b）支撑式或锚拉式支挡结构

式中　E——挡土构件材料弹性模量，kN/m^2；

I——挡土构件截面惯性矩，m^4；

y——挡土构件的水平挠曲变形，m；

p_s——挡土构件内侧土的分布反力，kPa；

b_0——挡土构件内侧土反力计算宽度，m，对于排桩参见图 6-13；

p_{ak}——挡土构件外侧主动土压力强度标准值，kPa；当 $p_{ak}<0$ 时，应取 $p_{ak}=0$；

b_a——挡土构件外侧土压力计算宽度，m，对于排桩参见图 6-13。

方程(6-9)可采用幂级数法求解(参见 3-5 节水平受荷桩内力与位移求解方法)，也可用杆系有限元法求解。根据方程(6-9)的解答，便可求得挡土构件(桩或墙)的内力和变形。

对于支撑式或锚拉式支挡结构(图 6-12b)，将每个支点视为一弹性支座，在式(6-9)计算模型中，附加上各个支点的作用力，再利用杆系有限元法可求解挡土构件(桩或墙)的内力和变形。

2. 作用于挡土构件上土压力与土反力计算

由图 6-12 可知，作用于挡土构件外侧的主动土压力等于主动土压力强度 p_{ak} 乘以主动土压力计算宽度 b_a。对于地下连续墙，b_a 应取包括接头在内的单幅墙宽度，简化计算时也可取单位墙宽；对于排桩，b_a 应取排桩的间距，如图 6-13 所示。

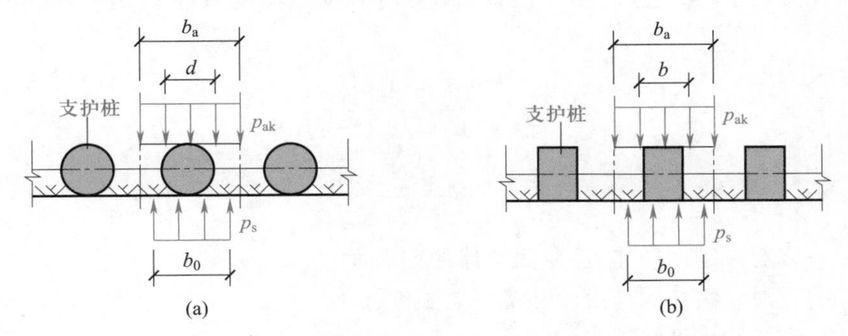

图 6-13　作用于排桩上土压力与土反力的计算宽度

作用于挡土结构内侧的土反力 P_{sk} 由分布土反力 p_s 乘以土反力计算宽度 b_0 得到。对于地下连续墙，土反力计算宽度 b_0 的取值同 b_a；对于排桩(图 6-13)，b_0 值可按表 4-12 所列公式计算确定，当计算值大于排桩间距时则取为排桩间距。

基坑开挖面以下土体作用于挡土构件(桩或墙)内侧的分布土反力为

$$p_s=k_s y+p_{s0} \tag{6-10}$$

式中　p_{s0}——初始分布土反力，kPa，可取基坑内侧土主动土压力强度值，但不计黏聚力项。

y——挡土构件在分布土反力计算点使土体压缩的水平位移量，m。

k_s——地基土的水平反力系数，kN/m^3，按下式确定：

$$k_s=m(z-h) \tag{6-11}$$

其中　h——计算工况下的基坑开挖深度，m。

z——计算点距地面的深度，m。

m——地基土的水平反力系数的比例系数，kN/m^4，宜按桩的水平荷载试验或参照行业(表

4-14)和地区经验取值。缺少试验和经验时,可按经验式 $m=(0.2\varphi^2-\varphi+c)/y_b$ 估算,式中 c 和 φ 分别为土的黏聚力(kPa)和内摩擦角(°);y_b 为挡土构件在坑底处的水平位移量(mm),当 $y_b\leq$ 10 mm 时,取 $y_b=10$ mm。

必须注意的是,如果计算得到的挡土构件嵌固段内侧土反力标准值 P_{sk} 小于坑内土层能够提供的被动土压力标准值 E_{pk},则应增加挡土构件的嵌固长度,或者以坑内土层被动土压力强度值作为分布土压力。

3. 作用于挡土构件上支点力计算

在支撑式或锚拉式支挡结构(图 6-12b)中,当挡土构件(桩或墙)在土压力作用下产生侧向变形时,内支撑或锚杆将会在支点处提供一个支点反力,其水平分量 F_h 可按下式计算

$$F_h=k_R(y_R-y_R^0)+P_h \tag{6-12}$$

式中 F_h——支点水平反力,kN;

P_h——支点预加力的水平分量,kN;

y_R^0——设置锚杆或支撑时,支点的初始水平位移量,m;

y_R——支点的水平位移量,m;

k_R——支点的刚度系数,kN/m。

对于锚拉式支挡结构,宜通过基本试验来确定弹性支点刚度系数 k_R;若无试验结果,则可由下式确定

$$k_R=\frac{3E_sE_cA_pAb_a}{[3E_cAl_f+E_sA_p(l-l_f)]s} \tag{6-13}$$

$$E_c=\frac{E_sA_p+E_m(A-A_p)}{A} \tag{6-14}$$

式中 A_p、A——分别为锚杆杆体、注浆固结体的截面面积,m^2;

l_f、l——分别为锚杆的自由段和锚杆总长度,m;

s——锚杆的水平间距,m;

E_s、E_m、E_c——分别为锚杆杆体、注浆固结体和它们的复合体的弹性模量,kPa。

对于支撑式支挡结构,宜先对支挡结构整体进行线弹性结构分析,得到支点力与水平位移的关系,再由此关系确定弹性支点刚度系数 k_R。假若内支撑为水平对撑,而且支撑腰梁或冠梁的挠度又可忽略不计,则计算宽度内弹性支点刚度系数 k_R 可由下式确定

$$k_R=\frac{\alpha_R EAb_a}{\lambda l_0 s} \tag{6-15}$$

式中 E——支撑材料的弹性模量,kPa。

A——支撑截面面积,m^2。

l_0——受压支撑构件的长度,m。

s——支撑水平间距,m。

α_R——支撑松弛系数,对混凝土支撑和预加轴向压力的钢支撑,取 $\alpha_R=1.0$;对不预加轴向压力的钢支撑,取 $\alpha_R=0.8\sim1.0$。

λ——支撑不动点调整系数。若支撑两对边基坑的土性、深度、周边荷载等条件相近,且

分层对称开挖时，取 $\lambda=0.5$；否则，对土压力较大或先开挖的一侧，取 $\lambda=0.5\sim1.0$，另一边取为 $(1-\lambda)$。

6-4-2　土层锚杆与内支撑
Anchor and Strut

当基坑开挖深度较大，悬臂式支挡结构不能满足工程要求时，应在支挡结构上设置一层或多层锚杆或内支撑，这样可以有效地控制其内力和变形值，从而确保支挡结构自身和周边环境的安全。

1. 土层锚杆

土层锚杆主要由外锚头、锚筋（亦称杆体）和锚固体（亦即注浆固结体）组成（图 6-14），可能的破坏形式有：锚筋被拉断、锚筋从锚固体中拉出、锚固体从土层中拔出。由于锚固体砂浆对锚筋的握裹力一般大于锚固体与土层的摩阻力，因此，工程中只需对锚杆锚固体抗拔承载力（即锚固体与土层界面抗剪切能力）和锚筋（杆体）抗拉承载力进行验算。

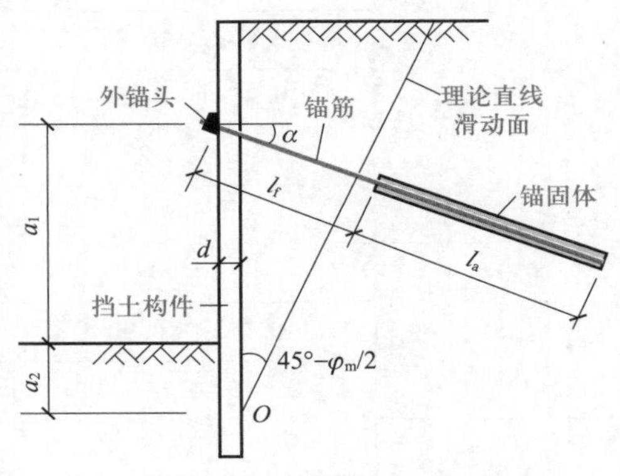

图 6-14　土层锚杆示意图

① 锚杆抗拔承载力验算。锚杆的极限抗拔承载力应满足

$$\frac{R_k}{N_k}\geqslant K_t \tag{6-16}$$

式中　K_t——锚杆抗拔安全系数，安全等级为一级、二级、三级的支护结构，K_t 分别不应小于 1.8，1.6，1.4；

N_k——锚杆轴向拉力标准值，kN，按式(6-17)计算；

R_k——锚杆极限抗拔承载力标准值，kN，按式(6-18)确定。

锚杆轴向拉力标准值 N_k 计算式为

$$N_k=\frac{F_h\cdot s}{b_a\cos\alpha} \tag{6-17}$$

式中　F_h——挡土构件计算宽度内的弹性支点水平反力，kN；

s——锚杆的水平间距，m；

α——锚杆的倾角，(°)。

锚杆极限抗拔承载力标准值 R_k 计算式为

$$R_k=\pi d\sum q_{sk,j}l_j \tag{6-18}$$

式中　d——锚杆的锚固体直径，m。

l_j——锚杆的锚固段在第 j 层土中的长度，m；锚固段总长度 l_a 则为超过理论直线滑动面（图 6-14）1.5 m 外的长度。

$q_{sk,j}$——锚固体与第 j 层土的极限黏结强度标准值，kPa，应结合工程经验参照表 6-3 取值。

表6-3 锚杆的极限黏结强度标准值

土的名称	土的状态或密实度	q_{sk}/kPa	
		一次常压注浆	二次压力注浆
填土		16~30	30~45
淤泥质土		16~20	20~30
黏性土	$I_L>1$	18~30	25~45
	$0.75<I_L\leqslant 1$	30~40	45~60
	$0.50<I_L\leqslant 0.75$	40~53	60~70
	$0.25<I_L\leqslant 0.50$	53~65	70~85
	$0<I_L\leqslant 0.25$	65~73	85~100
	$I_L\leqslant 0$	73~90	100~130
粉土	$e>0.90$	22~44	40~60
	$0.75<e\leqslant 0.90$	44~64	60~90
	$e\leqslant 0.75$	64~100	80~130
粉细砂	稍密	22~42	40~70
	中密	42~63	75~110
	密实	63~85	90~130
中砂	稍密	54~74	70~100
	中密	74~90	100~130
	密实	90~120	130~170
粗砂	稍密	80~130	100~140
	中密	130~170	170~220
	密实	170~220	220~250
砾砂	中密、密实	190~260	240~290
风化岩	全风化	80~100	120~150
	强风化	150~200	200~260

注：1. 采用泥浆护壁成孔工艺时，应按表取低值后再根据具体情况适当折减；

2. 采用套管护壁成孔工艺时，可取表中的高值；

3. 采用扩孔工艺时，可在表中数值基础上适当提高；

4. 采用二次压力分段劈裂注浆工艺时，可在表中二次压力注浆数值基础上适当提高；

5. 当砂土中的细粒含量超过总质量的30%时，表中数值应乘以0.75；

6. 对有机质含量为5%～10%的有机质土，应按表取值后适当折减；

7. 当锚杆锚固段长度大于16 m时，应对表中数值适当折减。

锚杆的长度 l 包括锚固段长度 l_a 和自由段长度 l_f（图6-14），其中 l_f 应按下式确定：

$$l_f \geqslant \frac{(a_1+a_2-d\tan\alpha)\sin\left(45°-\frac{\varphi_m}{2}\right)}{\sin\left(45°+\frac{\varphi_m}{2}+\alpha\right)}+\frac{d}{\cos\alpha}+1.5 \tag{6-19}$$

式中　l_f——锚杆自由段长度，m，不应小于5.0 m。

α——锚杆倾角，(°)。

a_1——锚杆的锚头中点至基坑底面的距离，m。

a_2——基坑底面至基坑外侧主动土压力强度与基坑内侧被动土压力强度等值点 O 的距离，m；对成层土，当存在多个等值点时应按其中最深的等值点计算。

d——挡土构件的水平尺寸，m。

φ_m——O 点以上各土层按厚度加权的等效内摩擦角，(°)。

② 锚筋抗拉强度验算。锚杆杆体的受拉承载力应满足

$$N \leqslant f_{py}A_p \tag{6-20}$$

式中　N——锚杆轴向拉力设计值，kN；$N=\gamma_0\gamma_F N_k$，其中 γ_0 为支护结构重要性系数（按表6-1取值），γ_F 为作用基本组合的综合分项系数（不应小于1.25）。

f_{py}——预应力筋抗拉强度设计值，kPa；当锚筋杆体采用普通钢筋时，取普通钢筋的抗拉强度设计值。

A_p——预应力筋的截面面积，m^2。

2. 内支撑结构

内支撑结构体系是由腰梁、内支撑和立柱构成的。内支撑可以是钢支撑、混凝土支撑和混合支撑。内支撑平面布置应做到为基坑开挖和下部主体结构施工提供尽量大的空间和便利为原则，在平面结构上可采用平行对撑形式、正交或斜交的平面杆系形式、环形杆系形式，或者各种组合形式。

钢支撑可以采用钢管、工字钢、槽钢及各种型钢组合的桁架，通常采用装配式。如果对基坑变形要求较高，或者基坑形状比较复杂，应优先选用钢筋混凝土支撑，因为混凝土硬化后刚度大、变形小，强度高而可靠，但混凝土浇筑和养护时间长，施工工期长，拆除较难，对环境有影响。

一般内支撑结构体系可按结构力学方法进行受力计算。对于平面杆系支撑、环形杆系支撑，可按平面杆系有限元法进行计算；计算时应考虑基坑不同方向上的荷载不均匀性，约束支座的设置应与支护结构实际位移状态相符。同时，应对内支撑结构进行竖向荷载作用下的受力分析，设有立柱时宜按空间框架计算。

6-4-3　桩、墙式支挡结构稳定性验算

Stability Checking for Retaining Structure of Soldier Piles or Diaphragm Wall

桩、墙式支挡结构稳定性验算的目的在于确定支挡结构嵌固深度，确保支挡结构的稳定性。主要验算内容包括：抗倾覆稳定性验算、整体滑动稳定性验算、坑底抗隆起稳定性验算、坑底抗突涌稳定性验算和坑底抗流土稳定性验算。

1. 抗倾覆稳定性验算

对悬臂式支挡结构，其嵌固深度 l_d 应满足绕桩（墙）底端（图6-15a）的抗倾覆稳定要求；对

设置有锚杆或内支撑的支挡结构，而且支挡结构外侧主动土压力合力作用点位于最下一层支点以下时，应满足绕最下一层支点（图6-15b）的抗倾覆（抗踢脚）稳定要求。即

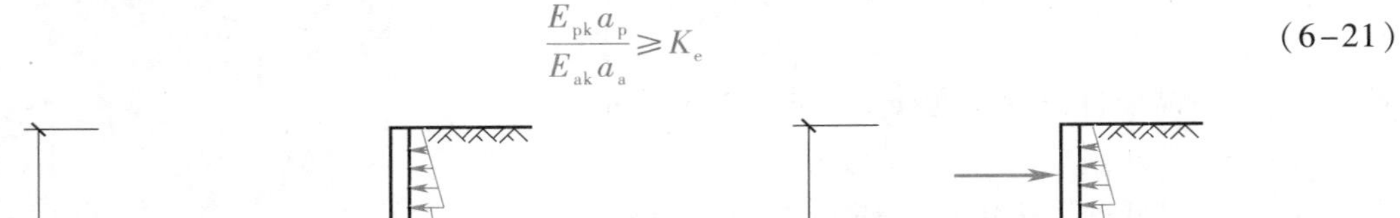

$$\frac{E_{pk}a_p}{E_{ak}a_a} \geqslant K_e \tag{6-21}$$

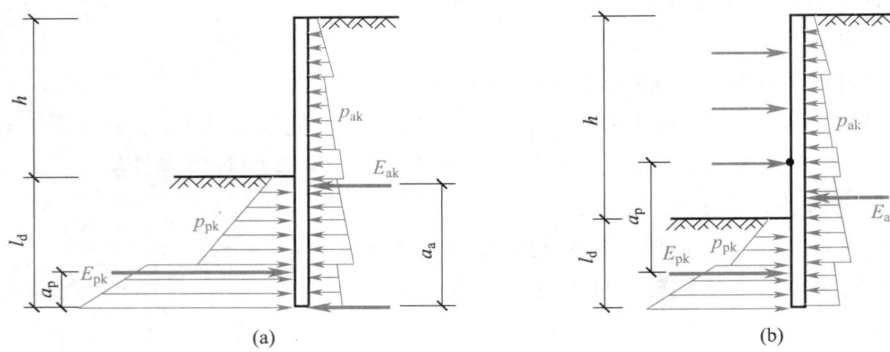

图6-15 抗倾覆稳定性验算

(a) 悬臂式支挡结构；(b) 有支点支挡结构

式中 E_{pk}、E_{ak}——基坑的外侧主动土压力、内侧被动土压力标准值，kN；

a_p、a_a——基坑的外侧主动土压力、内侧被动土压力的合力点至转动点的距离，m，如图6-15所示；

K_e——抗倾覆稳定安全系数，对应于安全等级为一级、二级和三级的支挡结构，K_e 分别不应小于1.25、1.2和1.15。

2. 整体滑动稳定性验算

支挡结构的整体滑动稳定性可采用圆弧滑动条分法进行验算（图6-16），其最小稳定性安全系数应满足

$$K_{s,\min}=\frac{\sum\{c_i l_i+[(q_i b_i+\Delta G_i)\cos\theta_i-u_i l_i]\tan\varphi_i\}+\sum R'_{k,j}[\cos(\theta_j+\alpha_j)+\psi_v]/s_{x,j}}{\sum(q_i b_i+\Delta G_i)\sin\theta_i} \geqslant K_s \tag{6-22}$$

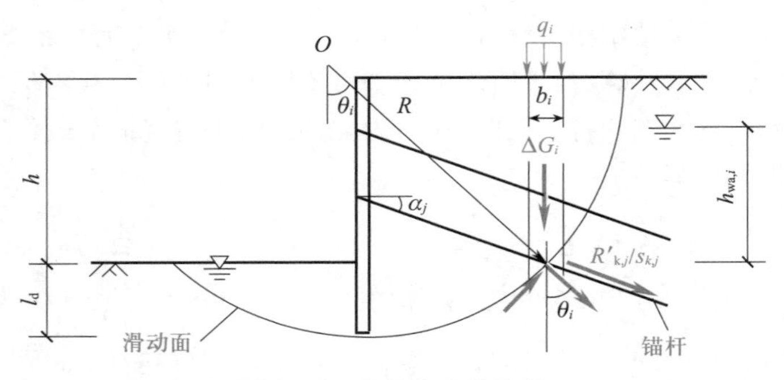

图6-16 整体稳定性验算

式中 K_s——圆弧滑动稳定安全系数值（即容许安全系数值），安全等级为一级、二级、三级的支挡结构，K_s 分别不应小于1.35、1.3、1.25；

$K_{s,\min}$——所有可能圆弧滑动面计算得到的稳定性安全系数中最小值，应通过搜索不同滑动面计算得到；

c_i、φ_i——第 i 土条滑弧面处土的黏聚力，kPa 及内摩擦角，(°)；

b_i——第 i 土条的宽度，m；

θ_i——第 i 土条滑弧面中点处的法线与垂直面的夹角，(°)；

l_i——第 i 土条滑弧长度，m，$l_i = b_i/\cos\theta_i$；

q_i——第 i 土条上的附加分布荷载标准值，kPa；

ΔG_i——第 i 土条的自重，按天然重度计算，kN/m；

u_i——第 i 土条滑弧面上的水压力，kPa；

$R'_{k,j}$——第 j 层锚杆在滑动面以外的锚固段的极限抗拔承载力标准值与杆体受拉承载力标准值的较小值，kN；

α_j——第 j 层土钉或锚杆的倾角，(°)；

θ_j——滑弧面在第 j 层锚杆处的法线与垂直面的夹角，(°)；

$s_{x,j}$——第 j 层锚杆的水平间距，m；

ψ_v——锚杆在滑动面上的法向力产生抗滑力的计算系数，可取 $\psi_v = 0.5\sin(\theta_j+\alpha_j)\tan\varphi_j$；

φ_j——第 j 层锚杆与滑弧面交点处土的内摩擦角，(°)。

当支挡结构为悬臂式时，式(6-22)中 $R'_{k,j}=0$，则没有分子中的后一项。

3. 坑底抗隆起稳定性验算

对于深度较大的基坑，当支挡结构的嵌固深度较小、土的强度较低时，基坑将有可能因土体从挡土构件底端以下，向基坑内隆起挤出而产生破坏（图 6-17）。因此，坑底抗隆起稳定性应满足

$$\frac{\gamma_{m2} l_d N_q + cN_c}{\gamma_{m1}(h+l_d)+q_0} \geqslant K_b \tag{6-23}$$

$$N_q = \tan^2\left(45° + \frac{\varphi}{2}\right) e^{\pi\tan\varphi} \tag{6-24}$$

$$N_c = (N_q - 1)\cot\varphi \tag{6-25}$$

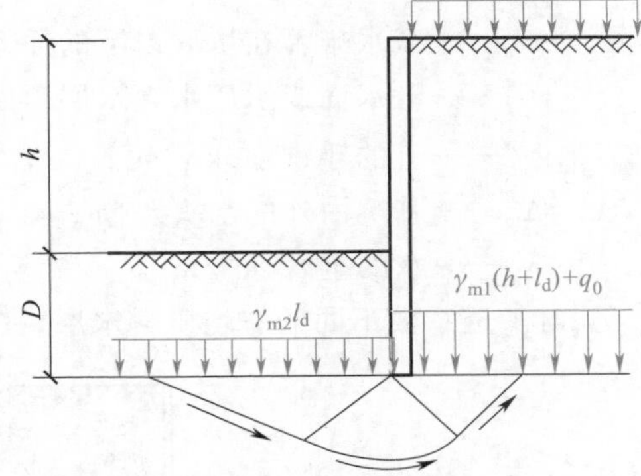

图 6-17　抗隆起稳定性验算

式中　K_b——挡土构件底部土体隆起稳定安全系数值（即容许安全系数值），安全等级为一级、二级、三级的支挡结构，K_b 分别不应小于 1.8、1.6、1.4；

γ_{m1}、γ_{m2}——基坑的外侧、内侧在挡土构件底面以上的土层平均重度，kN/m³；

l_d——挡土构件的嵌固深度，m；

h——基坑的深度，m；

q_0——地面均布荷载，kPa；

N_c、N_q——承载力系数；

c、φ——挡土构件底面以下土的黏聚力，kPa，以及内摩擦角，(°)。

对于悬臂式支挡结构可不进行抗隆起稳定性验算。

4. 坑底抗突涌稳定性验算

如图6-18所示，当坑底上部为不透水土层，下部存在承压水含水层时，有可能因承压水水压过大而引起坑底发生突涌破坏。因此，承压水作用下的坑底抗突涌稳定性应满足如下要求：

$$\frac{D\gamma}{h_w\gamma_w} \geqslant K_h \tag{6-26}$$

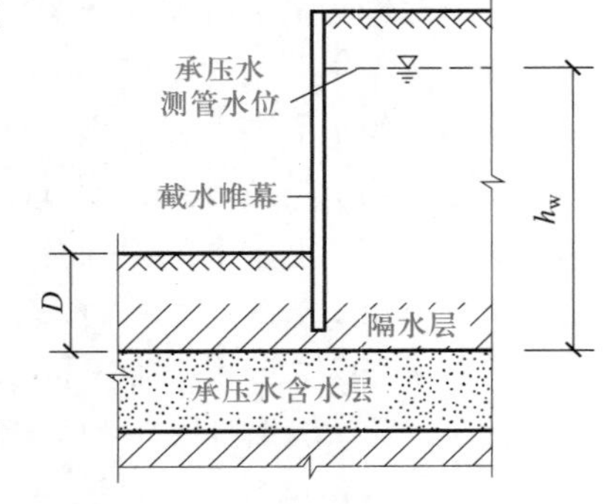

图6-18 抗突涌稳定性验算图

式中 K_h——突涌稳定安全系数，K_h 不应小于1.1；

D——承压水含水层顶面至坑底的土层厚度，m；

γ——承压水含水层顶面至坑底土层的天然重度，kN/m^3，对多层土，取按土层厚度加权的平均天然重度；

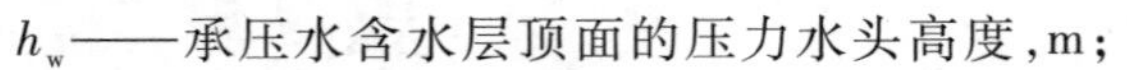

h_w——承压水含水层顶面的压力水头高度，m；

γ_w——水的重度，kN/m^3。

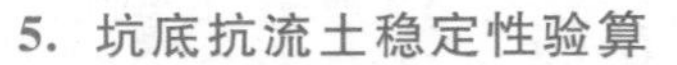

5. 坑底抗流土稳定性验算

如图6-19所示，当地下水位较高，采用悬挂式截水帷幕，且帷幕底端位于碎石土、砂土或粉土含水层时，对均质含水层，坑底抗流土稳定性应满足如下要求：

$$\frac{(2l_d+0.8D_1)\gamma'}{\Delta h \cdot \gamma_w} \geqslant K_f \tag{6-27}$$

式中 K_f——流土稳定安全系数，安全等级为一、二、三级的支挡结构，K_f 分别不应小于1.6、1.5、1.4；

l_d——截水帷幕在坑底以下的插入深度，m；

D_1——潜水面或承压水含水层顶面至基坑底面的土层厚度，m；

γ'——土的浮重度，kN/m^3；

Δh——基坑内外的水头差，m；

γ_w——水的重度，kN/m^3。

对渗透系数不同的非均质含水层，宜采用数值方法进行抗流土稳定性分析。

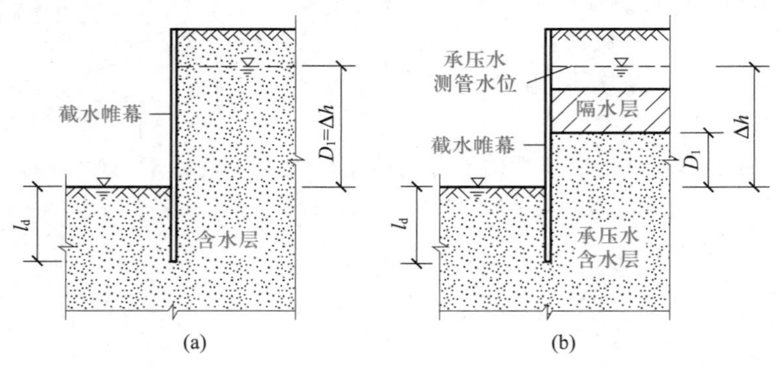

图6-19 抗流土稳定性验算

(a) 潜水；(b) 承压水

6-5 重力式水泥土墙
Gravity Cement-soil Wall

重力式水泥土墙是由水泥土桩相互搭接成格栅或实体的支护结构,而水泥土桩是通过深层搅拌机将水泥固化剂和原状土就地强制搅拌而成。搅拌桩的施工工艺宜采用喷浆搅拌法。

水泥土墙具有造价低、无振动、无噪声、无污染、施工简便和工期短等优点,适合于对环境污染要求较严,对隔水要求较高且施工场地较宽敞的软弱土地层。重力式水泥土墙依靠自身的重力来维持基坑的稳定,其支护的基坑深度不宜大于 7 m,但如果在水泥土中植入劲性材料(比如钢筋、钢管、钢轨、型钢等),并根据需要设置内支撑或锚杆,形成复合式水泥土墙支护结构,则支护的基坑深度可达 15 m 甚至更深。

重力式水泥土墙的破坏模式通常有整体滑动破坏、墙体向外倾覆破坏、墙体水平滑移破坏、地基承载力不足导致变形过大而失稳、挡土墙墙身强度不够导致墙体断裂破坏五种形式。

6-5-1 重力式水泥土墙计算
Calculation of Gravity Cement-soil Wall

水泥土是一种具有一定强度的材料,其抗压强度要比抗拉强度大得多,因此水泥土墙的很多性能类似重力式挡土墙,设计时一般按重力式挡土墙考虑。但由于水泥土墙与一般重力式挡土墙相比,埋置深度相对较大,而墙体本身刚性不大,所以实际工程中变形也较大,其变形规律介于刚性挡土墙和柔性支护结构之间。为安全起见,可沿用重力式挡土墙的计算方法来验算水泥土墙的抗倾覆稳定性、抗滑移稳定性和墙身强度。此外,基坑的抗隆起、抗突涌、抗流土和整体稳定性仍可采用 6-4-3 节方法验算,但在采用式(6-22)验算整体稳定性时,锚杆拉力项 $\sum R'_{kj}[\cos(\theta_j+\alpha_j)+\psi_v]/s_{x,j}$ 应取为 0。

很显然,重力式水泥土墙的宽度和嵌固深度是影响墙体稳定性的最重要的两个参数,因此对水泥土墙进行各种稳定性验算,其实就是验算这两个设计参数是否设计合理。

1. 抗倾覆稳定性验算

如图 6-20 所示重力式水泥土墙,当作用于墙后土压力 E_{ak} 较大时,墙体有可能发生绕墙趾 O 的转动破坏,因此它的抗倾覆稳定性应满足如下要求

$$\frac{E_{pk}a_p+(G-u_mB)a_G}{E_{ak}a_a}\geqslant K_{ov} \tag{6-28}$$

式中 K_{ov}——抗倾覆安全系数,其值不应小于 1.3;

E_{ak}、E_{pk}——水泥土墙上的主动土压力、被动土压力标准值,kN/m;

G——水泥土墙的自重,kN/m;

B——水泥土墙的底面宽度,m;

a_a——水泥土墙外侧主动土压力合力作用点至墙趾的竖向距离,m;

a_p——水泥土墙内侧被动土压力合力作用点至墙趾的竖向距离,m;

a_G——水泥土墙自重与墙底水压力合力作用点至墙趾的水平距离,m;

u_m——水泥土墙底面上的平均水压力,kPa,可按下式确定:

$$u_m=\frac{\gamma_w(h_{wa}+h_{wp})}{2} \tag{6-29}$$

其中　h_{wa}——水泥土墙底面外侧的压力水头，m；

h_{wp}——水泥土墙底面内侧的压力水头，m。

2. 抗滑移稳定性验算

重力式水泥土墙除应满足抗倾覆稳定性要求外，还应满足抗滑移稳定性要求（图6-21），即

$$\frac{E_{pk}+(G-u_mB)\tan\varphi+c\cdot B}{E_{ak}}\geqslant K_{sl} \tag{6-30}$$

式中　K_{sl}——抗滑移安全系数，其值不应小于1.2；

c、φ——水泥土墙底面处土层的黏聚力，kPa，以及内摩擦角，(°)。

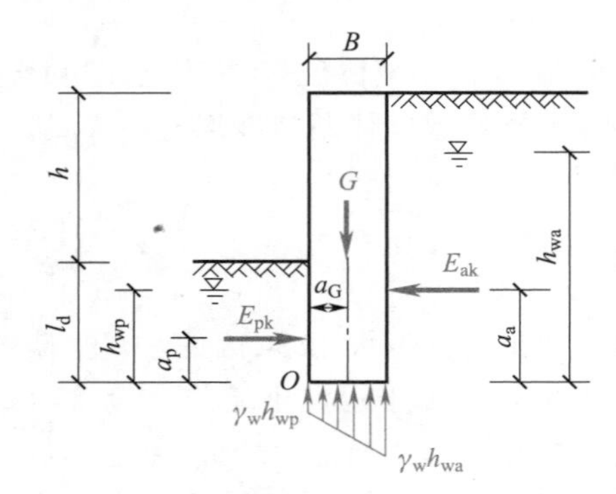

图6-20　抗倾覆稳定性验算

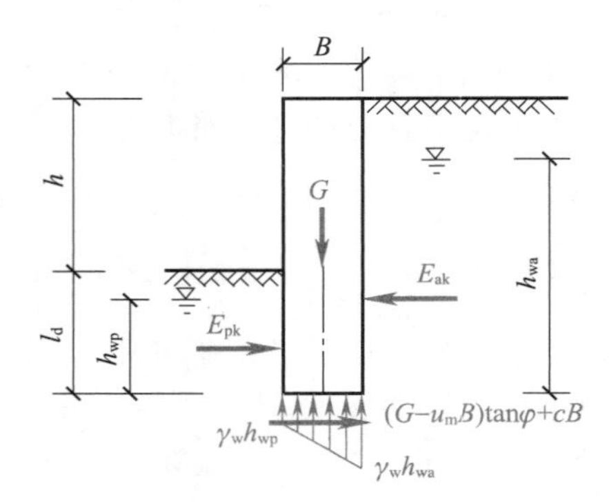

图6-21　抗滑移稳定性验算

3. 墙身强度验算

重力式水泥土墙的墙身强度验算包括拉应力、压应力和剪应力验算。

（1）拉应力验算

$$\frac{6M_i}{B_i^2}-\gamma_{cs}z_i\leqslant 0.15f_{cs} \tag{6-31}$$

式中　M_i——水泥土墙验算截面的弯矩设计值，kN·m/m；

B_i——验算截面处水泥土墙的厚度，m；

γ_{cs}——水泥土墙的重度，kN/m^3；

z_i——验算截面至水泥土墙顶的垂直距离，m；

f_{cs}——基坑开挖至验算截面处，此时对应的龄期下水泥土轴心抗压强度设计值，kPa，应根据现场试验或工程经验确定。

（2）压应力验算

$$\gamma_0\gamma_F\gamma_{cs}z_i+\frac{6M_i}{B_i^2}\leqslant f_{cs} \tag{6-32}$$

式中　γ_0——支护结构重要性系数；

γ_F——荷载综合分项系数，不应小于1.25。

（3）剪应力验算

$$\frac{E_{\mathrm{ak},i}-\mu\cdot G_i-E_{\mathrm{pk},i}}{B_i}\leqslant\frac{1}{6}f_{\mathrm{cs}} \tag{6-33}$$

式中 $E_{\mathrm{ak},i}$、$E_{\mathrm{pk},i}$——验算截面以上的主动、被动土压力标准值，kN/m；验算截面在坑底以上时，取 $E_{\mathrm{pk},i}=0$。

G_i——验算截面以上的墙体自重，kN/m。

μ——墙体材料的抗剪断系数，取 0.4～0.5。

6-5-2 重力式水泥土墙构造要求

Configurations of Gravity Cement-soil Wall

在进行水泥土桩墙设计时，尚应满足如下构造要求：

① 重力式水泥土墙通常是采用水泥土搅拌桩搭接而成，桩的搭接宽度不宜小于 150 mm，根据工程需要可将水泥土桩搭接形成格栅状和实体结构形式。

② 采用格栅结构形式时，格栅的面积置换率（即水泥土墙横截面上水泥土面积与总面积之比）要求：对淤泥质土，不宜小于 0.7；对淤泥，不宜小于 0.8；对一般黏性土、砂土，不宜小于 0.6。同时，要求格栅的格子长宽比不宜大于 2。

③ 重力式水泥土墙的宽度，一般为（0.6～0.8）h（h 为基坑开挖深度）；但对于淤泥质土，不宜小于 0.7h；对淤泥，不宜小于 0.8h。

④ 重力式水泥土墙的嵌固深度，通常为（0.8～1.2）h；但对于淤泥质土，不宜小于 1.2h；对于淤泥，不宜小于 1.3h。

⑤ 水泥土墙体的 28 d 无侧限抗压强度不宜小于 0.8 MPa。当为了增加墙体的抗拉和抗弯性能而在水泥土桩内插入筋材（钢筋、钢管、型钢等）时，插入深度宜大于基坑深度，并应将筋材锚入顶面面板内。

⑥ 水泥土墙顶面宜设置混凝土连接面板，面板厚度不宜小于 150 mm，混凝土强度等级不宜低于 C15。

例题 6-1 某黏性土场地基坑，开挖深度 $h=6$ m，采用重力式水泥土墙支护，墙体宽度 $B=4.2$ m，墙体嵌固深度（基坑开挖面以下深度）$l_{\mathrm{d}}=6$ m，水泥土墙体的重度 $\gamma_{\mathrm{G}}=20$ kN/m^3。场地土层饱和重度 $\gamma_{\mathrm{sat}}=19.5$ kN/m^3，黏聚力 $c_{\mathrm{cu}}=10$ kPa，内摩擦角 $\varphi_{\mathrm{cu}}=19°$。地面超载为 $q_0=15$ kPa。假定基坑外地下水位与地表齐平，坑内地下水位与基坑底面齐平。试验算水泥土墙的抗倾覆、抗滑移稳定性。

解 沿墙体纵向取 1 延米进行计算。则主动和被动土压力系数为

$$K_{\mathrm{a}}=\tan^2\left(45°-\frac{\varphi_{\mathrm{cu}}}{2}\right)=\tan^2\left(45°-\frac{19°}{2}\right)=0.51$$

$$K_{\mathrm{p}}=\tan^2\left(45°+\frac{\varphi_{\mathrm{cu}}}{2}\right)=\tan^2\left(45°+\frac{19°}{2}\right)=1.97$$

墙顶后侧主动土压力强度为

$$\sigma_{\mathrm{a1}}=q_0\times K_{\mathrm{a}}-2c_{\mathrm{cu}}\sqrt{K_{\mathrm{a}}}=(15\times0.51-2\times10\times\sqrt{0.51})\ \mathrm{kPa}=-6.63\ \mathrm{kPa}$$

所以，临界深度 z_0 为

$$z_0=\frac{2c_{cu}}{\gamma\sqrt{K_a}}-\frac{q_0}{\gamma}=\left(\frac{2\times10}{19.5\times\sqrt{0.51}}-\frac{15}{19.5}\right)\ \text{m}=0.67\ \text{m}$$

墙底后侧主动土压力为

$$\sigma_{a2}=[q_0+\gamma_{sat}(h+l_d)]\times K_a-2c_{cu}\sqrt{K_a}$$
$$=\{[15+19.5\times(6+6)]\times0.51\ \text{kPa}-2\times10\times\sqrt{0.51}\}\ \text{kPa}=112.71\ \text{kPa}$$

墙后主动土压力 E_a 为

$$E_a=\frac{1}{2}\times(h+l_d-z_0)\times\sigma_{a2}=[0.5\times(6+6-0.67)\times112.71]\text{kN/m}=638.50\ \text{kN/m}$$

E_a 作用点距墙底的距离为

$$a_a=\frac{1}{3}\times(h+l_d-z_0)=\frac{1}{3}\times(6+6-0.67)\ \text{m}=3.78\ \text{m}$$

基坑底面处墙前被动土压力强度为

$$\sigma_{p1}=2c_{cu}\sqrt{K_p}=2\times10\times\sqrt{1.97}\ \text{kPa}=28.07\ \text{kPa}$$

墙底前侧被动土压力强度为

$$\sigma_{p2}=\gamma_{sat}l_dK_p+2c_{cu}\sqrt{K_p}=19.5\times6\times1.97\ \text{kPa}+2\times10\times\sqrt{1.97}\ \text{kPa}=258.56\ \text{kPa}$$

墙前的被动土压力 E_p 为

$$E_p=(\sigma_{p1}+\sigma_{p2})\times l_d\div2=[(28.07+258.56)\times6\div2]\ \text{kN/m}=859.89\ \text{kN/m}$$

E_p 作用点距墙底距离 a_p 为

$$a_p=\frac{1}{E_p}\times\left[\sigma_{p1}\times l_d\times\frac{l_d}{2}+(\sigma_{p2}-\sigma_{p1})\times l_d\times\frac{1}{2}\times\frac{l_d}{3}\right]$$
$$=\frac{1}{859.89}\left[28.07\times6\times\frac{6}{2}+(258.56-28.07)\times6\times\frac{1}{2}\times\frac{6}{3}\right]\ \text{m}=2.20\ \text{m}$$

墙体自重 G 为

$$G=B(h+l_d)\gamma_G=4.2\times(6.0+6.0)\times20\ \text{kN/m}=1\ 008\ \text{kN/m}$$

墙底平均水压力强度 u_m 为

$$u_m=\frac{1}{2}\gamma_w(h_{wa}+h_{wp})=\frac{1}{2}\times10\times(6+12)\ \text{kPa}=90\ \text{kPa}$$

抗倾覆稳定性验算

$$\frac{E_pa_p+(G-u_mB)a_G}{E_aa_a}=\frac{859.89\times2.2+(1\ 008-90\times4.2)\times2.1}{638.50\times3.78}=1.33\geqslant K_{ov}=1.3$$

满足要求。

抗滑移稳定性验算

$$\frac{E_p+(G-u_mB)\tan\varphi_{cu}+c_{cu}B}{E_a}=\frac{858.89+(1\ 008-90\times4.2)\times\tan19^\circ+10\times4.2}{638.50}=1.75\geqslant K_{sl}=1.2$$

满足要求。

6-6 土钉墙
Soil Nailing Wall

土体的抗剪强度较低，抗拉强度几乎为零，但原位土体一般具有一定的结构整体性。假如在土体中放置土钉,使之与土共同作用,形成复合土体,则可有效地提高土体的整体强度,弥补土体抗拉、抗剪强度的不足。这是因为置于土体中的土钉具有箍束骨架、分担荷载、传递和扩散应力、约束坡面变形等作用。试验研究表明:①土钉在使用阶段主要承受拉力,土钉的弯剪作用对支护结构承载能力的提高作用较小;②土钉的拉力沿其长度呈中间大两头小的形式分布,并且土钉靠近面层的端部拉力与钉中最大拉力的比值随着往下开挖而降低;③极限平衡分析法能较好地估计土钉支护破坏时的承载能力。

土钉墙的设计应满足强度、稳定性、变形和耐久性等要求。设计必须自始至终与现场施工和监测相结合,施工中出现的情况以及监测数据,应及时反馈给设计者,以修改设计,并指导下一步施工。土钉墙的设计内容包括:土钉墙支护结构参数的确定、土钉墙稳定性验算和土钉承载力计算等。

6-6-1 土钉墙设计参数 Design Parameters of Soil Nailing Wall

土钉墙支护结构参数包括土钉的长度、间距、筋材尺寸、倾角、注浆材料及支护面层厚度等。

(1) 土钉长度

沿支护高度不同土钉的内力相差较大,一般为中部较大、上部和底部较小。因此,中部土钉起的作用较大。但顶部土钉对限制土钉墙水平位移非常重要,而底部土钉对抵抗基底滑动、倾覆或失稳有重要作用。另外,当土钉墙临近极限状态时,底部土钉的作用会明显加强。因此,将上、下部的土钉取成等长,或者顶部土钉稍长,底部土钉稍短是合适的。

一般对非饱和土,土钉长度 L 与开挖深度 H 之比取 $L/H=0.5\sim1.2$,密实砂土及干硬性黏土可取小值。为减小变形,顶部土钉长度宜适当增加。对于软弱土,由于土体抗剪能力低,设计时宜取 L/H 值大于 1。

(2) 土钉间距

土钉间距的大小将影响土钉的整体作用效果,目前尚未有足够理论依据的定量指标。土钉的水平间距和垂直间距宜为 1.0~2.0 m。上下插筋交错排列,遇局部软弱土层间距可小于 1.0 m。

(3) 土钉筋材尺寸

土钉中采用的筋材有钢筋、角钢、钢管等。当采用钢筋时,一般为 $\phi16\sim\phi32$,HRB400 以上螺纹钢筋;当采用角钢时,一般为∟ 5×50×50 角钢;当采用钢管时,外径不宜小于 $\phi48$ mm。钻孔直径宜为 70~120 mm。

(4) 土钉倾角

土钉与水平面的夹角称为土钉倾角,一般在 5°~20°之间,其值取决于钻孔、注浆工艺与土体分层特点等多种因素。研究表明,倾角越小,支护的变形越小,但注浆质量较难控制;倾角越大,支护的变形越大,但有利于土钉插入下层较好土层,注浆质量也易于保证。

(5) 注浆材料

采用水泥砂浆或素水泥浆,其强度等级不宜低于 M10。

(6) 支护面层厚度

土钉墙的面层通常采用 80~100 mm 厚的钢筋网喷射混凝土,混凝土强度等级不低于 C20。钢筋网用的钢筋直径为 $\phi6\sim\phi10$,间距为 150~250 mm,并应配置一定量的通长加强筋,其直径

宜为 $\phi14\sim\phi20$。钢筋网间的搭接长度应大于 300 mm。

6-6-2 土钉墙整体稳定性验算 Global Stability Calculation of Soil Nailing Wall

在基坑开挖的各个施工阶段,都应对土钉墙的整体滑动稳定性进行验算,其验算方法同 6-4-3 节所述基坑整体滑动稳定性验算方法,即采用圆弧滑动条分法进行分析计算(图 6-22),考虑到土钉与锚杆之间的受力特性存在差异,而且土钉墙通常建造在地下水位以上,因此,土钉墙整体稳定性计算公式变为

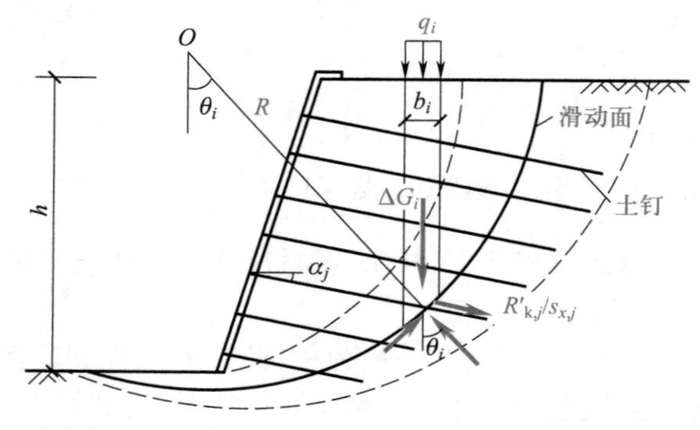

图 6-22 土钉墙整体滑动稳定性验算图

$$K_{s,\min}=\frac{\sum[c_il_i+(q_ib_i+\Delta G_i)\cos\theta_i\tan\varphi_i]+\sum R'_{k,j}[\cos(\theta_j+\alpha_j)+0.5\sin(\theta_j+\alpha_j)\tan\varphi_j]/s_{x,j}}{\sum(q_ib_i+\Delta G_i)\sin\theta_i}\geqslant K_s \tag{6-34}$$

式中 K_s——土钉墙整体滑动稳定安全系数,安全等级为二级、三级的土钉墙,K_s 分别不应小于 1.3、1.25。

其他符号意义同前。

6-6-3 土钉承载力计算 Calculation of Bearing Capacity of Soil Nailing

假定土钉为受拉构件,不考虑其抗弯作用,只需进行单根土钉的极限抗拔承载力和土钉杆体的受拉承载力验算。

(1) 土钉所受土压力

$$p_{k,j}=\zeta\cdot p_{ak,j} \tag{6-35}$$

式中 $p_{k,j}$——墙面倾斜土钉墙第 j 层土钉处实际主动土压力强度标准值,kPa;

$p_{ak,j}$——第 j 层土钉处计算主动土压力强度标准值,kPa,按 6-3 节计算;

ζ——墙面倾斜时主动土压力折减系数,可按下式计算:

$$\zeta=\tan\frac{\beta-\varphi_m}{2}\left(\frac{1}{\tan\frac{\beta+\varphi_m}{2}}-\frac{1}{\tan\beta}\right)\Big/\tan^2\left(45°-\frac{\varphi_m}{2}\right) \tag{6-36}$$

其中 β——土钉墙坡面与水平面的夹角,(°);

φ_m——基坑底面以上各土层按厚度加权的等效内摩擦角平均值,(°)。

(2) 土钉轴向拉力

单根土钉轴向拉力标准值可按下式计算:

$$N_{k,j}=\eta_j\cdot p_{k,j}\cdot s_{x,j}\cdot s_{z,j}/\cos\alpha_j \tag{6-37}$$

式中 $N_{k,j}$——第 j 层土钉轴向拉力标准值,kN;

$s_{x,j}$——土钉的水平间距,m;

$s_{z,j}$——土钉的垂直间距,m;

α_j——第 j 层土钉倾角,(°);

η_j——第 j 层土钉轴向拉力调整系数,可按下式计算:

$$\eta_j=\eta_a-(\eta_a-\eta_b)\frac{z_j}{h} \tag{6-38}$$

$$\eta_a=\frac{\sum(h-\eta_b z_j)\Delta E_{aj}}{\sum(h-z_j)\Delta E_{aj}} \tag{6-39}$$

其中 z_j——第 j 层土钉至基坑顶面的垂直距离,m;

h——基坑深度,m;

ΔE_{aj}——作用在以 $s_{x,j}$、$s_{z,j}$为边长的面积内的主动土压力标准值,kN;

η_a——计算系数;

η_b——经验系数,可取 0.6~1.0。

(3) 土钉抗拔承载力

单根土钉的极限抗拔承载力应通过抗拔试验确定,但对于安全等级为三级的土钉墙或进行初步设计时也可按下式估算:

$$R_{k,j}=\min\{\pi d_j\sum q_{sk,i}l_i, f_{yk}A_s\} \tag{6-40}$$

式中 d_j——第 j 层土钉的锚固体直径,m;对成孔注浆土钉,按成孔直径计算,对打入钢管土钉,按钢管直径计算。

$q_{sk,i}$——第 j 层土钉在第 i 层土中的极限黏结强度标准值,kPa,应根据工程经验并结合表 6-4 取值。

l_i——第 j 层土钉滑动面以外部分在第 i 层土层中长度,m,直线滑动面与水平面夹角取 $(\beta+\varphi_m)/2$(图 6-23)。

f_{yk}——土钉杆体抗拉强度标准值,kPa。

A_s——土钉杆体的截面面积,m^2。

表 6-4 土钉的极限黏结强度标准值

土的名称	土的状态	q_{sk}/kPa	
		成孔注浆土钉	打入钢管土钉
素填土		15~30	20~35
淤泥质土		10~20	15~25

续表

土的名称	土的状态	q_{sk}/kPa	
		成孔注浆土钉	打入钢管土钉
黏性土	$0.75<I_L\leqslant 1$	20~30	20~40
	$0.25<I_L\leqslant 0.75$	30~45	40~55
	$0<I_L\leqslant 0.25$	45~60	55~70
	$I_L\leqslant 0$	60~70	70~80
粉土		40~80	50~90
砂土	松散	35~50	50~65
	稍密	50~65	65~80
	中密	65~80	80~100
	密实	80~100	100~120

(4) 土钉承载力验算

单根土钉的极限抗拔承载力应满足如下要求：

$$\frac{R_{k,j}}{N_{k,j}}\geqslant K_t \tag{6-41}$$

式中 K_t——土钉抗拔安全系数，安全等级为二级、三级的土钉墙，K_t 分别不应小于1.6、1.4；

$N_{k,j}$——第 j 层土钉的轴向拉力标准值，kN，按式(6-37)计算；

$R_{k,j}$——第 j 层土钉的极限抗拔承载力标准值，kN，按式(6-40)计算确定。

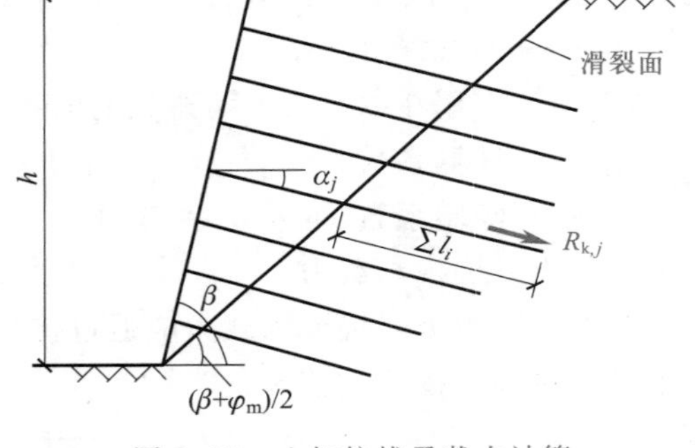

图 6-23 土钉抗拔承载力计算

土钉杆体的受拉承载力应满足如下要求：

$$N_j\leqslant f_y\cdot A_s \tag{6-42}$$

式中 N_j——第 j 层土钉的轴向拉力设计值，kN，$N_j=\gamma_0\cdot\gamma_F\cdot N_{k,j}$；

f_y——土钉杆体的抗拉强度设计值，kPa；

A_s——土钉杆体的截面面积，m^2。

6-7 地下水控制与施工监测

Groundwater Control and Construction Monitoring

6-7-1 地下水控制方法

Methods of Groundwater Control

合理确定控制地下水的方案是保证工程质量、加快工程进度、取得良好社会和经济效益的关键。通常应根据地质、环境和施工条件及支护结构设计等因素综合考虑。

地下水控制方法有集水明排法、降水法、截水与回灌法。当因降水危及基坑与周边环境安全时，宜采用截水或回灌法。截水后，基坑中的水量或水压较大时，宜采用基坑内降水。

当基坑底为隔水层且层底作用有承压水时，应进行坑底土突涌验算，必要时可采取水平封底隔渗或钻孔减压措施，以保证坑底土层稳定。

6-2 集水明排法模拟

1. 集水明排法

集水明排法又称表面排水法，它是在基坑开挖过程中及基础施工和养护期间，在基坑四周开挖集水沟汇集坑壁及坑底渗水，并引向集水井。

集水明排法可单独采用，亦可与其他方法结合使用。单独使用时，降水深度不宜大于5 m，否则在坑底容易产生软化、泥化，坡角出现流砂、管涌，边坡塌陷，地面沉降等问题。与其他方法结合使用时，其主要功能是收集基坑中和坑壁局部渗出的地下水和地面水。

集水明排法设备简单，费用低，一般土质条件均可采用。但当地基土为饱和粉细砂土等黏聚力较小的细粒土层时，抽水会引起流砂现象，造成基坑破坏和坍塌。因此，应避免采用集水明排法。

2. 降水法

降水法主要是将带有滤管的降水工具沉没到基坑四周的土中，利用各种抽水工具，在不扰动土的结构条件下，将地下水抽出，以利于基坑开挖。一般有轻型井点法、喷射井点法、管井井点法、深井泵井点法等。

（1）轻型井点法

当在井内抽水时，井中的水位开始下降，周围含水层的地下水流向井中，经一段时间后达到稳定，水位形成向井弯曲的“降落漏斗”，地下水位逐渐降低到坑底设计标高以下，施工能在干燥无水的环境下进行。

轻型井点系统包括滤管、井点管、集水总管、连接管和抽水设备（图6-24）。

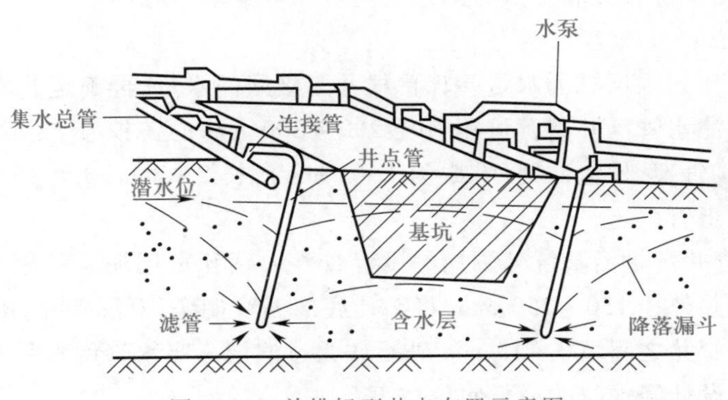

图6-24　单排轻型井点布置示意图

用连接管将井点管与集水总管和水泵连接，形成完整系统。抽水时，先打开真空泵抽出管路中的空气，使之形成真空，这时地下水和土中空气在真空吸力作用下被吸入集水箱，空气经真空泵排出，当集水管存水较多时，再开动离心泵抽水。

若要求降水深度较深(比如大于 6 m),可采用两级或多级井点降水。

(2) 喷射井点法

喷射井点一般有喷水和喷气两种,井点系统由喷射器、高压水泵和管路组成。

喷射器结构形式有外接式和同心式两种(图 6-25),其工作原理是利用高速喷射液体的动能工作,由离心泵供给高压水流入喷嘴高速喷出,经混合室造成此处压力降低,形成负压和真空,则井内的水在大气压力作用下,将水由吸气管压入吸水室,吸入水和高速射流在混合室中相互混合,射流的动能将本身的一部分传给被吸入的水,使吸入水流的动能增加,混合水流入扩散室,由于扩散室截面扩大,流速下降,大部分动能转为压能,将水由扩散室送至高处。

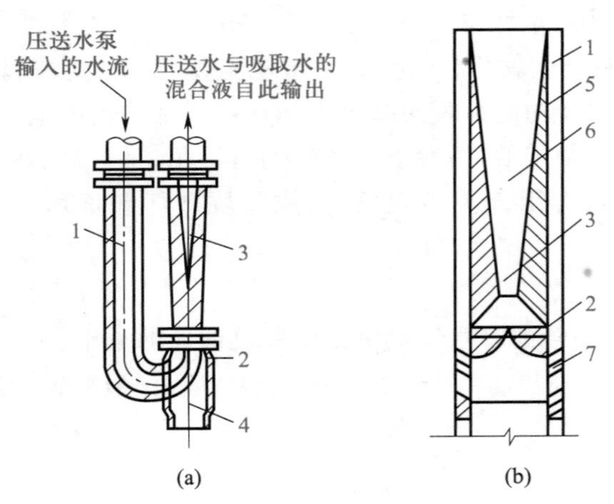

1—输水导管(亦可为同心式);2—喷嘴;3—混合室(喉管);
4—吸入管;5—内管;6—扩散室;7—工作水流。

图 6-25 喷射井点构造原理图

(a) 外接式;(b) 同心式(喷嘴 ϕ6.5)

喷射井点法管路系统布置和井点管的埋设与轻型井点基本相同。

(3) 管井井点法

管井井点的确定:先根据总涌水量验算单根井管极限涌水量,再确定井的数量。井管由两部分组成,即井壁管和滤水管。井壁管可用直径 200 ~ 300 mm 的铸铁管、无砂混凝土管、塑料管。滤水管可用钢筋焊接骨架,外包滤网(孔眼为 1 ~ 2 mm),长 2 ~ 3 m;也可用实管打花孔,外缠铅丝;或者用无砂混凝土管。

根据已确定的管井数量沿基坑外围均匀设置管井。钻孔可用泥浆护壁套管法,也可用螺旋钻,但孔径应大于管井外径 150 ~ 250 mm,将钻孔底部泥浆掏净,下沉管井,用集水总管将管井连接起来,并在孔壁与管井之间填 3 ~ 15 mm 砾石作为过滤层。吸水管用直径 50 ~ 100 mm 胶皮管或钢管,其底端应在设计降水位的最低水位以下。

(4) 深井泵井点法

深井泵井点法所用机具包括深井泵(或深井潜水泵)和井管滤网。

井孔常采用钻孔机或水冲法成孔。孔的直径应大于井管直径 200 mm。孔深应考虑抽水期内沉淀物可能的厚度而适当加深。

井管放置应垂直,井管滤网应放置在含水层适当的范围内。井管内径应大于水泵外径

50 mm,孔壁与井管之间填大于滤网孔径的填充料。

应注意潜水泵的电缆要可靠,深井泵的电机宜有阻逆装置,在换泵时应清洗滤井。

3. 截水与回灌法

如果地下降水对基坑周围建(构)筑物和地下设施会带来不良影响,可采用竖向截水帷幕或回灌的方法避免或减小该影响。

竖向截水帷幕通常用水泥搅拌桩、旋喷桩等做成。其结构形式有两种:一种是当含水层较薄时,穿过含水层,插入隔水层中;另一种是当含水层相对较厚时,帷幕悬吊在透水层中。前者作为防渗计算时,只需计算通过防渗帷幕的水量,后者尚需考虑绕过帷幕涌入基坑的水量。

截水帷幕的厚度应满足基坑防渗要求,截水帷幕的渗透系数宜小于 1.0×10^{-6} cm/s。

落底式竖向截水帷幕应插入下卧不透水层一定深度。

当地下含水层渗透性较强、厚度较大时,可采用悬挂式竖向截水与坑内井点降水相结合或采用悬挂式竖向截水与水平封底相结合的方案。

截水帷幕施工方法和机具的选择应根据场地工程水文地质及施工条件等综合确定。

在基坑开挖与降水过程中,可采用回灌技术防止因周边建筑物基础局部下沉而影响建筑物的安全。回灌方式有两种:一种采用回灌沟回灌(图 6-26),另一种采用回灌井回灌(图 6-27)。其基本原理是:在基坑降水的同时,向回灌井或沟中注入一定水量,形成一道阻渗水幕,使基坑降水的影响范围不超过回灌点的范围,阻止地下水向降水区流失,保持已有建筑物所在地原有的地下水位,使土压力仍处于原有平衡状态,从而有效地防止降水的影响,使建筑物的沉降达到最低限度。

如果建筑物离基坑稍远,且为较均匀的透水层,中间无隔水层,则采用最简单的回灌沟方法进行回灌经济易行,如图 6-26 所示。但如果建筑物离基坑近,且为弱透水层或透水层中间夹有弱透水层和隔水层时,则须用回灌井进行回灌,如图 6-27 所示。

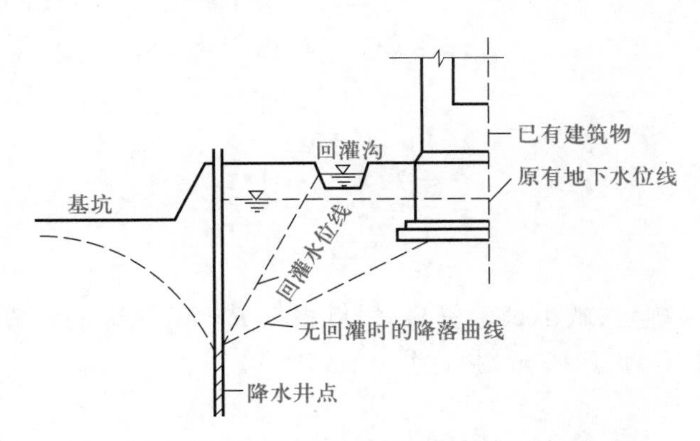

图 6-26 井点降水与回灌沟回灌示意图

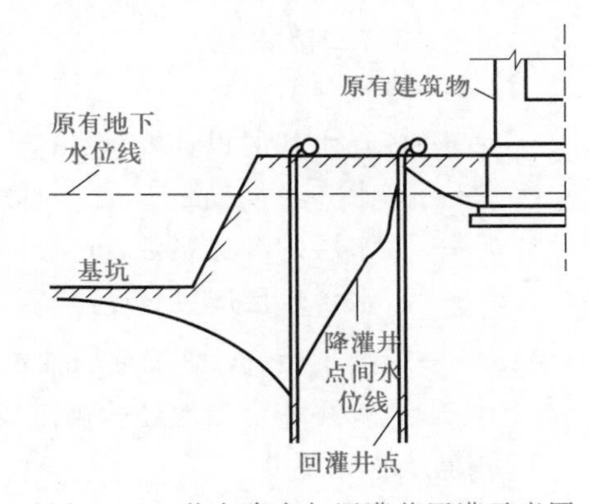

图 6-27 井点降水与回灌井回灌示意图

6-7-2 基坑降水计算

Calculation of Excavation Dewatering

在进行基坑降水设计时,应对降水后地下水位下降深度、涌水量和因降水引起的周边地层变形量进行计算。

1. 基坑降水要求

基坑地下水位降深应符合下式规定：

$$s_i \geqslant s_d \tag{6-43}$$

式中 s_i——基坑地下水位降深，应取地下水位降深的最小值，m；

s_d——基坑地下水位的设计降深，m，应低于基坑底面0.5 m，当主体结构的电梯井、集水井等部位使基坑局部加深时，应按其深度考虑设计降水水位。

2. 地下水位降深计算

对于地势较平、含水层厚度较均匀的场地，当基坑的长度与宽度接近、坑底平齐时，可沿基坑周边近似以圆形或正方形的平面形式，布设间距和降深相同的降水井。此时，可根据含水层土的性质，分别计算潜水层完整井和承压水完整井的地下水位降深。

(1) 潜水完整井

当含水层为粉土、砂土或碎石土时，潜水完整井的地下水位降深和单井流量可按下列公式计算：

$$s_i = H - \sqrt{H^2 - \frac{q}{\pi k}\sum_{j=1}^{n}\ln\frac{R}{2r_0\sin\frac{(2j-1)\pi}{2n}}} \tag{6-44}$$

$$q = \frac{\pi k(2H - s_w)s_w}{\ln\frac{R}{r_w} + \sum_{j=1}^{n-1}\ln\frac{R}{2r_0\sin\frac{j\pi}{n}}} \tag{6-45}$$

式中 q——按干扰井群计算的降水井单井流量，m^3/d；

r_0——等效圆形分布的降水井所围面积的等效半径，m，根据各降水井所围多边形与等效圆的周长相等确定；

j——第 j 口降水井；

n——降水井数量；

s_w——各降水井的设计降深，m；

r_w——降水井半径，m；

k——含水层的渗透系数，m/d；

H——潜水含水层厚度，m；

R——影响半径，m，应按现场抽水试验确定，缺少试验资料时，可根据 $R = 2s_w\sqrt{kH}$ 的计算结果并结合当地经验确定，其中 s_w 小于10 m时取为10 m。

(2) 承压水完整井

当含水层为粉土、砂土或碎石土，承压水完整井的地下水位降深和单井流量可按下列公式计算：

$$s_i = \frac{q}{2\pi Mk}\sum_{j=1}^{n}\ln\frac{R}{2r_0\sin\frac{(2j-1)\pi}{2n}} \tag{6-46}$$

$$q=\frac{2\pi Mks_{w}}{\ln\frac{R}{r_{w}}+\sum_{j=1}^{n-1}\ln\frac{R}{2r_{0}\sin\frac{j\pi}{n}}} \tag{6-47}$$

式中 M——承压含水层厚度,m;

R——影响半径,m,应按现场抽水试验确定,缺少试验资料时,可根据公式 $R=10s_{w}\sqrt{k}$ 的计算结果并结合当地经验确定,其中 s_{w} 小于 10 m 时取为 10 m。

3. 基坑涌水量计算

基坑降水的总涌水量,可采用简化大井法计算,即先将基坑简化为一大口径的降水井,再通过计算这口大井的出水量而得到总涌水量。

(1) 潜水完整井

群井按大井简化时,均质含水层潜水完整井的基坑降水总涌水量可按下式计算(图 6-28):

$$Q=\pi k\frac{(2H-s_{d})s_{d}}{\ln\left(1+\frac{R}{r_{0}}\right)} \tag{6-48}$$

式中 Q——基坑降水的总涌水量,m^3/d;

k——渗透系数,m/d;

H——潜水含水层厚度,m;

s_{d}——基坑内水位设计降深,m;

R——降水影响半径,m;

r_{0}——沿基坑周边均匀布置的降水井群所围面积等效圆的半径,m。

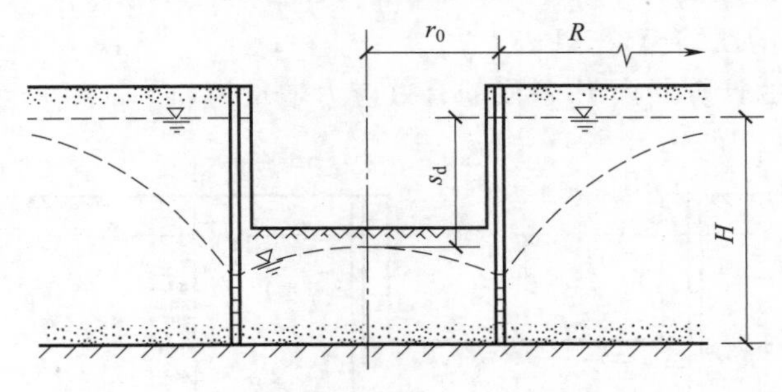

图 6-28 潜水完整井基坑降水总涌水量简化计算

(2) 承压水完整井

群井按大井简化时,均质含水层承压水完整井的基坑降水总涌水量可按下式计算(图 6-29):

$$Q=2\pi k\frac{Ms_{d}}{\ln\left(1+\frac{R}{r_{0}}\right)} \tag{6-49}$$

式中 M——承压含水层厚度,m。

对于潜水非完整井和承压水非完整井的涌水量计算,详见《建筑基坑支护技术规程》。

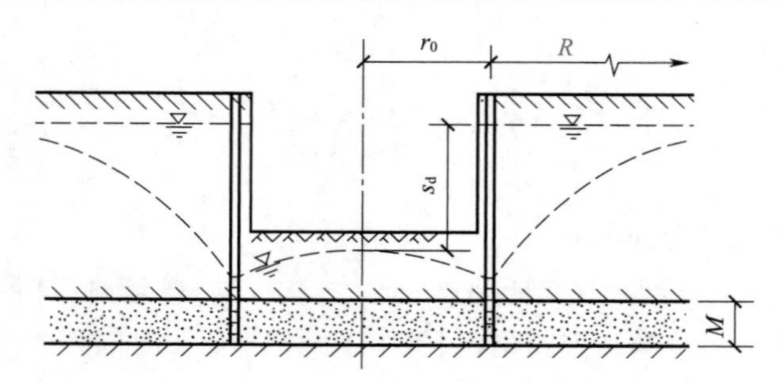

图6-29 承压水完整井基坑降水总涌水量简化计算

在确定了基坑的总涌水量后,可按下式计算单井的设计流量,以选择合适的井点类型。

$$q = 1.1\frac{Q}{n} \tag{6-50}$$

式中 q——单井设计流量,m^3/d;

Q——基坑降水的总涌水量,m^3/d;

n——降水井数量。

4. 降水引起的地层变形计算

降水引起的地层变形量 s 可按下式计算:

$$s = \psi_w \sum_{i=1}^{n} \frac{\Delta\sigma'_{zi}\Delta h_i}{E_{si}} \tag{6-51}$$

式中 ψ_w——沉降计算经验系数,应根据地区工程经验取值,无经验时宜取 $\psi_w=1$;

$\Delta\sigma'_{zi}$——降水引起的地面下第 i 土层中点处的附加有效应力,kPa;

Δh_i——第 i 层土的厚度,m;

E_{si}——第 i 层土的压缩模量,kPa。

对于图6-30所示的计算断面1,各段的有效应力增量为

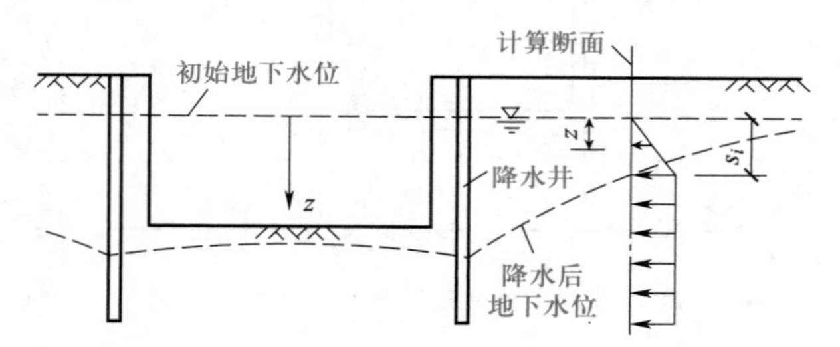

图6-30 基坑开挖降水引起的附加有效应力计算

(1)位于初始地下水位以上部分

$$\Delta\sigma'_{zi} = 0 \tag{6-52}$$

(2)位于降水后水位与初始地下水位之间部分

$$\Delta\sigma'_{zi} = \gamma_w z \tag{6-53}$$

(3)位于降水后水位以下部分

$$\Delta\sigma'_{zi} = \lambda_i \gamma_w s_i \tag{6-54}$$

式中　λ_i——计算系数，应按地下水渗流分析确定，缺少分析数据时，也可根据当地工程经验取值；

s_i——计算剖面地下水降深，m。

6-7-3　基坑施工监测

Construction Monitoring of Excavation

在深基坑开挖的施工过程中，基坑内外的土体将由原来的静止土压力状态向被动和主动土压力状态转变，应力状态的改变引起土体的变形，即使采取了支护措施，一定数量的变形总是难以避免的。因此，在深基坑施工过程中，只有对基坑支护结构、基坑周围的土体和相邻的建（构）筑物进行综合、系统的监测，才能对工程情况有全面的了解，确保工程顺利进行。

对深基坑施工过程进行综合监测的目的主要有：

① 根据监测结果，发现安全隐患，防止工程和环境破坏事故的发生；

② 利用监测结果指导现场施工，进行信息化反馈优化设计，使设计达到优质安全、经济合理、施工简捷；

③ 将监测结果与理论预测值对比，用反分析法求得更准确的设计计算参数，修正理论公式，以指导下阶段的施工或其他工程的设计和施工。

基坑监测项目根据基坑侧壁安全等级按表 6-5 执行。

表 6-5　基坑监测项目选择

监测项目	基坑结构的安全等级		
	一级	二级	三级
支护结构顶部水平位移	应测	应测	应测
基坑周边建(构)筑物、地下管线、道路沉降	应测	应测	应测
坑边地面沉降	应测	应测	宜测
支护结构深部水平位移	应测	应测	选测
锚杆拉力	应测	应测	选测
支撑轴力	应测	应测	选测
挡土构件内力	应测	宜测	选测
支撑立柱沉降	应测	宜测	选测
挡土构件、水泥土墙沉降	应测	宜测	选测
地下水位	应测	应测	选测
土压力	宜测	选测	选测
孔隙水压力	宜测	选测	选测

注：本表引自 JGJ 120—2012《建筑基坑支护技术规程》。

基坑现场监测应满足下列技术要求：

① 观测工作必须是有计划的。应严格按照有关的技术文件（如监测任务书）执行。这类技

术文件的内容,至少应该包括监测方法和使用的仪器、监测精度、测点的布置、观测周期等。计划性是观测数据完整性的保证。

② 监测数据必须是可靠的。数据的可靠性由监测仪器的精度、可靠性及观测人员的素质来保证。

③ 观测必须是及时的。因为基坑开挖是一个动态的施工过程,只有保证及时观测才能有利于发现隐患,及时采取措施。

④ 对于观测的项目,应按照工程具体情况预先设定预警值,预警值应包括变形值、内力值及其变化速率。当观测时发现超过预警值的异常情况,要立即考虑采取应急补救措施。

⑤ 每个工程的基坑支护监测,应有完整的观测记录,形象的图表、曲线和观测报告。

6-8 小结 Summary

(1) 基坑工程是集开挖、降水、支护、土体加固和监测等于一身的复杂岩土工程,具有临时性和复杂多变性的特点。设计时应充分考虑场地工程地质特点、周边环境条件和工程重要程度,根据基坑不同支护结构形式的特点和适用条件,谨慎选择最适宜的支护方案。

(2) 作用于支护结构的水平荷载(侧土压力)应按当地可靠经验确定,若缺乏经验,可根据实际情况采用朗肯或库仑土压力理论计算,并假定土压力强度随深度呈线性分布。

(3) 基坑支护结构除对结构内力和入土深度进行设计计算外,还应验算基坑整体稳定性,以及抗隆起和抗流土稳定性,重要工程尚应验算支护结构自身及周边环境的变形。

(4) 对于坑底低于地下水位的基坑工程,若周边环境允许,可直接采用集水明排法或者井点降水法降水;而对于周边环境对降水敏感的工程,则应先采用水泥搅拌桩墙、旋喷桩墙等截水帷幕堵水后再降水。

思考题与习题 Questions and Exercises

6-1 建筑基坑常见的支护形式有哪些?各适用于什么条件?

6-2 基坑支护结构上的土压力与重力式挡土墙上的土压力有何差异?

6-3 基坑支护结构中土压力的计算方式有哪些?适用条件是什么?

6-4 排桩、地下连续墙与水泥土墙支护结构各有什么特点?

6-5 土钉墙与传统的重力式挡土墙及加筋挡土墙有何异同?

6-6 土钉与锚杆在加固机理、施工方法和设计计算中有何异同?

6-7 基坑工程设计应包括哪些主要内容?

6-8 常用的地下水控制方法有哪些?各有什么特点?

6-9 基坑工程施工为什么要进行现场监测?

6-10 在某黏土地层中开挖深5 m的基坑,采用地下连续墙挡土结构支护。场地土层重度$\gamma=19.5\ kN/m^3$,黏聚力$c=10\ kPa$,内摩擦角$\varphi=18°$。地面施工荷载$q_0=20\ kPa$,不计地下水影响,要求基坑抗倾覆安全系数达到

1.2，试计算支护桩的嵌固深度。

6-11　某基坑开挖深度 8 m，安全等级为一级，采用锚拉式排桩支护结构支护，锚拉支点距地表 3.0 m。场地为均质黏土层，液性指数 $I_L=0.5$，重度为 19 kN/m^3，内摩擦角为 20°，黏聚力为 10 kPa。地面超载为 30 kPa。地下水埋深 13.5 m。试根据基坑抗倾覆稳定性要求计算支护桩的嵌固深度。

6-12　对于题 6-11 中锚杆，若设计水平拉力值为 200 kN，锚孔直径为 150 mm，锚杆倾角为 15°。试计算确定锚杆自由段长度、锚固段长度和锚杆杆体钢筋截面面积。

6-13　有一开挖深度 $h=5$ m 的基坑，采用重力式水泥土墙支护，墙体宽度为 3.2 m，墙体插入基坑底面以下深度为 6.5 m，墙体重度 $\gamma=20.0$ kN/m^3。基坑场地土层重度 $\gamma=18.0$ kN/m^3，内摩擦角 $\varphi=12°$，黏聚力 $c=10$ kPa。试验算水泥土墙抗倾覆和抗滑移稳定性。

6-14　开挖深度 $h=8$ m 的基坑，安全等级为二级。采用排桩加一水平支撑的支护结构，支护桩嵌固深度为 7.0 m。土层重度 $\gamma=18.0$ kN/m^3，内摩擦角 $\varphi=15°$，黏聚力 $c=10$ kPa，地面荷载 $q_0=20$ kPa。桩长范围内无地下水。试验算该基坑抗隆起稳定性。

6-15　某开挖深度 $h=9$ m 的基坑，安全等级为二级，采用土钉墙支护。土钉为注浆钉，钻孔直径为110 mm。自上而下设置 5 道土钉，第一道土钉距地表 1.5 m，土钉竖、横向间距均为 1.5 m，土钉倾角为 10°。基坑边坡土层为稍密砂性土，重度 $\gamma=18.0$ kN/m^3，内摩擦角 $\varphi=32°$。边坡坡度为 80°。试计算每道土钉达到抗拔承载力要求时所需长度。

6-16　拟在一均质砂性土场地，开挖一深度为 10.0 m 的基坑，基坑平面尺寸为：长度×宽度 = 70 m×60 m。砂性土渗透系数为 9.5×10^{-3} cm/s，原地下水位在地表以下 2.0 m，要求将地下水位降至基坑底面以下 0.5 m。若采用完整井降水措施，采用单井出水能力 $q=1\ 600$ m^3/d 的管井井点降水，试计算沿基坑周边需要布置降水井的数量。

第7章
Chapter 7

特殊土地基
Special Soil Foundation

本章学习目标：

掌握软土的工程特性与评价指标，以及软土地基的工程措施。

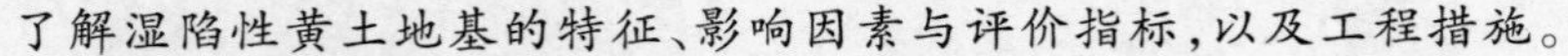
了解湿陷性黄土地基的特征、影响因素与评价指标，以及工程措施。

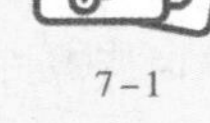
7-1
教学课件

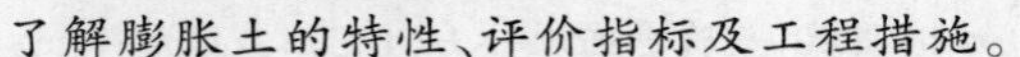
了解膨胀土的特性、评价指标及工程措施。

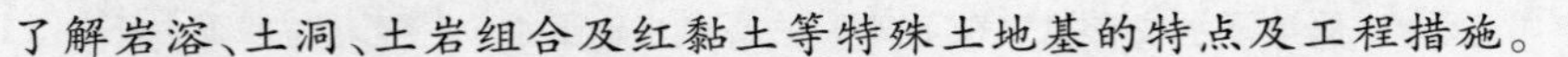
了解岩溶、土洞、土岩组合及红黏土等特殊土地基的特点及工程措施。

了解冻土与盐渍土地基的特点、评价方法及工程措施。

7-1 概述
Introduction

我国地域辽阔，从沿海到内陆，从山区到平原，广泛分布着各种各样的土类。某些土类，由于生成时不同的地理环境、气候条件、地质成因、历史过程和次生变化等原因，具有一些特殊的成分、结构和性质。当用作建筑物的地基时，如果不注意这些特殊性就可能引起事故。通常把这些具有特殊工程地质的土类称为特殊土。各种天然形成的特殊土地理分布存在着一定的规律，表现出一定的区域性，故又有区域性特殊土之称。

我国主要的区域性特殊土有软土、湿陷性黄土、膨胀土、红黏土、冻土、盐渍土、污染土、风化岩与残积土和多年冻土等。此外，我国山区广大，广泛分布在我国西南地区的山区地基与平原相比，工程地质条件更为复杂，主要表现为地基的不均匀性和场地的不稳定性两方面。如岩溶、土洞及土岩组合地基等，对构筑物具有直接和潜在的危险。为保证各类构筑物的安全和正常使用，应根据其工程特点和要求，因地制宜、综合治理。尤其是我国西部工程建设的高速发展，对该类地基的处治提出了更高的要求。

限于篇幅，本章主要介绍软土、湿陷性黄土、膨胀土、山区地基和红黏土、冻土和盐渍土各类特殊土地基的工程特征和评价指标，以及在这些地区从事工程建设时应采取的措施。

7-2 软土地基
Soft Soil Foundation

7-2-1 软土及其分布
Definition and Location of Soft Soil

软土系指天然孔隙比大于或等于1.0,天然含水率大于液限的细粒土,包括淤泥、淤泥质土、泥炭、泥炭质土等。

软土多为静水或缓慢流水环境中沉积,并经生物化学作用形成,其成因类型主要有滨海环境沉积、海陆过渡环境沉积(三角洲沉积)、河流环境沉积、湖泊环境沉积和沼泽环境沉积等。我国软土分布很广,如长江、珠江地区的三角洲沉积;上海,天津塘沽,浙江温州、宁波,江苏连云港等地的滨海相沉积;闽江口平原的溺谷相沉积;洞庭湖、洪泽湖、太湖及昆明滇池等地区的内陆湖泊相沉积;位于各大、中河流的中、下游地区的河滩沉积;位于内蒙古,大、小兴安岭,南方及西南森林地区等地的沼泽沉积。

此外贵州、云南、广西等省、自治区的某些地区还存在山地型的软土,是泥灰岩、炭质页岩、泥质砂页岩等风化产物和地表的有机物质经水流搬运,沉积于低洼处,长期饱水软化或间有微生物作用而形成的。沉积的类型以坡洪积、湖沉积和冲沉积为主。其特点是分布面积不大,但厚度变化很大,有时相距2 m内,厚度变化可达7~8 m。

我国厚度较大的软土,一般表层有0~3 m厚的中或低压缩性黏性土(俗称硬壳层或表土层),其层理上大致可分为以下几种类型:

(1) 表层为1~3 m褐黄色粉质黏土;第二、三层为高压缩性淤泥质黏土,厚约20 m;第四层为较密实的黏土层或砂层。

(2) 表层由人工填土及较薄的粉质黏土组成,厚3~5 m;第二层为5~8 m的高压缩性淤泥层,基岩离地表较近,起伏变化较大。

(3) 表层为1 m余厚的黏性土,其下为30 m以上的高压缩性淤泥层。

(4) 表层为3~5 m厚褐黄色粉质黏土,以下为淤泥及粉砂交互层。

(5) 表层同(4);第二层为厚度变化很大、呈喇叭口状的高压缩性淤泥;第三层为较薄残积层,其下为基岩,多分布在山前沉积平原或河流两岸靠山地区。

(6) 表层为浅黄色黏性土,其下为饱和软土或淤泥及泥炭,成因复杂,极大部分为坡洪积、湖沼沉积、冲积及残积,分布面积不大,厚度变化悬殊的山地型软土。

7-2-2 软土的工程特性及其评价
Engineering Behavior of Soft Soil and Its Evaluation

软土的主要特征是含水率高(w=35%~80%)、孔隙比大($e \geq 1$)、压缩性高、强度低、渗透性差,并含有机质,一般具有如下工程特性:

1. 结构性显著

尤其是滨海相软土一旦受到扰动(振动、搅拌、挤压或搓揉等),原有结构破坏,土的强度明显降低或很快变成稀释状态。软土受到扰动后强度降低的特性可用灵敏度 S_t 来表示，一般 S_t 在 3～4 之间，个别可达 8～9。故软土地基在振动荷载下，易产生侧向滑动、沉降及基底向两侧挤出等现象。

2. 流变性明显

软土除排水固结引起变形外，在剪应力作用下，土体还会发生缓慢而长期的剪切变形，对地基沉降有较大影响，对斜坡、堤岸、码头及地基稳定性不利。

3. 压缩性高

软土的压缩系数大，一般 $a_{1-2}=0.5\sim1.5\ \mathrm{MPa}^{-1}$，最大可达 $4.5\ \mathrm{MPa}^{-1}$；压缩指数 C_c 为 0.35～0.75。软土地基的变形特性与其天然固结状态相关，欠固结软土在荷载作用下沉降较大，天然状态下的软土层大多属于正常固结状态。

4. 抗剪强度低

软土的天然不排水抗剪强度一般小于 20 kPa，其变化范围为 5～25 kPa，有效内摩擦角 φ' 为 12°～35°，固结不排水剪内摩擦角 $\varphi_{cu}=12°\sim17°$，软土地基的承载力常为 50～80 kPa。

5. 渗透性差

软土的渗透系数一般为 $i\times10^{-6}\sim i\times10^{-8}$ cm/s，在自重或荷载作用下固结速率很慢。同时，在加载初期地基中常出现较高的孔隙水压力，影响地基的强度，延长建筑物沉降时间。

6. 不均匀性

由于沉降环境的变化，黏性土层中常局部夹有厚薄不等的粉土，水平和垂直分布上有所差异，易使建筑物地基产生差异沉降。

软土地基的岩土工程分析和评价应根据其工程特性，结合不同工程要求进行，通常应包括以下内容：

(1) 判定地基产生失稳和不均匀变形的可能性。当建筑物位于池塘、河岸、边坡附近时，应验算其稳定性。

(2) 选择适宜的持力层和基础形式，当有地表硬壳层时，基础宜浅埋。

(3) 当建筑物相邻高低层荷载相差很大时，应分别计算各自的沉降，并分析其相互影响。当地面有较大面积堆载时，应分析对相邻建筑物的不利影响。

(4) 软土地基承载力应根据地区建筑经验，并结合下列因素综合确定：

① 软土成层条件、应力历史、结构性、灵敏度等力学特性及排水条件；

② 上部结构的类型、刚度、荷载性质、大小和分布，对不均匀沉降的敏感性；

③ 基础的类型、尺寸、埋深、刚度等；

④ 施工方法和程序；

⑤ 采用预压排水处理的地基，应考虑软土固结排水后强度的增长。

(5) 地基的沉降量可采用分层总和法计算，并乘以经验系数；也可采用土的应力历史的沉降计算方法。必要时应考虑土的次固结效应。

(6) 在软土开挖、打桩、降水时，应按 GB 50021—2001《岩土工程勘察规范(2009 年版)》有关规定执行。

此外，还须特别强调软土地基承载力综合评定的原则，不能单靠理论计算，要以地区经验为主。软土地基承载力的评定，变形控制原则比按强度控制原则更为重要。

软土地基主要受力层中的倾斜基岩或其他倾斜坚硬地层,是软土地基的一大隐患。其可能导致不均匀沉降,以及蠕变滑移而产生剪切破坏,因此对这类地基不但要考虑变形,而且要考虑稳定性。若主要受力层中存在砂层,砂层将起排水通道作用,加速软土固结,有利于地基承载力的提高。

水文地质条件对软土地基影响较大,如抽降地下水形成降落漏斗将导致附近建筑物产生沉降或不均匀沉降;基坑迅速抽水则会使基坑周围水力坡度增大而产生较大的附加应力,致使坑壁坍塌;承压水头改变将引起明显的地面浮沉等。在岩土工程评价中应重视这些问题。此外,沼气逸出等对地基稳定和变形也有影响,通常应查明沼气带的埋藏深度、含气量和压力的大小,以此评价对地基影响的程度。

建筑施工加载速率的适当控制或改善土的排水固结条件可提高软土地基的承载力及其稳定性。即随着荷载的施加地基土强度逐渐增大,承载力得以提高;反之,若荷载过大,加载速率过快,将出现局部塑性变形,甚至产生整体剪切破坏。

7-2-3 软土地基的工程措施 Treatment Measures of Soft Soil Foundation

在软土地基上修建各种建筑物时,要特别重视地基的变形和稳定问题,并考虑上部结构与地基的共同工作,采取必要的建筑及结构措施,确定合理的施工顺序和地基处理方法,并应采取下列措施:

(1) 充分利用表层密实的黏性土(一般厚 1 ~ 2 m)作为持力层,基底尽可能浅埋(埋深 $d=500\sim800$ mm),但应验算下卧层软土的强度;

(2) 尽可能设法减小基底附加应力,如采用轻型结构、轻质墙体、扩大基础底面、设置地下室或半地下室等;

(3) 采用换土垫层或桩基础等,但应考虑欠固结软土产生的桩侧负摩阻力;

(4) 采用砂井预压,加速土层排水固结;

(5) 采用高压喷射、深层搅拌、粉体喷射等处理方法;

(6) 使用期间,对大面积地面堆载划分范围,避免荷载局部集中、直接压在基础上。

当遇到暗塘、暗沟、杂填土及冲填土时,须查明范围、深度及填土成分。较密实均匀的建筑垃圾及性能稳定的工业废料可作为持力层,而有机质含量大的生活垃圾和对地基有侵蚀作用的工业废料,未经处理不宜作为持力层。并应根据具体情况,选用如下处理方法:

(1) 不挖土,直接打入短桩。如上海地区通常采用长约 7 m、断面 200 mm×200 mm 的钢筋混凝土桩,每桩承载力 30 ~ 70 kN。并考虑承台底土与桩共同承载,土承受该桩所受荷载的 70% 左右,但不超过 30 kPa,对暗塘、暗沟下有强度较高的土层效果更佳。

(2) 填土不深时,可挖去填土,将基础落深,或用毛石混凝土、混凝土等加厚垫层,或用砂石垫层处理。若暗塘、暗沟不宽,也可设置基础梁直接跨越。

(3) 对于低层民用建筑可适当降低地基承载力,直接利用填土作为持力层。

(4) 冲填土一般可直接作为地基。若土质不良时,可选用上述方法加以处理。

7-3 湿陷性黄土地基 Collapsible Loess Foundation

7-3-1 黄土的特征和分布 Behavior and Location of Collapsible Loess

黄土是一种产生于第四纪地质历史时期干旱条件下的沉积物，其外观颜色较杂乱，主要呈黄色或褐黄色，颗粒组成以粉粒(0.075～0.005 mm)为主，同时含有砂粒和黏粒。它的内部物质成分和外部形态特征与同时期其他沉积物不同。一般认为不具层理的风成黄土为原生黄土，原生黄土经流水冲刷、搬运和重新沉积形成的黄土称次生黄土，常具层理和砾石夹层。

具有天然含水量的黄土，如未受水浸湿，一般强度较高，压缩性较小，某些黄土在一定压力下受水浸湿，土结构迅速破坏，产生显著附加下沉，强度也迅速降低，称为湿陷性黄土，主要属于晚更新世(Q_3)的马兰黄土及全新世(Q_4)的黄土状土。该类黄土形成年代较晚，土质均匀或较为均匀，结构疏松，大孔发育，有较强烈的湿陷性。在一定压力下受水浸湿，土结构不破坏，并无显著附加下沉的黄土称为非湿陷性黄土，一般属于早更新世(Q_1)的午城黄土，其形成年代久远，土质密实，颗粒均匀，无大孔或略具大孔结构，一般不具有湿陷性或仅具轻微湿陷性。位于午城黄土层以上为中更新世(Q_2)的离石黄土，上部一般具有湿陷性，下部不具湿陷性，此上部土的湿陷性应根据建筑物的实际压力或上覆土的饱和自重压力进行浸水试验确定。非湿陷性黄土地基的设计和施工与一般黏性土地基无甚差异，故下面仅讨论与工程建设关系密切的湿陷性黄土。

我国的湿陷性黄土，一般呈黄或褐黄色，粉土粒含量常占土重的60%以上，含有大量的碳酸盐、硫酸盐和氯化物等可溶盐类，天然孔隙比约为1.0，一般具有肉眼可见的大孔隙，竖直节理发育，能保持直立的天然边坡。湿陷性黄土又分为非自重湿陷性和自重湿陷性黄土两种。在土自重应力作用下受水浸湿后不发生湿陷者称为非湿陷性黄土；而在自重应力作用下受水浸湿后发生湿陷者称为自重湿陷性黄土。

黄土在世界各地分布甚广，其面积达$1.3\times10^7\ km^2$，约占陆地总面积的9.3%，主要分布于中纬度干旱、半干旱地区。如法国的中部和北部，东欧的罗马尼亚、保加利亚、俄罗斯、乌克兰等，美国沿密西西比河流域及西部不少地区。我国黄土分布亦非常广泛，面积约$6.4\times10^5\ km^2$，其中湿陷性黄土约占3/4。以黄河中游地区最为发育，多分布于甘肃、陕西、山西等地区，青海、宁夏、河南也有部分分布，其他如河北、山东、辽宁、黑龙江、内蒙古和新疆等省(自治区)也有零星分布。

国标GB 50025—2018《湿陷性黄土地区建筑标准》(以下简称《黄土标准》)在调查和搜集各地区湿陷性黄土的物理力学性质指标、水文地质条件、湿陷性资料等基础上，综合考虑各区域的气候、地貌、地层等因素，给出了我国湿陷性黄土工程地质分区略图以供参考。

7-3-2 影响黄土地基湿陷性的主要因素 Main Influencing Factors for the Collapsibility of Collapsible Loess

1. 黄土的湿陷机理

黄土的湿陷现象是一个复杂的地质、物理、化学过程，对其湿陷机理国内外学者有各种不同的假说,如毛细管假说、溶盐假说、胶体不足假说、欠压密理论和结构学假说等。但至今尚未获得能够充分解释所有湿陷现象和本质的统一理论。以下仅简要介绍几种被公认为比较合理的假说。

(1) 黄土的欠压密理论认为,在干旱、少雨气候下,黄土沉积过程中水分不断蒸发,土粒间盐类析出,胶体凝固,形成固化黏聚力,在土湿度不大时,上覆土层不足以克服土中形成的固化黏聚力,因而形成欠压密状态,一旦受水浸湿,固化黏聚力消失,则产生沉陷。

(2) 溶盐假说认为,黄土湿陷是由于黄土中存在大量的易溶盐。黄土中含水量较低时,易溶盐处于微晶状态,附于颗粒表面,起胶结作用。而受水浸湿后,易溶盐溶解,胶结作用丧失,从而产生湿陷。但溶盐假说并不能解释所有湿陷现象,如我国湿陷性黄土中易溶盐含量就较少。

(3) 结构学假说认为,黄土湿陷是其特殊的粒状架空结构体系所造成的。该结构体系由集粒和碎屑组成的骨架颗粒相互连接形成(图 7-1),含有大量架空孔隙。颗粒间的连接强度是在干旱、半干旱条件下形成的,来源于上覆土重的压密,少量的水在粒间接触处形成毛管压力,粒间电分子引力,粒间摩擦及少量胶凝物质的固化黏聚等。水和外荷载作用必然导致该结构体系连接强度降低、连接点破坏,致使整个结构体系失去稳定。

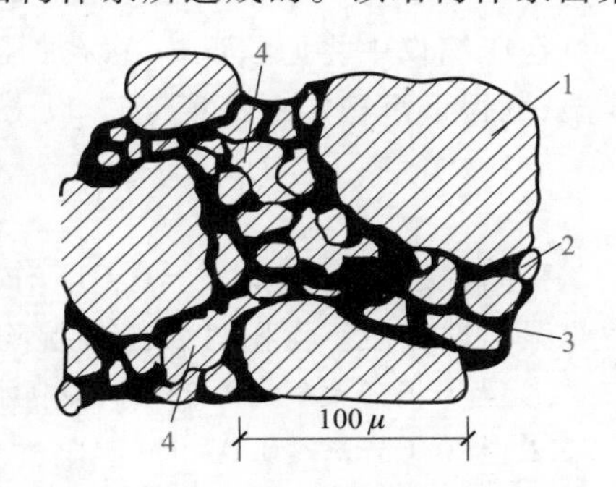

1—砂粒;2—粗粉粒;3—胶结物;4—大孔隙。

图 7-1 黄土结构示意图

尽管解释黄土湿陷原因的观点各异,但归纳起来可分为外因和内因两个方面。黄土受水浸湿和荷载作用是湿陷发生的外因,黄土的结构特征及物质成分是产生湿陷性的内在原因。

2. 影响黄土湿陷性的因素

(1) 黄土的物质成分

黄土中胶结物的多寡和成分,以及颗粒的组成和分布,对于黄土的结构特点和湿陷性的强弱有着重要的影响。胶结物含量大,可把骨架颗粒包围起来,则结构致密。黏粒含量特别是胶结能力较强的小于 0.001 mm 颗粒的含量多,均匀分布在骨架之间,起到胶结物的作用,使湿陷性降低并使力学性质得到改善。反之,粒径大于 0.05 mm 的颗粒增多,胶结物多呈薄膜状分布,骨架颗粒多数彼此直接接触,其结构疏松,强度降低而湿陷性增强。我国黄土湿陷性存在由西北向东南递减的趋势,与自西北向东南方向砂粒含量减少而黏粒含量增多是一致的。此外黄土中的盐类及其存在状态对湿陷性也有着直接的影响,若以较难溶解的碳酸钙为主而具有胶结作用时,湿陷性减弱,但石膏及其他碳酸盐、硫酸盐和氯化物等易溶盐的含量越大时,湿陷性越强。

(2) 黄土的物理性质

黄土的湿陷性与其孔隙比和含水量等土的物理性质有关。天然孔隙比越大,或天然含水量越小,则湿陷性越强。饱和度 $S_r \geqslant 80\%$ 的黄土,称为饱和黄土,饱和黄土的湿陷性已退化。在天然含水量相同时,黄土的湿陷变形随湿度的增加而增大。

(3) 外加压力

黄土的湿陷性还与外加压力有关。外加压力越大,湿陷量也显著增加,但当压力超过某一数值后,再增加压力,湿陷量反而减少。

7-3-3 湿陷性黄土地基的勘查与评价

Survey and Evaluation of Collapsible Loess Foundation

正确评价黄土地基的湿陷性具有很重要的工程意义,其主要包括三方面内容:① 查明一定压力下黄土浸水后是否具有湿陷性;② 判别场地的湿陷类型,是自重湿陷性还是非自重湿陷性;③ 判定湿陷黄土地基的湿陷等级,即其强弱程度。

1. 湿陷系数

黄土的湿陷性在国内外都采用湿陷系数 δ_s 来判定,湿陷系数 δ_s 为单位厚度土层浸水后在某规定压力下产生的湿陷量,其反映了土样所代表黄土层的湿陷程度。δ_s 可通过室内浸水压缩试验测定。

在压缩仪中将原状试样逐级加压到规定的压力 p,当压缩稳定后测得试样高度 h_p,然后加水浸湿,测得下沉稳定后高度 h'_p。设土样原始高度为 h_0,则土的湿陷系数 δ_s 为

$$\delta_s=\frac{h_p-h'_p}{h_0} \tag{7-1}$$

我国《黄土标准》以 $\delta_s=0.015$ 作为湿陷性黄土的界限值,$\delta_s\geqslant0.015$ 定为湿陷性黄土,否则为非湿陷性黄土。湿陷性黄土的湿陷程度根据湿陷系数 δ_s 划分为以下三种。

① 当 $0.015\leqslant\delta_s\leqslant0.03$ 时,湿陷性轻微;

② 当 $0.03<\delta_s\leqslant0.07$ 时,湿陷性中等;

③ 当 $\delta_s>0.07$ 时,湿陷性强烈。

试验时测定湿陷系数的压力 p 应采用黄土地基的实际压力,但初勘阶段,建筑物的平面位置、基础尺寸和埋深等尚未确定,即实际压力大小难以预估。因而《黄土标准》规定:自基础底面(初勘时,自地面下 1.5 m)算起,对晚更新世(Q_3)黄土、全新世(Q_4)黄土和基底压力不超过 200 kPa 的建筑,10 m 以内的土层应用 200 kPa,10 m 以下至非湿陷性土层顶面,应用其上覆土的饱和自重应力(当大于 300 kPa 时,仍应用 300 kPa)。对中更新世(Q_2)黄土或基底压力大的高、重建筑,均宜用实际压力判别黄土的湿陷性。

2. 湿陷起始压力

如前所述,黄土的湿陷量是压力的函数。事实上存在一个压力界限值,若黄土所受压力低于该数值,即使浸了水也只产生压缩变形而无湿陷现象。该界限称为湿陷起始压力 p_{sh},单位为 kPa。它是一个很有实用价值的指标。例如,当设计荷载不大的非自重湿陷性黄土地基的基础和土垫层时,可适当选取基础底面尺寸及埋深或土垫层厚度,使基底或垫层底面总压应力$\leqslant p_{sh}$,则可避免湿陷发生。

湿陷起始压力可根据室内压缩试验或野外荷载试验确定,其分析方法可采用双线法或单线法。

(1) 双线法

在同一取土点的同一深度处,以环刀切取 2 个试样。一个在天然湿度下分级加载,另一个在天然湿度下加第一级荷重,下沉稳定后浸水,至湿陷稳定后再分级加载。分别测定两个试样在各级压力下,下沉稳定后的试样高度 h_p 和浸水下沉稳定后的试样高度 h'_p,绘制不浸水试样的$p-h_p$曲线和浸水试样的 $p-h'_p$ 曲线,如图7-2所示。然后按式(7-1)计算各级荷载下的湿陷系数 δ_s,并绘制 $p-\delta_s$ 曲线。在 $p-\delta_s$ 曲线上取 $\delta_s=0.015$ 所对应的压力作为湿陷起始压力 p_{sh}。

（2）单线法

在同一取土点的同一深度处，至少以环刀切取 5 个试样。各试样均分别在天然湿度下分级加载至不同的规定压力。下沉稳定后测定土样高度 h_p，再浸水至湿陷稳定为止，测试样高度 h'_p，绘制 $p-\delta_s$ 曲线。p_{sh} 的确定方法与双线法相同。

上述方法是针对室内压缩试验而言，野外荷载试验方法与之相同，不再赘述。我国各地湿陷起始压力相差较大，如兰州地区一般为 20～50 kPa，洛阳地区常在 120 kPa 以上。此外，大量试验结果表明，黄土的湿陷起始压力随土的密度、湿度、胶结物含量及土的埋藏深度等的增加而增加。

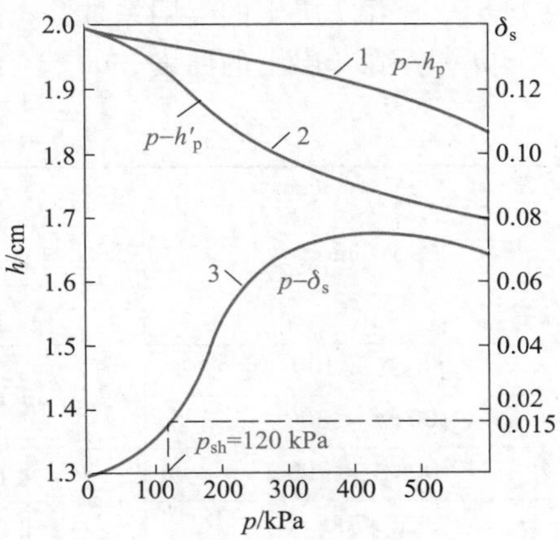

1—不浸水试样 $p-h_p$ 曲线；
2—浸水试样 $p-h'_p$ 曲线；3—$p-\delta_s$ 曲线。

图 7-2 双线法压缩试验曲线

3. 场地湿陷类型的划分

工程实践表明，自重湿陷性黄土无外荷载作用时，浸水后也会迅速发生剧烈的湿陷，甚至一些很轻的建筑物也难免遭受其害。而非自重湿陷性黄土地基则很少发生这种情况。对两种湿陷性黄土地基，所采取的设计和施工措施应有所区别。因此，必须正确划分场地的湿陷类型。

建筑物场地的湿陷类型，应按实测自重湿陷量或计算自重湿陷量 Δ_{zs} 判定。实测自重湿陷量应根据现场试坑浸水试验确定。其结果可靠，但费水费时，且有时受各种条件限制而不易做到。计算自重湿陷量可按下式计算：

$$\Delta_{zs}=\beta_0\sum_{i=1}^{n}\delta_{zsi}h_i \tag{7-2}$$

式中 δ_{zsi}——第 i 层土在上覆土的饱和（$S_r>0.85$）自重应力作用下的湿陷系数，其测定和计算方法同 δ_s，即 $\delta_{zsi}=(h_z-h'_z)/h_i$。其中 h_z 是加压至土的饱和自重压力时，下沉稳定后的高度；h'_z 是上述加压稳定后，在浸水作用下，下沉稳定后的高度。

h_i——第 i 层土的厚度，mm。

n——总计算土层内湿陷土层的数目。总计算厚度应从天然地面算起（当挖、填方厚度及面积较大时，自设计地面算起）至其下全部湿陷性黄土层的底面为止，但 $\delta_s<0.015$ 的土层不计。

β_0——因地区土质而异的修正系数。Ⅰ区（陇西地区）取 1.5；Ⅱ区（陇东、陕北、晋西地区）取 1.2；Ⅲ区（关中地区）取 0.9；其他地区取 0.5。

当 $\Delta_{zs}\leqslant70$ mm 时，应定为非自重湿陷性黄土场地；大于 70 mm 时，应定为自重湿陷性黄土场地。

4. 黄土地基的湿陷等级

湿陷性黄土地基的湿陷等级，应根据基底下各土层累计的总湿陷量 Δ_s 和计算自重湿陷量的大小等因素按表 7-1 判定。总湿陷量可按下式计算：

$$\Delta_s=\sum_{i=1}^{n}\alpha\beta\delta_{si}h_i \tag{7-3}$$

式中　α——不同深度地基土浸水机率系数，按地区经验取值。无地区经验时可按表7-2取值。对地下水有可能上升至湿陷性土层内，或侧向浸水影响不可避免的区段，取$\alpha=1.0$。

β——考虑基底下地基土的受水浸湿可能性和侧面挤出等因素的修正系数。缺乏实测资料时，基底下0～5 m内取1.5，5～10 m内取1.0，10 m以下至非湿陷性黄土层顶面，在自重湿陷性黄土场地，可取工程所在地区的β_0值。β_0可参见式(7-2)取用。

δ_{si}——第i层土的湿陷系数。

h_i——第i层土的厚度，mm。

表7-1　湿陷性黄土地基的湿陷等级

<table>
<tr><th rowspan="3">Δ_s/mm</th><th colspan="3">场地湿陷类型</th></tr>
<tr><th>非自重湿陷性场地</th><th colspan="2">自重湿陷性场地</th></tr>
<tr><th>$\Delta_{zs}\leqslant70$ mm</th><th>70 mm<$\Delta_{zs}\leqslant350$ mm</th><th>$\Delta_{zs}>350$ mm</th></tr>
<tr><td>$50<\Delta_s\leqslant100$</td><td rowspan="2">Ⅰ(轻微)</td><td>Ⅰ(轻微)</td><td rowspan="2">Ⅱ(中等)</td></tr>
<tr><td>$100<\Delta_s\leqslant300$</td><td>Ⅱ(中等)</td></tr>
<tr><td>$300<\Delta_s\leqslant700$</td><td>Ⅱ(中等)</td><td>Ⅱ(中等)或Ⅲ(严重)</td><td>Ⅲ(严重)</td></tr>
<tr><td>$\Delta_s>700$</td><td>Ⅱ(中等)</td><td>Ⅲ(严重)</td><td>Ⅳ(很严重)</td></tr>
</table>

注：对$70<\Delta_{zs}\leqslant350$、$300<\Delta_s\leqslant700$一档的划分，当湿陷量的计算值$\Delta_s>600$ mm、自重湿陷量的计算值$\Delta_{zs}>300$ mm时，可判为Ⅲ级，其他情况可判为Ⅱ级。

表7-2　浸水机率系数α

基础底面下深度z/m	α
$0\leqslant z\leqslant10$	1.0
$10<z\leqslant20$	0.9
$20<z\leqslant25$	0.6
$z>25$	0.5

Δ_s是湿陷性黄土地基在规定压力下充分浸水后可能发生的湿陷变形值。设计时应根据黄土地基的湿陷等级考虑相应的设计措施。相同情况下湿陷等级越高，设计措施要求也越高。

5. 黄土地基的勘察

湿陷性黄土地区的地基勘察除满足一般勘察要求外，还需针对湿陷性黄土的特点进行如下勘察工作。

(1) 应着重查明地层时代、成因、湿陷性土层的厚度、土的物理力学性质(包括湿陷起始压力)，湿陷系数随深度的变化、地下水位变化幅度和其他工程地质条件，以及划分湿陷类型和湿陷等级，确定湿陷性、非湿陷性土层在平面与深度上的界限。

(2) 划分不同的地貌单元，查明湿陷洼地、黄土溶洞、滑坡、崩塌、冲沟和泥石流等不良地质现象的分布地段、规模和发展趋势及其对建设的影响。

(3) 了解场地内有无地下坑穴，如古墓、古井、坑、穴、地道、砂井和砂巷等；研究地形的起伏和地面水的积累及排泄条件；调查洪水淹没范围及其发生时间，地下水位的深度及其季节性变化情况，地表水体和灌溉情况等。

（4）调查邻近已有建筑物的现状及其开裂与损坏情况。

（5）采取原状土样，必须保持其天然湿度、密度和结构（Ⅰ级土试样），探井中取样竖向间距一般为 1 m，土样直径不宜小于 120 mm。钻孔中取样，必须注意钻进工艺。取土勘探点中应有一定数量的探井。在Ⅲ、Ⅳ级自重湿陷性黄土场地上，探井数量不得少于取土勘探点的 1/3 ~ 1/2。场地内应有一定数量的取土勘探点穿透湿陷性黄土层。

例题 7-1 陕北地区某建筑场地，工程地质勘察中探坑每隔 1 m 取土样，测得各土样 δ_{zsi} 和 δ_{si}，如表 7-3 所示。试确定该场地的湿陷类型和地基的湿陷等级。

表 7-3 例题 7-1 中土样 δ_{zsi} 和 δ_{si} 之值

取土深度/m	1	2	3	4	5	6	7	8	9	10
δ_{zsi}	0.002	0.014	0.020	0.013	0.026	0.056	0.045	0.014	0.001	0.020
δ_{si}	0.070	0.060	0.073	0.045	0.088	0.084	0.071	0.057	0.002	0.049
备注：δ_{zsi} 或 δ_{si}<0.015，属非湿陷性土层。										

解 （1）场地湿陷类型判别

首先计算自重湿陷量 Δ_{zs}，自天然地面算起至其下全部湿陷性黄土层面为止，陕北地区可取 $\beta_0=1.2$，由式（7-2）可得

$$\Delta_{zs}=\beta_0\sum_{i=1}^{n}\delta_{zsi}h_i=1.2\times(0.020+0.026+0.056+0.020+0.045)\times1\ 000\ \text{mm}$$
$$=200.4\ \text{mm}>70\ \text{mm}$$

故该场地应判定为自重湿陷性黄土场地。

（2）黄土地基湿陷等级判别

由式（7-3）计算黄土地基的总湿陷量 Δ_s，且取 $\beta=\beta_0$，考虑侧向浸水影响，取 $\alpha=1.0$，则

$$\Delta_s=\sum_{i=1}^{n}\alpha\beta\delta_{si}h_i$$
$$=1.0\times1.2\times(0.070+0.060+0.073+0.045+0.088+0.084+0.071+0.057+$$
$$0.002+0.049)\times1\ 000\ \text{mm}$$
$$=718.8\ \text{mm}>700\ \text{mm}$$

根据表 7-1，该湿陷性黄土地基的湿陷性等级可判定为Ⅲ级（严重）。

7-3-4 湿陷性黄土地基的工程措施

Treatment Measures of Collapsible Loess Foundation

湿陷性黄土地基的设计和施工，应满足承载力、湿陷变形、压缩变形及稳定性要求。并针对黄土地基湿陷性特点和工程要求，因地制宜以地基处理为主采取如下措施防止地基湿陷，确保建筑物安全和正常使用。

1. 地基处理

其目的在于破坏湿陷性黄土的大孔结构，以便全部或者部分消除地基的湿陷性，从根本上避免或削弱湿陷现象的发生。常用的地基处理方法如表 7-4 所示。

表 7-4 湿陷性黄土地基处理方法

方法名称	适用范围	可处理的湿陷性黄土层厚度/m
垫层法	地下水位以上	1～3
强夯法	$S_r \leq 60\%$ 的湿陷性黄土	3～12
挤密法	$S_r \leq 65\%$，$w \leq 22\%$ 的湿陷性黄土	5～25
预浸水法	湿陷程度中等～强烈的自重湿陷性黄土场地	地表 6 m 以下的湿陷性土层
注浆法	可灌性较好的湿陷性黄土(需经试验验证注浆效果)	现场试验确定
其他方法	经试验研究或工程实践证明行之有效	现场试验确定

注:在雨季、冬季选择垫层法、夯实法和挤密法处理地基时,施工期间应采取防雨、防冻措施,并应防止和未处理的基坑或基槽内。

估算非自重湿陷性黄土地基的单桩承载力时,桩端阻力和桩侧摩阻力均应按饱和状态下的土性指标确定。计算自重湿陷性黄土地基的单桩承载力时,不计湿陷性土层范围内桩侧摩阻力,并应扣除桩侧负摩阻力。桩侧负摩阻力的计算深度,应自桩基承台底面算起至湿陷性土层顶面为止。

2. 防水措施

其目的是消除黄土发生湿陷变形的外因。要求做好建筑物在施工及长期使用期间的防水、排水工作,防止地基土受水浸湿。其基本防水措施包括:做好场地平整和防水系统,防止地面积水;压实建筑物四周地表土层,做好散水,防止雨水直接渗入地基;给排水管和建筑物之间留有一定防护距离;提高防水地面、排水沟、检漏管沟和井等设施的设计标准,避免漏水浸泡局部地基土体等。

3. 结构措施

从地基基础和上部结构相互作用的概念出发,在建筑结构设计中采取适当措施,以减小建筑物的不均匀沉降或使结构能适应地基的湿陷变形。如选取适宜的结构体系和基础形式,加强上部结构整体刚度,预留沉降净空等。

4. 施工措施及使用维护

湿陷性黄土地基的建筑物施工,应根据地基土的特性和设计要求合理安排施工程序,防止施工用水和场地雨水流入建筑物地基引起湿陷。在使用期间,对建筑物和管道应经常进行维护和检修,确保防水措施有效,防止地基浸水湿陷。

在上述措施中,地基处理是主要的工程措施。防水、结构措施的采用,应根据地基处理的程度不同而有所差别。若通过地基处理消除了全部地基土的湿陷性,就不必再考虑其他措施;若只是消除了地基主要部分湿陷量,则设计还应辅以防水和结构措施。

7-4 膨胀土地基
Expansive Soil Foundation

7-4-1 膨胀土的特性
Behavior and Expansive Soil

膨胀土一般指黏粒成分主要由亲水性矿物(黏土矿物)组成,同时具有显著的吸水膨胀和失水收缩两种变形特性的黏性土，一般强度较高，压缩性低，易被误认为是建筑性能较好的地基土。通常，任何黏性土都具有膨胀和收缩特性，但胀缩量不大，对工程无太多影响；而膨胀土的膨胀—收缩—再膨胀的周期性变化特性非常显著，常给工程带来危害。因此需将其与一般黏性土区别，作为特殊土处理。膨胀土亦可称为胀缩性土。

1. 膨胀土的特征及分布

我国膨胀土除少数形成于全新世（Q_4）外，其地质年代多属第四纪晚更新世（Q_3）或更早一些，具黄、红、灰白等色，常呈斑状，并含有铁锰质或钙质结核，具有如下一些工程特征：

（1）多出露于二级及二级以上的河谷阶地、山前和盆地边缘及丘陵地带。地形坡度平缓，一般坡度小于12°，无明显的天然陡坎。膨胀土干时坚硬，遇水软化，在自然条件下呈坚硬或硬塑状态，结构致密，呈菱形土块者常具有胀缩性，且菱形土块愈小，胀缩性愈强。

（2）裂隙发育是膨胀土的一个重要特征，常见光滑面或擦痕。裂隙有竖向、斜交和水平三种。裂隙间常充填灰绿、灰白色黏土。竖向裂隙常出露地表，裂隙宽度随深度的增加而逐渐尖灭；斜交剪切缝隙越发育，胀缩性越严重。此外，膨胀土地区旱季常出现地裂，上宽下窄，长可达数十米至百米，深数米，壁面陡立而粗糙，雨季则闭合。

（3）膨胀土的黏粒含量一般很高，粒径小于0.002 mm的胶体颗粒含量一般超过20%。液限大于40%，塑性指数大于17，且多在22~35之间。自由膨胀率一般超过40%（红黏土除外）。其天然含水量接近或略小于塑限，液性指数常小于零，压缩性小，多属低压缩性土。

（4）膨胀土的含水量变化易产生胀缩变形。初始含水量与胀后含水量愈接近，土的膨胀就愈小，收缩的可能性和收缩值就愈大。膨胀土地区多为上层滞水或裂隙水，水位随季节性变化，常引起地基的不均匀胀缩变形。

膨胀土在我国分布广泛，且常常呈岛状分布，以黄河以南地区较多，广西、云南、湖北、河南、安徽、四川、河北、山东、陕西、江苏、贵州和广东等地均有不同范围的分布。国外也一样，美国50个州中有膨胀土的占40个州。此外在印度、澳大利亚、南美洲、非洲和中东广大地区，也常有不同程度的分布。据报道，每年膨胀土给工程建设带来的经济损失已超过百亿美元，比洪水、飓风和地震所造成的损失总和的2倍还多。膨胀土的工程问题已成为世界性的研究课题。我国在总结大量勘察、设计、施工和维护等方面的成套经验基础上，已制订和修订出GB 50112—2013《膨胀土地区建筑技术规范》，（以下简称《膨胀土规范》）。

2. 膨胀土的危害性

膨胀土具有显著的吸水膨胀和失水收缩的变形特性，使建造在其上的构筑物随季节性气候的变化而反复不断地产生不均匀的升降，致使房屋开裂、倾斜，公路路基发生破坏，堤岸、路堑产生滑坡，涵洞、桥梁等刚性结构物产生不均匀沉降等，造成巨大损失。其破坏具有如下特征和规律：

（1）建筑物的开裂破坏具有地区性成群出现的特点，建筑物裂缝随气候变化不停地张开和闭合。由于低层轻型、砖混结构重量轻、整体性较差，且基础埋置浅，地基土易受外界环境变化的影响而产生胀缩变形，其损坏最为严重。

（2）因建筑物在垂直和水平方向受弯扭，故转角处首先开裂，墙上常出现对称或不对称的八字形、X形交叉裂缝，外纵墙基础因受到地基膨胀过程中产生的竖向切力和侧向水平推力作用而产生水平裂缝和位移，室内地坪和楼板则发生纵向隆起开裂。

(3) 膨胀土边坡不稳定,易产生水平滑坡,引起房屋和构筑物开裂,且损坏比平地上更为严重。

7-4-2 影响膨胀土胀缩变形的主要因素 Main Influencing Factors for the Expansion and Shrinkage Deformation of Expansive Soil

膨胀土的胀缩变形特性主要取决于膨胀土的矿物成分与含量、微观结构等内在机制(内因),但同时受到气候、地形地貌等外部环境(外因)的影响。

1. 影响膨胀土胀缩变形的内因

(1) 矿物成分

膨胀土中黏土矿物主要是蒙脱石和伊利石。蒙脱石矿物亲水性强,具有既易吸水又易失水的强烈活动性。伊利石亲水性比蒙脱石低,但也有较高的活动性。两种矿物含量的大小直接决定了土的膨胀性的大小。此外,蒙脱石矿物吸附外来阳离子的类型对土的胀缩性也有影响,如吸附钠离子(钠蒙脱石)时就具有特别强烈的胀缩性。

(2) 微观结构

膨胀土中黏土矿物多呈晶状片,颗粒彼此叠聚成一种微集聚体结构单元,其微观结构为颗粒彼此面面叠聚形成的分散结构,该结构具有很大的吸水膨胀和失水收缩的能力。故膨胀土的胀缩性还取决于其矿物在空间分布上的结构特征。

(3) 黏粒含量

由于黏土颗粒细小,比面积大,因而具有很大的表面能,对水分子和水中阳离子的吸附能力强。因此土中黏粒含量(粒径小于2 μm)愈高,则土的胀缩性愈强。

(4) 干密度

土的胀缩表现于土的体积变化。土的密度愈大,则孔隙比愈小,浸水膨胀愈强烈,失水收缩愈小;反之,孔隙比愈大,浸水膨胀愈小,失水收缩愈大。

(5) 初始含水量

土的初始含水量与胀后含水量的差值影响土的胀缩变形,初始含水量与胀后含水量相差愈大,则遇水后土的膨胀愈大,失水后土的收缩愈小。

(6) 土的结构强度

结构强度愈大,土体限制胀缩变形的能力也愈大。当土的结构受到破坏以后,土的胀缩性随之增强。

2. 影响膨胀土胀缩变形的外因

(1) 气候条件

一般膨胀土分布地区降雨量集中,旱季较长。若建筑场地潜水位较低,则表层膨胀土受大气影响,土中水分处于剧烈变动之中,对室外土层影响较大,故基础室内外土的胀缩变形存在明显差异,甚至外缩内胀,使建筑物受到往复不均匀变形的影响,导致建筑物开裂。实测资料表明,季节性气候变化对地基土中水分的影响随深度的增加而递减。

(2) 地形地貌

高地临空面大,地基中水分蒸发条件好,故含水量变化幅度大,地基土的胀缩变形也较剧烈。

因此一般低地的膨胀土地基较高地的同类地基的胀缩变形要小得多;在边坡地带,坡脚地段比坡肩地段的同类地基的胀缩性要小得多。

(3) 日照环境

日照的时间与强度也不可忽视。通常房屋向阳面开裂较多,背阳面(即北面)开裂较少。此外,建筑物周围树木(尤其是不落叶的阔叶树)对胀缩变形也将造成不利影响(树根吸水,减少土中含水量),加剧地基的干缩变形;建筑物内外的局部水源补给,也会增加胀缩变形的差异。

7-4-3 膨胀土地基的勘察和评价 Survey and Evaluation of Expansive Soil Foundation

1. 膨胀土的工程特性指标

为判别及评价膨胀土的胀缩性,除一般物理力学指标外,尚应确定下列胀缩性指标。

(1) 自由膨胀率

将人工制备的磨细烘干土样(结构内部无约束力),经无颈漏斗注入量土杯(容积 10 mL),盛满刮平后,倒入盛有蒸馏水的量筒(容积 50 mL)内,加入凝聚剂并用搅拌器上下均匀搅拌 10 次,使土样充分吸水膨胀,至稳定后测其体积。则在水中增加的体积与原体积之比,称为自由膨胀率 δ_{ef},可按下式计算:

$$\delta_{ef}=\frac{V_w-V_0}{V_0}\times 100\% \tag{7-4}$$

式中 V_w——土样在水中膨胀稳定后的体积,mL;

V_0——干土样原有体积,mL。

自由膨胀率表示膨胀土在无结构力影响下和无压力作用下的膨胀特性,可反映土的矿物成分及含量,用于初步判定是否为膨胀土。

(2) 膨胀率

膨胀率指原状土样在一定压力下,处于侧限条件下浸水膨胀后,土样增加的高度与原高度之比。试验时,将原状土置于侧限压缩仪中,根据工程需要确定最大压力,并逐级加载至最大压力。待下沉稳定后,浸水使其膨胀并测读膨胀稳定值。然后逐级卸载至零,测定各级压力下膨胀稳定时的土样高度变化值。某级荷载膨胀土的膨胀率 δ_{ep} 可按下式计算:

$$\delta_{ep}=\frac{h_w-h_0}{h_0}\times 100\% \tag{7-5}$$

式中 h_w——侧限条件下土样浸水膨胀稳定后的高度,mm;

h_0——土样的原始高度,mm。

膨胀率 δ_{ep} 可用于评价地基的胀缩等级,计算膨胀土地基的变形量,以及测定其膨胀力。

(3) 线缩率和收缩系数

膨胀土失水收缩,其收缩性可用线缩率和收缩系数表示。它们是地基变形计算中的两项主要指标。线缩率指天然湿度下的环刀土样烘干或风干后,其高度减少值与原高度之比的百分率。试验时将土样从环刀中推出后,置于 20 ℃恒温或 15 ~40 ℃自然条件下干缩,按规定时间测读试样高度,并同时测定其含水率 w。土的线缩率 δ_s 可按下式计算:

$$\delta_s=\frac{h_0-h_i}{h_0}\times 100\% \tag{7-6}$$

式中 h_i——某含水率 w_i 时的土样高度,mm;

h_0——土样的原始高度,mm。

根据不同时刻的线缩率及相应的含水量可绘制出收缩曲线,如图 7-3 所示。可以看出,随着含水量的蒸发,土样高度逐渐减小,δ_s 增大。环刀土样在直线收缩阶段含水量每减少 1% 时所对应的竖向线缩率的改变即为收缩系数 λ_s,可按下式计算:

$$\lambda_s=\frac{\Delta\delta_s}{\Delta w} \tag{7-7}$$

式中 Δw——收缩过程中,直线变化阶段内两点含水率之差,%;

$\Delta\delta_s$——两点含水率之差对应的竖向线缩率之差,%。

(4) 膨胀力

原状土样在体积不变时,由于浸水产生的最大内应力称为膨胀力 p_e,若以试验结果中各级压力下的膨胀率 δ_{ep} 为纵坐标,压力 p 为横坐标,可得 $p-\delta_{ep}$ 关系曲线,如图 7-4 所示,该曲线与横坐标的交点即为膨胀力 p_e。

在选择基础形式及基底压力时,膨胀力是个有用的指标,若需减小膨胀变形,则应使基底压力接近 p_e。

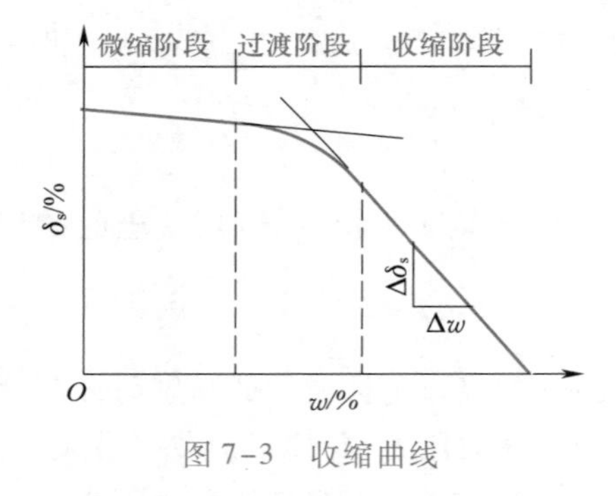

图 7-3 收缩曲线

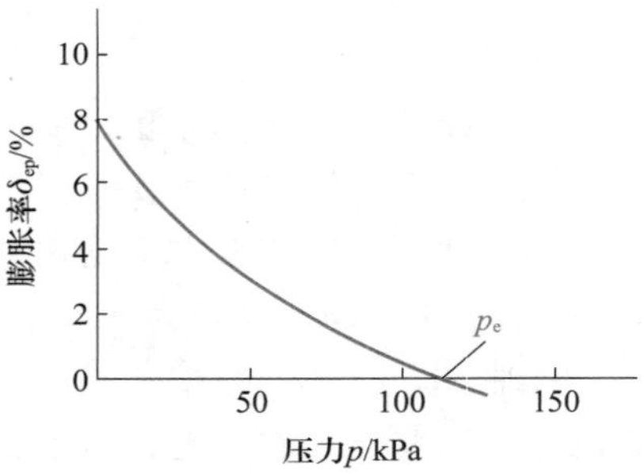

图 7-4 $p-\delta_{ep}$ 关系曲线

2. 膨胀土地基的评价

(1) 膨胀土的判别

膨胀土的判别是解决膨胀土地基勘察、设计的首要问题。其主要依据是工程地质特征与自由膨胀率 δ_{ef}。$\delta_{ef}\geq 40\%$,且具有上述膨胀土野外特征和建筑物开裂破坏特征,胀缩性能较大的黏性土,应判定为膨胀土。

(2) 膨胀土的膨胀潜势

不同胀缩性能的膨胀土对建筑物的危害程度明显不同。故判定为膨胀土后,还要进一步确定膨胀土的胀缩性能,即胀缩强弱。研究表明:δ_{ef} 较小的膨胀土,膨胀潜势较弱,建筑物损坏轻微;δ_{ef} 较大的膨胀土,膨胀潜势较强,建筑物损坏严重。因此《膨胀土规范》按 δ_{ef} 大小划分土的膨胀潜势强弱,如表 7-5 所示,以判别土的胀缩性高低。

表 7-5 膨胀土的膨胀潜势分类

自由膨胀率 δ_{ef}/%	膨胀潜势
$40 \leqslant \delta_{ef} < 65$	弱
$65 \leqslant \delta_{ef} < 90$	中
$\delta_{ef} \geqslant 90$	强

(3) 膨胀土地基的胀缩等级

评价膨胀土地基,应根据其膨胀、收缩变形对低层砖混结构的影响程度进行。《膨胀土规范》规定以 50 kPa 压力下(相当于一层砖石结构的基底压力)测定的土的膨胀率,计算地基胀缩变形量 s_e,计算方法见式(7-8),由此作为划分膨胀土地基胀缩等级的标准,如表 7-6 所示。

表 7-6 膨胀土地基的胀缩等级

地基分级变形量 s_e/mm	级 别
$15 \leqslant s_e < 35$	Ⅰ
$35 \leqslant s_e < 70$	Ⅱ
$s_e \geqslant 70$	Ⅲ

3. 膨胀土地基的勘察

膨胀土地基勘察除满足一般勘察要求外,还应着重进行如下工作:

(1) 收集当地不少于 10 年的气象资料(降水量、气温、蒸发量、地温等),了解其变化特点;

(2) 查明膨胀土的成因,划分地貌单元,了解地形形态及有无不良地质现象;

(3) 调查地表水排泄积累情况及地下水的类型、埋藏条件、水位和变化幅度;

(4) 测定土的物理力学性质指标,进行收缩试验、膨胀力试验和膨胀率试验,确定膨胀土地基的胀缩等级;

(5) 调查植被等周围环境对建筑物的影响,分析当地建筑物损坏原因。

7-4-4 膨胀土地基计算及工程措施

Calculation and Treatment Measures of Expansive Soil Foundation

1. 膨胀土地基计算

根据场地的地形、地貌条件,可将膨胀土建筑场地分为:

① 平坦场地,地形坡度<5°;或地形坡度为5°~14°,且距坡肩水平距离大于 10 m 的坡顶地带。

② 坡地场地,地形坡度≥5°;或地形坡度<5°,但同一建筑物范围内局部地形高差大于 1 m。

膨胀土地基的胀缩变形量 s_e 可按下式计算:

$$s_e = \psi_{es} \sum_{i=1}^{n} (\delta_{epi} + \lambda_{si} \Delta w_i) h_i \tag{7-8}$$

式中 ψ_{es}——计算胀缩变形量的经验系数,宜根据当地经验确定,无可依据经验时,三层及三层以下可取 0.7;

δ_{epi}——基础底面下第 i 层土在压力 p_i(该层土平均自重应力与附加应力之和)作用下的膨

胀率，由室内试验确定；

λ_{si}——第 i 层土的垂直收缩系数；

Δw_i——第 i 层土在收缩过程中可能发生的含水量变化的平均值（小数表示），按《膨胀土规范》公式计算；

h_i——第 i 层土的计算厚度，一般为基底宽度的 0.4 倍，cm；

n——自基底至计算深度内所划分的土层数，计算深度可取大气影响深度，有浸水可能时，可按浸水影响深度确定。

位于平坦场地的建筑物地基，承载力可由现场浸水荷载试验、饱和三轴不排水试验或《膨胀土规范》承载力表确定，变形则按胀缩变形量控制。而位于斜坡场地上的建筑物地基，除上述计算控制外，尚应按《膨胀土规范》确定基础埋深并进行地基的稳定性计算。

2. 膨胀土地基的工程措施

膨胀土地基的工程建设，应根据当地气候条件、地基胀缩等级、场地工程地质和水文地质条件，结合当地建筑施工经验，因地制宜采取综合措施，一般可从以下两方面考虑：

（1）设计措施

膨胀土地基上建筑物的设计应遵循预防为主、综合治理的原则。选择场地时应避开地质条件不良地段，如浅层滑坡、地裂发育、地下水位剧烈等地段。尽量布置在地形条件比较简单、地质较均匀、胀缩性较弱的场地。坡地建筑应避免大开挖，依山就势布置，同时应利用和保护天然排水系统，并设置必要的排洪、借流和导流等排水措施，加强隔水、排水，防止局部浸水和渗漏现象。

建筑上力求体型简单，建筑物不宜过长，在地基土不均匀、建筑平面转折、高差较大及建筑结构类型不同处，应设置沉降缝。一般地坪可采用预制块铺砌，块体间嵌柔性材料，大面积地面作分格变形缝；对有特殊要求的地坪可采用地面配筋或地面架空等措施，尽量与墙体脱开。民用建筑层数宜多于 2 层，以加大基底压力，防止膨胀变形。并应合理确定建筑物与周围树木间距离，避免选用吸水量大、蒸发量大的树种绿化。

结构上应加强建筑物的整体刚度，承重墙体宜采用拉结较好的实心砖墙，不得采用空斗墙、砌块墙或无砂混凝土砌体，避免采用对变形敏感的砖拱结构、无砂大孔混凝土和无筋中型砌块等。基础顶部和房屋顶层宜设置圈梁，其他层隔层设置或层层设置。建筑物的角段和内外墙的连接处，必要时可增设水平钢筋。

加大基础埋深，且不应小于 1 m。当以基础埋深为主要防治措施时，基底埋置宜超过大气影响深度或通过变形验算确定。较均匀的膨胀土地基，可采用条基；基础埋深较大或条基基底压力较小时，宜采用墩基。

可采用地基处理方法减小或消除地基胀缩对建筑物的危害，常用的方法有换土垫层、土性改良、深基础等。换土应采用非膨胀性黏土、砂石或灰土等材料，厚度应通过变形计算确定，垫层宽度应大于基底宽度。土性改良可通过在膨胀土中掺入一定量的石灰来提高土的强度。也可采用压力灌浆将石灰浆液灌注入膨胀土的裂缝中起加固作用。当大气影响深度较深，膨胀土层较厚，选用地基加固或墩式基础施工困难时，可选用桩基础穿越。

（2）施工措施

在施工中应尽量减少地基中含水量的变化。基槽开挖施工宜分段快速作业，避免基坑岩土体受到曝晒或浸泡。雨季施工应采取防水措施。当基槽开挖接近基底设计标高时，宜预留

150～300 mm厚土层，待下一工序开始前挖除；基槽验槽后应及时封闭坑底和坑壁；基坑施工完毕后，应及时分层回填夯实。

施工用水应妥善管理，并应防止管网漏水。临时水池、洗料场、淋灰池、截洪沟及搅拌站等设施距建筑物外墙的距离不应小于10 m。临时生活设施距建筑物外墙距离不应小于15 m，并应做好排（隔）水措施。

由于膨胀土坡地具有多向失水性和不稳定性，坡地建筑比平坦场地的破坏严重，故应尽量避免在坡坎上修建建筑。若无法避开，首先应采取排水措施，设置支挡和护坡进行治坡，整治环境，再开始修建建筑。

7-5 山区地基及红黏土地基
Mountainous and Red Clay Foundation

山区地基覆盖层厚薄不均，下卧基岩面起伏较大，土岩组合地基在山区较为普遍。当地基下卧岩层为可溶性岩层时，易出现岩溶发育。土洞是岩溶作用的产物，凡具备土洞发育条件的岩溶地区，一般均有土洞发育。红黏土也常分布在岩溶地区，成为基岩的覆盖层。由于地表水和地下水的运动引起冲蚀和潜蚀作用，红黏土中也常有土洞存在。本节将介绍土岩组合地基、岩溶地基、土洞地基及红黏土地基的特性和工程措施，有关设计计算详见《地基规范》。

7-5-1 土岩组合地基
Soil-Rock Combined Foundation

当建筑地基的主要受力层范围内存在下卧基岩表面坡度较大的地基、石芽密布并有出露的地基、大块孤石地基三种情况之一时，则属于土岩组合地基。

1. 土岩组合地基的工程特性

土岩组合地基在山区建设中较为常见，其主要特征是地基在水平和垂直方向具有不均匀性，主要工程特性如下：

（1）下卧基岩表面坡度较大

若下卧基岩表面坡度较大，其上覆土层厚薄不均，将使地基承载力和压缩性相差悬殊而引起建筑物不均匀沉降，致使建筑物倾斜或土层沿岩面滑动而丧失稳定。

如建筑物位于沟谷部位，基岩呈V形，岩石坡度较平缓，上覆土层强度较高时，对中小型建筑物，只需适当加强上部结构刚度，不必作地基处理。若基岩呈八字形倾斜，建筑物极易在两个倾斜面交界处出现裂缝，此时可在倾斜交界处用沉降缝将建筑物分开。

（2）石芽密布并有出露的地基

该类地基多系岩溶的结果，我国贵州、云南和广西等省、自治区广泛分布。其特点是基岩表面凹凸不平，起伏较大，石芽间多被红黏土充填（如图7-5所示），即使采用很密集的勘探点，也不易查清岩石起伏变化全貌。目前在理论上其地基变形尚无法计算。若充填于石芽间的土强度较高，则地基变形较小；反之变形较大，有可能使建筑物产生过大的不均匀沉降。

（3）大块孤石地基

地基中夹杂着大块孤石，多出现在山前洪积层中或冰碛层中。该类地基类似于岩层面相背倾斜及个别石芽出露地基，其变形条件最为不利，在软硬交界处极易产生不均匀沉降，造成建筑物开裂。

2. 土岩组合地基的处理

土岩组合地基的处理，可分为结构措施和地基处理两方面，两者相互协调与补偿。

（1）结构措施

软硬相差比较悬殊的土岩组合地基，若建筑物长度较大或造型复杂，为减小不均匀沉降所造成的危害，宜用沉降缝将建筑物分开，缝宽 30～50 mm，必要时应加强上部结构的刚度，如加密隔墙、增设圈梁等。

（2）地基处理

地基处理措施可分为两大类。一类是处理压缩性较高部分的地基，使之适应压缩性较低的地基。如采用桩基础、局部深挖、换填或用梁、板、拱跨越，当石芽稳定可靠时，以石芽作支墩基础等方法。此类处理方法效果较好，但费用较高。另一类是处理压缩性较低部分的地基，使之适应压缩性较高的地基。如在石芽出露部位做褥垫（图 7-6），也能取得良好效果。褥垫可采用炉渣、中砂、粗砂、土夹石（其中碎石含量占 20%～30%）或黏性土等，厚度宜取 300～500 mm，采用分层夯实。

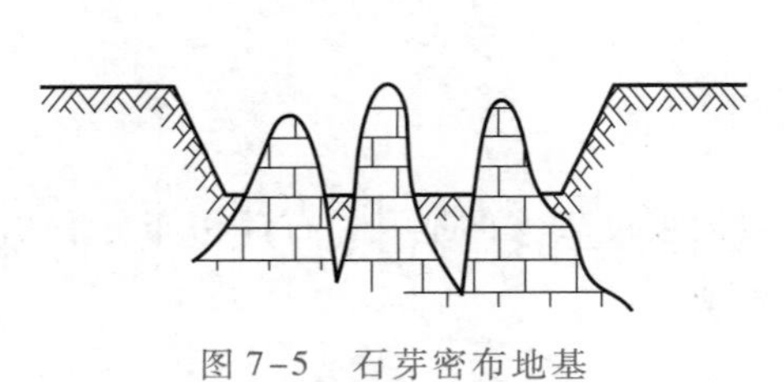

图 7-5 石芽密布地基

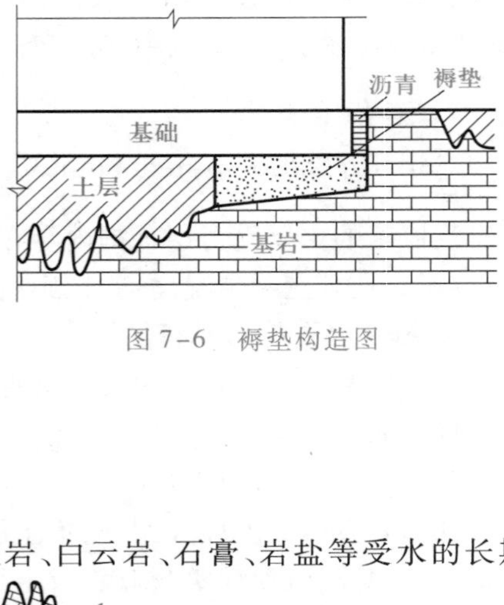

沥青 褥垫

基础

土层

基岩

图 7-6 褥垫构造图

7-5-2 岩溶

Karst

岩溶或称喀斯特（Karst），是指可溶性岩石，如石灰岩、白云岩、石膏、岩盐等受水的长期溶蚀作用而形成溶洞、溶沟、裂隙、暗河、石芽、漏斗、钟乳石等奇特的地区及地下形态的总称（图7-7）。我国岩溶分布较广，尤其是碳酸盐类岩溶，西南、东南地区均有分布，以贵州、云南和广西等省、自治区最为发育。

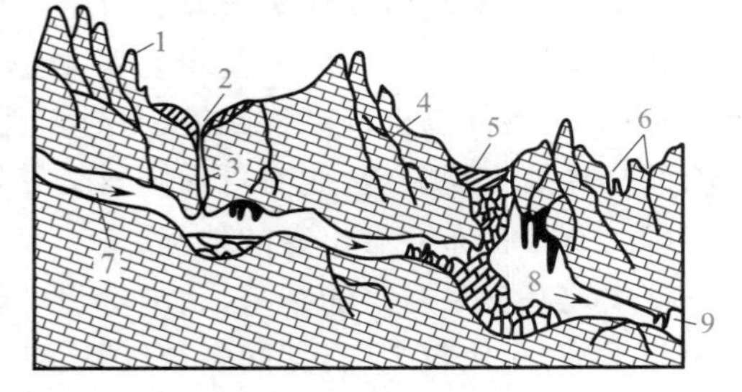

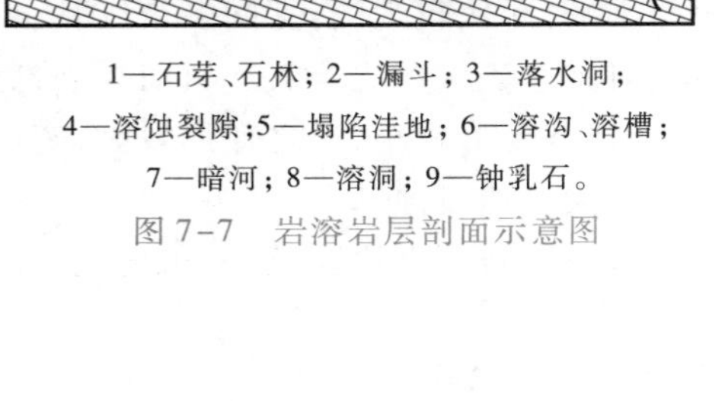

1—石芽、石林；2—漏斗；3—落水洞；
4—溶蚀裂隙；5—塌陷洼地；6—溶沟、溶槽；
7—暗河；8—溶洞；9—钟乳石。

图 7-7 岩溶岩层剖面示意图

1. 岩溶发育条件和规律

岩溶的发育与可溶性岩层、地下水活动、气候、地质构造及地形等因素有关，前两项是形成岩溶的必要条件。若可溶性岩层具有裂隙，能透水，而又具有足够溶解能力和足够流量的水，就可能出现岩溶现象。岩溶的形成必须有地下水的活动，因富含 CO_2 的大气降水和地表水渗入地下后，不断更新水质，维持地下水对可溶性岩层的化学溶解能力，从而加速岩溶的发展。若大气降水丰富，地下水源充沛，岩溶发展就快。此外，地质构造上具有裂隙的背斜顶部和向斜轴部、断层破碎带、岩层接触面和构造断裂带等，地下水流动快，有利于岩溶的发育。地形的起伏直接影响地下水的流速和流向，如地势高差大，地表水和地下水流速大，也将加速岩溶的发育。

可溶性岩层不同，岩石的性质和形成条件不同，岩溶的发育速度也就不同。一般情况下，石灰岩、泥灰岩、白云岩及大理石发育较慢。岩盐、石膏及石膏质岩层发育很快，经常存在有漏斗、洞穴并发生塌陷现象。岩溶的发育和分布规律主要受岩性、裂隙、断层及不同可溶性岩层接触面的控制。其分布常具有带状和成层性。当不同岩性的倾斜岩层相互成层时，岩溶在平面上呈带状分布。

2. 岩溶地基稳定性评价和处理措施

对岩溶地基的评价与处理，是山区工程建设经常遇到的问题，通常应先查明其发育、分布等情况，作出准确评价，其次是预防与处理。

首先要了解岩溶的发育规律、分布情况和稳定程度。岩溶对地基稳定性的影响主要表现在：① 地基主要受力层范围内若有溶洞、暗河等，在附加荷载或振动作用下，溶洞顶板塌陷，地基出现突然下沉；② 溶洞、溶槽、石芽、漏斗等岩溶形态使基岩面起伏较大，或分布有软土，导致地基沉降不均匀；③ 基岩上基础附近有溶沟、竖向岩溶裂痕、落水洞等，可能使基底沿倾向临空面的软弱结构面产生滑动；④ 基岩和上覆土层内，因岩溶地区较复杂的水文地质条件，易产生新的工程地质问题，造成地基恶化。

一般情况下，应尽量避免在上述不稳定的岩溶地区进行工程建设，若一定要利用这些地段作为建筑场地，应结合岩溶的发育情况、工程要求、施工条件、经济与安全的原则，采取以下必要的防护和处理措施。

（1）清爆换填

适用于处理顶板不稳定的浅埋溶洞地基。即清除覆土，爆开顶板，挖去松软填充物，回填块石、碎石、黏土或毛石混凝土等，并分层密实。对地基岩体内的裂隙，可灌注水泥浆、沥青或黏土浆等。

（2）梁、板跨越

对于洞壁完整、强度较高而顶板破碎的岩溶地基，宜采用钢筋混凝土梁、板跨越，但支承点必须落在较完整的岩面上。

7-2
路基下伏浅层溶洞处理

（3）洞底支撑

对于跨度较大，顶板具有一定厚度，但稳定条件差的溶洞，若能进入洞内，可用石砌柱、拱或钢筋混凝土柱支撑洞顶。但应查明洞底的稳定性。

（4）水流排导

地下水宜疏不宜堵，一般宜采用排水隧洞、排水管道等进行疏导，以防止水流通道堵塞，造成动水压力对基坑底板、地坪及道路等的不良影响。

7-5-3 土洞地基

Earth Cavity Foundation

1. 概述

土洞是岩溶地区上覆土层在地表水冲蚀或地下水潜蚀作用下形成的洞穴（图 7-8）。土洞继续发展,逐渐扩大,则引起地表塌陷。

土洞多位于黏性土层中,在砂土和碎石土中少见。其形成和发育与土层的性质、地质构造、水的活动、岩溶的发育等因素有关,其中土层、岩溶的发育和水的活动等三项因素最为重要。根据地表或地下水的作用可将土洞分为两类。① 地表水形成的土洞:因地表水下渗,内部冲蚀淘空而逐渐形成的土洞。② 地下水形成的土洞:若地下水升降频繁或人工降低地下水位,水对松软土产生潜蚀作用,使岩土交界面处形成土洞。

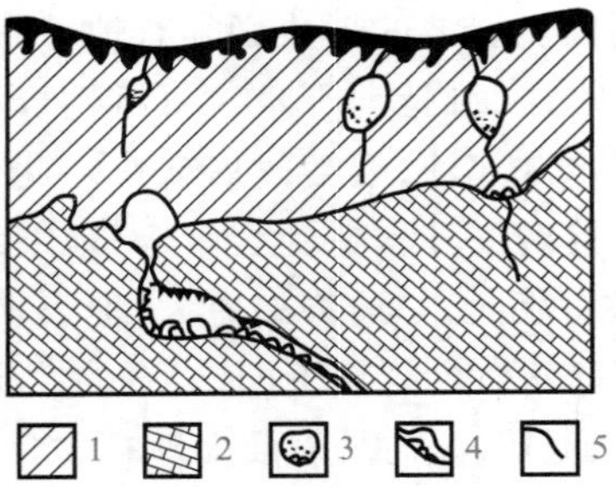

1—黏土;2—石灰岩;3—土洞;4—溶洞;5—裂隙。

图7-8 土洞剖面示意图

2. 土洞地基的工程措施

在土洞发育地区进行工程建设,应查明土洞的发育程度和分布规律,土洞及地表塌陷的形状、大小、深度和密度,以提供建筑场地选择、建筑总平面布置所需的资料。

建筑场地最好选择地势较高或最高水位低于基岩面的地段,并避开岩溶强烈发育及基岩面软黏土厚而集中的地段。若地下水位高于基岩面,在建筑施工或使用期间,应注意当人工降水或取水时形成土洞或发生地表塌陷的可能性。

在建筑物地基范围内有土洞和地表塌陷时,必须进行认真的处理,可采取如下措施:

(1) 地表、地下水处理

在建筑场地范围内,做好地表水的截流、防渗、堵漏,杜绝地表水渗入,使之停止发育。这些措施对地表水引起的土洞和地表塌陷,可起到根治作用。对形成土洞的地下水,若地质条件许可,可采取截流、改道的办法,防止土洞和塌陷的进一步发展。

(2) 挖填夯实

对于浅层土洞,可先挖除软土,然后用块石或毛石混凝土回填。对地下水形成的土洞和塌陷,可挖除软土和抛填块石后做反滤层,面层用黏土夯实。也可用强夯破坏土洞,加固地基,效果良好。

(3) 灌填处理

适用于埋藏深、洞径大的土洞。施工时在洞体范围的顶板上钻两个或多个钻孔,用水冲法将砂、砾石从孔中(直径>100 mm)灌入洞内,直至排气孔(小孔,直径 50 mm)冒砂为止。若洞内有水,灌砂困难时,也可用压力灌注 C15 的细石混凝土等。

(4) 垫层处理

在基底夯填黏土夹碎石作垫层,以扩散土洞顶板的附加压力,碎石骨架还可降低垫层沉降量,增加垫层强度,碎石之间以黏性土充填,可避免地表水下渗。

(5) 梁板跨越

若土洞发育剧烈,可用梁、板跨越土洞,以支承上部建筑物,但需考虑洞旁土体的承载力和稳定性;若土洞直径较小,土层稳定性较好时,也可只在洞顶上部用钢筋混凝土连续板跨越。

(6) 桩基和沉井

对重要建筑物,当土洞较深时,可用桩、沉井或其他深基础穿过覆盖土层,将建筑物荷载传至稳定的岩层上。

7-5-4 红黏土地基 Red Clay Foundation

1. 红黏土的形成和分布

石灰岩、白云岩等碳酸盐系出露区的岩石在炎热湿润的气候条件下，经长期的成土化学风化作用（红土化作用），形成棕红、褐黄等色的高塑性黏土称红黏土。其具有表面收缩、上硬下软、裂隙发育等特征，当液限大于或等于50%时称为原生红黏土。原生红黏土经搬运、沉积后仍保留其基本特征，其液限大于45%时可称为次生红黏土。

红黏土广泛分布于我国贵州、云南、广西等地，湖南、湖北、安徽、四川等部分地区也有分布。通常堆积在山坡、山麓、盆地或洼地中，主要为残积、坡积类型。一般为岩溶地区的覆盖层，因受基岩起伏影响，厚度变化较大。

2. 红黏土的工程地质特征

（1）矿物化学成分

红黏土的矿物成分主要为石英和高岭石（或伊利石），化学成分以 SiO_2、Fe_2O_3、Al_2O_3 为主。土中基本结构单元除静电引力和吸附水膜联结外，还有铁质胶结，使土体具有较高的连接强度，抑制土粒扩散层厚度和晶格扩展，在自然条件下具有较好的水稳性。由于红黏土分布区气候潮湿多雨，含水量远高于缩限，在自然条件下失水，土粒结合水膜减薄，颗粒距离缩小，使红黏土具有明显的收缩性和裂隙发育等特征。

（2）物理力学性质

红黏土中黏土颗粒含量较高（55%～70%），故其孔隙比较大（1.1～1.7），常处于饱和状态（S_r>85%），天然含水率（30%～60%）、液限（60%～110%）、塑限（30%～60%）都很高，但液性指数较小（-0.1～0.4），因此红黏土以含结合水为主。其含水量虽高，但土体一般仍处于硬塑或坚硬状态，且具有较高的强度和较低的压缩性。在孔隙比相同时，其承载力为软黏土的2～3倍。此外，红黏土的各种性能指标变化幅度很大，具有较高的分散性。

（3）不良工程特征

从土的性质来说，红黏土是较好的建筑物地基，但也存在一些不良工程特征：① 有些地区的红黏土具有胀缩性；② 厚度分布不均，常因石灰岩表面石芽、溶沟等的存在，其厚度在近距离内相差悬殊（有的1 m之间相差竟达8 m）；③ 上硬下软，从地表向下由硬至软明显变化，接近下卧基岩面处，土常呈软塑或流塑状态，土的强度逐渐降低，压缩性逐渐增大；④ 因地表水和地下水的运动引起冲蚀和潜蚀作用，岩溶现象一般较为发育，在隐伏岩溶上的红黏土层常有土洞存在，影响场地稳定性。

3. 红黏土地基评价与工程措施

在工程建设中，应根据具体情况，充分利用红黏土上硬下软的分布特征，基础尽量浅埋。当红黏土层下部存在局部的软弱下卧层和岩层起伏过大时，应考虑地基不均匀沉降的影响，采取相应的措施。

红黏土地基还常存在岩溶和土洞，可按前述方法进行地基处理。为了清除红黏土中地基存在的石芽、土洞和土层不均匀等不利因素的影响，应采取换土、填洞、加强基础和上部结构整体刚度，或采用桩基和其他深基础等措施。

红黏土裂隙发育,在建筑物施工或使用期间均应做好防水排水措施,避免水分渗入地基。对于天然土坡和人工开挖的边坡及基槽,应防止破坏坡面植被和自然排水系统,坡面上的裂隙应填塞,做好地表水、地下水及生产和生活用水的排泄、防渗等措施,保证土体的稳定性。对基岩面起伏大,岩质坚硬的地基,也可采用大直径嵌岩桩和墩基进行处理。

7-6 冻土地基及盐渍土地基 Frozen Earth and Salty Soil Foundation

7-6-1 冻土地基 Frozen Earth Foundation

温度≤0 ℃,含有冰,且与土颗粒呈胶结状态的各类土称为冻土。根据冻结延续时间冻土可分为季节冻土和多年冻土两大类。我国于 1998 年制定出行业标准 JGJ 118—1998《冻土地区建筑地基基础设计规范》,后又进行了修订(JGJ 118—2011),简称《冻土规范》。JTG 3363—2019《公路桥涵地基与基础设计规范》也包含冻土分类、冻土地基设计计算有关规定。

季节性冻土是指地壳表层冬季冻结而在夏季又全部融化的土,在我国华北、西北和东北广大地区均有分布。其周期性的冻结、融化,对地基的稳定性影响较大。

多年冻土是指冻结状态持续 2 年或 2 年以上的土。多年冻土常存在于地面以下的一定深度,每年寒季冻结,暖季融化,其年平均地温大于和小于 0 ℃的地壳表层分别称为季节冻结层和季节融化层。前者其下卧层为非冻结层或不衔接多年冻土层;后者其下卧层为多年冻土层,多年冻土层的顶面称为多年冻土上限。多年冻土主要分布在黑龙江的大小兴安岭一带,内蒙古纬度较大地区,青藏高原和甘肃、新疆的高山区,其厚度从不足 1 m 至几十米。

作为建筑地基的冻土,根据多年冻土所含盐类与有机物的不同可分为盐渍化冻土与冻结泥炭化土;根据冻土的变形特性可分为坚硬冻土、塑性冻土与松散冻土;根据多年冻土的融沉性与季节冻土与多年冻土季节融化层土的冻胀性,细分为若干亚类。有关冻土地基设计计算详见《冻土规范》和《公路桥涵地基与基础设计规范》。

1. 冻土的物理力学性质

冻土是由土的颗粒、水、冰、气体等组成的多相成分的复杂体系。其物理力学性质与未冻土有着共同性,但因冻结时水相变化及其对结构和物理力学性质的影响,冻土具有独特的性质。如冻结过程中水的迁移、冰的析出、冻胀和融沉等,都将给建筑物带来危害。

(1) 土的起始冻结温度和未冻水含量

土的起始冻结温度因土类而异,砂土、砾石土约为 0 ℃;可塑粉土为-0.2 ~ -0.5 ℃;坚硬黏土和粉质黏土为-0.6 ~ -1.2 ℃。同一种土,含水量愈小,起始冻结温度就愈低。土温度低于起始冻结温度,部分孔隙水就开始冻结,随着温度继续降低,土中未冻水含量逐渐减少,但无论温度多低,土中未冻水总是存在的,冻土中未冻水的质量与干土质量之比称为未冻水含量。对于一定的土,未冻水含量仅与温度有关,而与土的含水量无关。土中未冻水含量愈少,其压缩性愈小,强度愈高,当未冻水含量很少时,荷载作用下土体表现为脆性破坏。

（2）冻土的融沉性

在无外荷载作用的条件下，冻土融化过程中所产生的沉降称为融陷。冻土的融陷性是评价多年冻土工程性质的重要指标，可由试验测定出的平均融沉系数 δ_0 表示。

$$\delta_0=\frac{h_1-h_2}{h_1}=\frac{e_1-e_2}{1+e_1}\times 100\% \tag{7-9}$$

式中 h_1、e_1——冻土试样融化前的厚度和孔隙比；

h_2、e_2——冻土试样融化后的厚度和孔隙比。

（3）冻土的含冰量与冻胀性

因冻土中存在未冻水，故冻土的含冰量并不等于冻土融化时的含水量。冻土中含冰量可用质量含冰量、体积含冰量和相对含冰量来衡量。

土的冻胀是土冻结过程中土体积增大的现象。土的冻胀性以平均冻胀率 η（单位冻结深度的冻胀量）来衡量。

$$\eta=\frac{\Delta z}{z_d}\times 100\% \tag{7-10}$$

式中 Δz——地面冻胀量，mm。

z_d——设计冻结深度，mm。$z_d=h-\Delta z$，h 为冻层厚度。

（4）冻结强度与冻土抗剪强度

冻土与基础表面通过冰晶胶结在一起，基础侧面与冻土间的胶结力称为冻结强度，在实际使用和量测中通常以该胶结的抗剪强度来衡量。

冻土的抗剪强度是指外力作用下冻土抵抗剪切滑动的极限强度。由于冰的胶结作用，冻土的抗剪强度比未冻土大许多，且随温度的降低，含水量的增加而增大（含水量越大，起胶结作用的冰越多），但在长期荷载作用下，其强度比瞬时荷载下的低得多。此外，由于冻土的内摩擦角不大，可近似地将其视为理想黏滞体，即 $\varphi=0$，冻土融化后强度显著降低，当含冰量很大时，融化后的内聚力约为冻结时的1/10。

（5）冻土的变形性质

短期荷载作用下，冻土的压缩性很低，其变形可忽略不计。但长期荷载作用下变形增大，特别是温度为-0.1 ~ -0.5 ℃的塑性冻土，其压缩性相当大，此时必须考虑冻土地基的变形。

冻土融化时，土的结构破坏，往往变成高压缩性和稀释土体，产生剧烈变形，即为产生地基融沉的原因。冻土的融沉变形由两部分组成，一部分与压力无关，另一部分与压力有关。

2. 冻土地基评价与工程措施

（1）季节冻土（含多年冻土季节融化层土）

如前所述，冻土在冻结状态时强度较高、压缩性较低；融化后承载力急剧下降，压缩性提高，地基产生融沉；而在冻结过程中产生冻胀，对地基不利。冻土的冻胀和融沉与土的颗粒大小及含水量有关，一般颗粒愈粗，含水量愈小，土的冻胀和融沉性愈小；反之亦然。

根据冻土的冻胀率可将季节性冻土分为五类。

Ⅰ类 不冻胀土，$\eta\leqslant 1\%$，冻结时基本无水分迁移，冻胀量很小，对基础无危害。

Ⅱ类 弱冻胀土，$1\%<\eta\leqslant 3.5\%$，冻结时水分迁移很少，地表无明显冻胀隆起，对一般浅基

础也无危害。

Ⅲ类 冻胀土，$3.5\% < \eta \leqslant 6\%$，冻结时水分有较多迁移，形成冰夹层，若建筑物自重轻，基础埋深过浅，将产生较大冻胀变形，冻深大时还会由于切向冻胀力使基础上拔。

Ⅳ类 强冻胀土，$6\% < \eta \leqslant 12\%$，冻结时水分大量迁移，形成较厚冰夹层，冻胀严重，即使基础埋深超过冻结线，也可能因切向冻胀力而上拔。

Ⅴ类 特强冻胀土，$\eta > 12\%$，冻胀量很大，是基础冻胀上拔破坏的主要原因。

对季节性冻土，工程上应尽量减小其冻胀力和改善其周围冻土的冻胀性，可采取如下措施：① 采用较纯净的砂、砂砾石等粗颗粒土换填基础四周冻土并夯实；② 做好排水措施，避免基础堵水而造成冻害；③ 在基础侧涂刷工业凡士林、渣油等改善表面平滑度，减小切向冻结力；④ 设置钢筋混凝土圈梁和基础梁，控制建筑物长宽比，增强建筑物整体刚度；⑤ 改善基础断面形状，利用冻胀反力的自锚作用增加基础抗冻拔能力。

（2）多年冻土

多年冻土的融陷性与土的类别、含水量及融化后的潮湿程度有关。根据冻土的平均融沉系数 δ_0 可将其分为五级：

Ⅰ级土 不融沉，$\delta_0 \leqslant 1$，除基岩之外为最好的地基土，一般不需考虑冻融问题。

Ⅱ级土 弱融沉，$1 < \delta_0 \leqslant 3$，为多年冻土中较好的地基土，可直接作为建筑物地基，若基底最大融深控制在 3 m 以内，建筑物不会遭受明显融沉破坏。

Ⅲ级土 融沉，$3 < \delta_0 \leqslant 10$，具有较大的融化下沉量，且冬天回冻时有较大冻胀量。一般基底融深不得大于 1 m，并需采取专门措施，如深基或保温防止地基融化等。

Ⅳ级土 强融沉，$10 < \delta_0 \leqslant 25$，融化下沉量很大，往往造成建筑物破坏，设计时应保持冻土不融或采用桩基础等。

Ⅴ级土 融陷，$\delta_0 > 25$，为含土冰层，融化后呈流动、饱和状态，不能直接作为建筑物地基，应进行专门处理。

对于多年冻土地基，在工程中可根据建筑物特点和冻土的性质，选用保持冻结状态、逐渐融化状态和预先融化状态设计。

保持冻结状态设计应对周围环境采取防止破坏温度自然平衡状态的措施，保持多年冻土地基在施工和使用期间处于冻结状态，宜采用桩基础，对设计等级为甲级的建筑物可采用热桩基础。宜用于冻层较厚、多年低温较低和多年冻土相对稳定的地带，施工时宜选在冬季，并注意保护地表植被，或在地表铺盖保温性能较好的材料，减少热渗入等。

逐渐融化状态设计即采取加大基础埋深、设置地面排水、保温隔热地板等措施，容许地基以下的多年冻土在施工和使用期间处于逐渐融化状态，而不人为加大地基土的融化深度。宜用于多年冻土年平均地温为 −0.5 ~ −1.0 ℃，持力层范围内土层处于塑性冻结状态，室温较高、占地面积较大，或热载体管道及给水排水系统对冻层产生热影响的地基。

预先融化状态设计即根据具体情况在施工前采用人工融化压密或用颗粒土置换细颗粒土等措施，处理深度达季节融化深度或受压层深度。宜用于多年冻土年平均地温不低于 −0.5 ℃、室温较高、占地面积不大的建筑物地基。对于预先融化状态的设计，当冻土层全部融化时，应按季节冻土地基设计。

7-6-2　盐渍土地基
Salty Soil Foundation

1. 盐渍土的形成和分布

盐渍土指含有较多易溶盐(含量≥0.3%且小于20%),且具有溶陷、盐胀、腐蚀等工程特性的土。

盐渍土分布很广,一般分布在地势较低且地下水位较高的地段,如内陆洼地、盐湖和河流两岸的漫滩、低阶地、牛轭湖及三角洲洼地、山间洼地等。我国西北地区如青海、新疆有大面积的内陆盐渍土,沿海各省则有滨海盐渍土。此外,在俄罗斯、美国、伊拉克、埃及、沙特阿拉伯、阿尔及利亚、印度及非洲、欧洲等许多国家和地区均有分布。

盐渍土厚度一般不大,自地表向下1.5~4.0 m,其厚度与地下水埋深、土的毛细作用上升高度及蒸发作用影响深度(蒸发强度)等有关。其形成受如下因素影响:① 干旱半干旱地区,因蒸发量大,降雨量小,毛细作用强,极利于盐分在表面聚集;② 内陆盆地因地势低洼,周围封闭,排水不畅,地下水位高,利于水分蒸发、盐类聚集;③ 农田洗盐、压盐、灌溉退水、渠道渗漏等进入某土层也将促使盐渍化。

2. 盐渍土的工程特征

影响盐渍土基本性质的主要因素是土中易溶盐的含量。土中易溶盐主要有氯化物盐类、硫酸盐类和碳酸盐类三种。

(1) 氯盐渍土

氯盐渍土分布最广,地表常有盐霜与盐壳特征。因氯盐类富吸湿性,结晶时体积不膨胀,具脱水作用,故土的最佳含水量低,且长期维持在最佳含水量附近,使土易于压实。氯盐含量愈大,则土的液限、塑限、塑性指数及可塑性愈低,强度愈高。此外,含有氯盐的土,一般天然孔隙比较低,密度较高,并具有一定的腐蚀性。当氯盐含量大于4%时,将对混凝土、钢铁、木材、砖等建筑材料具有不同程度的腐蚀性。

(2) 硫酸盐渍土

硫酸盐渍土分布较广,地表常覆盖一层松软的粉状、雪状盐晶。随硫酸盐(Na_2SO_4)含量增大,体积变大,且随温度升降变化而胀缩,如此不断循环,使土体松胀。松胀现象一般出现在地表以下大约0.3 m处。由于硫酸盐渍土具有松胀和膨胀性,与氯盐渍土相比,其总含盐量对土的强度影响恰好相反,随总含盐量的增加而降低。当总含盐量约为12%时,可使强度降低到不含盐时的一半左右。此外,硫酸盐渍土具有较强的腐蚀性,当硫酸盐含量超过1%时,对混凝土产生有害影响,对其他建筑材料,也具有不同程度的腐蚀作用。

(3) 碳酸盐渍土

碳酸盐渍土中存在大量的吸附性钠离子,其与土中胶体颗粒互相作用,形成结合水膜,使土颗粒间的联结力减弱,土体体积增大,遇水时产生强烈膨胀,使土的透水性减弱,密度减小,导致地基稳定性及强度降低,边坡坍滑等。当碳酸盐渍土中Na_2CO_3含量超过0.5%时,即产生明显膨胀,密度随之降低,其液塑限也随含盐量增高而增高。此外,碳酸盐渍土中的Na_2CO_3、$NaHCO_3$能加强土的亲水性,使沥青乳化,对各种建筑材料存在不同程度的腐蚀性。

3. 盐渍土的工程评价及防护措施

盐渍土的岩土工程评价应包括下列内容：

(1) 根据地区的气象、水文、地形、地貌、场地积水、地下水位、管道渗漏、地下洞室等环境条件变化，对场地建筑适宜性作出评价。

(2) 评价岩土中含盐类型、含盐量及主要含盐矿物对岩土工程性能的影响。

(3) 盐渍土地基的承载力宜采用荷载试验确定，当采用其他原位测试方法，如标准贯入、静力触探及旁压试验等时，应与荷载试验结果进行对比。确定盐渍岩地基承载力时，应考虑盐渍岩的水溶性影响。

(4) 盐渍岩边坡的坡度宜比非盐渍岩的软质岩石边坡适当放缓，对软弱夹层、破碎带及中强风化带应部分或全部加以防护。

(5) 盐渍土的含盐类型、含盐量及主要含盐矿物对金属及非金属建筑材料的腐蚀性评价。

此外，对具有松胀性及湿陷性盐渍土评价时，尚应按照有关膨胀土及湿陷性土等专业规范的规定，作出相应评价。

在盐渍土上修建建筑时，尚应根据建筑物的重要性和承受不均匀沉降的能力、地基的溶陷等级及浸水的可能性等，参照 GB/T 50942—2014《盐渍土地区建筑技术规范》及工程经验等，采取相应的设计和施工措施：

(1) 防水措施

包括场地排水，地面防水，地下管道、沟和集水井的敷设，检漏井、检漏沟设置，以及地基隔水层设置等。

(2) 防腐措施

包括砖墙勒脚防腐、混凝土防腐和钢筋阻锈等。

(3) 地基处理措施

因地制宜地选取、消除或减小溶陷性的各种地基处理方法或穿透溶陷性盐渍土层，以及隔断盐渍土中毛细水上升的各种方法，如浸水预溶、强夯、振动水冲、换土及桩基础等。

(4) 施工时间和顺序

适当选取施工时间，避免在冬季或雨季施工；合理安排施工顺序，消除各种不利因素的影响。

7-7 小结 Summary

(1) 软土的主要工程特性有触变性、流变性、高压缩性、低强度、低透水性及不均匀性等，工程中通常可采取换土垫层、排水固结、注浆、深层搅拌或桩基穿越等方法处理。

(2) 黄土可分为自重湿陷性与非自重湿陷性两种，对于非自重湿陷性黄土地基，应使基底压应力不超过湿陷起始压应力，以避免湿陷发生。工程中尚应保证建筑物在施工及使用期间地基的防、排水工作，同时选取适宜的结构体系，以减小地基湿陷性带来的影响。

(3) 膨胀土地基的胀缩特性主要源自其所含的亲水性矿物成分，导致吸水膨胀和失水收缩。工程中为减小或消除其危害，可采用换土垫层、土性改良、深基础等处治方法，同时可辅以结构(加强整体刚度)与施工措施(避免雨季施工与地基土浸泡等)。

(4) 土岩组合地基的主要特征在于不均匀性,易引起地基的不均匀沉降。处理时可处理压缩性较高的部分地基,使之适应压缩性较低的部分地基;或处理压缩性较低的部分地基,使之适应压缩性较高的部分地基。

(5) 岩溶系可溶性岩石在水的长期溶蚀作用下形成,岩溶地基会出现溶洞顶板塌陷、不均匀沉降、滑动失稳等不良现象,工程中可采取清爆换填、梁板跨越、洞底支撑及水流排导等措施。

(6) 土洞是岩溶地区上覆土层在地表水冲蚀或地下水潜蚀作用下形成的洞穴,其通常会逐渐发展扩大,引起地表塌陷。工程中注意地表、地下水的处理,同时可采取挖填夯实、灌填、换土垫层、梁板跨越及深基础等方法予以处理。

(7) 红黏土是指石灰岩、白云岩等碳酸盐系出露区的岩石在炎热湿润的气候条件下,经长期的红土化作用而形成的棕红、褐黄等色的高塑性黏土。红黏土地基多具胀缩性,且呈上硬下软的不均匀分布,故工程中基础应尽量浅埋,也可参照岩溶或土洞地基的处理方法。

(8) 冻土是指温度低于0℃,含冰且与土颗粒呈胶结状态的土,通常可分为季节性冻土和多年冻土两类。为消除冻土地基冻胀和融沉特性带来的危害,基础施工时应采用较纯净的砂、砂砾石等粗颗粒土换填基础四周冻土并夯实,同时应做好排水措施,并辅以结构性措施(增设基础梁与圈梁、控制建筑物长宽比、增强建筑物整体刚度等)。

(9) 盐渍土指含有较多易溶盐,且具有溶陷、盐胀、腐蚀等工程特性的土。工程中除采取防水措施外,尚应采取防腐措施和地基处理措施(如浸水预溶、强夯、振动水冲、换土及桩基础等)。

思考题与习题 Questions and Exercises

7-1 何谓软土地基?其有何特征?在工程中处理该地基时应注意采取哪些措施?

7-2 何谓自重和非自重湿陷性黄土?其主要特征有哪些?工程中应注意哪些问题?

7-3 影响黄土湿陷性的因素有哪些?工程中如何判定黄土地基的湿陷等级,并应采取哪些工程措施?

7-4 膨胀土具有哪些工程特征?影响膨胀土胀缩变形的主要因素有哪些?

7-5 什么是自由膨胀率?如何评价膨胀土地基的胀缩等级?

7-6 何谓土岩组合地基?其有何工程特点及相应的工程处理措施?

7-7 岩溶和土洞各有什么特点?在这些地区进行工程建设时,应采取哪些工程措施?

7-8 什么是红黏土?红黏土地基有何工程特点?

7-9 何谓季节性冻土和多年冻土地基?工程上如何划分和处理?

7-10 什么是盐渍土地基?其具有何工程特征?

7-11 某黄土试样原始高度20 mm,加压至200 kPa,下沉稳定后的土样高度为19.40 mm,然后浸水,下沉稳定后的高度为19.25 mm。试判断该土是否为湿陷性黄土。

7-12 某黄土地区一电厂灰坝工地,施工前钻孔取土样,测得各土样 δ_{si} 和 δ_{zsi},如表7-7所示。试确定该场地的湿陷类型和地基的湿陷等级。

7-13 某膨胀土地基试样原始体积 $V_0=10$ ml,膨胀稳定后的体积 $V_w=15$ ml,该土样原始高度 $h_0=20$ mm,在压力100 kPa作用下膨胀稳定后的高度 $h_w=21$ mm。试计算该土样的自由膨胀率 δ_{ef} 和膨胀率 δ_{ep},并确定其膨胀潜势。

表 7-7 土样 δ_{si} 和 δ_{zsi} 实测值

取土深度/m	1	2	3	4	5	6	7	8	9	10
δ_{si}	0.017	0.022	0.022	0.022	0.026	0.039	0.043	0.029	0.014	0.012
δ_{zsi}	0.086	0.074	0.077	0.078	0.087	0.094	0.076	0.049	0.012	0.002
备注：δ_{zsi} 或 δ_{si}<0.015，属非湿陷土层。										

第8章 Chapter 8

地基处理 Ground Treatment

本章学习目标：

熟练掌握复合地基相关设计参数定义及复合地基承载力和变形的分析计算方法。

掌握常用地基处理方法的分类和各种方法的适用范围。

熟悉常用地基处理方法的设计计算理论。

了解常用地基处理方法的施工工艺和流程。

8-1 教学课件

8-1 概述 Introduction

8-1-1 软土地基的利用与处理 Utilization and Treatment of Soft Soil Subgrade

地基处理也称地基加固，是人为改善岩土的工程性质或地基组成，提高地基承载力，改善其变形性能或渗透性能，使之适应基础工程需要而采取的技术措施。经过处理的地基一般称为人工地基，以便与天然地基相区别。

荷载引起的地基附加应力随深度增大而扩散，直至趋近于零，故地基上部一定深度内的土层为主要受力层。一般情况下，地基的变形和稳定性主要取决于该深度内土的性质。若地基主要受力层是由软弱土组成，则为软弱地基。所谓软弱土，一般是指淤泥、淤泥质土、松散杂填土、欠固结冲填土及其他高压缩性土。

软弱地基的承载力一般较低，沉降和不均匀沉降往往较大。若主要为淤泥、淤泥质土，地基沉降会持续较长时间才能稳定。对冲填土和杂填土，计算沉降时还可能需要考虑其自重下的压密变形。若主要受力层是由湿陷性黄土、膨胀土等性质特殊而对工程不利的土层组成的地基，山区土岩组合地基及岩溶、土洞地基时，都需要进行地基处理使之成为可靠的地基持力层。

除上述外，如地基主要受力层内有粉砂、细砂或塑性指数较小的粉土层，当其处于饱和状态，需要考虑动力荷载时，也应视之为不良地基。因为在结构物传来的机器振动、车辆荷载或波浪力等动力荷载反复作用下，或受到地震力作用时，处于饱和状态的上述土类有可能产生相当大的震陷变形或液化，导致地基承载能力丧失。

据调查统计，地基处理不当常常是造成各种土木工程事故的主要原因，并与整个工程的质量、投资和进度等密切相关。因此，在建筑物的设计和施工过程中都应予以高度重视。

对于新建工程，原则上首先应考虑利用天然地基。淤泥和淤泥质土宜利用其上覆较好土层作为地基持力层；当上覆土层较薄时，应注意避免施工时对淤泥和淤泥质土的扰动；冲填、杂填建筑垃圾和性能稳定的工业废料，当其均匀性和密实度较好时，可用作地基持力层；有机质含量较多的生活垃圾和对基础有腐蚀性的工业废料等杂填土，未经处理不宜作为地基持力层。若地基软弱，不能满足要求，则需进行处理。根据工程情况及地基土质条件或组成的不同，处理的目的可以是：

(1) 提高土的抗剪强度，使地基保持稳定；

(2) 降低土的压缩性，使地基的沉降和不均匀沉降减至允许范围内；

(3) 降低土的渗透性或渗流的水力梯度，防止或减少水的渗漏，避免渗流造成地基破坏；

(4) 改善土的动力性能，防止地基产生震陷变形或因土的振动液化而丧失稳定性；

(5) 消除或减少土的湿陷性或胀缩性引起的地基变形，避免建筑物破坏或影响其正常使用。

对任一工程来讲，处理目的可能是单一的，也可能需同时在几个方面达到一定要求。

地基处理除用于新建工程的软弱和特殊土地基外，也作为事后补救措施用于已建工程地基加固。

8-1-2 常用地基处理方法分类 Classification of Ground Treatment Methods

地基处理方法众多，按其处理原理和效果大致可分为换填垫层法、排水固结法、压密振密法、复合地基法、灌浆法、加筋法等类型。

1. 换填垫层法

换填垫层法是用砂、碎石、矿渣或其他合适的材料置换地基中的软弱或特殊土层，分层压实后作为基底垫层，从而达到处理目的。它常用于处理软弱地基，也可用于处理湿陷黄土地基和膨胀土地基。从经济合理考虑，换填垫层法一般适用于处理浅层地基(深度通常不超过3 m)。

2. 排水固结法

排水固结法是采用预压、降低地下水位、电渗等方法促使土层排水固结，以减小地基的沉降和不均匀沉降，提高其承载力。当采用预压法时，通常在地基内设置一系列就地灌注砂井、袋装砂井或塑料排水板，形成竖向排水通道，以加速土层固结。排水固结法是处理饱和黏性土地基常用的方法之一。

8-2 冲击碾压地基处理

3. 压密振密法

压密振密法是借助机械、夯锤或爆破产生的夯压或振冲使土的孔隙比减少而达到处理的目的，主要有分层碾压法、振动压实法、重锤夯实法、强夯法及振冲法等，可用于处理无黏性土、杂填土、非饱和黏性土及湿陷性黄土等地基。

4. 复合地基法

复合地基法是通过挤压、灌注、夯实及拌和等方法在地基中形成砂石、矿渣、灰土、水泥土等桩体,这些桩体和原地基土组成复合地基共同承担荷载。复合地基法可根据实际工程情况选用不同材料和相应的施工工艺,有比较广泛的施工应用。常用的主要有灰土挤密桩、石灰桩、挤密砂石桩、置换砂石桩、刚性桩、夯实水泥土桩、深层搅拌桩及高压旋喷桩等。

5. 灌浆法

灌浆法是靠压力传送或利用电渗原理,把含有胶结物质并能固化的浆液灌入土层,使其渗入土的孔隙或充填土岩中的裂缝和洞穴中,或者把很稠的浆体压入事先打好的钻孔中,借助于浆体传递的压力挤密土体并使其上抬,达到加固处理目的。其适用性与灌浆方法和浆液性能有关,一般可用于处理砂土、砂砾石、湿陷性黄土及饱和黏性土等地基。

6. 加筋法

采用强度较高、变形较小、老化慢的土工合成材料,如土工积物、塑料格栅等,其受力时伸长率不大于4% ~5%,抗腐蚀耐久性好,埋设在土层中,即由分层铺设的土工合成材料与地基土构成加筋土垫层。土工合成材料还可起到排水、反滤、隔离和补强作用。加筋法常用于公路路堤的加固,在地基处理中,加筋法可用于处理软弱地基。

7. 托换技术(或称基础托换)

托换技术是指需对原有建筑物地基和基础进行处理、加固或改建,或在原有建筑物基础下修建地下工程或因邻近建造新工程而影响到原有建筑物的安全时,所采取的技术措施的总称。

8-2 复合地基理论
Compound Foundation Theory

8-2-1 复合地基的概念与分类
Concept and Classification of Compound Foundation

复合地基是指由两种刚度(或模量)不同的材料(桩体和桩间土)组成,共同承受上部荷载并协调变形的人工地基。根据桩体材料的不同,可按图 8-1 分类。复合地基中的许多独立桩体,其顶部与基础不连接,区别于桩基中群桩与基础承台相连接。因此独立桩体亦称竖向增强体。

8-3
双向增强
复合地基

复合地基设计应满足承载力和变形要求。对于地基土为欠固结土、膨胀土、湿陷性黄土、可液化土等特殊土时,其设计要综合考虑土体的特殊性质选用适当的增强体和施工工艺。

8-2-2 复合地基作用机理与破坏模式
Bearing Mechanism and Failure Modes of Compound Foundation

1. 作用机理

复合地基的作用主要有如下几种:

(1) 桩体作用

复合地基是许多独立桩体与桩间土共同工作,由于桩体的刚度比周围土体大,在刚性基础底面发生等量变形时,地基中应力将重新分配,桩体产生应力集中而桩间土应力降低,故复合地基

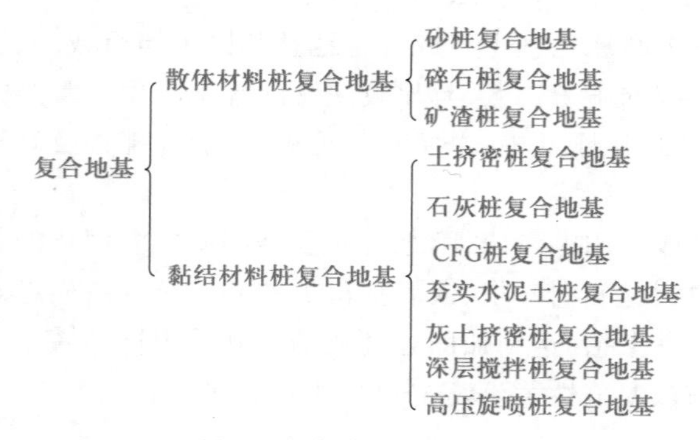

图 8-1 复合地基的分类

的承载力和整体刚度高于原地基,沉降量有所减少。复合地基中的桩体,也称竖向增强体。

(2) 加速排水固结

碎石桩、砂桩具有良好的透水特性,可加速地基的排水固结。此外,水泥土类桩在某种程度上也可加速地基固结。由固结系数表示式:$C_v=k(1+e_0)/(\gamma_w a)$,地基固结不仅与地基土的排水性能有关,还与地基土的变形特性有关。虽然水泥土类桩会降低地基土的渗透系数 k,但它同样会减少地基土的压缩系数 a,而且 a 的减少幅度比 k 的减小幅度要大。因此,加固后的水泥土同样可起到加速排水固结的作用。

(3) 挤密作用

砂桩、土桩、石灰桩、碎石桩等在施工过程中由于振动、挤压、排土等原因,可对桩间土起到一定的密实作用。此外,由于生石灰具有吸水、发热和膨胀等作用,对桩间土同样起到挤密作用。

(4) 加筋作用

各种复合地基除了可提高地基的承载力和整体刚度外,还可提高土体的抗剪强度,增加土坡的抗滑能力。

2. 破坏模式

复合地基破坏模式可分为以下 4 种:刺入破坏、鼓胀破坏、整体剪切破坏和滑动破坏,如图 8-2所示。

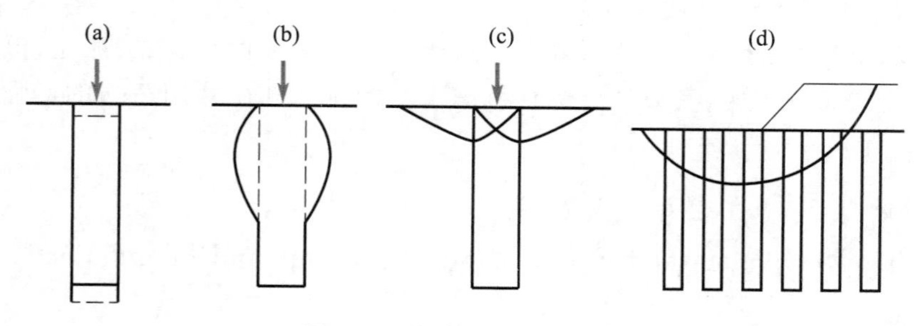

图 8-2 复合地基破坏模式

(a) 刺入破坏;(b) 鼓胀破坏;(c) 整体剪切破坏;(d) 滑动破坏

(1) 刺入破坏(图 8-2a)

桩体刚度较大,地基土强度较低的情况下较易发生桩体刺入破坏。桩体发生刺入破坏后,不能承担荷载，进而引起桩间土发生破坏，导致复合地基全面破坏。刚性桩复合地基较易发生此类破坏。

（2）鼓胀破坏（图 8-2b）

在荷载作用下，桩间土不能提供足够的围压来阻止桩体发生过大的侧向变形，从而产生桩体鼓胀破坏，并引起复合地基全面破坏。散体材料桩复合地基往往发生鼓胀破坏，在一定的条件下，柔性桩复合地基也可能产生此类形式的破坏。

（3）整体剪切破坏

在荷载作用下，复合地基将出现图 8-2c 所示的塑性区，在滑动面上桩和土体均发生剪切破坏。散体材料桩复合地基较易发生整体剪切破坏，柔性桩复合地基在一定条件下也可能发生此类破坏。

（4）滑动破坏

如图 8-2d 所示，在荷载作用下复合地基沿某一滑动面产生滑动破坏。在滑动面上，桩体和桩间土均发生剪切破坏。各种复合地基都可能发生这类形式的破坏。

复合地基发生何种破坏，与复合地基的桩型、桩身强度、土层条件、荷载形式及复合地基上基础结构的形式有关。

3. 构造褥垫层作用

复合地基与桩基础在构造上的区别是桩基础中群桩与基础承台相连接，而复合地基中的桩体与浅基础之间通过褥垫层过渡。复合地基的褥垫层可调节桩土相对变形，保证桩土共同承担荷载，能调整桩、土的竖向及水平荷载的分担比例，减小基础底面的应力集中。因此《地基规范》规定复合地基中的增强体（即桩体）顶部应设置褥垫层，可采用中、粗砂、级配砂石或碎石等散体材料，不得使用卵石，最大粒径不宜大于 30 mm。

8-2-3　复合地基的有关设计参数

Design Parameters of Compound Foundation

1. 面积置换率

复合地基一般是桩土复合地基，桩在平面上往往按正方形或三角形布置。按正方形布置时一根桩分担的处理面积为 s^2；等边三角形时一根桩分担的处理面积为 $\frac{\sqrt{3}}{2}s^2$（s 为相邻桩的中心距）。设计时通常将上述一根桩所分担处理面积换算为大小不变的等效影响圆面积 A_e，等效影响圆直径为 d_e。若桩体的横截面面积为 A_p 且桩身直径为 d，则复合地基置换率 m 定义为

$$m = A_p / A_e = d^2 / d_e^2 \tag{8-1}$$

2. 桩土应力比

在荷载作用下，设复合地基中桩体的竖向平均应力为 σ_p，桩间土的竖向平均应力为 σ_s，则桩土应力比 n 为

$$n = \sigma_p / \sigma_s \tag{8-2}$$

桩土应力比是复合地基的一个重要设计参数，它关系到复合地基承载力和变形的计算。影响桩土应力比的因素很多，如荷载水平、桩土模量比、复合地基面积置换率、原地基土强度、桩长、固结时间和垫层情况等。目前复合地基桩土应力比 n 的计算公式很多，但还没有一个完善的计

算模式。例如模量比公式,假定在刚性基础下,桩体和桩间土的竖向应变相等,即 $\varepsilon_p=\varepsilon_s$。于是,桩体上竖向应力 $\sigma_p=E_p\varepsilon_p$,桩间土竖向应力 $\sigma_s=E_s\varepsilon_s$,桩土应力比 n 的表达式为

$$n=\sigma_p/\sigma_s=E_p/E_s \tag{8-3}$$

式中　E_p、E_s——桩体和桩间土的压缩模量。

其他还有 Baumann 公式、Priebe 公式及 Rowe 剪胀理论的改进公式等。

3. 复合土层压缩模量

复合地基加固区由桩体和桩间土两部分组成,呈非均质。在复合地基计算中,为了简化计算,将加固区视作一均质的复合土层,则与原非均质复合土层等价的均质复合土体的模量称为复合土层压缩模量。

8-2-4　复合地基承载力确定

Bearing Capacity of Compound Foundation

复合地基承载力的计算方法有两类:第一类是分别确定桩体和桩间土的承载力,依据一定的原则将两者叠加得到复合地基承载力,称为复合求和法;第二类方法是将复合地基视作一个整体,按整体剪切破坏或整体滑动破坏计算复合地基承载力特征值,称为稳定分析法。

复合地基承载力特征值也可通过现场复合地基荷载试验确定,或采用单桩(增强体)的荷载试验结果和周边土的承载力特征值结果经验确定。

1. 复合求和法

桩体复合地基承载力特征值可用下式表示:

$$f_{spk}=k_p\lambda_p mR_a/A_p+k_s\lambda_s(1-m)f_{sk} \tag{8-4}$$

式中　A_p——单桩截面面积,m^2;

R_a——单桩竖向抗压承载力特征值,kN;

f_{sk}——桩间土地基承载力特征值,kPa;

m——复合地基置换率;

k_p——复合地基中桩体实际竖向抗压承载力的修正系数;

k_s——复合地基中桩间土地基实际承载力的修正系数;

λ_p——复合地基破坏时,桩体发挥其极限强度的比例,称为桩体极限强度发挥度;

λ_s——复合地基破坏时,桩间土发挥其极限强度的比例,称为桩间土极限强度发挥度。

若是黏结材料桩复合地基,单桩的竖向抗压承载力特征值可由下式确定:

$$R_a=u_p\sum_{i=1}^{n}q_{si}l_i+aq_pA_p \tag{8-5}$$

式中　R_a——单桩竖向抗压承载力特征值,kN;

A_p——单桩截面面积;

u_p——桩截面的周长;

n——桩长范围内所划分的土层数;

q_{si}——第 i 层土的桩侧摩阻力特征值,kPa;

l_i——桩长范围内第 i 层土的厚度,m;

q_p——桩端土地基承载力特征值,kPa;

a——桩端土地基承载力折减系数。

若是散体材料桩复合地基,单桩的竖向抗压承载力特征值可由下式计算:

$$R_a=\sigma_{ru}K_pA_p \tag{8-6}$$

式中 σ_{ru}——桩周土所能提供的最大侧限力,kPa;

K_p——被动土压力系数。

2. 稳定分析法

稳定分析方法很多,但通常采用圆弧分析法(图 8-3)。在分析计算时,假设圆弧滑动面经过加固区和未加固区;在滑动面上,设总滑动力矩为 M_S,总抗滑力矩为 M_R,则沿滑动面发生破坏的安全系数 $K=\dfrac{M_R}{M_S}$。取不同的滑动面进行计算,找出最小的安全系数值,那么通过稳定分析法即可根据要求的安全系数来计算地基承载力,也可按确定的荷载计算在荷载作用下的安全系数,从而判断其稳定性。在计算时,地基土的强度应分区计算,加固土和未加固区采用不同的强度指标,未加固区采用天然地基土的强度指标,加固区土体强度指标可分别采用桩体和桩间土的强度指标,也可采用复合土体的综合强度指标。

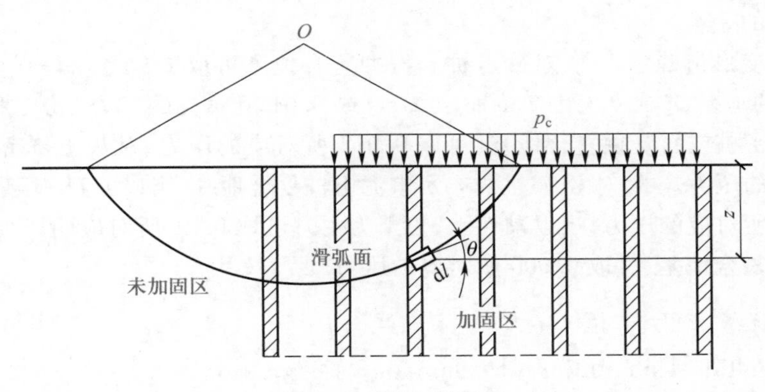

图 8-3 圆弧分析法

(1) 桩体和桩间土的强度指标分开考虑时,其复合地基的抗剪强度表达式可表示为下式:

$$\tau_{ps}=m\tau_p+(1-m)\tau_s \tag{8-7}$$

式中 τ_{ps}、τ_p、τ_s——复合地基、桩体和桩间土的抗剪强度。

(2) 按综合强度指标计算时,复合土体黏聚力 c_c 和内摩擦角 φ_c 可分别采用以下两个表达式:

$$\tan\varphi_c=m\tan\varphi_p+(1-m)\tan\varphi_s \tag{8-8}$$

$$c_c=(1-m)c_s \tag{8-9}$$

式中 φ_p——桩体的内摩擦角;

φ_s——桩间土的内摩擦角;

c_s——桩间土的黏聚力。

3. 荷载试验法

复合地基荷载试验分为单桩复合地基荷载试验和多桩复合地基荷载试验。前者承压板(刚性)面积为一根桩体承担的处理面积;后者承压板(刚性)尺寸按实际桩体数所承担的处理面积确定。单桩的中心或多桩的形心应与承压板的中心保持一致，并与荷载作用点相重合。

承压板底高程宜与基础底面设计高程相适应。承压板底面下宜铺设与复合地基褥垫层相应的垫层，垫层顶面宜设中、粗砂找平层，厚度50～150 mm。试坑的长度和宽度应不小于承压板尺寸的3倍，基准梁的支点应设在试坑之外。

加载等级可分为8～12级。最大加载压力不宜小于设计要求压力值的2倍。每加一级荷载均各读记承压板沉降一次，以后每隔半小时读记一次。当1 h内沉降小于0.1 mm时，即可加下一级荷载。

当出现下列现象之一时，可终止试验：

(1) 沉降急剧增大，土被挤出或承压板周围出现明显的隆起。

(2) 承压板的累计沉降量已大于其宽度或直径的6%。

(3) 当达不到极限荷载，而最大加载压力已大于设计值的2倍。卸载级数可为加载级数的一半，每卸一级间隔半小时，读记回弹量，待卸完全部荷载后间隔3 h读记总回弹量。

复合地基承载力特征值(实测值)的确定：

(1) 当压力-沉降曲线上极限荷载能确定，而其值不小于比例界限的2倍时，可取比例界限，反之取极限荷载的一半。

(2) 按相对变形值确定。① 对砂石桩和振冲复合地基可取 s/b 或 $s/d=0.015$ 所对应的压力(黏性土为主的地基，d 或 b 大于2 m时取2 m)或0.01所对应的压力(粉土和砂土为主的地基)。② 对土挤密桩或石灰桩复合地基，可取0.012所对应的压力；对灰土挤密桩复合地基，可取0.008所对应的压力。③ 对CFG桩或夯实水泥土桩复合地基，当以卵石、圆砾、密实粗中砂为主时可取0.008所对应的压力；当以黏性土、粉土为主时可取0.01所对应的压力。④ 对水泥土搅拌桩或旋喷桩复合地基，可取0.006所对应的压力。

8-2-5 复合地基变形计算 Deformation Calculation of Compound Foundation

在各类计算复合地基变形的方法中，通常把复合地基沉降量分为两部分：复合地基加固区变形量和加固区下卧层变形量。加固区下卧层的变形计算一般采用分层总和法，加固区的变形计算可采用复合模量，将复合地基加固区中桩体和桩间土视为一复合土体，采用复合压缩模量来评价复合土体的压缩性。采用分层总和法计算加固区变形量，加固区土层变形量 s 表达式为

$$s=\sum_{i=1}^{n}\frac{\Delta P_i}{E_{psi}}H_i \tag{8-10}$$

式中 s——加固区土层变形量；

ΔP_i——第 i 层复合土体上附加应力增量；

E_{psi}——第 i 层复合地基的压缩模量；

H_i——第 i 层复合土体的厚度；

n——复合土体分层总数。

$$E_{psi}=mE_{pi}+(1-m)E_{si} \tag{8-11a}$$

或

$$E_{psi}=[1+m(n-1)]E_{si} \tag{8-11b}$$

式中 E_{pi}、E_{si}——第 i 层桩体、桩间土的压缩模量。

其他还有应力修正法和桩身压缩量法等确定复合地基变形计算的方法。

8-3 换填垫层法 Replacement Method

当软弱土地基的承载力和变形不能满足建筑物要求，而软弱土层厚度又不很大时，可将基础底面下处理范围内的软弱土层部分或全部挖去，然后分层换填强度较大的砂、碎石、素土、灰土、高炉干渣、粉煤灰或其他性能稳定、无侵蚀性的材料，并压（夯、振）实至要求的密实度为止，这种地基处理方法称为换填垫层法。按回填材料可分为砂垫层、碎石垫层、素土垫层、灰土垫层等。换填垫层法能提高持力层的地基承载力，减少沉降量，加速排水固结，消除或部分消除土的湿陷性和胀缩性，防止土的冻胀作用，以及改善土的抗液化性能，是浅层地基处理的一种常用和有效的方法。

换填垫层法适用于淤泥、淤泥质土、湿陷性黄土、素填土、杂填土地基及暗沟、暗塘等不良地基的浅层处理。换填垫层的厚度应根据置换软弱土的深度及下卧土层的承载力确定，厚度宜为 0.5～3.0 m。

8-3-1 垫层的主要作用 Main Function of Cushion

1. 提高地基承载力

地基中的剪切破坏从基础底面开始，随着基底压力的增大，逐渐向纵深发展。故用强度较大的砂石等材料代替可能产生剪切破坏的软弱土，就可避免地基的破坏。

2. 减少地基沉降量

一般基础下浅层部分的沉降量在总沉降量中所占的比例较大，若以密实的砂石替换上部软弱土层，就可减少这部分沉降量。此外，砂石垫层对基底压力的扩散作用，使作用在软弱下卧层上的压力减小，也相应地减少软弱下卧层的沉降量。

3. 垫层用透水材料可加速软弱土层的排水固结

透水材料做垫层，为基底下软土提供了良好的排水面，不仅可使基础下面的孔隙水迅速消散，避免地基土的塑性破坏，还可加速垫层下软土层的固结及强度提高。但固结效果仅限于表层，对深部的影响并不显著。

8-3-2 垫层设计 Cushion Design

垫层设计的主要内容是确定断面的合理宽度和厚度。垫层设计不但要求满足建筑物对地基变形及稳定的要求，而且应符合经济合理的原则。

1. 垫层厚度的确定

从上述垫层的作用原理出发，垫层的厚度必须满足如下要求：当上部荷载通过垫层按一定的扩散角传至下卧软弱土层时，该下卧软弱土层顶面处所受的自重压力与附加应力之和不大于该处软弱土层的地基承载力特征值，如图8-4所示。其表达式为

$$p_z+p_{cz}\leqslant f_{az} \tag{8-12}$$

式中 p_z——相应于荷载效应标准组合时垫层底面处的附加压力，kPa；

p_{cz}——垫层底面处土的自重压力，kPa；

f_{az}——垫层底面处软弱土层深度修正后的地基承载力特征值，kPa。

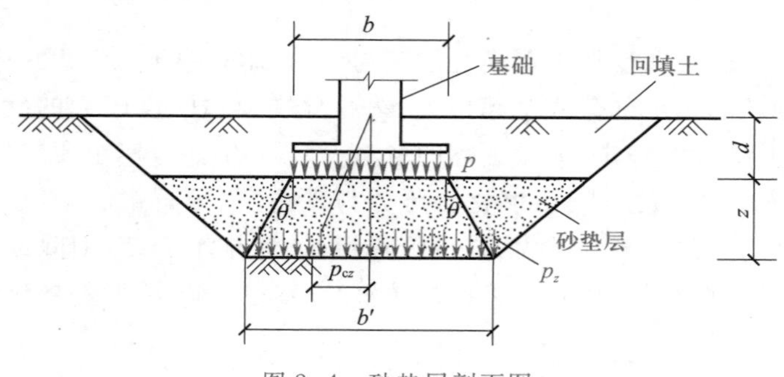

图8-4 砂垫层剖面图

垫层底面处的附加应力值 p_z，除了可用弹性理论土中应力的计算公式求得外，也可按应力扩散角 θ 进行简化计算：

条形基础

$$p_z=\frac{b(p_k-p_c)}{b+2z\tan\theta} \tag{8-13a}$$

矩形基础

$$p_z=\frac{bl(p_k-p_c)}{(b+2z\tan\theta)(l+2z\tan\theta)} \tag{8-13b}$$

式中 b——矩形基础或条形基础底面的宽度，m；

l——矩形基础底面的长度，m；

z——基础底面下垫层的厚度，m；

p_k——相应于荷载效应标准组合时基础底面平均压力，kPa；

p_c——基础底面处土的自重压力，kPa；

θ——垫层的压力扩散角，(°)，见表8-1。

表8-1 压力扩散角 θ (°)

z/b	换填材料		
	中砂、粗砂、砾砂、圆砾、角砾、卵石、碎石	黏性土和粉土 ($8<I_p<14$)	灰 土
0.25	20	6	28
≥0.50	30	23	28

注：表中当 $z/b<0.25$ 时，除灰土仍取 $\theta=28°$ 外，其余材料均取 $\theta=0°$；当 $0.25\leqslant z/b<0.5$ 时，θ 值可按线性内插法求得。

一般计算时，先根据初步拟定的垫层厚度，再用式(8-12)进行复核。垫层厚度一般不宜大

于 3 m，太厚导致施工困难；也不宜小于 0.5 m，太薄则换填垫层的作用不显著。

2. 砂垫层底面尺寸的确定

垫层底面尺寸的确定，应从两方面考虑：一方面要满足应力扩散的要求；另一方面要防止基础受力时，因垫层两侧土质较软出现砂垫层向两侧土挤出，使基础沉降增大。关于垫层宽度的计算，目前还缺乏可行的理论方法，在实践中常常按照当地某些经验数据（考虑砂垫层两侧土的性质）或按经验方法确定。常用的经验方法是扩散角法。此时图 8-4 所示矩形基础的垫层底面的长度 l' 及宽度 b' 为

$$l' \geqslant l+2z\tan\theta \tag{8-14a}$$

$$b' \geqslant b+2z\tan\theta \tag{8-14b}$$

式中　b'、l'——垫层底面宽度及长度；

θ——垫层的压力扩散角，仍按表 8-1 取值。

条形基础则只按式（8-14b）计算垫层底面宽度 b'。

垫层顶面每边最好比基础底面大 300 mm，或从垫层底面两侧向上按当地开挖基坑经验的要求放坡延伸至地面。整片垫层的宽度可根据施工的要求适当加宽。垫层的厚度、宽度和放坡线一经确定，即得垫层的设计断面。

垫层的承载力一般应通过现场试验确定，各种换填垫层的压实标准可按表 8-2 选用。

表 8-2　各种垫层的压实标准

施工方法	换填材料类别	压实系数 λ_c
碾压、振密或夯实	碎石、卵石	0.94～0.97
	砂夹石（其中碎石、卵石占全重的 30%～50%）	
	土夹石（其中碎石、卵石占全重的 30%～50%）	
	中砂、粗砂、砾砂、石屑	
	黏性土和粉土（$8<I_p<14$）	
	灰土	0.95
	粉煤灰	0.90～0.95

注：压实系数 λ_c 为土的控制干密度 ρ_d 与最大干密度 ρ_{dmax} 的比值；土的最大干密度采用击实试验确定，碎石或卵石的最大干密度可取 2.0×10^3～2.2×10^3 kg/m³。当采用轻型击实试验时，压实系数 λ_c 宜取高值；当采用重型击实试验时，压实系数 λ_c 可取低值。矿渣垫层的压实指标为最后两遍压实的压陷差小于 2 mm。

对于重要的建筑或垫层下存在软弱下卧层的建筑，还要求按分层总和法计算基础的沉降量，以便使建筑物基础的最终沉降量小于建筑物的允许沉降值。建筑物沉降由两部分组成，一部分是垫层的沉降，另一部分是垫层下压缩层范围内的软弱土层的沉降。

8-3-3　垫层的材料选择及质量检测

Material Selection and Quality Test of Cushion

垫层材料可选用级配良好的含泥量不超过 3% 的中、粗、砾砂、石屑，有机质含量不超过 5% 的黏土（均质土），体积配合比为 2∶8 或 3∶7 的灰土、粉煤灰、矿渣等。垫层应分层施工，每层可取 200～300 mm，每层施工结束均应做质量检验。垫层质量可用静力触探、动力触探和标准贯

入试验检验。对垫层的总体质量验收也可通过荷载试验进行。

8-4 排水固结法 Consolidation Method

8-4-1 排水固结法原理与应用 Principle and Application of Consolidation Method

1. 排水固结法原理

我国东南沿海和内陆广泛分布着饱和软黏土,该地基土的特点是含水量大、孔隙比大、颗粒细,因而压缩性高、强度低、透水性差。在该地基上直接修建筑物或进行填方工程时,由于在荷载作用下会产生很大的固结沉降和沉降差,且地基土强度不够,其承载力和稳定性也往往不能满足工程要求,在工程实践中,常采用排水固结法对软黏土地基进行处理。

根据太沙基固结理论,饱和黏性土固结所需的时间和排水距离的平方成正比。为了加速土层固结,最有效的方法是增加土层排水途径,缩短排水距离。因此常在被加固地基中置入砂井、塑料排水板等竖向排水体,使土层中孔隙水主要从水平向通过砂井和部分从竖向排出,砂井缩短了排水距离,因而大大加速了地基的固结速率。

2. 用排水固结原理加固地基的方法

(1) 预压方法

预压方法有堆载预压法、真空预压法、降低地下水位法等。在实际中,可单独使用一种方法,也可将几种方法联合使用。

① 堆载预压法

堆载预压法是工程上常用的有效方法,堆载一般用填土、砂石等其他堆载材料,当采用加载预压时必须控制加载速度,制定出分级加载计划,以防地基在预压过程中丧失稳定性,因而所需工期较长。

② 真空预压法

真空预压法是在需要加固的软黏土地基内设置砂井,然后在地面铺设砂垫层,其上覆盖不透气的密封膜,使之与大气隔绝,通过埋设于砂垫层中的吸水管道,用真空装置进行抽气,将膜内空气排出,因而在膜内产生一个负压,促使孔隙水从砂井排出,达到固结的目的。

真空预压法适用于一般软黏土地基,但对于黏土层与透水层相间的地基,抽真空时地下水会大量流入,不可能得到规定的负压,故不宜采用此法。

③ 降低地下水位法

地基土中地下水位下降,则土的有效自重应力增加,促使地基土体固结。

降低地下水位法最适宜于砂性土地基,也适用于软黏土层上存在砂性土的情况。对于深厚的软黏土层,为加速其固结,可设置砂井,并采用井点降低地下水位。但降低地下水位,可能引起邻近建筑物基础的附加沉降,对此必须引起足够的重视。

(2) 排水方法

排水方法是在地基中置入排水体,以缩短土层排水距离。竖向排水体可就地用灌注砂井、袋装砂井、塑料排水板等做成。水平排水体一般由地基表面的砂垫层组成。当软黏土层较薄，或土的渗透性较好而工期又较长时，可仅在地表铺设一定厚度的砂垫层，当加载后，土层中的孔隙水竖向流入砂垫层而排出。对于厚度大、透水性又很差的软黏土，需同时用水平排水体和竖向排水体构成排水系统，使土层孔隙水由竖向排水体流入水平排水体。

一般工程应用总是综合考虑预压和排水两种措施，最常用的方法是砂井预压固结法。

8-4-2　砂井堆载预压法设计计算

Design of Preloading with Sand Well

砂井堆载预压法的设计计算，其实质是合理安排排水系统与预压荷载之间的关系，使地基通过该排水系统在逐级加载过程中排水固结，地基强度逐渐增长，以满足每级加载条件下地基的稳定性要求，并加速地基固结沉降，在尽可能短的时间内，使地基承载力达到设计要求。

砂井堆载预压法设计计算内容包括：

（1）初步确定砂井布置方案；

（2）初步拟定加载计划，即每级加载增量、范围及加载延续时间；

（3）计算每级荷载作用下，地基的固结度、强度增长量；

（4）验算每一级荷载下地基土的抗滑稳定性；

（5）验算地基沉降量是否满足要求。

若上述验算不满足要求，则需调整加载计划。

1. 砂井布置

砂井布置包括砂井直径、间距和深度的选择，确定砂井的排列及排水砂垫层的材料和厚度等。通常砂井直径、间距和深度的选择应满足在预压过程中，在不太长的时间内，地基能达到70%～80%以上的固结度。

（1）砂井直径和间距

砂井直径和间距，主要取决于软黏土层的固结特性和施工期限的要求。就地灌注砂井的直径 d_w 一般为300～500 mm。袋装砂井直径常采用70～120 mm。塑料排水带当量直径为周长等效，就地灌注的砂井，常用的砂井间距一般是砂井直径的6～8倍，一般间距取2～4 m；当袋装砂井直径为70 mm时，间距一般为1～2 m，是塑料排水带及一般砂井直径的15～22倍。

（2）砂井深度排列

砂井深度的选择与土层分布、地基中的附加应力大小、施工期限等因素有关。在以往的工程中，砂井深度多为10～20 m。砂井的平面常按正方形或等边三角形布置。

砂井的布置范围，一般比建筑物基础大。

（3）排水砂垫层和砂沟

在砂井顶面应铺设排水砂垫层或砂沟，以连通砂井，引出从软土层排入砂井的渗流水，砂垫层的厚度宜大于500 mm（水下砂垫层厚为1 000 mm左右）。平面上每边伸出砂井区外边线的宽度一般应不小于 $2d_w$，如砂料缺乏，可采用砂沟，一般在纵向或横向每排砂井设置一条砂沟，在另一方向按中间密两侧疏的原则设置砂沟，并使之连通。砂沟的高度可参照砂垫层厚度确定，其宽度应大于砂井直径。

2. 制定预加载计划

在加载预压中，任何情况下所加的荷载均不得超过当时软土层的承载力。为此，要拟定加载计划，设计时可按以下步骤初步拟定加荷计划：

(1) 利用地基的天然抗剪强度计算第一级容许施加的荷载；

(2) 计算第一级荷载作用下地基强度增长值并以此增长值确定第二级所能施加的荷载；

(3) 计算第一级荷载作用下达到指定固结度所需的时间，此时间亦为第二级荷载开始施加的时间；

(4) 以此类推完成整个加载过程。

3. 砂井地基平均固结度的计算

砂井地基的固结度按土力学中的渗透固结理论计算。渗透固结理论假设荷载是瞬间加上去的，而实际加载则需要一个过程，所以先按瞬时加载条件计算固结度，然后再按实际加载过程对固结度进行修正。

4. 排水过程中地基强度增长值的推算

在预压荷载作用下，地基土在某一时刻 t 的抗剪强度 τ_{ft} 按下式计算：

$$\tau_{ft}=\tau_{f0}+\Delta\sigma_z U_t \tan\varphi_{cu} \tag{8-15}$$

式中 τ_{f0}——地基中某点在加载前的天然土抗剪强度，其值可由十字板剪切试验测定，kPa；

$\Delta\sigma_z$——预压荷载引起的该点附加竖向压力；

U_t——该点土的固结度。

该法试验和计算都较方便，工程上已得到广泛的应用。

5. 稳定性分析

由于地基土在预压荷载作用下可能失稳破坏，因此，预压加载过程中必须验算每级荷载作用下地基的稳定性。

进行稳定分析时，通常假定地基的滑动面为圆筒面，可采用圆弧法(条分法)进行分析。

8-4-3 排水固结法施工简介与现场观测

Construction Procedure and In-Situ Observation of Consolidation Method

1. 施工

应用排水固结法加固软黏土地基，其施工顺序如下：

(1) 铺设水平排水垫层；

(2) 设置竖向排水体；

(3) 埋设观测设备；

(4) 实施预压；

(5) 检查预压效果；

(6) 若不满足设计要求，则更改设计至满足设计要求为止。从施工角度分析，要保证排水固结法的加固效果，主要做好三个环节，即铺设水平排水垫层、设置竖向排水体、施加固结压力。

2. 现场观测

在采用排水固结法加固地基时，应根据现场观测资料分析地基在堆载预压过程中和竣工后的固结、强度和沉降的变化，其不仅是发展理论及评价处理效果的依据，同时也可及时防止因设计和施工的不完善而引起的意外工程事故。工程上通常应进行孔隙水压力观测、沉降观测、侧向位移观测等。

8-5 压实法、重锤夯实法和强夯法 Compaction, Heavy Tamping and Dynamic Consolidation Methods

8-5-1 压实法 Compaction Method

压实法可采用碾压或振动压实的方法。碾压法是用压路机、推土机或羊足碾等机械,在需压实的场地上,按计划与次序往复碾压,分层铺土,分层压实。振动压实法是用振动机振动松散地基,使土颗粒受振移动至稳固位置,减小土的孔隙而压实。压实法的分层厚度应结合压实机械、地基土性质及施工含水量等综合确定。

碾压法适用于地下水位以上,大面积回填压实,也可用于含水量较低的素填土或杂镇土地基处理。例如,修筑公路路基常采用此法。碾压法的有效压实深度可达 40 cm,压实后地基承载力可达 100 kPa 左右。

振动压实法适用于松散状态的砂土、砂性杂填土、含少量黏性土的建筑垃圾、工业废料和炉灰填土地基。振动压实法的有效压实深度可达 1.5 m,压实后的地基承载力为 100 ~ 120 kPa。

8-5-2 重锤夯实法 Heavy Tamping Method

重锤夯实加固地基土的方法和原理是:利用起重机械将夯锤提升到一定高度,然后自由下落产生很大的冲击能来挤密地基、减小孔隙、提高强度,经不断重复夯击,使整个建筑物地基得以加固,达到满足建筑物对地基土强度和变形的要求。

一般砂性土、黏性土经重锤夯击后,地基表面形成一层比较密实的土层(硬壳),从而使地基表层土的强度得以提高。湿陷性黄土经夯击,可以减少表层土的湿陷性,对于杂填土则可以减少其不均匀性。

重锤夯实法的主要设备为起重机械、夯锤、钢丝绳和吊钩等。

重锤夯实法一般适用于离地下水位 0.8 m 以上的稍湿黏性土、砂土、湿陷性黄土、杂填土和分层填土,但在有效夯实深度内存在软黏土层时不宜采用。

重锤夯实的效果或影响深度与夯锤的重量、锤底直径、落距、夯实的遍数、土的含水量及土质条件等因素有关。只有合理地选定上述参数和控制夯实的含水量,才能达到预定的夯实效果;也只有在土的最优含水量条件下,才能得到最有效的夯实效果,否则会出现“橡皮土”等不良现象。根据现场实际经验,一般认为:夯实的影响深度约等于锤底直径;对于湿和稍湿,密实度为稍密、中密的建筑垃圾杂填土,如采用重锤 15 kN,底面直径为 1.15 m,落距 3 ~ 4 m,夯打6 ~ 8 遍,其有效夯实影响深度为 1.1 ~ 1.2 m,经夯实处理后的杂填土地基承载力普遍提高,通过静载试验确定,一般可达 100 ~ 200 kPa。

一般加大锤击功可使土的密实度增大,但当土的密实度增大到某一数值时,即使锤击功再增大,土的密实度却不再增加。同时,随着夯击遍数的增加,每遍土的夯沉量逐渐减少,当夯击到某一程度后,继续夯击将意味着能量的损失。因此,施工时应尽量采用保证夯实的最小夯击遍数,一般可通过试夯确定。通过试夯可确定出依据最后两遍平均夯沉量的停夯标准,即最后夯沉量。对于湿陷性黄土及黏性土,最后夯沉量不应大于10~20 mm;砂性土则不应大于5~10 mm。

8-5-3 强夯法

Dynamic Consolidation Method

强夯法是法国梅那(Menard)技术公司1969年首创的一种地基加固方法,亦称动力固结法,迄今为止已为国内外广泛应用。该法一般是将80~400 kN重锤(最重2 000 kN)起吊到一定高度(一般为8~30 m),令锤自由落下给地基以冲击力和振动,强力夯实地基以提高其强度、降低压缩性。

强夯法是在重锤夯实法基础上发展起来的,但加固机理则因土而异,与重锤夯实法不同,它利用重锤下落所产生的强大夯击能量,在土中形成冲击波和很大的冲击应力,其结果除了使土粒挤密以外,还在土体中产生较大的孔隙水压力,甚至可导致土体暂时液化,吸着水变为自由水。同时,巨大能量的冲击,使夯点周围产生裂缝,形成良好的排水通道,加速孔隙水压力消散,使土体进一步加密。

强夯法可用于加固各种填土、湿陷性黄土、碎石、砂土、低饱和度的黏性土与粉土。

工程实践表明,经强夯法加固后的地基,其承载力可提高2~5倍,此外地基深层土也能得到加固且能消除不均匀沉降现象,还能改善砂土抵抗振动液化的能力。强夯法最适宜用于处理粗颗粒土地基及地下水在地表下2~3 m,处理深度在15 m以内的地基。

强夯的单位面积夯击能,应根据地基土类别、结构类型、荷载大小和处理冻度等综合考虑,并通过现场试夯确定。根据国内工程实践,在一般情况下,对于粗颗粒土可取1 000~4 000 $kN \cdot m/m^2$,细颗粒土可取1 500~5 000 $kN \cdot m/m^2$。

强夯法的有效加固深度,应根据现场试夯或当地经验确定。在缺少试验资料或经验时,可按表8-3确定。

表8-3 强夯法的有效加固深度

单击夯击能/(kN·m)	碎石土、砂土/m	粉土、黏性土、黄土/m
1 000	5.0~6.0	4.0~5.0
2 000	6.0~7.0	5.0~6.0
3 000	7.0~8.0	6.0~7.0
4 000	8.0~9.0	7.0~8.0
5 000	9.0~9.5	8.0~8.5
6 000	9.5~10.0	8.5~9.0
8 000	10.0~10.5	9.0~9.5

注:有效加固深度应从起夯面算起。

强夯法的加固效果可采用标准贯入、静力触探及现场大压板荷载试验等原位测试方法检测。

8-5-4 强夯置换法 Dynamic Replacement Method

对高饱和度的粉土与软塑-流塑的黏性土等软弱地基可采用在夯坑内回填块石、碎石等粗颗粒材料进行强夯置换，适用于对变形控制要求不严的工程。

强夯置换法的有效加固深度 H 可按下式确定：

$$H=H_1+H_2 \tag{8-16}$$

式中 H_1——穿透软弱土层的置换墩的深度，m。当单击夯击能小于 5 000 kN·m 时一般不大于 8 m。

H_2——墩下夯密区深度，m。由现场试验确定。

强夯置换法的单击夯击能应根据现场试夯确定，在缺少试验资料时，可按下式预估：

$$E=940(H_1-2.1) \tag{8-17}$$

式中 E——单击夯击能，kN·m。

强夯置换墩体材料可采用级配良好的块石、碎石、矿渣、建筑垃圾等坚硬粗颗粒材料，粒径大于 300 mm 的颗粒含量不宜超过全重的 30%。

8-6 桩土复合地基法 Pile-Soil Compound Foundation

8-6-1 挤密桩法 Densification Method

1. 砂石桩法

用砂桩或砂石桩加固软弱地基，是先将钢管打入或振入土中成孔，然后向桩管内灌砂，并按规定的速度拔出桩管，使砂料留在土中。边拔管，边通过锤击和振动使砂料挤入周围土中，形成直径较孔径（钢管直径）大得多且密实的砂桩。当钢管直径为 40～50 cm 时，砂桩直径可达 60～80 cm。

（1）砂桩的作用原理

① 在松散砂土中起到挤密和振密的作用

砂桩成孔过程中，下沉桩管对周围砂层产生挤密作用；拔起桩管过程中的振动将对周围砂层产生振密作用，有效范围可达桩径的 6 倍左右。

② 在软弱黏土中起到置换和排水作用

密实的砂桩成桩后取代了同体积的软弱黏土，起到置换作用；而土层中的孔隙水可在上覆荷载作用下流向砂桩并排走，加快地基的固结沉降。因此可大大提高地基承载力并加速软黏土的固结沉降，改善地基的整体稳定性。

(2) 砂桩设计

① 砂桩材料

砂桩使用中粗混合砂,砂的含泥量不超过5%,对于软弱黏性土中的砂桩,由于土对砂桩成型没有足够的约束力,可以使用砂和角砾混合料,不宜含有大于50 mm的颗粒。

② 砂桩直径

砂桩直径可采用30~80 cm,应根据地基土质情况和成桩设备等因素确定。

③ 砂桩长度

a. 当地基中的软弱土层厚度不大时,砂桩宜穿过该土层。

b. 当地基中的软弱土层厚度较大时,按地基稳定性控制的工程其砂桩长度应超过最危险滑动面的深度。

c. 当使用砂桩处理易液化的饱和松散砂土时,砂桩应穿透可液化土层。

④ 砂桩平面布置

在平面上,砂桩可按等边三角形或正方形布置。砂桩挤密地基的宽度应超过基础宽度,每边放宽不应少于1~3排。

⑤ 砂桩桩间距

砂桩的桩间距应通过现场试验确定,对粉土和砂土地基不宜大于砂桩直径的4.5倍;对黏性土地基不宜大于砂石桩直径的3倍。在有经验的地区,砂桩间距也可由计算确定。

2. 振冲碎石桩法

以碎石、卵石等粗粒土为填料,在软弱地基中制成的桩体即为碎石桩。其成桩方式主要有振冲法、干振法、沉管法、强夯置换法等,其中工程中应用最广泛的是振冲碎石桩。

振冲碎石桩适用于处理砂土、粉土、黏性土、素填土和杂填土等地基。不加填料的振冲法适用于处理黏性颗粒含量不大于10%的中、粗砂地基。

振冲碎石桩的成桩工艺如图8-5所示。振冲碎石桩加固地基后,将形成桩、土共同作用的复合地基,采用复合地基理论进行设计计算。加固处理的效果可由现场试验检测确定。

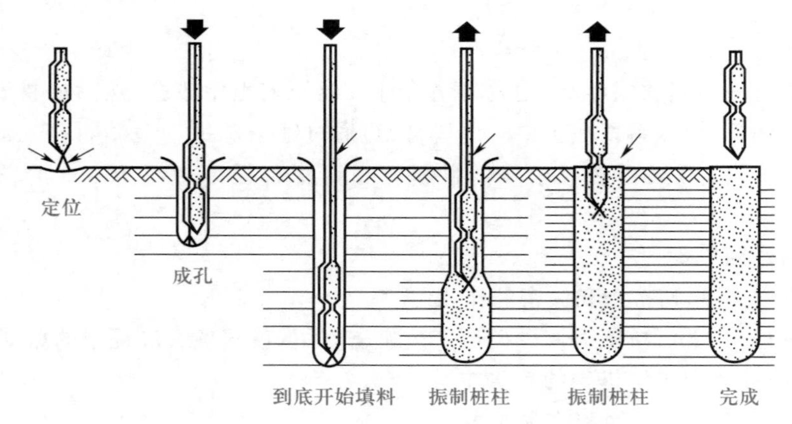

图8-5 振冲碎石桩成桩工艺

3. 土桩、灰土桩法

土桩和灰土桩是利用沉管、冲击或爆扩的方式在地基中形成桩孔,然后向桩孔内填夯素土或灰土制成，成桩后形成复合地基。

该方法适用于处理地下水位以上的湿陷性黄土、素填土和杂填土等地基。处理深度一般为5～15 m。当以消除地基的湿陷性为主要目的时，宜选用土桩挤密法；当以提高地基承载力或水稳性为主要目的时，宜选用灰土桩挤密法。

若地基土的含水量大于24%，饱和度大于65%时，不宜采用土桩和灰土桩挤密法。

桩孔直径可根据所选用的成孔设备或成孔方法确定，一般为300～450 mm。合适的孔间距为$2d$～$2.5d$。

土桩和灰土桩加固地基的深度，应按土质情况、工程要求和成孔设备等因素并结合相关规范确定。土桩和灰土桩复合地基的承载力特征值及压缩模量，应通过原位测试或结合当地经验确定。

加固处理的效果必须通过现场试验的检测，除检查桩和桩间土的干重度、承载力等，对重要和大型工程，还应进行荷载试验和其他原位测试。

4. 石灰桩

石灰桩是在要加固的地基中先利用沉管、人工挖掘等方式成孔至设计深度，然后向孔内投入备好的生石灰及水硬性掺合料，夯实后在地基中形成桩体，桩体与被加固的桩间土组成石灰桩复合地基。

石灰桩几乎可以用于处理各类软弱地基，尤其对于黏性土地基，生石灰与桩间土产生化学反应，加固效果更为明显。

石灰桩复合地基的承载力大小和反映变形性质的压缩模量大小，直接反映出地基加固的效果，应通过复合地基的现场荷载试验来确定。

石灰桩复合地基加固效果检验，最好进行单桩或多桩复合地基的现场荷载试验，以及十字板剪切试验、室内土工试验等。

8-6-2 拌入法
Mixing Method

1. 深层搅拌桩法

深层搅拌桩法是将深层搅拌机安放在设计的孔位上，并按图8-6所示操作顺序，先对地基土一边切碎搅拌，一边下沉搅拌机，达到要求的深度。然后在提升搅拌机时，边搅拌边喷射水泥浆，直至将搅拌机提升到地面。再次让搅拌机搅拌下沉，又再次搅拌提升。在重复搅拌升降中使浆液与四周土均匀掺和，形成水泥土。水泥土较之原位软弱土体的力学特性有显著的改善，强度有大幅度的提高。

也可以用类似的机具将石灰粉末与地基土进行搅拌形成石灰土桩。石灰与土进行离子交换和凝硬作用而使加固土硬化。初步研究表明当一般石灰用量（按重量计）为10%～12%时，石灰土强度随石灰含量的增加而提高，对不排水抗剪强度为10～15 kPa的软黏土，石灰与土搅拌后的强度通常可达原土强度的10～15倍。但石灰含量超过12%后抗剪强度不再增大。

无论是水泥土桩或石灰土桩都与四周原位土形成复合地基。故应采用复合地基理论进行分析。

深层搅拌法用于处理比较软弱的地基，适用的土类为淤泥、淤泥质土、粉土和含水量较高且地基承载力特征值不大于120 kPa的软黏土。

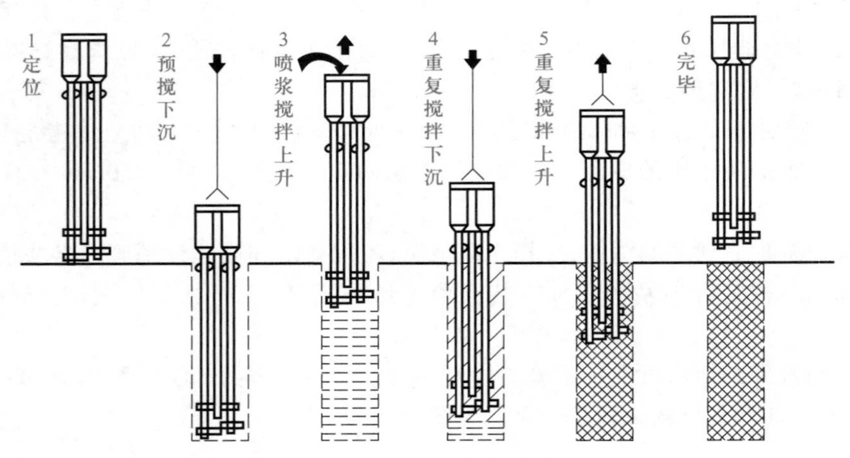

图8-6　深层搅拌桩法施工工艺流程

2. 高压喷射注浆桩法

高压喷射注浆桩法是一种高压注浆法,它是用相当高的压力,将气、水和水泥浆液,经沉入土层中的特制喷射管送到旋喷头,并从开口于旋喷头侧面的喷嘴以很高的速度喷射出来。喷出的浆液形成一股能量高度集中的液流,直接冲击破坏土体,使土颗粒在冲击力、离心力和重力的共同作用下与浆液搅拌混合,经过一定时间,便凝固成强度甚高、渗透性较低的加固土体。加固土体的形状因射浆方式不同而异,可以是柱状的旋喷桩或块状和板状的旋喷墙。

施工顺序如图8-7所示。

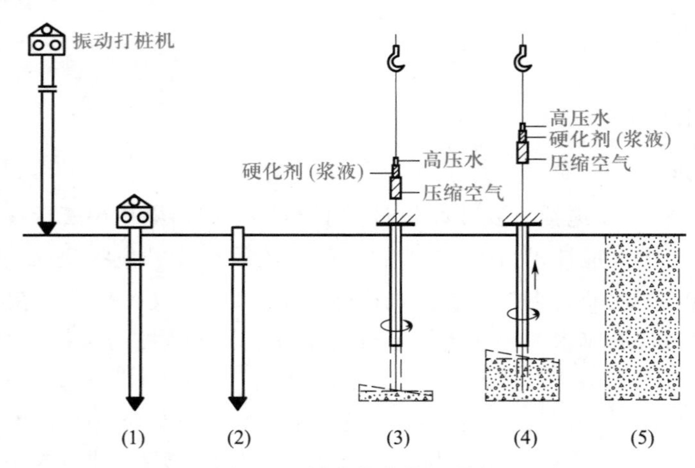

图8-7　旋喷桩的施工顺序

(1) 用振动打桩机或钻机成孔,孔径为150~200 mm。

(2) 插入旋喷管。

(3) 开动高压泵、泥浆泵和空压机,分别向旋喷管输送高压水、水泥浆和压缩空气,同时开始旋转和提升。

(4) 连续工作直至预定的旋喷高度后停止。

(5) 拔出旋喷管和套管,形成高压旋喷桩。

如果控制孔距在喷射的有效范围内,喷射时,旋喷管只提升不旋转,即固定喷射方向,称为定喷注浆。或者旋喷管虽旋转,但角度很小,称为摆喷注浆。定喷注浆或摆喷注浆能在地下形成连续的墙体,可用于基坑的围护和地下防渗阻水作用。

旋喷桩与桩周土组成复合地基。复合地基的承载力宜通过现场复合地基荷载试验确定。也可按复合地基理论相关公式计算。

3. CFG 桩(水泥粉煤灰碎石桩)法

CFG 桩是水泥粉煤灰碎石桩(cement flyash gravel pile)的简称,是由碎石、石屑、粉煤灰掺适量水泥加水拌和,用振动沉管打桩机或其他成桩机具制成的一种具有一定黏结强度的桩。桩体主体材料为碎石,石屑为中等粒径骨料,可改善级配,粉煤灰具有细骨料和低强度等级水泥作用。通过调整水泥掺量和配合比,桩体强度可在 C5 ~ C20 之间变化,一般为 C5 ~ C10。

(1) 加固机理

CFG 桩是在碎石桩的基础上发展起来的,属复合地基刚性桩,严格意义上说,应该是一种半柔半刚桩。CFG 桩由于自身具有一定的黏结性,故可在全长范围内受力,能充分发挥桩周摩阻力和端承力,桩土应力比高,一般为 10 ~ 40。复合地基承载力的提高幅度较大,并有沉降小、稳定快的特点。

CFG 桩复合地基的加固机理包括置换作用和挤密作用,其中以置换作用为主。

(2) 适用范围

CFG 桩可用于加固填土、饱和及非饱和黏性土、松散的砂土、粉土等。对塑性指数高的饱和软黏土使用要慎重。

(3) 桩身材料

CFG 桩各种材料之间的配合比对混合料的强度、和易性有很大的影响。一般水泥采用 42.5 级普通水泥,碎石粒径 20 ~ 50 mm,石屑粒径 2.5 ~ 10 mm,混合料密度 2.1 ~ 2.2 t/m^3。

当桩体材料强度大到一定程度时,CFG 桩复合地基的承载力将无明显提高,主要是因为桩与土之间产生过大的相对变形而导致桩侧土破坏。因此,一般将桩体材料强度控制在 10 MPa 左右,从而达到既提高复合地基承载力又降低沉降的目的。

为了使桩土共同工作、变形协调,基础下面要设置一定厚度的砂石料垫层(图 8-8),使地基土能够有效地分担外荷载。同时通过垫层材料的流动补偿,使桩间土与基础始终保持接触。垫层的厚度对 CFG 桩复合地基的工作性状影响很大,垫层越薄,桩的应力集中现象越明显,桩土应力比越大,桩间土承载力发挥程度越低;垫层厚度加大,尽管对桩间土的承载力发挥有利,但桩的承载力得不到有效发挥,影响加固效果。垫层厚度一般取 100 ~ 300 mm。一般黏性土地基中桩土应力比为8 ~ 15,而软土地基中可达 30 ~ 50。

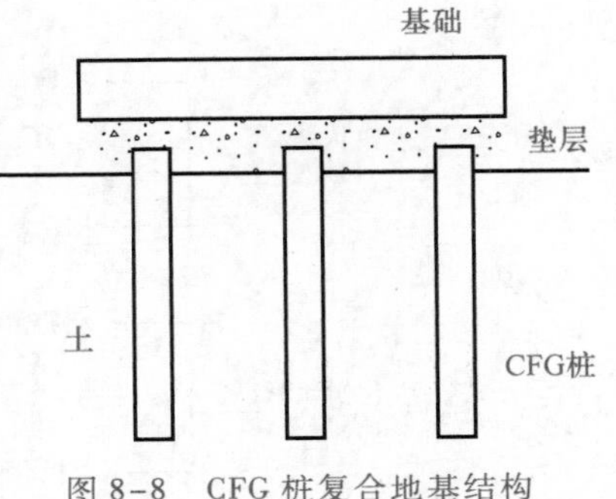

图 8-8　CFG 桩复合地基结构

8-7 灌浆法和化学加固法 Grouting and Chemical Stabilization Methods

8-7-1 灌浆法 Grouting Method

灌浆法是用液压或气压把能凝固的浆液(一般由水泥、粉煤灰或黏土等粒状浆材配制)注入有缝隙的岩土介质或物体中,以改善灌浆对象的物理力学性质,适应各类土木工程的需要,亦称注浆法。

1. 灌浆的目的及应用

灌浆的主要目的有:

(1) 加固

提高岩土的力学强度和变形模量,增强基础与周围岩土介质之间的结合,提高地基承载力,减少地基压缩变形,保证土体稳定性。

(2) 纠偏

使已发生不均匀沉降的建筑物恢复正常位置。

(3) 防渗

降低岩土渗透性,减少渗流量,提高抗渗能力。

(4) 堵漏

截断岩土中渗透水流。

灌浆法适用于土木工程的各个领域。

2. 灌浆材料

灌浆工程中所用的浆液是由主剂(原材料)、溶剂(水或其他溶剂)及各种外加剂混合而成,通常所说的灌浆材料,是指浆液中所用的主剂。

灌浆材料常分为粒状浆材和化学浆材两个系统,按材料的主要特点可进一步细分为不稳定粒状浆材、稳定粒状浆材、无机化学浆材和有机化学浆材等四类,如图8-9所示。

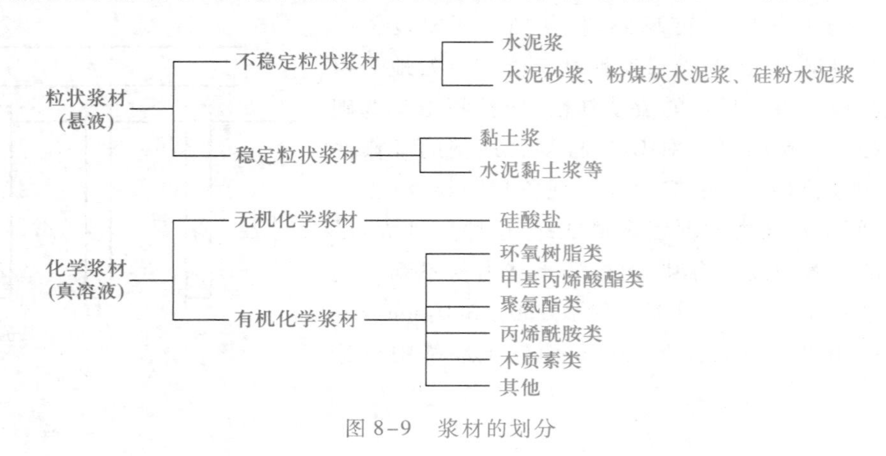

图8-9 浆材的划分

3. 灌浆理论

在地基处理中,灌浆工艺的实施可有不同途径,其灌浆机理可归纳为四类,即渗入性灌浆(或称压力灌浆、渗透灌浆)、劈裂灌浆、压密灌浆和电动化学灌浆。

(1) 渗入性灌浆

渗入性灌浆是指在灌浆压力作用下,浆液在不扰动和破坏地层结构的条件下渗入岩土缝隙的灌浆。浆液的渗入与水在土中渗透相似,灌浆压力相对较低。

(2) 劈裂灌浆

劈裂灌浆是利用水力劈裂原理,用较大的灌浆压力,使浆液克服地层初始应力和抗拉强度,沿小主应力作用的平面发生劈裂,人为地制造或扩大岩土缝隙,以提高低透水性地基的可灌性和注浆量,从而获得更为满意的灌浆效果。

在土层中的劈裂灌浆机理可用有效应力的库仑-莫尔破坏准则说明。

地层中由于灌浆压力的作用,将使砂砾石土的有效应力减小。当灌浆压力 p_e 达到下式条件时,将导致地层破坏。

$$p_e=\frac{(\gamma h-\gamma_w h_w)(1+K)}{2}-\frac{(\gamma h-\gamma_w h_w)(1-K)}{2\sin\varphi'}+c'\cos\varphi' \qquad (8-18)$$

式中 γ——土的重度;

γ_w——水的重度;

h——灌浆段深度;

h_w——地下水位高度;

K——扣除浮力的小主应力与大主应力之比。

式(8-18)所代表的破坏机理可用图 8-10 的莫尔包线解释。由于孔隙水压力和灌浆压力使有效应力逐渐减小,最终应力圆与破坏包线相接,表明地层已开始劈裂。

由劈裂灌浆的特点可知,它可应用于低透水性的岩土地层;而在不利的地质条件下,如有流动的地下水或不均匀地层情况时,可先用低强度、早胶凝的浆液灌注,再用劈裂灌浆的方法达到灌浆目的。

(3) 压密灌浆

压密灌浆是用高压泵将稠度大的水泥浆或水泥砂浆压入预先钻好的孔内,浓浆在高压下向周围扩散,对土体起到排挤和压密作用,形成球状或圆柱状的浆泡。浆泡与土有明显的分界面(图 8-11)。浆泡的横截面直径可达到 1 m 或更大。

向外扩张的浆泡将在土体中引起复杂径向和切向应力体系。紧靠浆泡处的土体将遭受严重破坏和剪切,并形成塑性区,在此区内土体的密度可能因扰动而减小;离浆泡较远的土体则基本上发生弹性变形。实践表明,离浆泡界面 0.3~2.0 m 以内的土体都能受到明显的加密。

压密灌浆用于加固密度较低的软弱土有较好效果,但不适用于会进一步分解的有机质土。对受挤压后会出现较大孔隙水压力的饱和黏土,使用也要慎重。

压密灌浆特别适用于调整已经建成的建筑物的不均匀沉降。高压浆液在地基中从侧向施加压力,浆泡逐渐增大,使地基各部位按需要产生不同程度的上抬,上抬量可达 0.1~0.3 m,其精度可控制在 3 mm 内,从而使建筑物恢复到正常位置。压密灌浆还可用于托换方法不能加固的筏基以下土层(即将筏基临时打洞灌浆);可用于减小地下管道设备与建筑物之间的不均匀沉降;当地基内有大孔隙或土洞时也可用压密灌浆填充。

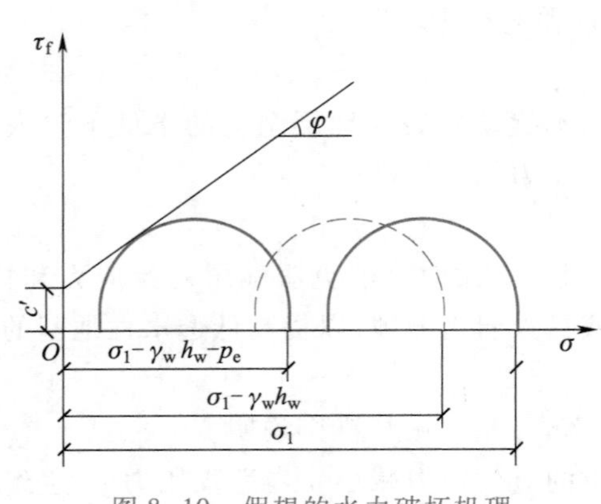

图 8-10 假想的水力破坏机理

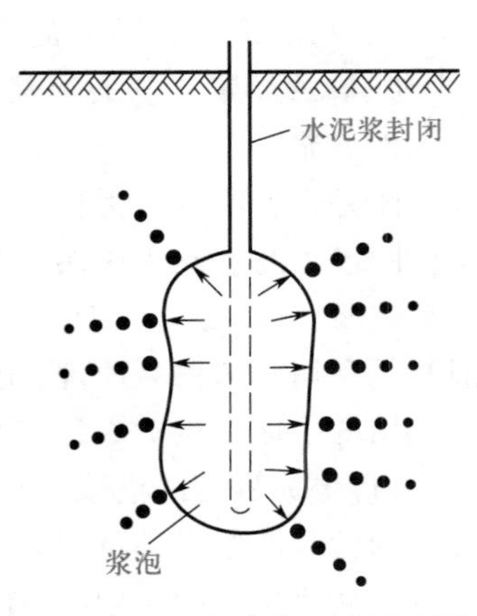

图 8-11 压密灌浆机理示意图

(4) 电动化学灌浆

如地基土的渗透系数 $k<10^{-4}$ cm/s,只靠一般静压力难以使浆液注入土的孔隙,此时需用电渗的作用使浆液进入土中。

电动化学灌浆是在施工时将带孔的注浆管作为阳极,将滤水管作为阴极,将溶液由阳极压入土中,并通以直流电(两电极间电压梯度一般采用 0.3~1.0 V/cm),在电渗作用下,孔隙水由阳极流向阴极,促使通电区域中土的含水量降低,并形成渗浆通路,化学浆液也随之流入土的孔隙中,并在土中硬结。因而电动化学灌浆是在电渗排水和灌浆法的基础上发展起来的一种加固方法。但由于电渗排水作用,可能会引起邻近既有建筑物基础的附加沉降,应用时应慎重。

8-7-2 化学加固法

Chemical Stabilization Method

化学加固法是指利用化学浆液(由水玻璃、碱液等无机化学浆材或环氧树脂、木质素等有机化学浆材配制)注入土中凝固成为具有防渗、防水和高强度的结石体加固地基。

化学加固法适用于加固地下水位以上渗透系数为 0.10~2.00 m/d 的湿陷性黄土地基,对饱和度大于 80% 的黄土和自重湿陷性黄土不宜采用碱液法。对拟建的设备基础、沉降不均匀的既有建(构)筑物和设备基础或地基受水浸湿湿陷需要立即阻止其继续发展的建(构)筑物和设备基础,宜采用单液硅化法或碱液法加固地基。

1. 硅化法

硅化法可分为双液硅化法和单液硅化法。当地基土为渗透系数大于 2.0 m/d 的粗颗粒土时,可采用双液硅化法(水玻璃和氯化钠);当渗透系数为 0.1~2.0 m/d 的湿陷性黄土时,可采用单液硅化法(水玻璃);对自重湿陷性黄土,宜采用无压力单液硅化法。

2. 碱液法

碱液法也分为双液法和单液法。当 100 g 干土中可溶性和交换性钙镁离子含量大于 10 mg · eq(eq 即当量)时可采用单液法(氢氧化钠);否则应采用双液法,即需要采用氢氧化钠溶液与氯化钙溶液轮番灌注加固。

碱液法加固深度可为基础宽度的 1.0～1.5 倍，可达 2～5 m。对于自重湿陷量较小的黄土地基，加固深度可为基础宽度的 2～3 倍。

8-7-3 热学法 Thermal Stabilization Method

1. 热加固法

土体热加固技术在苏联、罗马尼亚、日本等国早已应用过，我国在 20 世纪 50 年代末至 60 年代初曾做过一些工作，1986 年以后进行了黄土和膨胀土的室内烧结试验。热加固法是把经过加热的高温空气，给以一定的压力，通过钻孔穿过土孔隙而加热土体的一种加固技术。黏性土在持续高温下黏土矿物发生再结晶，强度可达 5 MPa 以上，且水稳性好。众所周知，黏土的砖瓦坯体经过高温熔烧后，就会变成具有一定强度的砖瓦。

热加固法一般控制温度在 600～1 000 ℃，单孔加固的影响半径为 1 m 左右，加固后 f_{ak} = 1 000 kPa。除加固地基外，还可用烧结土桩作为抗滑挡墙和抗滑桩。热加固法不适用于处理地下水位以下或以上 1 m 的土层以及松散土层，因为耗热太大。

2. 冻结法

冻结法是指把经过冷却的低温液体（盐水或液化气）通过预埋冻结管（钢管）使地基土的孔隙水降至 0 ℃以下冻结的加固方法。

冻结盐水法将不冻液（氯化钙溶液相对密度 1.286，冻结温度 -55 ℃）冷却至 -20～-30 ℃，用循环泵送入冻结管使土体冻结加固。

液化气法将液态氮（沸点 -196 ℃）直接添入冻结管，由气化潜热（吸收热）使土体冻结。冻结土具有高强、均匀的截水功能，注意土体冻胀和解冻不均匀膨胀对周围环境的影响。

土的冻结法适用于地下水流速 <2 m/d（对盐水法）和 10 m/d（对液氮法），主要用于临时性截水墙。

8-8 土工合成材料加筋法 Soil Reinforcement with Geosynthetics

土工合成材料由合成纤维制成，也称土工聚合物，又称土工织物，是土工用合成纤维材料的总称。目前世界各国生产土工纤维多以丙纶（聚丙烯）、涤纶（聚酯）为主要原料。土工聚合物具有强度高、弹性好、耐磨、耐化学腐蚀、滤水、不霉烂、不缩水、不怕虫蛀等良好性能。其造价低廉、施工简便、整体性好，能明显改善和增强岩土工程性质，给岩土工程的设计和施工带来了巨大的变化。土工聚合物在铁路、水利、城建、公路、林业、国防等领域应用广泛。

土工合成材料在岩土工程中主要有反滤、排水、隔离和加固强化及防护等作用。

1. 反滤作用

在渗流口铺设一定规格的土工聚合物作为反滤层，可起到一般砂砾滤层的作用，提高其被保护土的抗渗强度。用作反滤层的目的是保护土颗粒不被流失且保持排水通畅，从而防止发生流土、管涌和堵塞等对工程不利的情况。

2. 排水作用

地基处理中,往往需要排除地基土、岩基和工程结构本身的渗流和地下水,故需采取排水措施。一定厚度的土工合成材料具有良好的三维透水特性,利用这种特性除了可以透水反滤外,还可使水经过土工合成材料的平面迅速沿水平方向排走,且不会堵塞,形成水平排水通道。

3. 隔离作用

对两层具有不同性质的土或材料,可采用土工合成材料进行隔离,避免混杂产生不良效果。如道路工程中常用土工合成材料防止软弱土层侵入路基的碎石层,避免引起翻浆冒泥。

为了发挥土工合成材料的隔离作用,要求其渗透性大于所隔离的土的渗透性并不被堵塞;在荷载作用下,还要有足够的耐磨性。当被隔离材料或土层间无水流作用时,也可用不透水土工聚合膜。

4. 加固和补强作用

利用土工合成材料的高强度和韧性等力学性质,可分散荷载,增大土体的刚度模量以改善土体;或作为筋材构成加筋土及各种复合土工结构。

(1) 土工合成材料用于加固地基

其原理是铺设在基底下并延伸至基础两侧的土工合成材料受力后将产生垂直分力,抵消部分外荷载,并阻止两侧土的挤出破坏,从而提高地基承载力。

很软的地基还可能产生很大变形,利用土工合成材料与土的摩擦作用,将阻止土的侧向挤出,减小土的变形,增大地基稳定性。

土工合成材料加固地基的有效性随地基强度的减小而显著提高。

(2) 土工合成材料用于加筋土挡墙

通过土与拉筋之间的摩擦力使之成为一个整体,提供锚固作用保证支挡建筑物的稳定。对于短期或临时性挡墙,有时可只用土工合成材料包裹着土、砂来填筑,既简化了施工,又节省了面板材料。

5. 其他作用

土工合成材料还有一些其他作用。例如:隔水作用,防止水进入土体或土工结构物;保湿防冻,减缓土内温度的变化;做成袋子用于堆填和防护,以及防止裂隙扩大,减小应力集中现象等。

8-9 托换技术 Underpinning Technique

托换技术又称基础托换,其内容包括:① 解决原有建筑物的地基处理、基础加固或增层改建的问题;② 建筑物基础下需要修建地下工程及在其邻近建造新建筑,使原有建筑的安全受到影响时,需采取的地基处理或基础加固措施。由此可知,托换的基本原理和根本目的在于加强地基与基础的承载力,有效传递建筑物荷载,从而控制沉降与差异沉降,使建(构)筑物恢复安全使用。纠偏技术、迁移技术与托换技术是原有建筑物地基基础应用的三大加固技术,这里只简单介绍托换技术和纠偏技术。

8-9-1 基础托换 Foundation Underpinning

基础托换主要有基础加宽、加深技术，桩式托换及地基改良技术（如灌浆法）等。

1. 基础加宽、加深技术

通过加宽基础、扩大基础底面积，有效降低基底接触压力。

基础加宽应注意加宽部分与原有基础部分的连接。通常通过钢筋锚杆（植筋）将加宽部分与原有基础部分连接，并将原有基础凿毛、刷洗干净，铺一层高强度等级水泥浆或涂混凝土界面剂，使两部分混凝土能较好地连成一体。对刚性基础和柔性基础都要进行计算，刚性基础应满足刚性角要求，柔性基础应满足抗弯要求。钢筋锚杆应有足够的锚固长度，有条件时可将加固筋与原基础钢筋焊牢。有时也可将柔性基础改为刚性基础，独立基础改成条形基础，条形基础扩大成筏形基础，筏形基础改成箱形基础等。

基础加深采用坑式托换，是直接在被托换建筑物的基础下挖坑后浇筑混凝土的托换加固方法，也称墩式托换，如图8-12所示。坑式托换的适用条件是：土层易于开挖，地下水位较低，否则施工时会发生邻近土的流失；建筑物的基础最好为条形，便于在纵向对荷载进行调整，起到梁的作用。

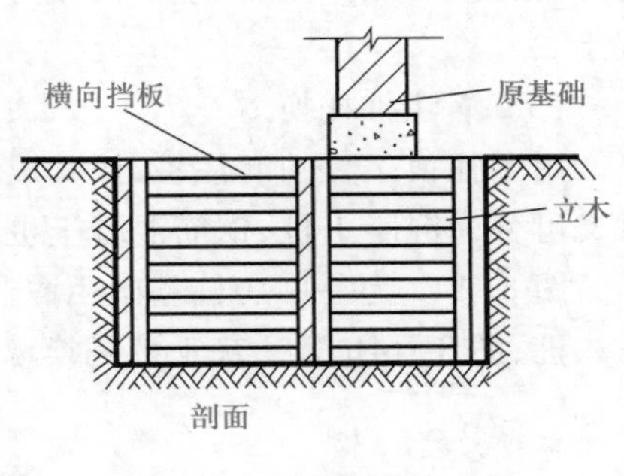

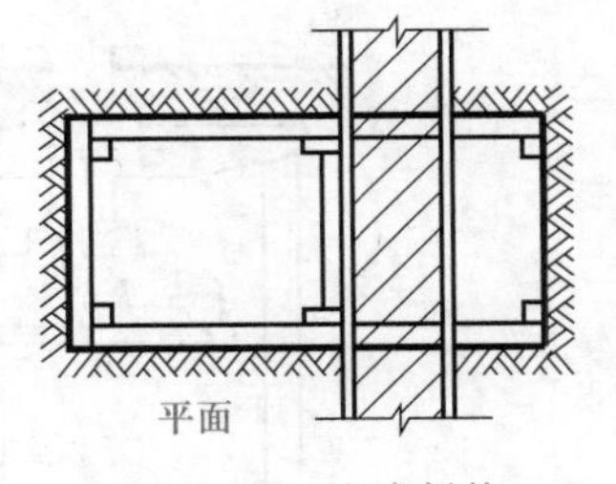

图8-12 坑式托换

2. 桩式托换

桩式托换的内容，包括各种采用桩基的形式进行托换的方法。内容十分广泛，以下介绍几种常用且行之有效的桩式托换方法。

（1）压入桩

① 顶承式静压桩

顶承式静压桩是利用建筑物上部结构自重作支承反力，采用普通千斤顶，将桩分节压入土中（图8-13），接桩用电焊，从压力传感器上可观察到桩贯入到设计土层时的阻力，当桩所承受的荷载超过设计单桩承载力150%时，停止加载，撤出千斤顶，并在基础下支模浇筑混凝土，使桩和基础浇筑成整体，如图8-13b所示。

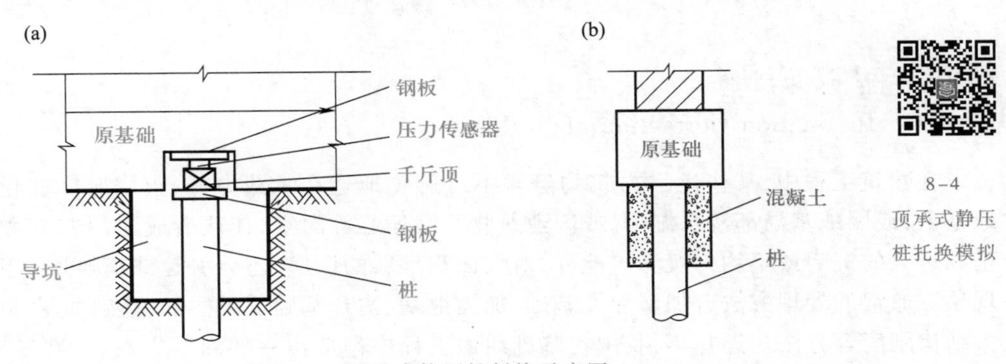

8-4 顶承式静压桩托换模拟

图8-13 顶承式静压桩托换示意图

② 锚杆式静压桩

锚杆式静压桩的工作原理是利用建筑物自重,先在基础上埋设锚杆,借锚杆反力,通过反力架用千斤顶将预制好的桩逐节经基础开凿出来的桩孔压至设计土层,最后在不卸载的情况下用强度等级 C30 的微膨胀早强混凝土将桩与原基础浇灌在一起。

(2) 树根桩

树根桩实际上是一种小直径的就地灌注钢筋混凝土桩,其钻孔直径一般为 75 ~ 250 mm,穿越原有建筑物进入到地基土层中。树根桩可以是垂直或倾斜的,也可是单根或成排的。

用树根桩进行托换时,可认为施工时树根桩不起作用。但只要建筑物一产生极小沉降,树根桩就反应迅速,承受建筑物的部分荷载,同时使基底下土反力相应地减小。若建筑物继续下沉,则树根桩将继续分担荷载,直至全部荷载由树根桩承受为止。

树根桩托换可应用于加固已有建筑物,包括房屋、桥梁墩台等的地基;也可用于修建地下铁道时的托换和加固土坡、整治滑坡等。树根桩托换适用于砂性土、黏性土和岩石等各种类型的地基土。

(3) 灌注桩托换

用于托换工程的灌注桩,按其成孔方法可分为钻孔灌注桩和人工挖孔灌注桩两种。根据桩材又可分为混凝土桩、钢筋混凝土桩、灰土桩等。

图 8-14a 为一厂房桩基础用灌注桩托换的实例,承台支承被托换的上部结构并将荷载传至灌注桩;图 8-14b 为一灰土桩托换墙下基础,托梁支承上部结构并将荷载传至灰土桩。

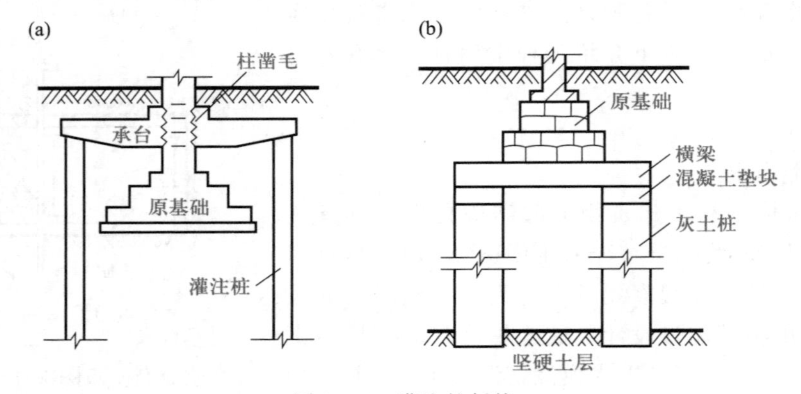

图 8-14 灌注桩托换

8-9-2 建筑物纠偏
Inclination Correction of Building

在建筑工程中,某些建(构)筑物经常不可避免地建在承载力低、土层厚度变化大的较软弱地基上,或因地基局部浸水湿陷,或因建筑物荷载偏心等因素,往往造成建(构)筑物或工业设备基础过大的沉降或不均匀沉降。此外,对大面积堆料的厂房,还会引起桩基础倾斜和吊车卡轨等现象。通常的处理方法有加深加大基础、加固地基、凿开基础矫正柱子、基础加压、基础减压及增大结构刚度等方法。近几年,我国在基础纠偏工程中创造出一些新的方法,实践证明,这些方法简便、效果良好。以下简要介绍顶桩掏土法和排土纠偏法。

1. 顶桩掏土法

该法是将锚杆静压桩和水平向掏土技术相结合。其工作原理是先在建筑物基础沉降多的一侧压桩,并立即将桩与基础锚固在一起,迅速制止建筑物的下沉,然后在沉降少的一侧基底下掏土,以减少基底受力面积,增加基底压力,从而增大该处土中应力,使建筑物缓慢而又均匀地下沉,产生回倾,必要时可在掏土一侧设置少量保护桩,以提高回倾的稳定性,最后达到纠偏矫正的目的。在施工过程中必须加强建筑物沉降和裂缝的观测。

2. 排土纠偏法

排土纠偏法的形式有多种,现介绍以下几种:

(1) 抽砂纠偏法

为了纠正建筑物在使用期间可能出现的不均匀沉降,在建筑物基底预先做一层 0.7 ~ 1.0 m 厚的砂垫层,在预估沉降量较小的部位,每隔一定距离(约 1 m)预留砂孔一个。当建筑物出现不均匀沉降时,可在沉降量较小的部位,用铁管在预留孔中取出一定数量的砂体,从而强迫建筑物下沉,达到沉降均匀的目的。

(2) 钻孔取土纠偏法

当软黏土地基上的建筑物发生倾斜时,用钻孔取土法纠正能收到良好的效果。其方法是利用软土中应力变化后将产生侧向挤出这一特性来调整变形和纠正倾斜。

当基础一侧出现较大沉降而倾斜时,在沉降小的一侧基础周围钻孔,然后再在孔中掏土,使此侧软弱地基土有可能产生侧向挤出而产生较大下沉,达到纠偏的目的。

为了加速倾斜的调整过程,还可在基础下沉较小一侧的基础上逐级增加偏心荷载,使该处地基中附加应力增大,加速软黏土的侧向变形和挤出。

托换技术是一种建筑技术难度较大、费用较高的特殊施工方法,处理不当可能危及生命和财产安全,需应用各种地基处理技术,同时需要巧妙和灵活地综合选用各种托换技术。

8-10 小结 Summary

(1) 地基处理是指天然地基很软弱,不能满足地基承载力和变形的设计要求,而需经过人工处理使之满足基础工程需要而采取的技术措施。

(2) 地基处理的对象是软弱地基和特殊土地基。软弱地基包括淤泥、淤泥质土、冲填土、杂填土和高压缩性土。特殊土地基包括湿陷性黄土、膨胀土、红黏土和季节性冻土等。

(3) 复合地基是指由两种刚度(或模量)不同的材料(桩体和桩间土)组成,共同承受上部荷载并协调变形的人工地基。复合地基的设计应满足承载力和变形的要求。

(4) 换填法是指当软弱土地基的承载力和变形不能满足建筑物要求,而软弱土层厚度又不很大时,可将基础底面下处理范围内的软弱土层部分或全部挖去,然后分层换填压实其他强度较高材料(如砂、碎石、灰土等)的方法。

(5) 排水固结法,是在天然地基中加载预压,或先在地基中设置砂井等竖向排水体,然后利用建筑物本身重量分级逐渐加载,使土体中的孔隙水排出,逐渐固结,地基发生沉降,同时强度逐步提高的方法。

（6）强夯法和重锤法均采用一定重量的锤从一定高度自由下落，从而对地基土进行夯击压实。其中，强夯法是通过巨大的夯击能使土体产生深层动力固结而得到密实；而重锤夯实法则是利用较小的冲击能对浅层地基土挤密。压实法利用平碾、振动碾、冲击碾或其他碾压设备将填土分层密实处理的方法。

（7）挤密桩法是以振动、冲击或带套管等方法成孔，然后向孔中填入砂、石、土（或灰土）、石灰或其他材料，再加以振实而成为直径较大桩体的加固方法。

（8）深层搅拌桩法是利用水泥（或石灰）等材料作为固化剂，通过特制的搅拌机械，在地基深处就地将软土和固化剂（浆液或粉体）强制搅拌，由固化剂和软土间所产生的一系列物理化学反应，使软土硬结成具有整体性、水稳定性和一定强度的水泥加固土，从而提高地基强度和刚度的方法。

（9）高压喷射注浆法是利用钻机把带有喷嘴的注浆管钻至土层的预定位置后，以高压设备使浆液或水成为20～40 MPa的高压射流从喷嘴中喷射而出，冲击破坏土体，同时钻杆以一定速度逐渐向上提升，将浆液和土粒强制搅拌混合，浆液凝固后，在土中形成固结体，从而加固地基的方法。

（10）灌浆法是用液压或气压把能凝固的浆液（一般由水泥、粉煤灰或黏土等粒状浆材配制）注入有缝隙的岩土介质或物体中，以改善灌浆对象的物理力学性质，适应各类土木工程的需要的方法。

（11）土工合成材料加筋法是指在人工填土的垫层、土坡、路堤或挡墙内铺设土工合成材料，从而提高地基承载力、减少沉降和增加稳定性的方法。

（12）托换技术又称基础托换，其内容包括：① 解决原有建筑物的地基处理、基础加固或增层改建的问题；② 当建筑物基础下需要修建地下工程及在其邻近建造新建筑，使原有建筑的安全受到影响时，需采取的地基处理或基础加固措施。

思考题与习题 Questions and Exercises

8-1　地基处理方法一般分哪几类？

8-2　各种灌浆机理有什么特点？其应用条件如何？

8-3　土工聚合物在工程中的作用是什么？

8-4　基础加宽时，应特别注意什么问题？

8-5　某基础底面长度为2.0 m，宽度为1.6 m，基础埋深d=1.2 m，作用于基底的轴心荷载为1 500 kN（含基础自重），因地基为淤泥质土，采用粗砂进行换填，粗砂重度为20 kN/m^3，砂垫层厚度取1.4 m，基底以上为填土，其重度为18 kN/m^3，淤泥质土的承载力特征值f_{ak}=50 kPa，η_d=1.0，试问：① 垫层厚度是否满足要求？② 垫层底面的长度及宽度应为多少？

8-6　某松散砂土地基的承载力标准值为90 kPa，拟采用旋喷桩法加固。现分别用单管法、双重管法和三重管法进行试验，桩径分别为1 m、1.5 m和2 m，单桩轴向承载力标准值分别为200 kN、350 kN和620 kN，三种方法均按正方形布桩，间距为桩径的3倍。试分别求出加固后复合地基承载力标准值的大小。

第9章 Chapter 9

抗震地基基础 Seismic Design of Subgrade and Foundation

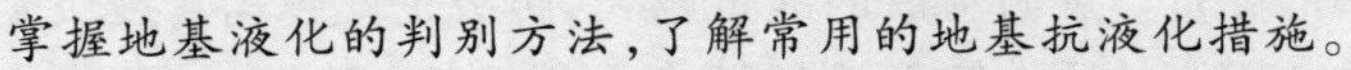

本章学习目标：

熟练掌握地基基础抗震设计和概念性设计的原则、主要内容和基本方法。

熟练掌握地基基础的抗震承载力验算方法。

掌握地基液化的判别方法，了解常用的地基抗液化措施。

了解地震的基本知识，熟悉工程抗震的常用名词术语。

9-1
教学课件

9-1 概述 Introduction

9-1-1 地震的概念 Some Conceptions about Earthquake

地震是地壳在内部或外部因素作用下产生振动的地质现象。发生地震的原因很多，火山爆发可引起火山地震，地下溶洞或地下采空区的塌陷会引起陷落地震，强烈的爆破、山崩、陨石坠落等也可引起地震。但这些地震一般规模小，影响范围小，次数也不多。地球上地震的绝大多数是由地壳自身运动造成的，此类地震称为构造地震。

产生构造地震的本质原因是地球在长期运动过程中，地壳的岩层中产生和积累着巨大的地应力，当某处积累的地应力逐渐增加到超过该处岩层的强度时，就会使岩层产生破裂或错断。此时，积累的能量随岩层的断裂急剧地释放出来，并以地震波的形式向四周传播。地震波到达地面时将引起地面的振动，即表现为地震。一般认为，构造地震容易发生在活动性强的断裂带两端和拐弯部位、两条断裂的交汇处，以及运动变化强烈的大型隆起和凹陷的转换地带，原因在于这些地方的地应力比较集中，岩层构造也相对比较脆弱。

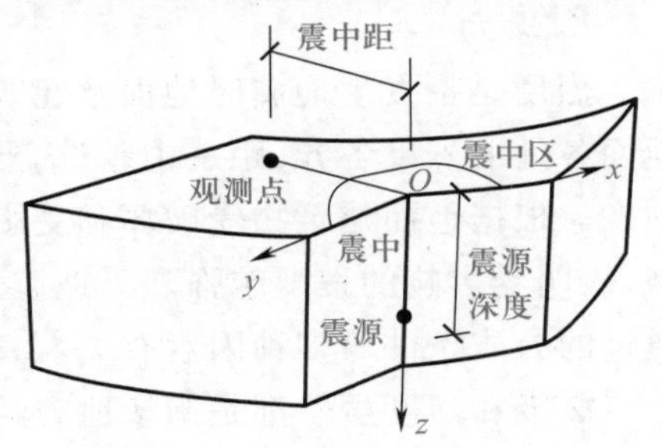

图 9-1 地震术语示意图

如图 9-1 所示，地震的发源处称为震源，震源在地表面的垂直投影点称为震中,震中附近的地区称为震中区域,震中与某观测点间的水平距离称为震中距,震中到震源的距离称为震源深度。震源深度一般为几公里至300 km不等,最大可达720 km。震源深度小于70 km时称为浅源地震,70~300 km之间称为中源地震,大于300 km时称为深源地震。全世界有记录的地震中约有75%是浅源地震,如汶川地震的震源深度约为14 km。

千余年的地震历史资料及近代地震学研究表明,地球上的地震分布极不均匀,主要分布于新构造运动较为活跃的两条地震带上:一条是环太平洋地震带,另一条是地中海至南亚的欧亚地震带。我国正处在这两大地震带的中间,属于多地震活动的国家,其中以台湾省发生的大地震最多,新疆、四川、西藏等地次之。近几十年来,宁夏、辽宁、河北和云南等省、自治区也发生过大地震。

9-1-2 震级与烈度

Degree and Intensity of Earthquake

1. 震级

震级是对地震中释放能量大小的度量。震源释放的能量越大,震级也就越高。震级是根据记录的地震波的最大振幅来确定的。震级的原始定义于1935年由里希特(Richter)给出,用该法确定的地震震级称为里氏震级(简称震级,以M表示)。震级的大小是采用标准地震仪(周期0.8 s,阻尼系数为0.8,放大倍数2 800的地震仪)在距离震中100 km处记录到的以微米(1 μm=10^{-6} m)为单位的最大水平地面位移A的常用对数值,即

$$M=\lg A \tag{9-1}$$

式中 M——地震震级,通常称为里氏震级;

A——由记录到的地震曲线图上得到的最大振幅。

地震震级是表征地震大小或强弱的指标,是一次地震释放能量多少的度量,它是地震的基本参数之一。一次地震只有一个震级。震级直接与震源释放的能量的多少有关,可以用下式表示

$$\lg E=11.8+1.5M \tag{9-2}$$

式中 M——地震震级;

E——地震能量,J。

震级每增加一级,能量增大约30倍。一般来说,小于2.5级的地震,人们感觉不到;5级以上的地震开始引起不同程度的破坏,称为破坏性地震或强震;7级以上的地震称为大震。地球上记录到的最大地震震级为里氏8.9级。

2. 烈度

烈度是指发生地震时地面及建筑物受影响的程度。在一次地震中,地震的震级是确定的,但地面各处的烈度各异,距震中越近,烈度越高;距震中越远,烈度越低。震中附近的烈度称为震中烈度。根据地面建筑物受破坏和受影响的程度,我国地震烈度划分为12度,见表9-1。烈度越高,表明受影响的程度越强烈。地震烈度不仅与震级有关,同时还与震源深度、震中距及地震波通过的介质条件等多种因素有关。

震级和烈度虽然都是衡量地震强烈程度的指标,但烈度直接反映了地面建筑物受破坏的程度,因而与工程设计有着更密切的关系。工程中涉及的烈度概念除震中烈度外有以下几种:

表 9-1　中国地震烈度表

烈度	在地面上人的感觉	房屋震害程度		其他现象	物理参量	
		震害现象	平均震害指数		峰值加速度/(m/s^2)	峰值速度/(m/s)
Ⅰ	无感					
Ⅱ	室内个别静止的人有感觉					
Ⅲ	室内少数静止的人有感觉	门、窗轻微作响		悬挂物微动		
Ⅳ	室内多数人、室外少数人有感觉，少数人梦中惊醒	门、窗作响		悬挂物明显摆动，器皿作响		
Ⅴ	室内普遍、室外多数人有感觉。多数人梦中惊醒	门窗、屋顶、屋架颤动作响，灰土掉落，抹灰出现微细裂缝。有檐瓦掉落，个别屋顶烟囱掉砖		不稳定器物摇动或翻倒	0.31 (0.22～0.44)	0.03 (0.02～0.04)
Ⅵ	站立不稳，少数人惊逃户外	损坏——墙体出现裂缝，檐瓦掉落、少数屋顶烟囱裂缝、掉落	0～0.1	河岸和松软土出现裂缝，饱和砂层出现喷砂冒水；有的独立砖烟囱轻度裂缝	0.63 (0.45～0.89)	0.06 (0.05～0.09)
Ⅶ	大多数人惊逃户外，骑自行车的人有感觉。行驶中的汽车驾乘人员有感觉	轻度破坏——局部破坏、开裂，小修或不需要修理可继续使用	0.11～0.30	河岸出现塌方；饱和砂层常见喷砂冒水，松软土地上地裂缝较多；大多数独立砖烟囱中等破坏	1.25 (0.90～1.77)	0.13 (0.10～0.18)
Ⅷ	多数人摇晃颠簸，行走困难	中等破坏——结构破坏，需要修复才能使用	0.31～0.50	干硬土上亦有裂缝；大多数独立砖烟囱严重破坏；树梢折断；房屋破坏导致人畜伤亡	2.50 (1.78～3.53)	0.25 (0.19～0.35)
Ⅸ	行动的人摔倒	严重破坏——结构严重破坏，局部倒塌，修复困难	0.51～0.70	干硬土上许多地方出现裂缝。基岩可能出现裂缝、错动；滑坡塌方常见；独立砖烟囱出现倒塌	5.00 (3.54～7.07)	0.50 (0.36～0.71)

续表

烈度	在地面上人的感觉	房屋震害程度		其他现象	物理参量	
		震害现象	平均震害指数		峰值加速度/(m/s²)	峰值速度/(m/s)
Ⅹ	骑自行车的人会摔倒，处于不稳状态的人会摔出，有抛起感	大多数倒塌	0.71～0.90	山崩和地震断裂出现；基岩上拱桥破坏；大多数独立砖烟囱从根部破坏或倒毁	10.00（7.08～14.14）	1.00（0.72～1.41）
Ⅺ		普遍倒塌	0.91～1.00	地震断裂延续很长；大量山崩滑坡		
Ⅻ				地面剧烈变化，山河改观		

注：1. 表中数量词：个别相当于10%以下；少数相当于10%～50%；多数相当于50%～70%；大多数相当于70%～90%；普遍相当于90%以上。

2. 表中的震害指数是从各类房屋的震害调查和统计中得出的，反映破坏程度的数字指标：0表示无震害，1表示倒平。

（1）基本烈度

基本烈度是指在今后一定时期内，某一地区在一般场地条件下可能遭受的最大地震烈度。基本烈度所指的地区，是一个较大的区域范围。因此，又称为区域烈度。按中国地震动参数区划图，在一般场地条件下，50年内超越概率为10%的地震烈度称为地震基本烈度。

通常在烈度高的区域内可能包含烈度较低的场地，而在烈度低的区域内也可能包含烈度较高的场地。这主要是因为局部场地的地质构造、地基条件、地形变化等因素与整个区域有所不同，这些局部性控制因素称为小区域因素或场地条件。一般在场地选址时，应进行专门的工程地质和水文地质调查工作，查明场地条件，确定场地烈度，据此避重就轻，选择对抗震有利的地段布置工程。所谓场地是指建筑物所在的局部区域，大体相当于厂区、居民点和自然村的范围。场地烈度即指区域内一个具体场地的烈度。

（2）多遇与罕遇地震烈度

多遇地震烈度是指设计基准期50年内超越概率为63%的地震烈度，亦称众值烈度。罕遇地震烈度是指设计基准期50年内超越概率为2%的地震烈度。

（3）设防烈度

设防烈度是指按国家规定的权限批准的作为一个地区抗震设防依据的地震烈度。地震设防烈度是针对一个地区而不是针对某一建筑物确定，也不随建筑物的重要程度提高或降低。

9-2　地基基础的震害现象

Earthquake Disasters of Subgrade and Foundation

构造地震活动频繁，影响范围大，破坏性强，对人类生存造成巨大的危害。全球每年约发生

500万次地震，其中绝大多数属于微震，有感地震约5万次，造成严重破坏的地震约十几次。1960年5月22日智利发生了全球最大的一次地震（里氏8.9级），灾情极为严重，由地震引起的特大海啸的浪高达20 m；海啸在越过太平洋到达日本东海岸时，浪高仍达4～7 m，造成伤亡数百人，沉船109艘的严重灾害。

我国自古以来有记载的地震达8 000多次，7级以上地震就有100多次。表9-2列举了我国20世纪60—70年代发生的几次强震的资料和震害情况。80年代和90年代又多次发生7级以上地震。2008年5月12日，四川省汶川县发生了新中国成立以来破坏性和救援难度最大的一次大地震，其主震震级达里氏8.0级，震中烈度为11度，在地震发生的短短一分多钟时间内，地壳深部的岩石中形成了一条长约300 km、深达30 km的大断裂，其最大垂直错距和水平错距分别达到5 m和4.8 m。汶川大地震引发了大量的滑坡、崩塌和泥石流等次生地质灾害，造成交通、通信和供水、供电中断，大量房屋倒塌和约8万人死亡，位于发震断裂带上的北川县城、汶川映秀等一些城镇几乎夷为平地，直接经济损失达8 000多亿元人民币（据中国地震信息网）。地震及其他自然灾害严重是中国的基本国情之一。

表9-2　中国部分大地震（M>7）及其震害情况

地震地点	发生时间	震级	震中烈度	震源深度/km	受灾面积/km²	死亡人数与震害情况
河北邢台	1966.3.22	7.2	10	10	23 000	0.79万，县内房屋几乎倒塌
云南通海	1970.1.5	7.7	10	13	1 777	1.56万，房屋倒塌90%
云南昭通	1974.5.11	7.1	9	14	2 300	0.16万
云南龙陵	1976.5.29	7.4	9	—	—	73人，房屋倒塌约半数
四川炉霍	1973.2.6	7.9	10	—	6 000	0.22万，除木房外全倒
四川松潘	1976.8.16	7.2	8	—	5 000	38人
辽宁海城	1975.2.4	7.3	9	12～15	920	0.13万，乡村房屋倒塌50%
河北唐山	1976.7.28	7.8	11	12～16	32 000	24.2万，85%的房屋倒塌或严重破坏

9-2-1　地基的震害
Earthquake Disasters of Subgrade

由于地区特点和地形地质条件的复杂性，强烈地震造成的地面和建筑物的破坏类型多种多样。典型的地基震害有震陷、地基土液化、地震滑坡和地裂几种。

1. 震陷

震陷是指地基土由于地震作用而产生的明显的竖向永久变形。在发生强烈地震时，如果地基由软弱黏性土和松散砂土构成，其结构受到扰动和破坏，强度严重降低，在重力和基础荷载的作用下会产生附加的沉陷。在我国沿海地区及较大河流的下游软土地区，震陷往往也是主要的地基震害。当地基土的级配较差、含水量较高、孔隙比较大时震陷也大。砂土的液化也往往引起地表较大范围的震陷。此外,在溶洞发育和地下存在大面积采空区的地区,在强烈地震的作用下也容易诱发震陷。

2. 地基土液化

在地震的作用下,饱和砂土的颗粒之间发生相互错动而重新排列,其结构趋于密实,如果砂土为颗粒细小的粉细砂,则因透水性较弱而导致孔隙水压力加大,同时颗粒间的有效应力减小,当地震作用大到使有效应力减小到零时,将使砂土颗粒处于悬浮状态,即出现砂土的液化现象。

砂土液化时其性质类似于液体,抗剪强度完全丧失,使作用于其上的建筑物产生较大的沉降、倾斜和水平位移,可引起建筑物开裂、破坏甚至倒塌。在国内外的大地震中,砂土液化现象相当普遍,是造成地震灾害的重要原因。

影响砂土液化的主要因素为:地震烈度,振动的持续时间,土的粒径组成、密实程度、饱和度,土中黏粒含量,以及土层埋深等。

3. 地震滑坡

在山区和陡峭的河谷区域,强烈地震可能引起诸如山崩、滑坡、泥石流等大规模的岩土体运动,从而直接导致地基、基础和建筑物的破坏。此外,岩土体的堆积也会给建筑物和人类的安全造成危害。

4. 地裂

地震导致岩面和地面突然破裂和位移,会引起位于附近或跨断层的建筑物发生变形和破坏。如唐山地震时,地面出现一条长 10 km、水平错动 1.25 m、垂直错动 0.6 m 的大地裂,错动带宽约 2.5 m,致使在该断裂带附近的房屋、道路、地下管道等遭到极其严重的破坏,民用建筑几乎全部倒塌。

9-2-2 建筑基础的震害
Earthquake Disasters of Foundation

建筑物基础的常见震害有:

1. 沉降、不均匀沉降和倾斜

观测资料表明,一般黏性土地基上的建筑物由地震产生的沉降量通常不大;而软土地基则可产生 10 ~ 20 cm 的沉降,也有达 30 cm 以上者;如地基的主要受力层为液化土或含有厚度较大的液化土层,强震时则可能产生数十厘米甚至 1 m 以上的沉降,造成建筑物的倾斜和倒塌。

2. 水平位移

常见于边坡或河岸边的建筑物,其常见原因是土坡失稳和岸边地下液化土层的侧向扩展等。

3. 受拉破坏

地震时,受力矩作用较大的桩基础的外排桩受到过大的拉力时,桩与承台的连接处会产生破坏。杆、塔等高耸结构物的拉锚装置也可能因地震产生的拉力过大而破坏。如唐山地震时开滦煤矿井架的斜架或斜撑普遍遭到破坏,地脚螺栓上拔 10 ~ 130 mm,斜架基础底板位移10 ~ 160 mm。

地震作用是通过地基和基础传递给上部结构的,因此,地震时首先是场地和地基受到考验,继而产生建筑物和构筑物振动并由此引发地震灾害。

9-3 地基基础抗震设计
Seismic Design of Subgrade and Foundation

9-3-1 抗震设计的任务
Tasks of Seismic Design

任何建筑物都建造在作为地基的岩土层上。地震时,土层中传播的地震波引起地基土体振动,导致土体产生附加变形,强度也相应发生变化。若地基土强度不能承受地基振动所产生的内力,对建筑物就会失去支承能力,导致地基失效,严重时可产生像地裂、滑坡、液化、震陷等震害。地基基础抗震设计的任务就是确保地震中地基和基础的稳定性和变形,包括地基的地震承载力验算,地基液化可能性判别和液化等级的划分,震陷分析,合理的基础结构形式,以及为保证地基基础能有效工作所必须采取的抗震措施等内容。

GB 50223—2008《建筑工程抗震设防分类标准》(简称《抗震规范》)将建筑物按使用功能的重要性和破坏后果的严重性分为如下四个抗震设防类别:

(1) 特殊设防类:指使用上有特殊设施,涉及国家公共安全的重大建筑工程和地震时可能发生严重次生灾害等特别重大灾害后果,需要进行特殊设防的建筑,简称甲类。

(2) 重点设防类:指地震时使用功能不能中断或需尽快恢复的生命线相关建筑,以及地震时可能导致大量人员伤亡等重大灾害后果,需要提高设防标准的建筑,简称乙类。

(3) 标准设防类:指除甲、乙、丁类以外大量的按标准要求进行设防的建筑,简称丙类。

(4) 适度设防类:指使用上人员稀少且震损不致产生次生灾害,允许在一定条件下适度降低要求的建筑,简称丁类。

各抗震设防类别建筑的抗震设防标准应符合下列要求:

(1) 特殊设防类,应按高于本地区抗震设防烈度一度的要求加强其抗震措施;但抗震设防烈度为 9 度时应按比 9 度更高的要求采取抗震措施;同时,应按批准的地震安全性评价的结果确定且高于本地区抗震设防烈度的要求确定其地震作用。

(2) 重点设防类,应按高于本地区抗震设防烈度一度的要求加强其抗震措施;但抗震设防烈度为 9 度时应按比 9 度更高的要求采取抗震措施;地基基础的抗震措施应符合有关规定。同时,应按本地区抗震设防烈度确定其地震作用。

(3) 标准设防类,应按本地区抗震设防烈度确定其抗震措施和地震作用,达到在遭遇高于当地抗震设防烈度的预估罕遇地震影响时不致倒塌或发生危及生命安全的严重破坏的抗震设防目标。

(4) 适度设防类,允许比本地区抗震设防烈度的要求适当降低其抗震措施,但抗震设防烈度为 6 度时不应降低。一般情况下,仍应按本地区抗震设防烈度确定其地震作用。

对于划为重点设防类而规模很小的工业建筑,当改用抗震性能较好的材料且符合抗震设计规范对结构体系的要求时,允许按标准设防类设防。

9-3-2 抗震设计的目标和方法

Objectives and Methods of Seismic Design

1. 抗震设计的目标

《抗震规范》将建筑物的抗震设防目标确定为“三个水准”，其具体表述为：当遭受低于本地区抗震设防烈度的多遇地震影响时，主体结构不受损坏或不需修理可继续使用；当遭受相当于本地区抗震设防烈度的设防地震影响时，可能发生损坏，但经一般性修理后仍可继续使用；当遭受高于本地区抗震设防烈度的罕遇地震影响时，不致倒塌或发生危及生命的严重破坏。使用功能或其他方面有专门要求的建筑，当采用抗震性能化设计时，具有更具体或更高的抗震设防目标。工程中通常将上述抗震设计的三个水准简要地概括为“小震不坏，中震可修，大震不倒”的抗震设防目标。这是根据目前我国经济条件所考虑的抗震设防水平，也是我国几十年抗震工作的宝贵经验总结。

为保证实现上述抗震设防目标，《抗震规范》规定在具体的设计工作中采用两阶段设计步骤。第一阶段的设计是承载力验算，取第一水准的地震动参数计算结构的弹性地震作用标准值和相应的地震作用效应，进行结构构件的承载力验算，即可实现第一、二水准的设计目标。大多数结构可仅进行第一阶段设计，而通过概念设计和抗震构造措施来满足第三水准的设计要求。

第二阶段设计是弹塑性变形验算，对特殊要求的建筑，地震时易倒塌的结构以及有明显薄弱层的不规则结构，除进行第一阶段设计外，还要进行结构薄弱部位的弹塑性层间变形验算并采取相应的抗震构造措施，以实现第三水准的设防要求。

上述设防原则和设计方法可简短地表述为“三水准设防，两阶段设计”。

地基基础一般只进行第一阶段设计。对于地基承载力和基础结构，只要满足了第一水准对于强度的要求，同时也就满足了第二水准的设防目标。对于地基液化验算则直接采用第二水准烈度，对判明存在液化土层的地基，采取相应的抗液化措施。地基基础相应于第三水准的设防要通过概念设计和构造措施来满足。

2. 地基基础的概念设计

结构的抗震设计包括计算设计和概念设计两个方面。计算设计是指确定合理的计算简图和分析方法，对地震作用效应作定量计算及对结构抗震能力进行验算。概念设计是指从宏观上对建筑结构作合理的选型、规划和布置，选用合格的材料，采取有效的构造措施等。20世纪70年代以来，人们在总结大地震灾害的经验中发现：对结构抗震设计来说“概念设计”比“计算设计”更为重要。由于地震动的不确定性和结构在地震作用下的响应和破坏机理的复杂性，“计算设计”很难全面有效地保证结构的抗震性能，因而必须强调良好的“概念设计”。地震作用对地基基础影响的研究，目前还很不足，因此地基基础的抗震设计更应重视概念设计。如前所述，场地条件对结构物的震害和结构的地震反应都有很大影响，因此，场地的选择、处理、地基与上部结构动力相互作用的考虑以及地基基础类型的选择等都是概念设计的重要方面。

9-3-3 场地选择

Choice of Building Site

地震对建筑物的破坏作用是通过场地、地基和基础传递给上部结构的；同时，场地与地基在地震时又支承着上部结构。因此，选择适宜的建筑场地对于建筑物的抗震设计至关重要。

1. 场地类别划分

场地分类是为了便于采取合理的设计参数和适宜的抗震构造措施。从各国规范中场地分类的总趋势看，分类的标准应当反映影响场地地面运动特征的主要因素，但现有的强震资料还难以用更细的尺度与之对应，所以场地分类一般至多分为三类或四类，划分指标尤以土层软硬描述为最多。作为定量指标的覆盖层厚度已被工程界所广泛接受，采用剪切波速作为土层软硬描述的指标近年来逐渐增多。

《抗震规范》中采用以剪切波速和覆盖层厚度双指标分类方法来确定场地类别，具体划分如表 9-3 所示。

表 9-3　建筑场地的覆盖层厚度与场地类别　m

岩石的剪切波速或土的等效剪切波速/(m/s)	场地类别				
	I_0	I_1	Ⅱ	Ⅲ	Ⅳ
$v_s>800$	0				
$800\geqslant v_s>500$		0			
$500\geqslant v_{se}>250$		<5	≥5		
$250\geqslant v_{se}>150$		<3	3～50	>50	
$v_{se}\leqslant 150$		<3	3～15	15～80	>80

场地覆盖层厚度的确定方法为：

（1）一般情况下应按地面至剪切波速大于 500 m/s 且其下卧各层岩土的剪切波速均不小于 500 m/s 的土层顶面的距离确定；

（2）当地面 5 m 以下存在剪切波速大于其上部各土层剪切波速 2.5 倍的土层，且该层及其下卧岩土层的剪切波速均不小于 400 m/s 时，可按地面至该土层顶面的距离确定；

（3）剪切波速大于 500 m/s 的孤石和透镜体视同周围土层一样；

（4）土层中的火山岩硬夹层当作刚体看待，其厚度从覆盖土层中扣除。

对土层剪切波速的测量，在初勘阶段，对大面积的同一地质单元，测量的钻孔数量不少于 3 个。在详勘阶段，单幢建筑不宜少于 2 个，密集的高层建筑群每幢建筑不少于 1 个。对于丁类建筑及层数不超过 10 层且高度不超过 30 m 的丙类建筑，当无实测剪切波速时，可根据岩土名称和性状，按表 9-4 划分土的类型，再利用当地经验在表 9-4 的剪切波速范围内估计各土层的剪切波速。

表 9-4　土的类型划分和剪切波速范围

土的类型	岩土名称和状态	土层剪切波速范围/(m/s)
岩石	坚硬、较硬且完整的岩石	$v_s>800$
坚硬土或软质岩石	破碎和较破碎的岩石或软和较软的岩石，密实的碎石土	$800\geqslant v_s>500$
中硬土	中密、稍密的碎石土，密实、中密的砾、粗、中砂，$f_{ak}>150$ kPa 的黏性土和粉土，坚硬黄土	$500\geqslant v_s>250$

续表

土的类型	岩土名称和状态	土层剪切波速范围/(m/s)
中软土	稍密的砾、粗、中砂,除松散外的细、粉砂,$f_{ak}\leqslant 150$ kPa 的黏性土和粉土,$f_{ak}>130$ kPa 的填土,可塑新黄土	$250\geqslant v_s>150$
软弱土	淤泥和淤泥质土,松散的砂,新近沉寂的黏性土和粉土,$f_{ak}<130$ kPa 的填土,流塑黄土	$v_s\leqslant 150$

注:f_{ak} 为由荷载试验等方法得到的地基承载力特征值,kPa;v_s 为岩土剪切波速。

场地土层的等效剪切波速按下列公式计算:

$$v_{se}=d_0/t \tag{9-3}$$

$$t=\sum_{i=1}^{n}(d_i/v_{si}) \tag{9-4}$$

式中 v_{se}——土层等效剪切波速,m/s;

v_{si}——计算深度范围内第 i 土层的剪切波速,m/s;

t——剪切波在地面至计算深度间的传播时间;

d_i——计算深度范围内第 i 土层的厚度,m;

d_0——计算深度,取覆盖层厚度和 20 m 二者的较小值,m;

n——计算深度范围内土层的分层数。

2. 场地选择

通常,场地的工程地质条件不同,建筑物在地震中的破坏程度也明显不同。因此,在工程建设中适当选取建筑场地,将大大减轻地震灾害。此外,由于建设用地受到地震以外众多因素的限制,除了极不利和有严重危险性的场地以外往往是不能排除其作为建筑场地的。故很有必要按照场地、地基对建筑物所受地震破坏作用的强弱和特征采取抗震措施,也是地震区场地分类与选择的目的。

研究表明,影响建筑震害和地震动参数的场地因素很多,其中包括有局部地形、地质构造、地基土质等,影响的方式也各不相同。一般认为,对抗震有利的地段系指地震时地面无残余变形的坚硬土或开阔平坦密实均匀中硬土的范围或地区;而不利地段为可能产生明显的地基变形或失效的某一范围或地区;危险地段指可能发生严重的地面残余变形的某一范围或地区。因此,《抗震规范》中将场地划分为有利、一般、不利和危险地段,具体标准如表 9-5 所示。

表 9-5 抗震有利、一般、不利和危险地段的划分

地段类别	地质、地形、地貌
有利地段	稳定基岩,坚硬土,开阔、平坦、密实、均匀的中硬土等
一般地段	不属于有利、不利和危险的地段
不利地段	软弱土,液化土,条状突出的山嘴,高耸孤立的山丘,陡坡,陡坎,河岸和边坡的边缘,平面分布上明显不均匀的土层(含故河道、疏松的断层破碎带、暗埋的塘浜沟谷和半填半挖地基),高含水量的可塑黄土,地表存在结构性裂缝等
危险地段	地震时可能发生滑坡、崩塌、地陷、地裂、泥石流等及发震断裂带上可能发生地表位错的部位

在选择建筑场地时,应根据工程需要,掌握地震活动情况和有关工程地质资料,做出综合评价,避开不利的地段,当无法避开时应采取有效的抗震措施;对于危险地段,严禁建造甲、乙类的建筑,不应建造丙类的建筑。对于山区建筑的地基基础,应注意设置符合抗震要求的边坡工程,并避开土质边坡和强风化岩石边坡的边缘。

建筑场地为Ⅰ类时,对甲、乙类建筑允许按本地区抗震设防烈度的要求采取抗震构造措施;丙类建筑允许按本地区抗震设防烈度降低一度的要求采取抗震构造措施,但抗震设防烈度为6度时应按本地区抗震设防烈度的要求采取抗震构造措施。建筑场地为Ⅲ、Ⅳ类时,对设计基本地震加速度为0.15g和0.30g的地区,除另有规定外,宜分别按抗震设防烈度8度(0.20g)和9度(0.40g)时各类建筑的要求采取抗震构造措施。此外,抗震设防烈度为10度地区或行业有特殊要求的建筑抗震设计,应按有关专门规定执行。

关于局部地形条件的影响,其情况比较复杂。从宏观震害经验和地震反应分析结果所反映的总趋势,大致可以归纳为以下几点:

(1) 高突地形距基准面的高度愈大,高处的反应愈强烈;

(2) 离陡坎和边坡顶部边缘的距离加大,反应逐步减小;

(3) 从岩土构成方面看,在同样的地形条件下,土质结构的反应比岩质结构大;

(4) 高突地形顶面愈开阔,远离边缘的中心部位的反应明显减小;

(5) 边坡愈陡,其顶部的放大效应愈明显。

当场地中存在发震断裂时,尚应对断裂的工程影响做出评价。在离心机上做断层错动时不同土性和覆盖层厚度情况的位错量试验,按试验结果分析,当最大断层错距为1.0~3.0 m和4.0~4.5 m时,断裂上覆盖层破裂的最大厚度为20 m和30 m。考虑3倍左右的安全富余,可将8度和9度时上覆盖层的安全厚度界限分别取为60 m和90 m。基于上述认识和工程经验,《抗震规范》在对发震断裂的评价和处理上提出以下要求:

(1) 对符合下列规定之一者,可忽略发震断裂错动对地面建筑的影响:

① 抗震设防烈度小于8度;

② 非全新世活动断裂;

③ 抗震设防烈度为8度和9度时,隐伏断裂的土层覆盖厚度分别大于60 m和90 m。

(2) 对不符合上列规定者,应避开主断裂带,其避让距离应满足表9-6的规定。

表9-6 发震断裂的最小避让距离 m

烈度	建筑抗震设防类别			
	甲	乙	丙	丁
8	专门研究	200	100	—
9	专门研究	400	200	—

进行场地选择时还应考虑建筑物自振周期与场地卓越周期的相互关系,原则上应尽量避免两种周期过于接近,以防共振,尤其要避免将自振周期较长的柔性建筑置于松软深厚的地基土层上。若无法避免,例如我国上海、天津等沿海城市地基软弱土层深厚,又需修建大量高层和超高层建筑,此时宜提高上部结构整体刚度和选用抗震性能较好的基础类型,如箱基或桩箱基础等。

9-3-4 地基基础方案选择

Design Projects of Subgrade and Foundation

地基在地震作用下的稳定对基础和上部结构内力分布的影响十分明显，因此确保地震时地基基础不发生过大变形和不均匀沉降是地基基础抗震设计的基本要求。

地基基础的抗震设计应通过选择合理的基础体系和抗震验算来保证其抗震能力。对地基基础抗震设计的基本要求是：

(1) 同一结构单元的基础不宜设置在性质截然不同的地基土层上。

(2) 同一结构单元不宜部分采用天然地基而另外部分采用桩基。当采用不同基础类型或基础埋深显著不同时，应根据地震时两部分地基基础的沉降差异，在基础、上部结构的相关部分采取相应措施。

(3) 地基有软弱黏性土、液化土、新近填土或严重不均匀土时，应根据地震时地基的不均匀沉降和其他不利影响采取相应措施。

一般在进行地基基础的抗震设计时，应根据具体情况，选择对抗震有利的基础类型，并在抗震验算时尽量考虑结构、基础和地基的相互作用影响，使之能反映地基基础在不同阶段的工作状态。在决定基础的类型和埋深时，还应考虑下列工程经验：

(1) 同一结构单元的基础不宜采用不同的基础埋深。

(2) 深基础通常比浅基础有利，因其可减少来自基底的振动能量输入。土中水平地震加速度一般在地表下 5 m 以内减少很多，四周土体对基础振动能起阻抗作用，有利于将更多的振动能量耗散到周围土层中。

(3) 纵横内墙较密的地下室、箱形基础和筏板基础的抗震性能较好。对软弱地基，宜优先考虑设置全地下室，采用箱形基础或筏板基础。

(4) 地基较好、建筑物层数不多时，可采用单独基础，但最好用地基梁联成整体，或采用交叉条形基础。

(5) 实践证明桩基础和沉井基础的抗震性能较好，并可穿透液化土层或软弱土层，将建筑物荷载直接传到下部稳定土层中，是防止因地基液化或严重震陷而造成震害的有效方法。但要求桩尖和沉井底面埋入稳定土层不应小于 1 ~ 2 m，并进行必要的抗震验算。

(6) 桩基宜采用低承台，可发挥承台周围土体的阻抗作用。桥梁墩台基础中普遍采用低承台桩基和沉井基础。

9-3-5 天然地基承载力验算

Checking Calculation about the Capacity of Subgrade

地基和基础的抗震验算，一般采用“拟静力法”。其假定地震作用如同静力，然后在该条件下验算地基和基础的承载力和稳定性。承载力的验算方法与静力状态下的验算方法相似，即计算的基底压力应不超过调整后的地基抗震承载力。因此，当需要验算天然地基承载力时，应采用地震作用效应标准组合。《抗震规范》规定，基础底面平均压力和边缘最大压力应符合下列各式要求：

$$p \leqslant f_{aE} \tag{9-5}$$

$$p_{max} \leqslant 1.2 f_{aE} \tag{9-6}$$

式中 p——地震作用效应标准组合的基础底面平均压力,kPa;

p_{max}——地震作用效应标准组合的基础底面边缘最大压力,kPa;

f_{aE}——调整后的地基抗震承载力,按公式(9-7)计算,kPa。

高宽比大于4的高层建筑,在地震作用下基础底面不宜出现拉应力;其他建筑的基础底面与地基之间的零应力区面积不应超过基础底面面积的15%。

目前大多数国家的抗震规范在验算地基土的抗震强度时,抗震承载力都采用在静承载力的基础上乘以一个系数的方法加以调整。考虑调整的出发点是:

(1)地震是偶发事件,是特殊荷载,因而地震时地基的可靠度容许有一定程度的降低;

(2)地震是有限次数不等幅的随机荷载,其等效循环荷载不超过十几到几十次,而多数土在有限次数的动载下强度较静载下稍高,称为土动强度的速率效应。

基于上述两方面原因,《抗震规范》采用抗震极限承载力与静力极限承载力的比值作为地基土的承载力调整系数,其值也可近似通过动静强度之比求得。因此,在进行天然地基的抗震验算时,地基的抗震承载力应按下式计算:

$$f_{aE} = \zeta_a f_a \tag{9-7}$$

式中 ζ_a——地基抗震承载力调整系数,按表9-7采用;

f_a——深宽修正后的地基承载力特征值,可按《地基规范》采用。

表9-7 地基土抗震承载力调整系数表

岩土名称和性状	ζ_a
岩石,密实的碎石土,密实的砾、粗、中砂,$f_{ak} \geqslant 300$ kPa的黏性土和粉土	1.5
中密、稍密的碎石土,中密和稍密的砾及粗、中砂,密实和中密的细、粉砂,150 kPa $\leqslant f_{ak} <$ 300 kPa的黏性土和粉土,坚硬黄土	1.3
稍密的细、粉砂,100 kPa $\leqslant f_{ak} <$ 150 kPa的黏性土和粉土,可塑黄土	1.1
淤泥,淤泥质土,松散的砂,杂填土,新近堆积黄土及流塑黄土	1.0

注:表中f_{ak}指未经深宽修正的地基承载力特征值,按现行国家标准《地基规范》确定。

对我国多次强地震中遭受破坏建筑的调查表明,只有少数房屋是因地基的原因而导致上部结构破坏的。而这类地基大多数是液化地基、易产生震陷的软土地基和严重不均匀的地基。一般地基均具有较好的抗震性能,极少发现因地基承载力不够而产生震害。因此,通常对于量大面广的一般地基和基础可不做抗震验算,而对于容易产生地基基础震害的液化地基、软土地基和严重不均匀地基,则应采用相应的抗震措施,以避免或减轻震害。《抗震规范》规定下列建筑可不进行天然地基及基础的抗震承载力验算:

(1)该规范规定可不进行上部结构抗震验算的建筑。

(2)地基主要受力层范围内不存在软弱黏性土层的一般单层厂房、单层空旷房屋、砌体房屋和不超过8层且高度在24 m以下的一般民用框架房屋及与其基础荷载相当的多层框架厂房和多层混凝土抗震墙房屋。

例题9-1　某厂房采用现浇柱下独立基础，基础埋深3 m，基础底面为正方形，边长4 m。由平板荷载试验得基底主要受力层的地基承载力特征值为 $f_{ak}=190$ kPa，地基土的其余参数如图9-2所示。考虑地震作用效应标准组合时作用于基底形心处的荷载为：$N=4\ 850$ kN，$M=920$ kN·m（单向偏心）。试按《抗震规范》验算地基的抗震承载力。

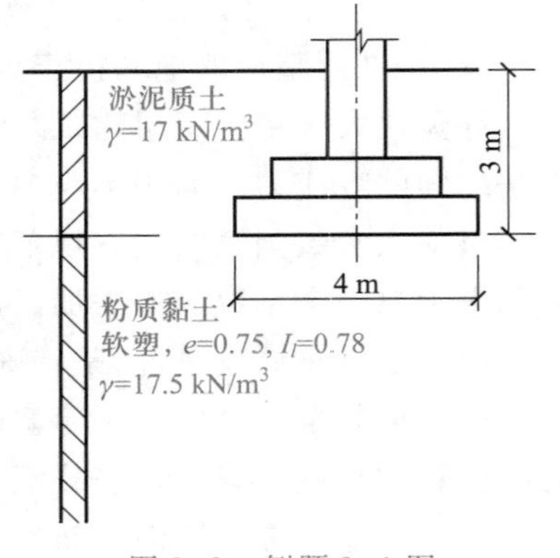

图9-2　例题9-1图

解　(1) 基底压力

基底平均压力为

$$p=N/A=4\ 850/(4\times4)\ \text{kPa}=303.1\ \text{kPa}$$

基底边缘压力为

$$p_{\substack{\max\\ \min}}=\frac{N}{A}\pm\frac{M}{W}=303.1\ \text{kPa}\pm\frac{920\ \text{kN}\cdot\text{m}\times6}{4\ \text{m}\times(4\ \text{m})^2}=\frac{389.4}{216.9}\ \text{kPa}$$

(2) 地基抗震承载力

由表2-3查得：$\eta_b=0.3$，$\eta_d=1.6$，故有

$$\begin{aligned}f_a&=f_{ak}+\eta_b\gamma(b-3)+\eta_d\gamma_m(d-0.5)\\&=190\ \text{kPa}+0.3\times17.5\ \text{kN/m}^3\times(4-3)\ \text{m}+1.6\times17\ \text{kN/m}^3\times(3-0.5)\ \text{m}\\&=263.3\ \text{kPa}\end{aligned}$$

又由表9-7查得地基抗震承载力调整系数 $\zeta_a=1.3$，故地基抗震承载力 f_{aE} 为

$$f_{aE}=\zeta_a f_a=1.3\times263.3\ \text{kPa}=342.3\ \text{kPa}$$

(3) 验算

由于

$$p=303.1\ \text{kPa}<f_{aE}=342.3\ \text{kPa}$$

$$p_{\max}=389.4\ \text{kPa}<1.2f_{aE}=410.6\ \text{kPa}$$

$$p_{\min}=216.9\ \text{kPa}>0$$

故地基承载力满足抗震要求。

9-3-6　桩基础验算

Calculation about Pile Foundation

唐山地震的宏观经验表明，桩基础的抗震性能普遍优于其他类型基础，但桩端直接支承于液化土层和桩侧有较大地面堆载者除外。此外，当桩承受有较大水平荷载时仍会遭受较大的地震破坏作用。下面简要介绍《抗震规范》关于桩基础的抗震验算和构造的有关规定。

1. 桩基可不进行承载力验算的范围

对于承受竖向荷载为主的低承台桩基，当地面下无液化土层，且桩承台周围无淤泥、淤泥质土和地基土承载力特征值不大于100 kPa的填土时，某些建筑可不进行桩基的抗震承载力验算。其具体规定是对于7度和8度时一般的单层厂房和单层空旷房屋、不超过8层且高度在24 m以下的一般民用框架房屋及与其基础荷载相当的多层框架厂房和多层混凝土抗震墙房屋也可不验算。

2. 非液化土中低承台桩基的抗震验算

对单桩的竖向和水平向抗震承载力特征值，均可比非抗震设计时提高25%。考虑到一定条件下承台周围回填土有明显分担地震荷载的作用，故规定当承台周围回填土夯实至干密度不小于《地基规范》对填土的要求时，可由承台正面填土与桩共同承担水平地震作用；但不应计入承台底面与地基土间的摩擦力。

3. 存在液化土层时的低承台桩基

存在液化土层时的低承台桩基，其抗震验算应符合下列规定：

（1）对埋置较浅的桩基础，不宜计入承台周围土的抗力或刚性地坪对水平地震作用的分担作用。

（2）当承台底面上、下分别有厚度不小于1.5 m、1.0 m的非液化土层或非软弱土层时，可按下列两种情况进行桩的抗震验算，并按不利情况设计：

① 桩承受全部地震作用，桩的承载力比非抗震设计时提高25%，液化土的桩周摩阻力及桩的水平抗力均乘以表9-8所列的折减系数；

表9-8　土层液化影响折减系数

实际标贯击数/临界标贯击数	深度 d_s/m	折减系数
≤0.6	$d_s \leqslant 10$	0
	$10<d_s \leqslant 20$	1/3
>0.6～0.8	$d_s \leqslant 10$	1/3
	$10<d_s \leqslant 20$	2/3
>0.8～1.0	$d_s \leqslant 10$	2/3
	$10<d_s \leqslant 20$	1

② 地震作用按水平地震影响系数最大值的10%采用，桩承载力仍按非液化土中的桩基确定，但应扣除液化土层的全部摩阻力及桩承台下2 m深度范围内非液化土的桩周摩擦力。

（3）对于打入式预制桩和其他挤土桩，当平均桩距为2.5～4倍桩径且桩数不少于5×5时，可计入打桩对土的加密作用及桩身对液化土变形限制的有利影响。当打桩后桩间土的标准贯入锤击数值达到不液化的要求时，单桩承载力可不折减，但对桩尖持力层做强度校核时，桩群外侧的应力扩散角应取为零。打桩后桩间土的标准贯入锤击数宜由试验确定，也可按下式计算：

$$N_1 = N_P + 100\rho(1 - e^{-0.3N_P}) \tag{9-8}$$

式中　N_1——打桩后的标准贯入锤击数；

ρ——打入式预制桩的面积置换率；

N_P——打桩前的标准贯入锤击数。

上述液化土中桩的抗震验算原则和方法主要考虑了以下情况：

① 不计承台旁土抗力或地坪的分担作用偏于安全，也就是将其作为安全储备，因目前对液化土中桩的地震作用与土中液化进程的关系尚未弄清。

② 根据地震反应分析与振动台试验，地面加速度最大的时刻出现在液化土的孔压比小于1（常为0.5～0.6）时，此时土尚未充分液化，只是刚度比未液化时下降很多，故可仅对液化土的刚度作折减。

③ 液化土中孔隙水压力的消散往往需要较长的时间。地震后土中孔压不会很快消散完毕，往往于震后才出现喷砂冒水，这一过程通常持续几小时甚至一两天，其间常有沿桩与基础四周排水的现象，其说明此时桩身摩阻力已大减，从而出现竖向承载力不足和缓慢的沉降，因此应按静力荷载组合校核桩身的强度与承载力。

除应按上述原则验算外，还应对桩基的构造予以加强。桩基理论分析表明，地震作用下桩基在桩头、软硬土层交界面处最易受到剪、弯损害。阪神地震后许多桩基的实际考查也证实了这一点，但在采用 m 法的桩身内力计算方法中却无法反映，目前除考虑桩土相互作用的地震反应分析可以较好地反映桩身受力情况外，还没有简便实用的计算方法保证桩在地震作用下的安全，因此必须采取有效的构造措施，对液化土中的桩，应自桩顶至液化深度以下符合全部消除液化沉陷所要求的距离范围内配置钢筋，且纵向钢筋应与桩顶部位相同，箍筋应加粗和加密。

处于液化土中的桩基承台周围宜用非液化土填筑夯实，若用砂土或粉土则应使土层的标准贯入锤击数不小于规定的液化判别标准贯入锤击数的临界值。

在有液化侧向扩展的地段，桩基尚应考虑土体流动时的侧向作用力，且承受侧向推力的面积应按边桩外缘间的宽度计算。

9-4 液化判别与抗震措施 Liquefaction Distinguish and Anti-Seismic Measures of Subsoil

历次地震灾害调查表明，在地基失效破坏中由砂土液化造成的结构破坏在数量上占有很大的比例，因此有关砂土液化的规定在各国抗震规范中均有所体现。处理与液化有关的地基失效问题一般是从判别液化可能性和危害程度、采取抗震对策两个方面来加以解决。

液化判别和处理的一般原则是：

(1) 对饱和砂土和饱和粉土(不含黄土)地基，除6度外，应进行液化判别。对6度区一般情况下可不进行判别和处理，但对液化沉陷敏感的乙类建筑可按7度的要求进行判别和处理；

(2) 存在液化土层的地基，应根据建筑的抗震设防类别、地基的液化等级，结合具体情况采取相应的措施。

9-4-1 液化判别和危险性估计方法 Methods of Liquefaction Distinguish and Fatalness Estimation

对于一般工程项目，砂土或粉土液化判别及危害程度估计可按以下步骤进行。

1. 初判

以地质年代、黏粒含量、地下水位及上覆非液化土层厚度等作为判断条件，其具体规定如下：

(1) 地质年代为第四纪晚更新世及以前的土层，7度、8度时可判为不液化；

(2) 当粉土的黏粒(粒径小于0.005 mm的颗粒)含量百分率在7度、8度和9度时分别不小于10、13和16的土层可判为不液化；

(3) 采用天然地基的建筑，当上覆非液化土层厚度和地下水位深度符合下列条件之一时，可不考虑液化影响

$$d_u > d_0 + d_b - 2\ \text{m} \tag{9-9}$$

$$d_w > d_0 + d_b - 3\ \text{m} \tag{9-10}$$

$$d_u + d_w > 1.5d_0 + 2d_b - 4.5\ \text{m} \tag{9-11}$$

式中 d_u——上覆非液化土层厚度,计算时宜将淤泥和淤泥质土层扣除,m;

d_0——液化土特征深度(指地震时一般能达到的液化深度),可按表 9-9 采用,m;

d_b——基础埋置深度,m;不超过 2 m 时采用 2 m;

d_w——地下水位埋深,宜按设计基准期内年平均最高水位采用,也可按近期内年最高水位采用,m。

表 9-9 液化土特征深度 d_0 m

饱和土类别	抗震设防烈度		
	7 度	8 度	9 度
粉土	6	7	8
砂土	7	8	9

2. 细判

当初步判别认为需进一步进行液化判别时,应采用标准贯入试验判别地面下 20 m 深度范围内土层的液化可能性;但对符合规定可不进行天然地基及基础的抗震承载力验算的各类建筑,可只判别地面下 15 m 范围内土的液化可能性。当饱和土的标贯击数(未经杆长修正)小于液化判别标贯击数临界值时,应判为液化土。当有成熟经验时,也可采用其他方法。

在地面以下 20 m 深度范围内,液化判别标贯击数临界值可按下式计算:

$$N_{cr} = N_0\beta[\ln(0.6d_s + 1.5) - 0.1\ d_w]\sqrt{3/\rho_c} \tag{9-12}$$

式中 N_{cr}——液化判别标准贯入锤击数临界值;

N_0——液化判别标准贯入锤击数基准值,按表 9-10 采用;

d_s——饱和土标准贯入试验点深度,m;

d_w——地下水位,m;

ρ_c——黏粒含量百分率,当小于 3 或为砂土时,均应取 3;

β——调整系数,设计地震第一组取 0.80,第二组取 0.95,第三组取 1.05;设计地震分组参见《抗震规范》附录 A。

表 9-10 标准贯入锤击数基准值 N_0

设计基本地震加速度	0.10 g	0.15 g	0.20 g	0.30 g	0.40 g
N_0	7	10	12	16	19

上面所述初判、细判都是针对土层柱状内一点而言,在一个土层柱状内可能存在多个液化点,如何确定一个土层柱状(相应于地面上的一个点)总的液化水平是场地液化危害程度评价的关键,《抗震规范》提供采用液化指数 I_{lE} 来表述液化程度的简化方法。即先探明各液化土层的深度和厚度,按下式计算每个钻孔的液化指数:

$$I_{lE}=\sum_{i=1}^{n}\left(1-\frac{N_i}{N_{cri}}\right)d_iW_i \tag{9-13}$$

式中　I_{lE}——地基的液化指数。

n——判别深度内每一个钻孔的标准贯入试验总数。

N_i、N_{cri}——第 i 点标准贯入锤击数的实测值和临界值，当实测值大于临界值时应取临界值；当只需要判别15 m范围以内的液化时，15 m以下的实测值可按临界值采用。

d_i——第 i 点所代表的土层厚度，可采用与该标贯试验点相邻的上、下两标贯试验点深度差的一半，但上界不高于地下水位深度，下界不深于液化深度，m。

W_i——第 i 层土考虑单位土层厚度的层位影响权函数值，m^{-1}。当该层中点深度不大于5 m时应采用10，等于20 m时应采用零值，5～20 m时应按线性内插法取值。

计算出液化指数后，便可按表9-11综合划分地基的液化等级。

表9-11　液化指数与液化等级的对应关系

液化等级	轻微	中等	严重
液化指数 I_{lE}	$0<I_{lE}\leqslant 6$	$6<I_{lE}\leqslant 18$	$I_{lE}>18$

例题9-2　某场地的土层分布及各土层中点处的标准贯入击数如图9-3所示。该地区抗震设防烈度为8度，设计地震分组组别为第一组，设计基本地震加速度值为0.20 g。基础埋深按2.0 m考虑。试按《抗震规范》判别该场地土层的液化可能性及场地的液化等级。

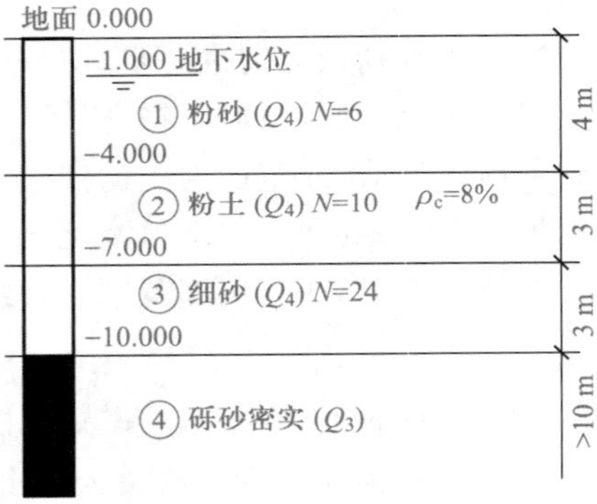

地面 0.000
-1.000 地下水位
① 粉砂 (Q_4) N=6
-4.000
② 粉土 (Q_4) N=10　ρ_c=8%
-7.000
③ 细砂 (Q_4) N=24
-10.000
④ 砾砂密实 (Q_3)
4 m　3 m　3 m　>10 m

图9-3　例题9-2图

解　(1) 初判

根据地质年代，土层④可判为不液化土层，其他土层根据公式(9-9)～公式(9-11)进行判别如下：

由图可知 $d_w=1.0$ m，$d_b=2.0$ m。

对土层①，$d_u=0$，由表9-9查得 $d_0=8.0$ m，计算结果表明不能满足上述三个公式的要求，故不能排除液化可能性。

对土层②，$d_u=0$，由表9-9查得 $d_0=7.0$ m，计算结果不能排除液化可能性。

对土层③，$d_u=0$，由表9-9查得 $d_0=8.0$ m，与土层①相同，不能排除液化可能性。

(2) 细判

对土层①，$d_w=1.0$ m，$d_s=2.0$ m，$\beta=0.8$，因土层为砂土，取 $\rho_c=3$，另由表9-10查得 $N_0=12$，故由公式(9-12)算得标贯击数临界值 N_{cr} 为

$$N_{cr}=N_0\beta[\ln(0.6\,d_s+1.5)-0.1d_w]\sqrt{3/\rho_c}$$
$$=12\times0.8\times[\ln(0.6\times2+1.5)-0.1\times1]\sqrt{3/3}=8.58$$

因 $N=6<N_{cr}$，故土层①判为液化土。

对土层②，$d_w=1.0$ m，$d_s=5.5$ m，$\beta=0.8$，$\rho_c=8$，$N_0=12$，由公式(9-12)算得 N_{cr} 为

$$N_{cr}=N_0\beta[\ln(0.6d_s+1.5)-0.1d_w]\sqrt{3/\rho_c}$$
$$=12\times0.8\times[\ln(0.6\times5.5+1.5)-0.1\times1]\sqrt{3/8}=8.63$$

因 $N=10>N_{cr}$，故土层②判为不液化土。

对土层③，$d_w=1.0\ m$，$d_s=8.5\ m$，$\beta=0.8$，$N_0=12$，因土层为砂土，取 $\rho_c=3$，算得 N_{cr} 为

$$\begin{aligned}N_{cr}&=N_0\beta[\ln(0.6d_s+1.5)-0.1d_w]\sqrt{3/\rho_c}\\&=12\times0.8\times[\ln(0.6\times8.5+1.5)-0.1\times1]\sqrt{3/3}\\&=17.16\end{aligned}$$

因 $N=24>N_{cr}$，故土层③判为不液化土。

(3) 场地的液化等级

由上面已经得出只有土层①为液化土，该土层中标贯点的代表厚度应取为该土层的水下部分厚度，即 $d=3.0\ m$，按公式(9-13)的说明，取 $W_i=10$。代入公式(9-13)，有

$$I_{lE}=\sum_{i=1}^{n}\left(1-\frac{N_i}{N_{cri}}\right)d_iW_i=(1-6/8.58)\times3\ m\times10\ m^{-1}=9.02$$

由表 9-11 查得，该场地的地基液化等级为中等。

9-4-2 地基的抗液化措施及选择

Measures and Their Choice about Anti-Liquefaction of Subsoil

液化是地震中造成地基失效的主要原因，要减轻这种危害，应根据地基液化等级和结构特点选择相应措施。目前常用的抗液化工程措施都是在总结大量震害经验的基础上提出的，即综合考虑建筑物的重要性和地基液化等级，再根据具体情况确定。

理论分析与振动台试验均已证明液化的主要危害来自基础外侧，液化土层范围内位于基础正下方的部位其实最难液化。由于最先液化区域对基础正下方未液化部分产生影响，使之失去侧边土压力支持并逐步被液化，此种现象称为液化侧向扩展。因此，在外侧易液化区的影响得到控制的情况下，轻微液化的土层可以作为基础的持力层。在我国海城及日本阪神地震中有数栋以液化土层作为持力层的建筑，在地震中未产生严重破坏。因此，将轻微和中等液化等级的土层作为持力层在一定条件下是可行的。但工程中应经过严密的论证，必要时应采取有效的工程措施予以控制。此外，在采用振冲加固或挤密碎石桩加固后桩间土的实测标贯值仍低于相应临界值时，不宜简单地判为液化。许多文献或工程实践均已指出振冲桩和挤密碎石桩有挤密、排水和增大地基刚度等多重作用，而实测的桩间土标贯值不能反映排水作用和地基土的整体刚度。因此，规范要求加固后的桩间土的标贯值不宜小于临界标贯值。

《抗震规范》对于地基抗液化措施及其选择具体规定如下：

(1) 当液化土层较平坦且均匀时，宜按表 9-12 选用地基抗液化措施；尚可计入上部结构重

表 9-12 液化土层的抗液化措施

建筑抗震设防类别	地基的液化等级		
	轻微	中等	严重
乙类	部分消除液化沉陷，或对基础和上部结构进行处理	全部消除液化沉陷，或部分消除液化沉陷且对基础和上部结构进行处理	全部消除液化沉陷

续表

建筑抗震设防类别	地基的液化等级		
	轻微	中等	严重
丙类	基础和上部结构处理,亦可不采取措施	基础和上部结构处理,或更高要求的措施	全部消除液化沉陷,或部分消除液化沉陷且对基础和上部结构进行处理
丁类	可不采取措施	可不采取措施	基础和上部结构处理,或其他经济的措施

注:甲类建筑的地基抗液化措施应进行专门研究,但不宜低于乙类的相应要求。

力荷载对液化危害的影响,根据对液化震陷量的估计适当调整抗液化措施。不宜将未处理的液化土层作为天然地基持力层。

(2) 全部消除地基液化沉陷的措施应符合下列要求:

① 采用桩基时,桩端伸入液化深度以下稳定土层中的长度(不包括桩尖部分)应按计算确定,且对碎石土,砾,粗、中砂,坚硬黏性土和密实粉土尚不应小于0.8 m,对其他非岩石土尚不宜小于1.5 m。

② 采用深基础时,基础底面应埋入液化深度以下的稳定土层中,其深度不应小于0.5 m。

③ 采用加密法(如振冲、振动加密、挤密碎石桩、强夯等)加固时,应处理至液化深度下界;振冲或挤密碎石桩加固后,桩间土的标贯击数不宜小于前述液化判别标贯击数的临界值。

④ 用非液化土替换全部液化土层,或增加上覆非液化土层厚度。

⑤ 采用加密法或换土法处理时,在基础边缘以外的处理宽度应超过基础底面以下处理深度的1/2且不小于基础宽度的1/5。

(3) 部分消除地基液化沉陷的措施应符合下列要求:

① 处理深度应使处理后的地基液化指数减小,深度为20 m时,该指数不宜大于5。对独立基础和条形基础处理深度尚不应小于基础底面下液化土的特征深度和基础宽度的较大值。

② 采用振冲或挤密碎石桩加固后,桩间土的标贯击数不宜小于前述液化判别标贯击数的临界值。

③ 基础边缘以外的处理宽度应超过基础底面以下处理深度的1/2,且不小于基础宽度的1/5。

(4) 减轻液化影响的基础和上部结构处理,可综合采用下列各项措施:

① 选择合适的基础埋置深度;

② 调整基础底面积,减少基础偏心;

③ 加强基础的整体性和刚度,如采用箱基、筏基或钢筋混凝土交叉条形基础,加设基础圈梁等;

④ 减轻荷载,增强上部结构的整体刚度和均匀对称性,合理设置沉降缝,避免采用对不均匀沉降敏感的结构形式等;

⑤ 管道穿过建筑物处应预留足够尺寸或采用柔性接头等。

9-4-3 对于液化侧向扩展产生危害的考虑
Harms of the Side-Expending of Subsoil Liquefaction

为有效地避免和减轻液化侧向扩展引起的震害,《抗震规范》根据国内外的地震调查资料,提出对于液化等级为中等液化和严重液化的古河道、现代河滨和海滨地段,当存在液化扩展和流滑可能时,在距常时水线(宜按设计基准期内平均最高水位采用,也可按近期最高水位采用)约100 m以内不宜修建永久性建筑,否则应进行抗滑验算(对桩基亦同)、采取防土体滑动措施或结构抗裂措施。

(1) 抗滑验算可按下列原则考虑:

① 非液化上覆土层施加于结构的侧压相当于被动土压力,破坏土楔的运动方向与被动土压发生时的运动方向一致。

② 液化层中的侧压相当于竖向总压的1/3。

③ 桩基承受侧压的面积相当于垂直于流动方向桩排的宽度。

(2) 减小地裂对结构影响的措施包括:

① 将建筑的主轴沿平行于河流的方向设置。

② 使建筑的长高比小于3。

③ 采用筏基或箱基,基础板内应根据需要加配抗拉裂钢筋,筏基内的抗弯钢筋可兼作抗拉裂钢筋,抗拉裂钢筋可由中部向基础边缘逐段减少。当土体产生引张裂缝并流向河心或海岸线时,基础底面的极限摩阻力形成对基础的撕拉力,理论上,其最大值等于建筑物重力荷载之半乘以土与基础间的摩擦系数,实际上常因基础底面与土有部分脱离接触而减少。

地基主要受力层范围内存在软弱黏性土层与湿陷性黄土时,应结合具体情况综合考虑,采用桩基、地基加固处理等措施,也可根据对软土震陷量的估计采取相应措施。

9-5 小结
Summary

(1) 地震是一种常见的地质现象。工程中以震级来衡量地震中释放能量的大小,以烈度来衡量地面受影响和受破坏的剧烈程度。抗震工程中常用的烈度指标包括震中烈度、基本烈度、多遇与罕遇烈度和设防烈度。

(2) 抗震设防的目标可简要地概括为"小震不坏,中震可修,大震不倒"三个水准。具体的设计工作中采用两阶段设计步骤。第一阶段设计是承载力验算,第二阶段设计是弹塑性变形验算。上述设防原则和设计方法可简短地表述为"三水准设防,两阶段设计"。

(3) 地基基础一般只进行第一阶段设计,即承载力验算,必要时进行地基的液化可能性评估。地基基础的抗震设计应更重视概念性设计。所谓概念设计是指从宏观上对建筑结构作合理的选型、规划和布置,选用合格的材料,采取有效的构造措施等。对地基基础的抗震设计而言,场地的选择、处理,地基与上部结构动力相互作用的考虑以及地基基础类型的选择等都是概念设计的重要方面。

（4）地基和基础的抗震验算，一般采用“拟静力法”。其假定地震作用如同静力，然后在该条件下验算地基和基础的承载力和稳定性。承载力的验算方法与静力状态下的验算方法相似，对于浅基础，即要求考虑地震作用效应后由计算所得的基底压力应不超过调整后的地基抗震承载力。

（5）桩基础的抗震性能一般优于其他类型基础。对存在液化土层时的低承台桩基，其抗震验算应符合相关规定。此外，还应对桩基的构造予以加强。

（6）对于一般工程项目，砂土或粉土的液化判别及危害程度估计可分为初判和细判两个步骤。初判以地质年代、黏粒含量、地下水位及上覆非液化土层厚度等作为判断条件，当初判结果不能排除液化可能性时，应采用标准贯入试验对土层的液化可能性进行细判，当有成熟经验时，也可采用其他方法。为消除或减轻地基液化的危害，应根据地基液化等级和结构特点选择适宜的措施。

（7）理论分析与试验结果均已证明液化的主要危害来自基础外侧，液化土层范围内位于基础正下方的部位其实最难液化。基础外缘的最先液化区域对基础正下方未液化部分产生影响，使之失去侧向土压力支持并逐步被液化的现象称为液化侧向扩展。为有效地避免和减轻液化侧向扩展引起的震害，当存在液化扩展和流滑可能时，应采取避让、进行抗滑验算和防止土体滑动等措施或采取结构抗裂措施。

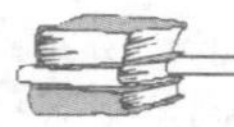

思考题与习题 Questions and Exercises

9-1　什么是地震，地震有哪些类型？

9-2　什么是地震的烈度？为什么工程中要以烈度作为抗震设计的控制指标？

9-3　地基的震害有哪些常见类型？影响地基抗震能力的主要因素有哪些？

9-4　地基液化的原因是什么？怎样进行地基的抗液化处理？

9-5　地基基础的抗震设计包含哪些内容？

9-6　什么是概念性设计？地基基础的抗震概念性设计包含哪些内容？

9-7　什么样的场地对抗震有利？选择建筑场地时应该避开哪些不利的地质环境？

9-8　在常用的基础结构形式中，哪些类型的基础结构抗震能力较强？

9-9　某厂房的柱下独立基础埋深3 m，基础底面为边长3.5 m的正方形。现已测得基底主要受力层的地基承载力特征值为$f_{ak}=180$ kPa，场地土层情况同例题9-1。但考虑地震作用效应标准组合时计算到基础底面形心的荷载为$N=3\ 250$ kN，$M=750$ kN·m（单向偏心）。试按《抗震规范》验算地基的抗震承载力。

9-10　场地土层如图9-4所示，所需的土性指标已示于图中，已知该地区的抗震设防烈度为8度，设计地震分组组别为第一组，设计基本地震加速度为0.20 g。基础埋深按2.0 m考虑，各土层中点处的标贯击数由上到下分别为4、7、40。请按《抗震规范》判别该场地土层的液化可能性并确定场地的液化等级。

9-11　地基土层如图9-5所示，场地所在地区的抗震设防烈度为7度，设计地震分组组别为第一组，设计基本地震加速度为0.10 g。基础埋深按2.0 m考虑，细砂层中A点和B点的标贯击数分别为7和12，试按《抗震规范》分析A、B处的液化可能性。

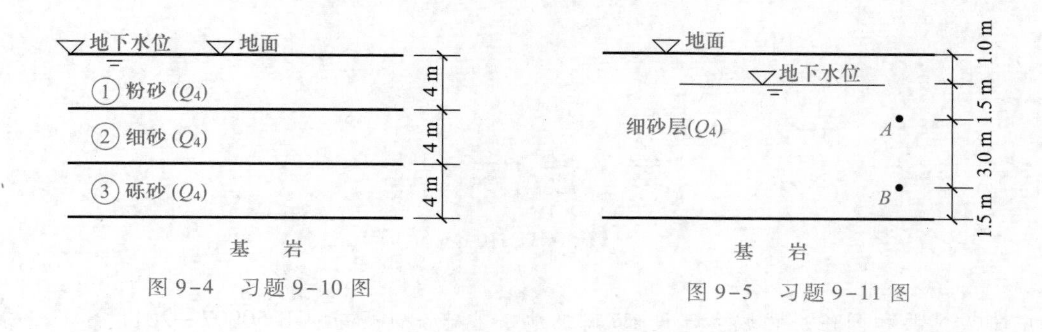

图 9-4 习题 9-10 图

图 9-5 习题 9-11 图

参考文献
References

[1] 中华人民共和国住房和城乡建设部. 建筑地基基础设计规范:GB 50007—2011[S]. 北京:中国建筑工业出版社,2012.

[2] 中华人民共和国住房和城乡建设部. 建筑结构荷载规范:GB 50009—2012[S]. 北京:中国建筑工业出版社,2012.

[3] 中华人民共和国住房和城乡建设部. 混凝土结构设计规范(2015 年版):GB 50010—2010[S]. 北京:中国建筑工业出版社,2015.

[4] 中华人民共和国住房和城乡建设部. 砌体结构设计规范:GB 50003—2011[S]. 北京:中国建筑工业出版社,2012.

[5] 中华人民共和国住房和城乡建设部. 建筑抗震设计规范(2016 年版):GB 50011—2010[S]. 北京:中国建筑工业出版社,2016.

[6] 中华人民共和国住房和城乡建设部. 建筑结构可靠性设计统一标准:GB 50068—2018[S]. 北京:中国建筑工业出版社,2019.

[7] 中华人民共和国住房和城乡建设部. 膨胀土地区建筑技术规范:GB 50112—2013[S]. 北京:中国建筑工业出版社,2013.

[8] 中华人民共和国住房和城乡建设部. 冻土地区建筑地基基础设计规范:JGJ 118—2011[S]. 北京:中国建筑工业出版社,2012.

[9] 中华人民共和国住房和城乡建设部. 湿陷性黄土地区建筑标准:GB 50025—2018[S]. 北京:中国建筑工业出版社,2019.

[10] 中华人民共和国住房和城乡建设部. 高层建筑筏形与箱形基础技术规范:JGJ 6—2011[S]. 北京:中国建筑工业出版社,2011.

[11] 中华人民共和国住房和城乡建设部. 既有建筑地基基础加固技术规范:JGJ 123—2012[S]. 北京:中国建筑工业出版社,2013.

[12] 中华人民共和国建设部. 建筑桩基技术规范:JGJ 94—2008[S]. 北京:中国建筑工业出版社,2008.

[13] 中华人民共和国住房和城乡建设部. 建筑地基处理技术规范:JGJ 79—2012[S]. 北京:中国计划出版社,2013.

[14] 中华人民共和国建设部. 岩土工程勘察规范(2009 年版):GB 50021—2001[S]. 北京:中国建筑工业出版社,2009.

[15] 中华人民共和国交通运输部. 公路桥涵地基与基础设计规范:JTG 3363—2019[S]. 北京:人民交通出版社,2020.

[16] 国家铁路局. 铁路桥涵地基和基础设计规范:TB10093—2017[S]. 北京:中国铁道出版社,

2017.
[17] 华南理工大学,东南大学,浙江大学,等.地基及基础[M]. 3版.北京:中国建筑工业出版社,1998.
[18] 胡厚田,白志勇.土木工程地质[M].4版.北京:高等教育出版社,2022.
[19] 陈仲颐,叶书麟.基础工程学[M].北京:中国建筑工业出版社,1996.
[20] 钱家欢.土力学[M].2版.南京:河海大学出版社,1995.
[21] 周景星,王洪瑾,虞石民.基础工程[M].北京:清华大学出版社,1996.
[22]《岩土工程手册》编委会.岩土工程手册[M].北京:中国建筑工业出版社,1994.
[23] 王晓谋.基础工程[M].4版.北京:人民交通出版社,2010.
[24] 赵明华.土力学与基础工程[M]. 4版.武汉:武汉工业大学出版社,2014.
[25] 胡人礼.桥梁桩基础分析和设计[M].北京:中国铁道出版社,1987.
[26] 刘金砺.桩基础设计与计算[M].北京:中国建筑工业出版社,1990.
[27] 林宗元.岩土工程治理手册[M].沈阳:辽宁科学技术出版社,1993.
[28] 顾晓鲁,钱鸿缙,刘惠珊,等.地基与基础[M]. 3版.北京:中国建筑工业出版社,2003.
[29] 李克钏,罗书学.基础工程[M]. 2版.北京:中国铁道出版社,2000.
[30] 陈希哲,叶箐.土力学地基基础[M].5版.北京:清华大学出版社,2013.
[31] 张素梅,唐岱新.土木结构工程实用手册[M].哈尔滨:黑龙江科学技术出版社,2001.
[32] 赵明华.桥梁桩基计算与检测[M].北京:人民交通出版社,2000.
[33] 周京华,夏永承.房屋基础工程[M].成都:西南交通大学出版社,1990.
[34] 赵明华,李刚.土力学地基与基础疑难释义[M]. 2版.北京:中国建筑工业出版社,2003.
[35] 地基处理手册编写委员会.地基处理手册[M].北京:中国建筑工业出版社,1988.
[36] 张季容,朱向荣.简明建筑基础计算与设计手册[M].北京:中国建筑工业出版社,1997.
[37] 周京华. 地基处理[M]. 成都:西南交通大学出版社,1997.
[38] 黄生根,张希浩,曹辉.地基处理与基坑支护工程[M]. 武汉:中国地质大学出版社,1997.
[39] 龚晓南.深基坑工程设计施工手册[M].北京:中国建筑工业出版社,1998.
[40] 高大钊.土力学与基础工程[M].北京:中国建筑工业出版社,1998.
[41] 易方民,高小旺,苏经宇.建筑抗震设计规范理解与应用[M]. 2版.北京:中国建筑工业出版社,2011.
[42] 余志成,施文华.深基坑支护设计与施工[M].北京:中国建筑工业出版社,1997.